高等院校建筑产业现代化系列规划教材

装配式建筑管理软件 TIM 基础应用教程

主编 沈灵均 郑 晟

参编 刘杰明 庄小波 刘文鹏

本书共分为11章：第1章主要介绍了TIM软件的基本功能与特点；第2章介绍了软件的安装需求及安装环境设置；第3章介绍了软件配置的设定；第4章介绍了软件中项目的状态、操作、条件如何设定；第5章介绍了如何将项目导入该软件、如何在软件中更新项目、如何删除该软件中的项目；第6章介绍了如何进行项目状态管理；第7章介绍了如何对项目进行碰撞检查；第8章介绍了如何设定项目中构件的吊装计划；第9章介绍了如何设定项目中构件的运输计划；第10章介绍了如何设定项目中构件的生产计划；第11章介绍了如何生成报表、导出生产数据、打印元件平面图等内容。

本书可作为BIM从业人员和BIM爱好者的自学用书，也可作为建筑工程等相关专业大中专院校的教学用书。

图书在版编目（CIP）数据

装配式建筑管理软件TIM基础应用教程/沈灵均，郑晟主编. —北京：机械工业出版社，2018.10

高等院校建筑产业现代化系列规划教材

ISBN 978-7-111-60795-3

Ⅰ.①装… Ⅱ.①沈… ②郑… Ⅲ.①建筑工程－装配式构件－项目管理－应用软件－高等学校－教材 Ⅳ.①TU18

中国版本图书馆CIP数据核字（2018）第202898号

机械工业出版社（北京市百万庄大街22号 邮政编码100037）
策划编辑：张 晶 责任编辑：张 晶
封面设计：张 静 责任校对：刘时光
责任印制：孙 炜
保定市中画美凯印刷有限公司印刷
2018年9月第1版第1次印刷
210mm×285mm · 12.25印张 · 445千字
标准书号：ISBN 978-7-111-60795-3
定价：39.00元

凡购本书，如有缺页、倒页、脱页，由本社发行部调换

电话服务	网络服务
服务咨询热线：010-88379833	机 工 官 网：www.cmpbook.com
读者购书热线：010-88379649	机 工 官 博：weibo.com/cmp1952
	教育服务网：www.cmpedu.com
封面无防伪标均为盗版	金 书 网：www.golden-book.com

前　言

从 BIM 技术的推出到如今，其在建筑行业的设计、施工及运维过程中被广泛地应用，可以看出 BIM 技术在工程建设行业中已经成为热门的应用技术。经过多年的发展，BIM 技术也变得越来越成熟了，为工程行业带来的便利与贡献日益突出。

2016 年 2 月 21 日发布的《关于进一步加强城市规划建设管理工作的若干意见》和 2016 年 9 月 27 日国务院常务会议审议通过的《关于大力发展装配式建筑的指导意见》文件指出，国家将大力推广装配式建筑，力争用 10 年左右时间，使装配式建筑占新建建筑的比例达到 30%。面对如此大规模的建设发展要求，需要 BIM 技术与装配式建筑密切的配合来实现产业的升级，满足发展需求。内梅切克软件工程（上海）有限公司为装配式建筑的发展提供了 Planbar、TIM 等系列的 BIM 解决方案。当装配式建筑 BIM 模型和信息创建完成后可以通过 TIM 实现信息的交互与管理，为公司和部门集中提供所需的项目信息和规划方案，TIM 可连接不同的 IT 系统，可实现快速无缝的数据交换——同时也突破了不同地域和公司的限制。因此，TIM 能够无缝地连接开放式 BIM 的进程。通过 TIM 用户可以自定义设计出一套自己所需要的工作流程及方案和符合需求的状态管理体系，以及实现对整个项目的进度进行实时观察和把控。

TIM 作为一个集成平台，可将信息在 ERP、CAD 以及生产系统中，以透明的方式进行互相交换。先将项目固定信息从 ERP 系统传送到 TIM，再由 TIM 把这些数据移交到 Planbar 直接运用。由此，信息维护工作集中到一处，从而使维护成本降到最低。TIM 还可以从 ERP 中导出生产和运送计划时间表，在软件中模拟吊装和施工的进程，以 CAD 的数据为基础可及时并准确地生成用料需求交给 ERP，可避免因材料问题而导致的生产延误等问题。将合同上的工程条目信息输入到 TIM，通过 TIM 将相关信息导入到 Planbar 中，由此，技术人员也可获知，下单的为何种元素类型。同样，ERP 系统也可准备好账单信息。Planbar 自动以这些信息为基础，计算出准确的值，然后通过 TIM 导出给 ERP 使用。

本书以 TIM 2017-1-3 版本为基础，通过具体的项目实例介绍了装配式建筑中的 BIM 技术应用。其中包括如何将装配式建筑模型信息数据导入 TIM 信息管理平台，在 TIM 中对整个项目各个阶段的状态设定、碰撞检查、吊装计划设计、运输技术设计、生成计划设计、构件及项目数据生成等内容。本书通过图片与文字的结合避免了学习软件的枯燥，以提高读者的学习兴趣，快速掌握软件操作技巧。

由于编写水平有限，本书编写内容必定存在差错和不足，恳请读者给予批评指导，以便于修订改进。

编　者

目　录

第 1 章　TIM 软件介绍

1.1　TIM 软件简介

TIM-Technical Information and Integration Manager（forthe Precast Industry）是内梅切克软件工程有限公司的产品之一。

TIM 是专门针对混凝土预制构件的 BIM 管理平台，其以模型数据为基础，为公司和部门集中提供所需的项目信息和规划方案。TIM 能够零损失接受 Planbar 中的设计结果，包括构件、钢筋、预埋件等模型的数据，随后，由功能模块通过 3D 可视化的形式，完整直观地展示出来。

通过软件内的模块操作，用户可以自定义符合公司需求的工作流程，定制符合岗位需求的状态管理体系，快速直观地浏览整个项目的进度。TIM 保存了预制构件所有的相关信息，包括模型、属性、图样、生产数据、ERP 数据等，用户可以随时查看，真正做到了信息可追溯。在 TIM 中，根据项目的总体进度规划，制定出相应的吊装、运输、生产计划。

TIM 基于微软 SQL 数据库的操作方式，允许用户处理大项目、大数据。其强大的功能配置使用户在 TIM 界面中能够流畅地浏览和处理相关模型，特有的超级列表功能，使用户能够自由快速筛选需要的构件。

作为一个集成平台，TIM 可以将 Planbar 中的所有信息无损地传递到数据库，进而实现预制构件的吊装、运输和生产管理。通过集成化服务和第三方平台对接，在网页端和移动端实现模型展示，实时了解、把控项目进度，管理工作流程。

1.2　TIM 软件界面介绍

（1）在 TIM 界面的左上角位置有一个 TIM 图标，单击 TIM 图标可以切换到不同的模块。在导航器窗口中可以选择要打开的项目，在属性窗口中可以看到构件的属性等信息，在模型窗口中可以看到 3D 的建筑模型，通过设置选项栏可以实现更多的功能（在后面的章节中将会详细讲解），如图 1-1 所示。

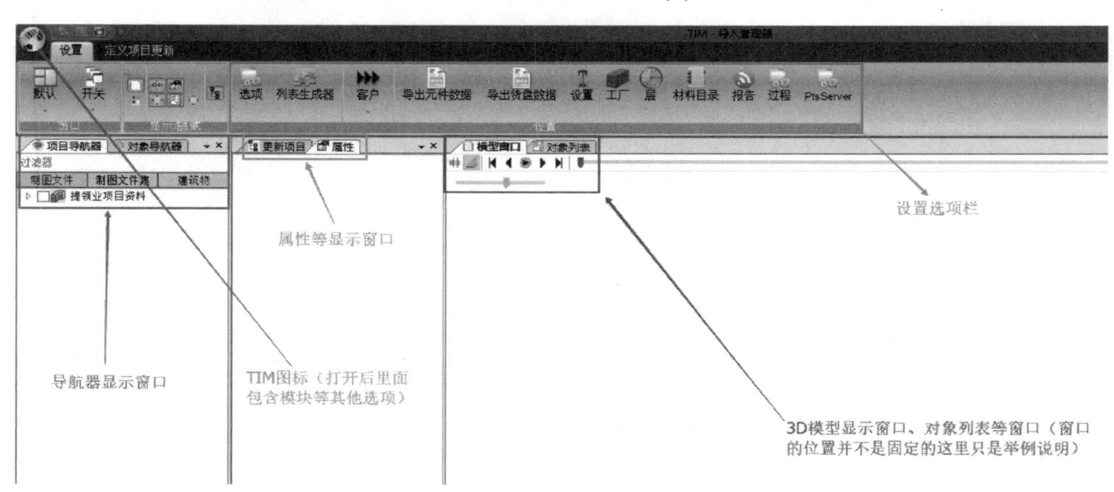

图 1-1

（2）在表示选项栏中可以通过预埋件、钢筋等选项设定构件及 3D 建筑模型中的显示元素。要更新的项目选项栏中可以将 NTF 文件、UniCAM 数据导入以及删除更新。在已定义操作栏中可以对导入的项目进行合并更新，如图 1-2 所示。

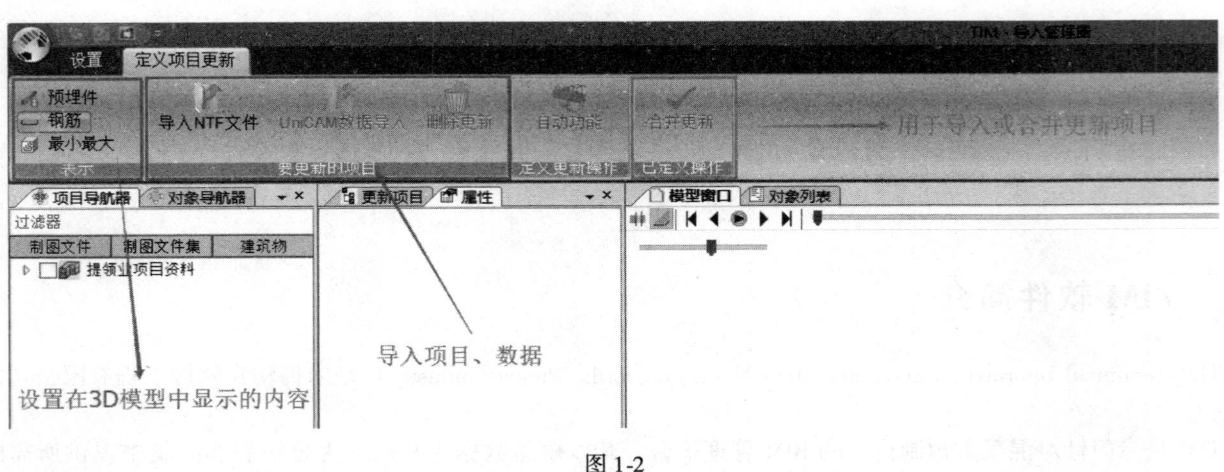
设置
定义项目更新
预埋件
钢筋
最小最大
表示
导入NTF文件
UniCAM数据导入
删除更新
自动功能
合并更新
要更新的项目
定义更新操作
已定义操作
用于导入或合并更新项目
项目导航器
对象导航器
更新项目
属性
模型窗口
对象列表
过滤器
制图文件
制图文件集
建筑物
提领业项目资料
导入项目、数据
设置在3D模型中显示的内容

图 1-2

第2章　安装软件

2.1　系统配置需求

为了使安装的 TIM 软件可以正常运行，这里为用户提供了系统的两个不同配置作为参考，见表2-1。

表 2-1

软（硬）件	最低配置	推荐配置
操作系统	Win7 SP1x64	高于 Win8.1x64
显卡	核心显卡，支持 DirectX11	独显支持 DX11，且最少 1GB 显存
内存空间	4GB	12GB
CPU 处理器	Intel i5 或者同等	Intel i7 或者同等

2.2　安装前准备

2.2.1　确认安装环境

确认计算机上已经安装了 CodeMeter（如果当前使用的计算机已经安装过 Planbar，那么就不需要再次安装 CodeMeter），并且密码锁处于有效期内，TIM 相关模块已经激活（在前面使用 Planbar 时，CodeMeter 中激活的模块仅仅只是与 Planbar 相关的模块，如果要正常使用 TIM，还需要将 CodeMeter 中的 TIM 相关模块激活）。图2-1为 CodeMeter 控制中心界面，图2-2为 CodeMeter 中激活的 TIM 相关模块。

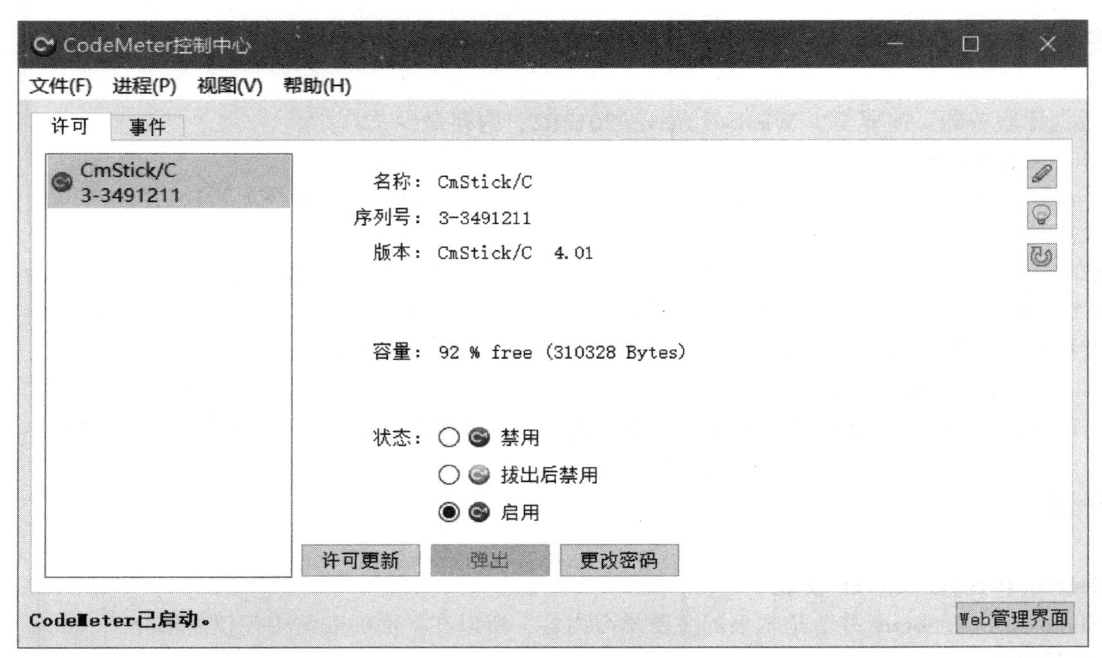

图 2-1

图 2-2

2.2.2 创建新文件夹

安装软件之前，需要在【C盘】中新建一个文件夹（这里举例将这个文件夹命名为TIM）并在这个文件夹里新建三个文件夹，然后将这三个文件夹依次命名为program、TIM Exchange、TIM Extra Files（program：TIM安装路径；TIM Exchange：TIM数据导入路径；TIM Extra Files：数据库中需要的相关文件的保存路径，如深化图纸的PDF文件），如图2-3所示。

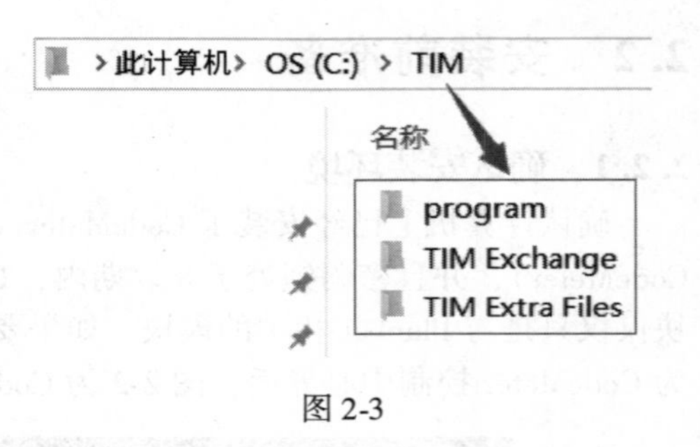

图 2-3

2.3 安装架构介绍

（1）数据库服务器，需要至少Windows Server 2012R2，内存最少32G。

（2）Microsoft SQL Server

1）Microsoft SQL Server的版本为2012版或者2014版（注意：TIM尚未对SQL Server 2016开放。在使用前，请联系技术部门）。

2）如果计算机上已经安装了MS SQL数据库，那么就只需要增加一个TIM数据库就可以了。MS报告服务是MS SQL安装的一部分，是SQL数据库服务器的一个可选安装组件。为了使用TIM推荐安装，如果之前没有，就需要再次打开安装程序进行勾选安装。此步骤需要使用MS SQL的安装文件包。

（3）Microsoft Reporting Services

注意：所有的Windows、SQL和TIM用户名都不建议使用汉字，如果有中文名请创建新的账户。

2.4 安装

2.4.1 Microsoft SQL Server 安装

由于Microsoft SQL Server并不是本书的主要学习内容，所以在下面的安装中仅仅简单介绍。

1. 解压压缩包

在提供的文件中找到【SQLEXPRADV_x64_ENU.exe】压缩文件，如图2-4所示。并将压缩文件解压（此文件只是举例，用户也可以使用其他的SQL安装包），解压完成后出现一个名为【SQLEXPRADV_x64_ENU】的文件夹，

图 2-5 所示。

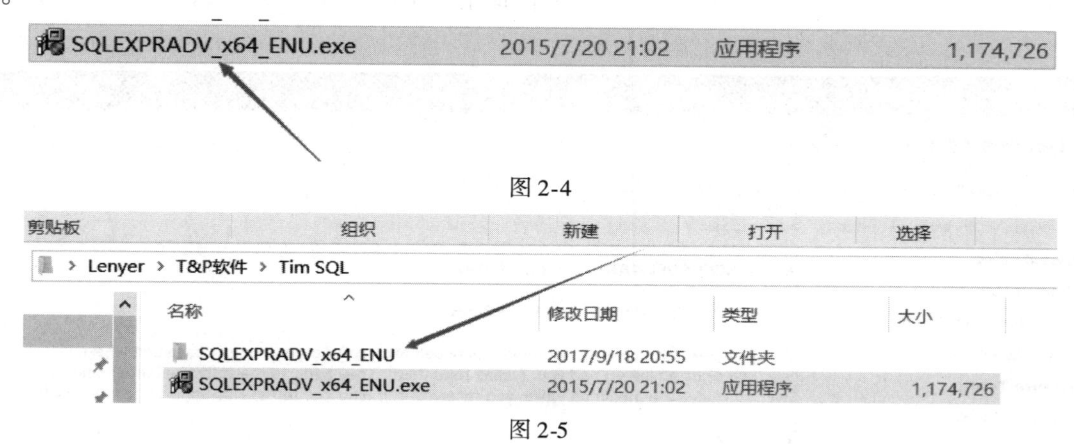

图 2-4

图 2-5

2. 打开用程序并安装

（1）进入【SQLEXPRADV_x64_ENU】文件夹，然后找到【SETUP. EXE】应用程序并打开，如图 2-6 所示。

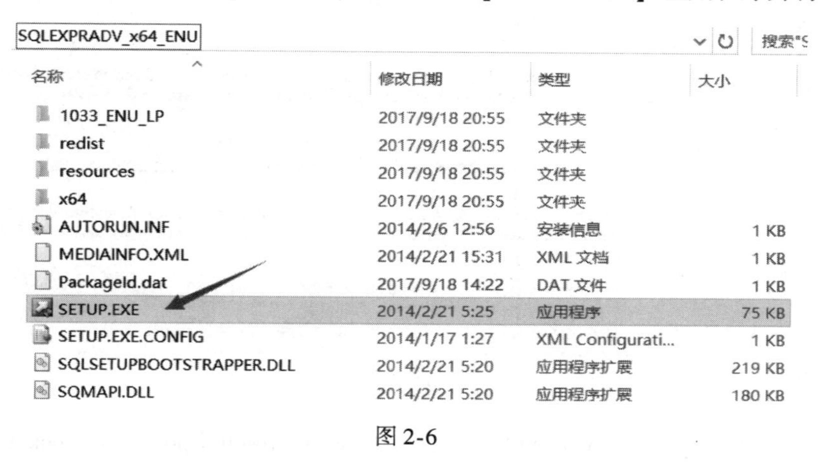

图 2-6

（2）打开应用程序后，在弹出的对话框中单击“New SQL Server stand-alone installation or add features to an existing installation”（独立安装新的 SQL 服务器或向现有的安装添加功能）选项，如图 2-7 所示。

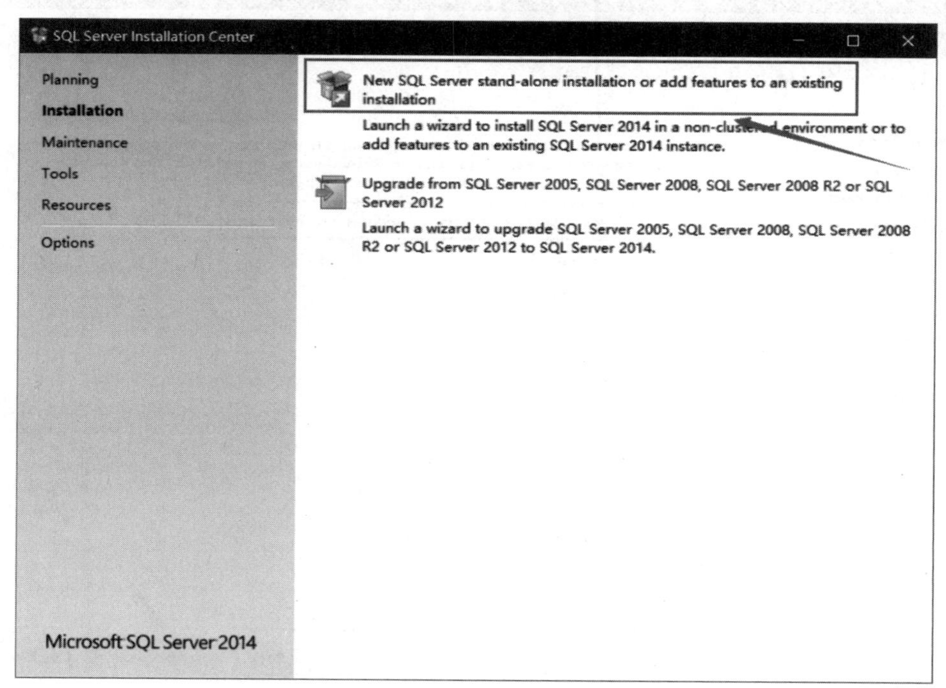

图 2-7

（3）单击后弹出【License Terms】对话框，并在对话框中标记的地方进行勾选，然后单击【Next】按钮，如图 2-8 所示。

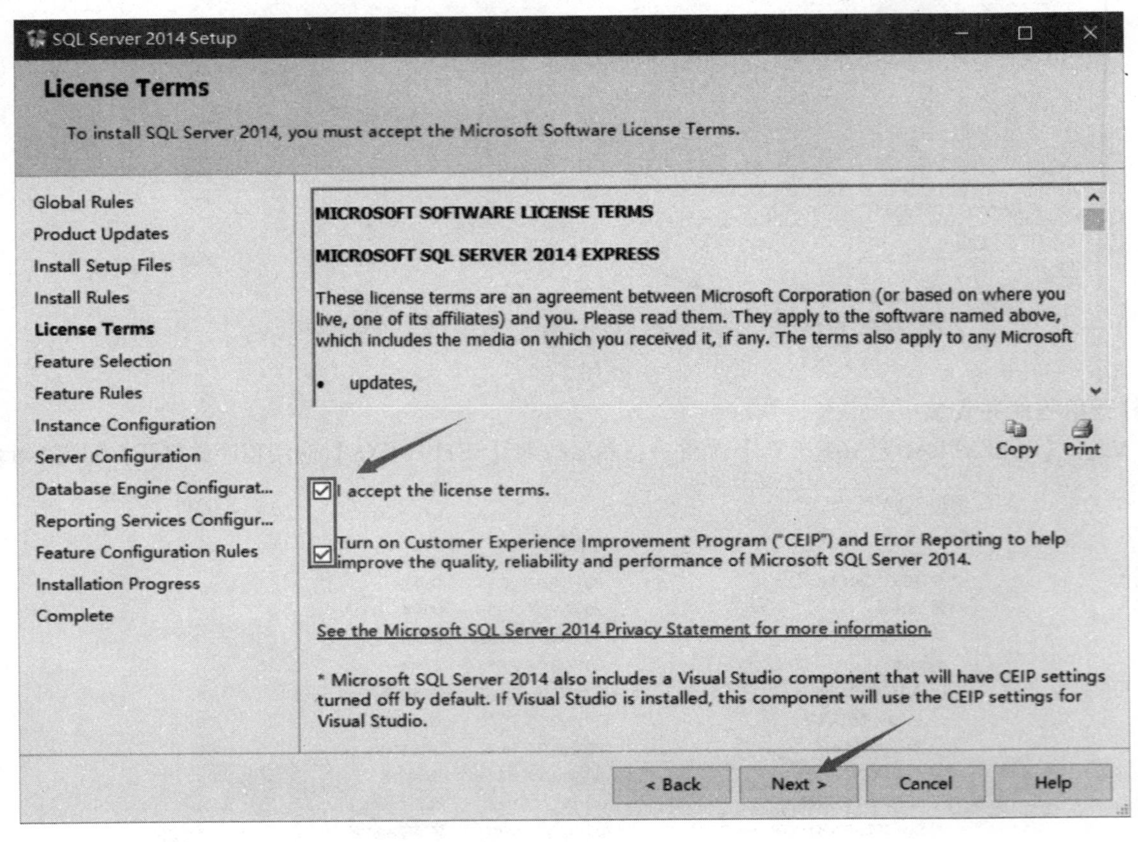

图 2-8

（4）在弹出的【Microsoft Update】对话框中，勾选“Use Microsoft Update to check for updates（recommended）”选项（推荐使用 Microsoft 更新检查更新），然后单击【Next】选项进行下一步，如图 2-9 所示。

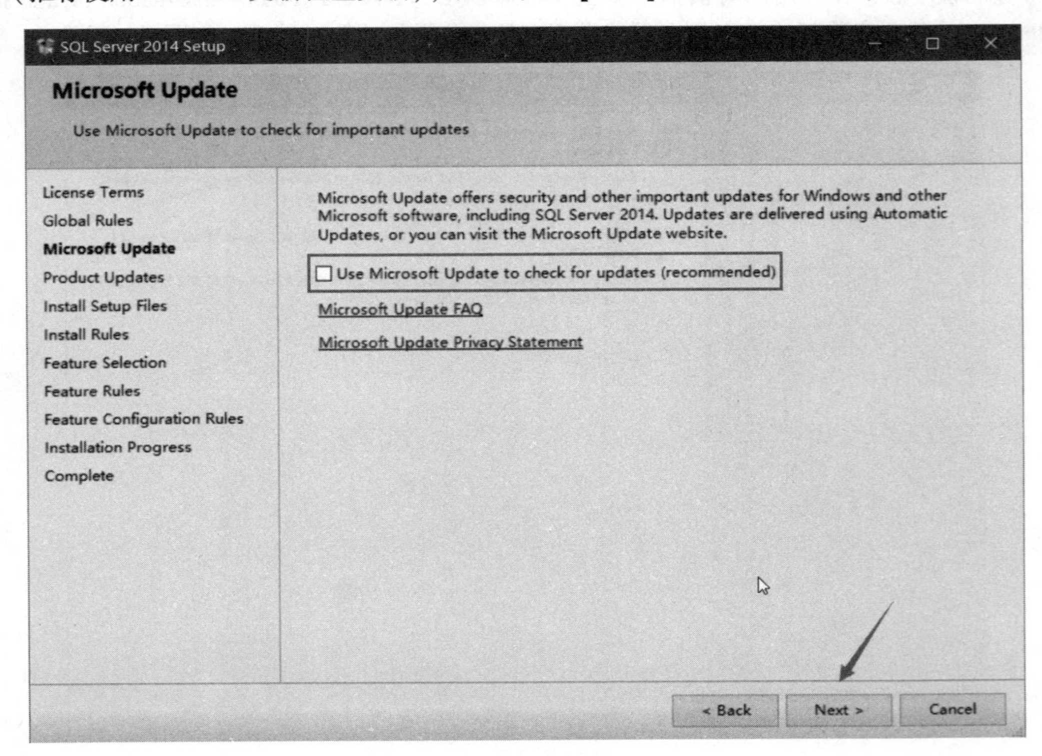

图 2-9

（5）在【Feature Selection】对话框中默认设置已经被勾选（【Reporting Services】选项为勾选状态），所以这里不需要改动，单击【Next】选项进行下一步，如图 2-10 所示。

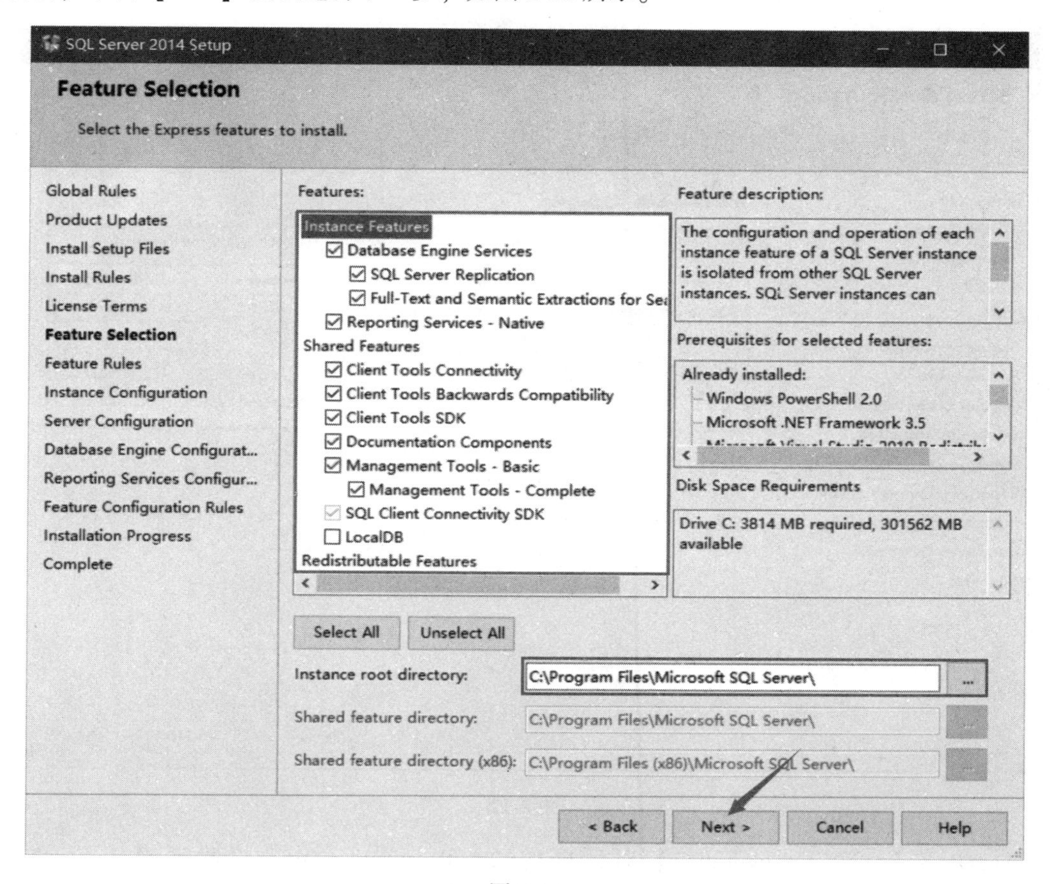

图 2-10

（6）在弹出的【Instance Configuration】对话框中输入实例名称，可以考虑使用公司名称。例如将【Named instance】、【Instance ID】都设为 LENYER（上海领业建筑科技有限公司），然后单击【Next】选项，如图 2-11 所示。

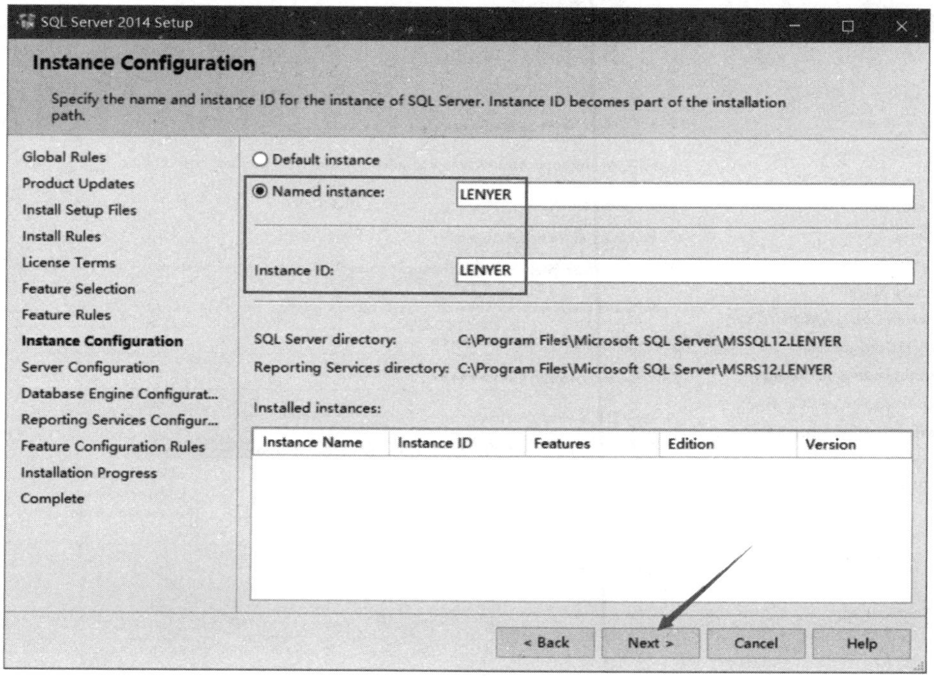

图 2-11

（7）在弹出的【Sever Configuration】对话框中按照默认的设置进行，然后单击【Next】选项，如图 2-12 所示。

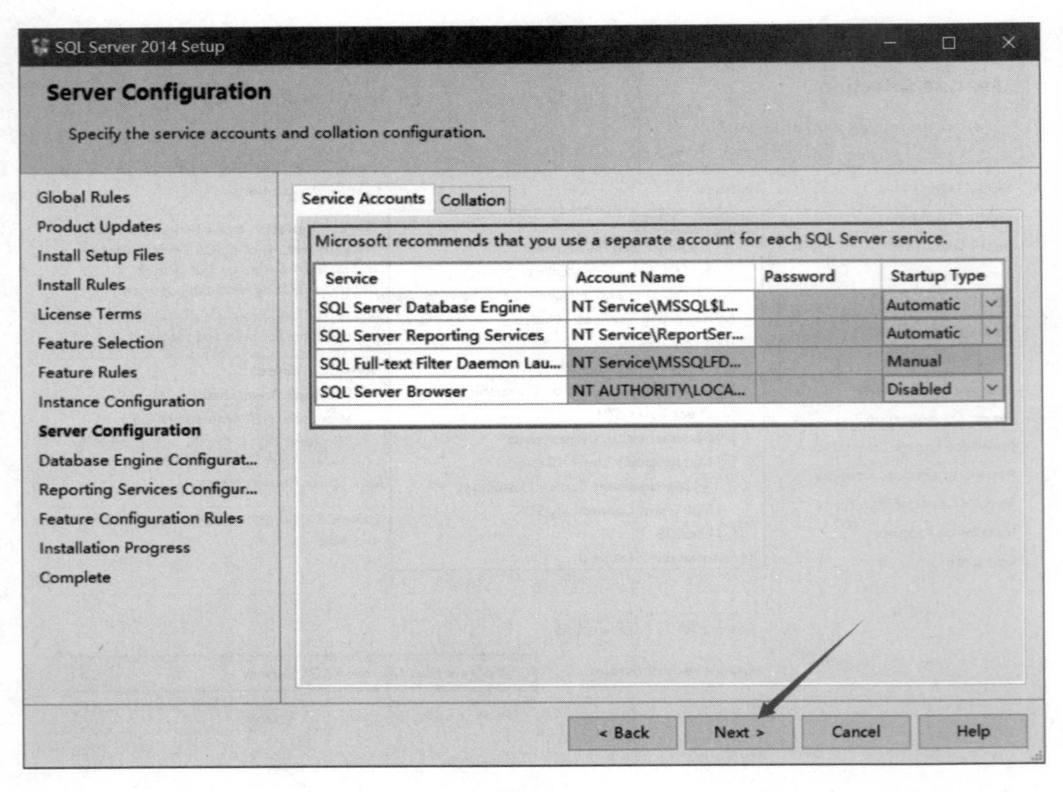

图 2-12

（8）在【Database Engine Configuration】对话框的"Authentication Mode（验证模式）"中选择"Mixed Mode"，即 SQL Server 和 Windows 双认证（添加"混合的认证方式下，不管使用 Windows 用户名还是 SQL 用户名都可以登录"）。然后设置【sa】的密码（提示：密码设置可以是大写或小写字母和数字），如图 2-13 所示，最后单击【Next】选项。

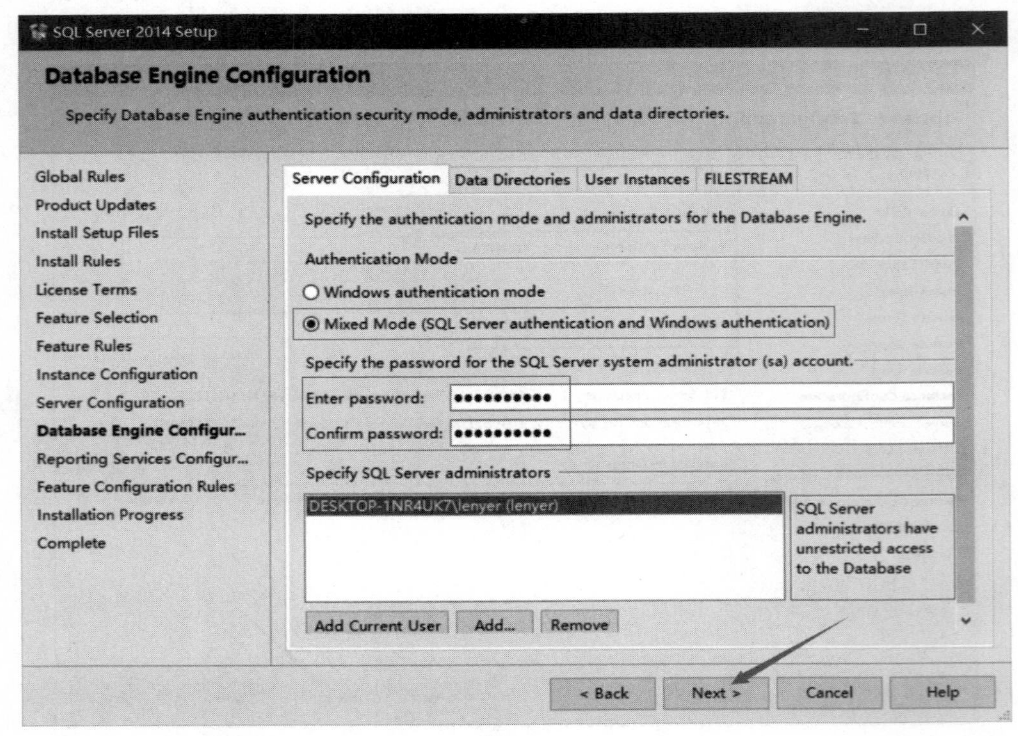

图 2-13

（9）在弹出的【Reporting Services Configuration】对话框中单选“Install and configure（安装和配置）”选项，然后单击【Next】选项，如图 2-14 所示。

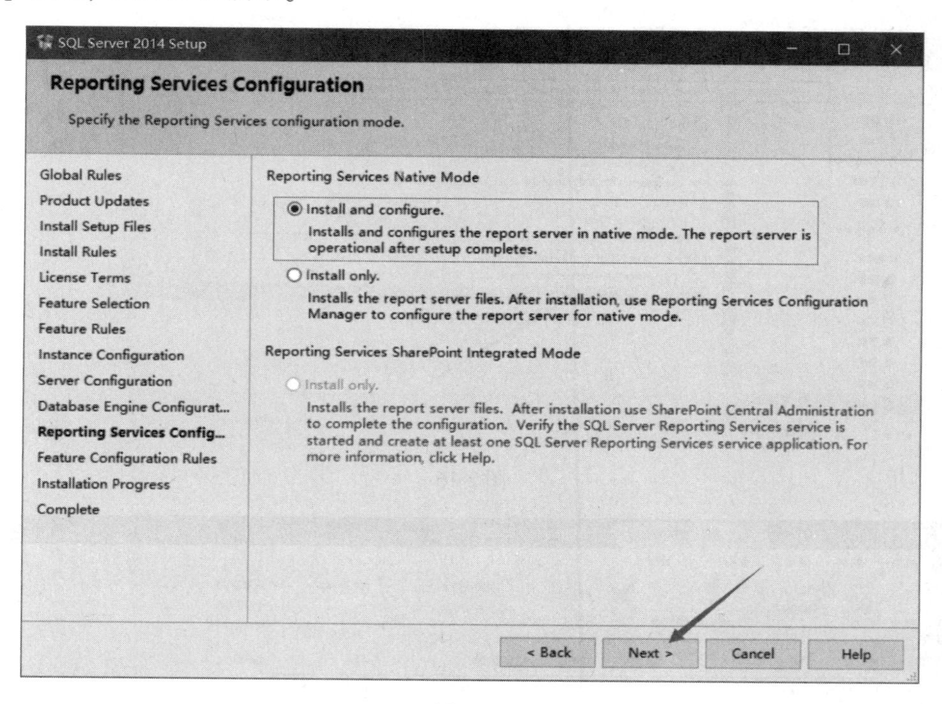

图 2-14

（10）安装完成后弹出【Complete】对话框，在窗口中会显示我们安装的内容，如图 2-15 所示。安装内容确认后单击【Close】选项退出。

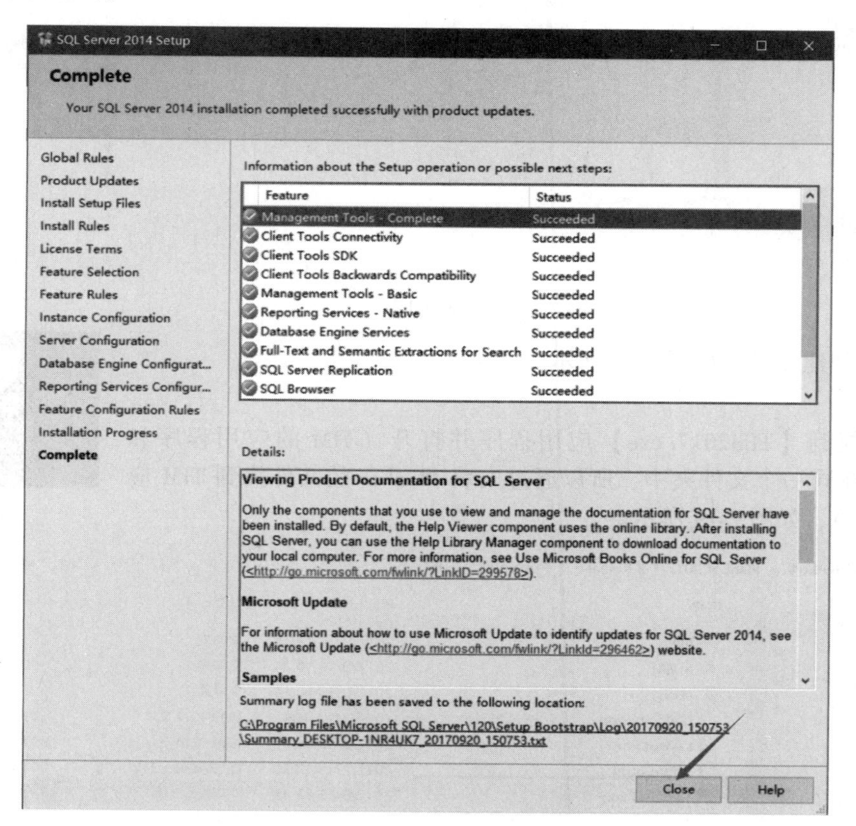

图 2-15

（11）安装完成后，从文件夹或者从开始菜单中发送快捷方式到桌面，如图 2-16 和图 2-17 所示。

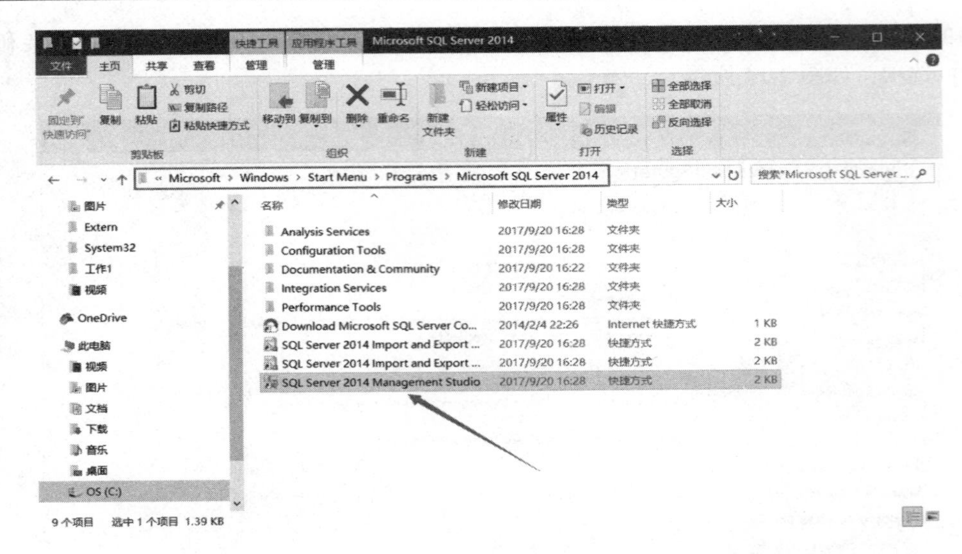

图 2-16

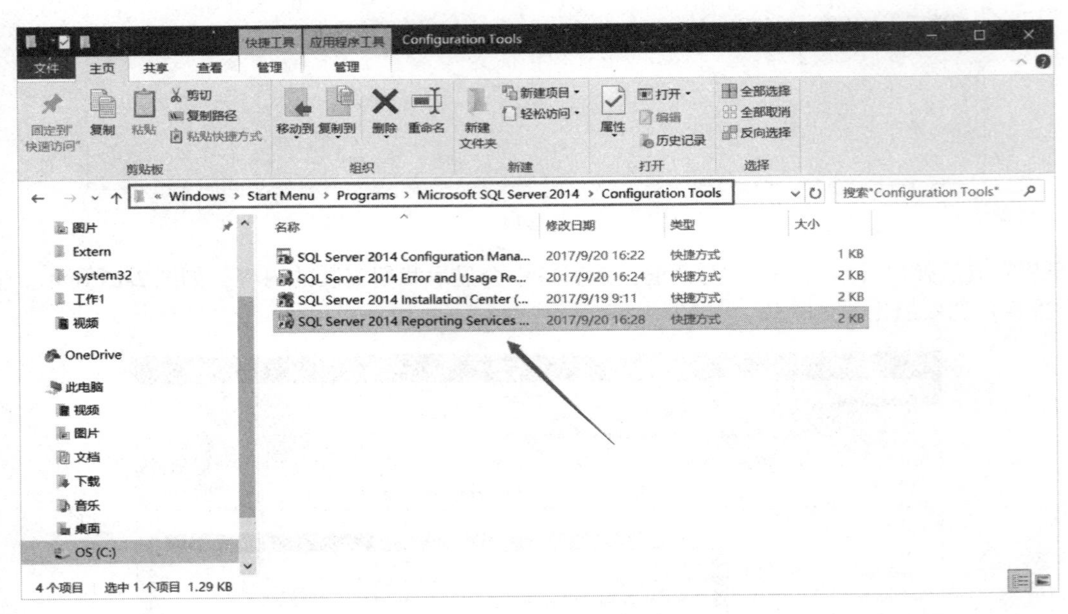

图 2-17

（12）快捷方式创建完成后如图 2-18 所示。

图 2-18

2.4.2　TIM 安装

（1）在文件中找到【TIM2017. exe】应用程序并打开（TIM 的应用程序和 Planbar 的应用程序在同一个文件夹中，所以通过安装 Planbar 的文件找到 TIM 应用程序进行安装即可），如图 2-19 所示。

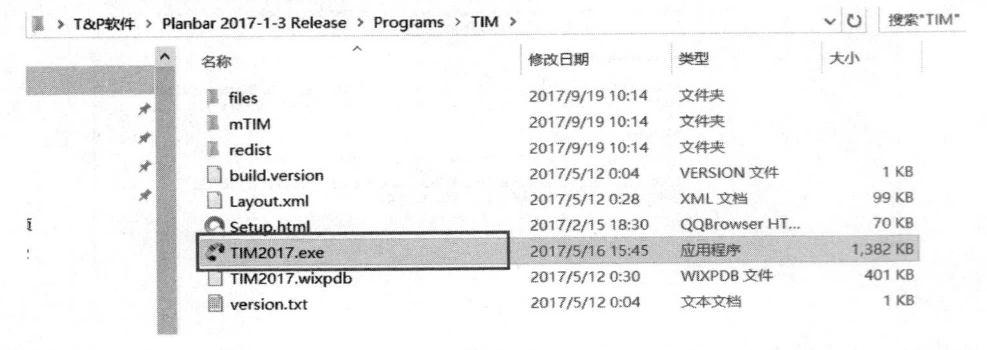

图 2-19

（2）打开 TIM2017 应用程序后将会弹出一个对话框，然后在弹出的对话框中单击【Options】选项，如图 2-20所示。

（3）单击【Options】选项，然后在弹出的对话框中选择路径，这里的路径选择我们在 C 盘中创建的【program】文件夹，并勾选"Register Integration Service（寄存器集成服务）"和"Register Import Service（注册导入服务）"这两个选项，最后单击【OK】选项完成设置，如图 2-21 所示。

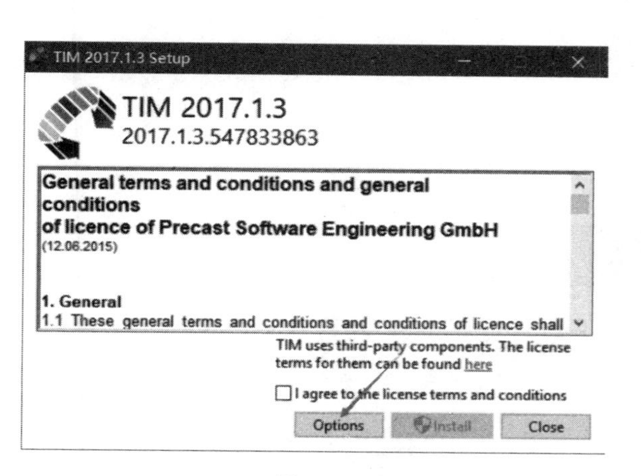

图 2-20

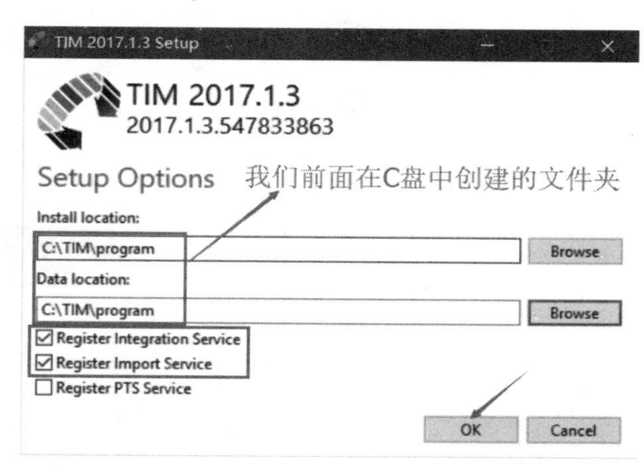

图 2-21

（4）单击【OK】选项后返回前一个对话框界面，然后在对话框中勾选"I agree to the license terms and conditions（我同意许可证的条款和条件）"选项，最后单击【Install】选项开始安装软件，如图 2-22 和图 2-23 所示。

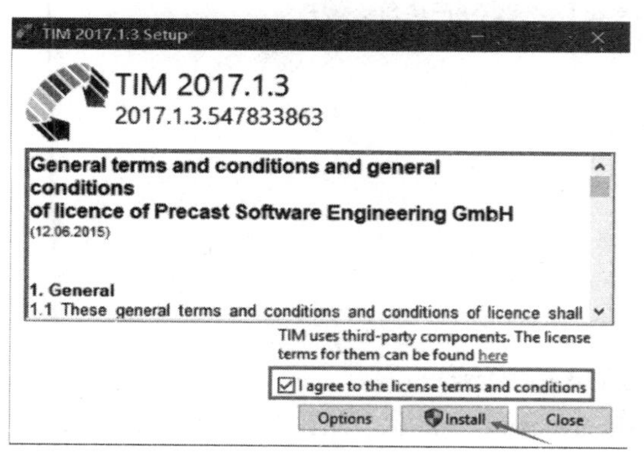

图 2-22

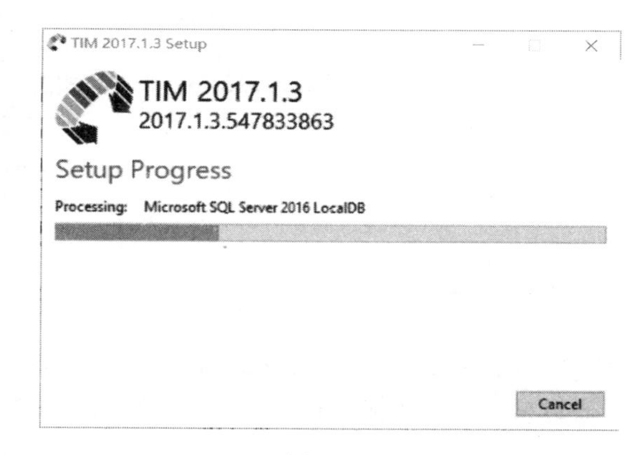

图 2-23

（5）安装完成后会弹出一个安装成功提示对话框，在对话框中单击【Close】选项关闭对话框，如图 2-24 所示。

（6）软件安装完成后将会在桌面出现 TIM Admin2017. 1. 3 管理软件和 TIM 2017. 1. 3 客户使用端的快捷图标，如图 2-25 所示。

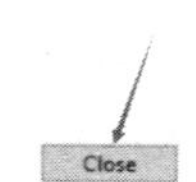

图 2-24

图 2-25

第 3 章　软件配置

3.1　SQL/TIM 权限介绍

SQL/TIM 账号权限关系如图 3-1 所示。

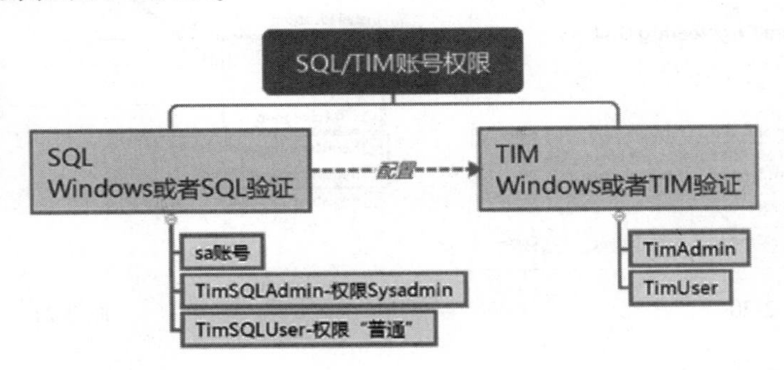

一般情况下，SQL账号由IT负责，TIM账号由TIM关键用户负责，其中：
- TimSQLAdmin与TimAdmin对应。
- TimSQLUser与TimUser对应。

图 3-1

3.2　SQL 配置

3.2.1　SQL Server 2014 Management Studio（这里以 2014 版为例）

（1）通过桌面上的快捷方式打开软件 SQL Server 2014 Management Studio，如图 3-2 和图 3-3 所示。

图 3-2

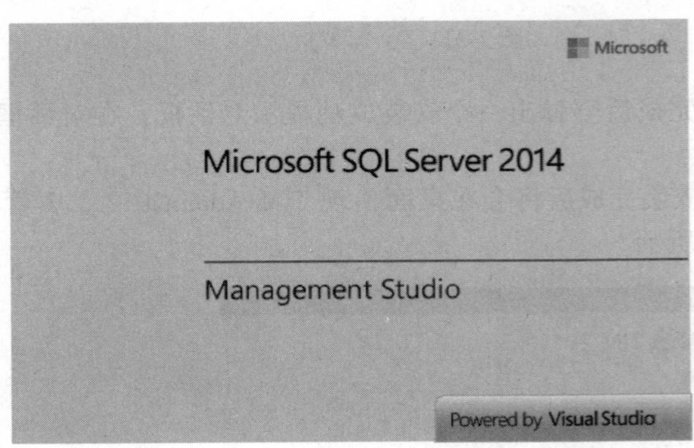

图 3-3

（2）进入软件后出现一个对话框，在对话框中的【Server name】为【DESKTOP-1NR4UK7 \ LENYER】，是我们在前面安装软件的时候设置的（这里的 DESKTOP-1NR4UK7 为个人计算机名称）。在后面的【Authentication】下拉列表中单击选择【SQL Server Authentication】；【Login】选择【sa】（建议第一次登陆使用 sa，在创建完账号之后一律使用 TimSQLAdmin 和 TimSQLUser 登陆）；【Password】是我们前面在安装软件时所设置的，可以勾选【Remember password】以方便下次登录，最后单击【Connect】按钮进入操作界面，如图 3-4 所示。

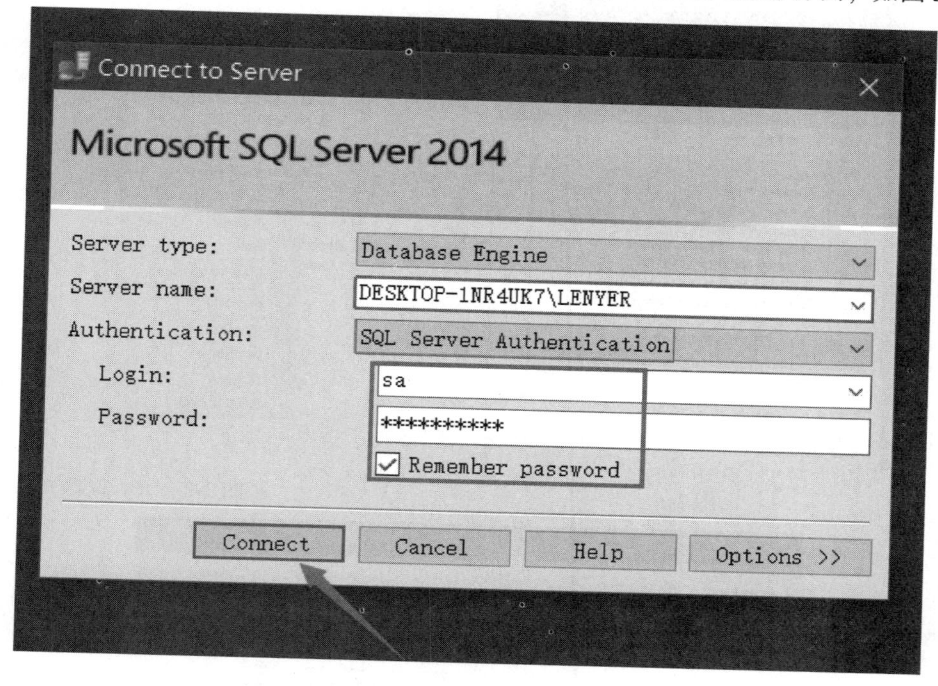

图 3-4

（3）进入工作界面后如图 3-5 所示。

图 3-5

（4）在图 3-5 中工作界面左边的访问托盘中按照图 3-6 所示依次打开对应的文件夹。

（5）当出现【sa】选项时，右键单击【sa】选项，弹出选项面板如图 3-7 所示，在选项面板中单击【Properties】选项。

（6）在弹出的对话框中单击【General】选项，我们可以看到用户名、密码等信息，如图 3-8 所示。在对话框中单击【Server Roles】选项，可以设置管理权限，这里用户【sa】为管理员，如图 3-9 所示，完成设置后单击【OK】选项。

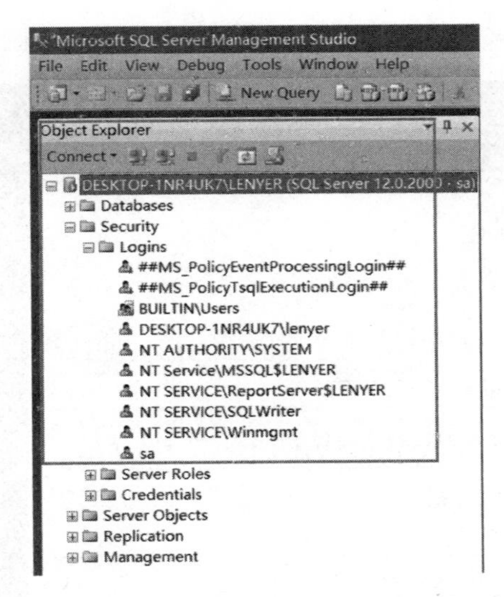

图 3-6

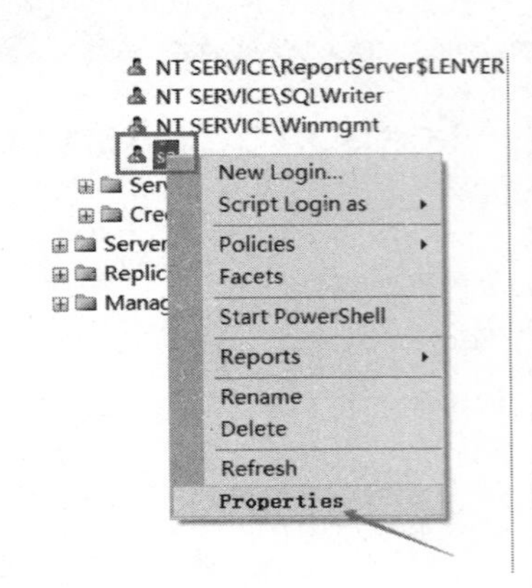

图 3-7

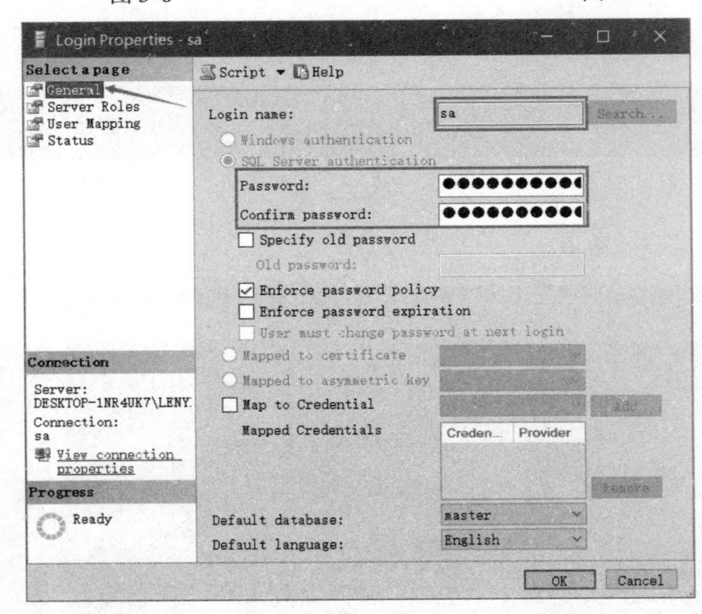

图 3-8

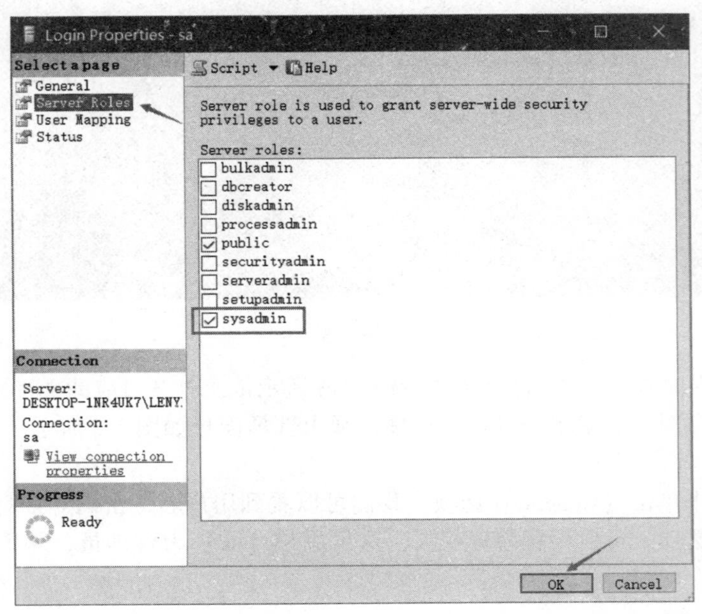

图 3-9

（7）在访问托盘中右键单击【DESKTOP-1NR4UK7 \ LENYER】选项，然后在弹出的选项面板中单击【Properties】选项，如图3-10所示。在弹出的新对话框中单击【Security】选项，确定登录方式为【SQL Server and Windows Authentication mode】，最后单击【OK】选项完成设置，如图3-11所示。

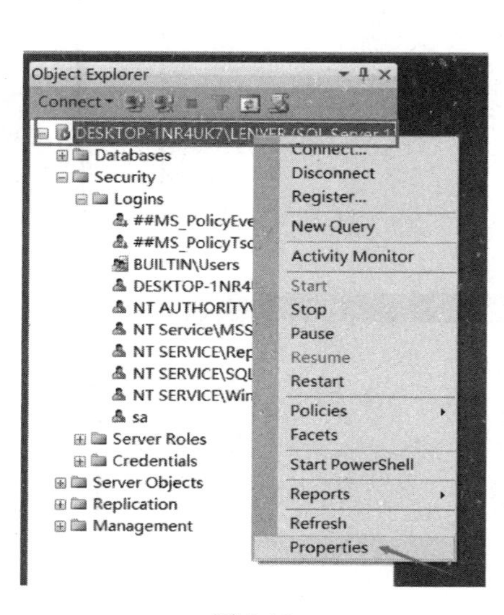

图3-10

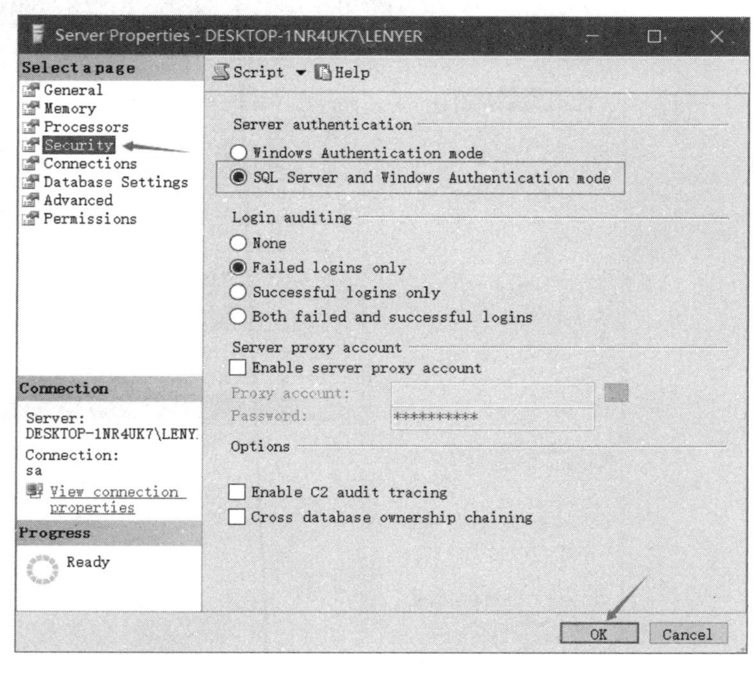

图3-11

3.2.2　利用系统管理员添加新管理员

（1）在访问托盘中右键单击【Logins】选项，然后在弹出的选项面板中单击【New Login...】选项，如图3-12所示。

（2）在弹出的对话框中单击【General】选项，然后将【Login name】设为【TimSQLAdmin】，单击【SQL Server authentication】选项设置密码（这里举例将密码设置为123），取消对【Enforce password policy】选项的勾选，如图3-13所示。

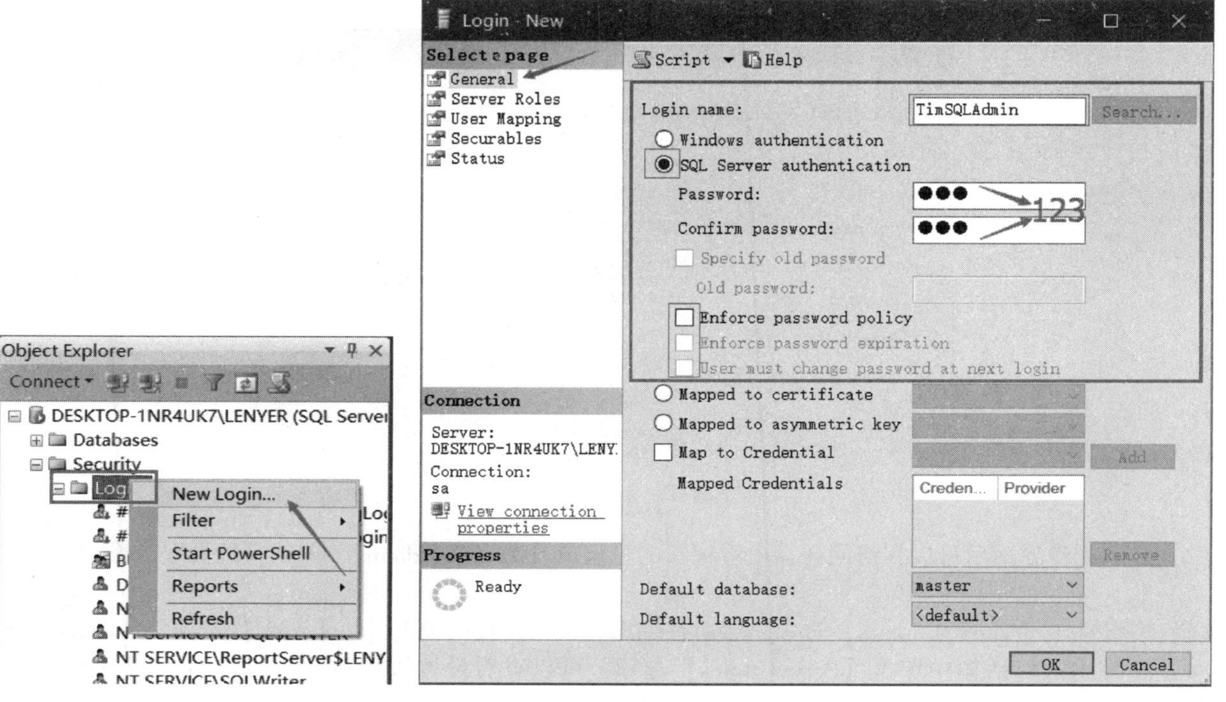

图3-12　　图3-13

（3）单击【Server Roles】选项，然后在“Server roles”下方的选项中勾选【public】和【sysadmin】选项，如图 3-14 所示。其他选项不需要设置，最后单击【OK】选项完成设置并退出。

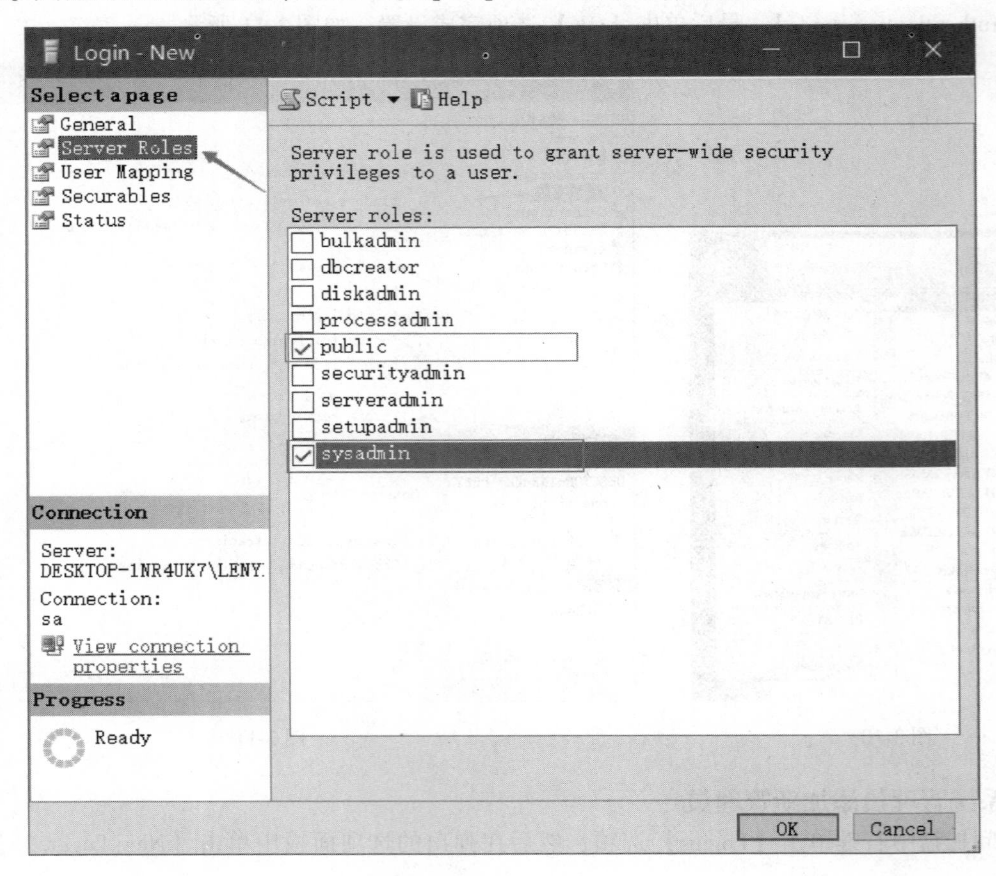

图 3-14

3.2.3　用新管理员登录

（1）再次打开软件 SQL Server 2014 Management Studio（再次打开软件前要先关闭软件），并在弹出的对话框中输入新的登录名称【TimSQLAdmin】和密码【123】，然后单击【Connect】选项进入，如图 3-15 所示。

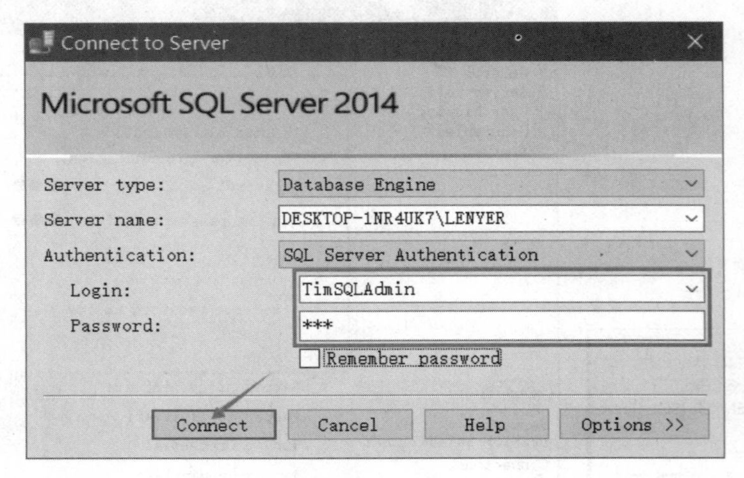

图 3-15

（2）进入工作界面后可以在访问托盘中看到新的管理员【TimSQLAdmin】，即新管理员登录成功，如图 3-16 所示。

（3）右键单击【TimSQLAdmin】选项，然后在弹出的选项面板中单击【Properties】选项，如图 3-17 所示。

（4）在弹出的对话框中单击【Server Roles】选项，可以查看设置管理员【TimSQLAdmin】的权限，如图 3-18所示。

图 3-16

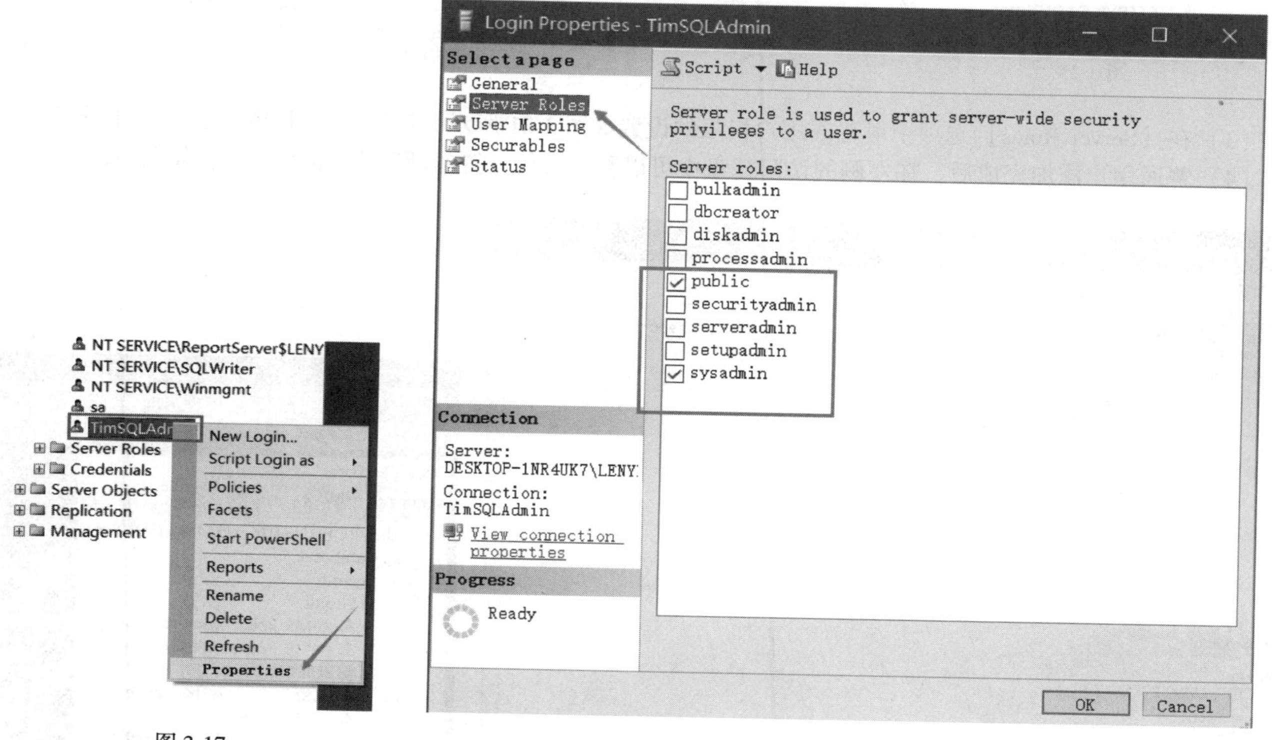

图 3-17

图 3-18

3.2.4　利用新管理员添加普通用户

（1）在访问托盘中右键单击【Logins】选项，然后在弹出的选项面板中单击【New Login...】选项，如图3-19所示。

（2）在弹出对话框【General】选项中将【Login name】设为“SQLUser01”；密码举例设为“123456”；其他设置如图 3-20 所示。

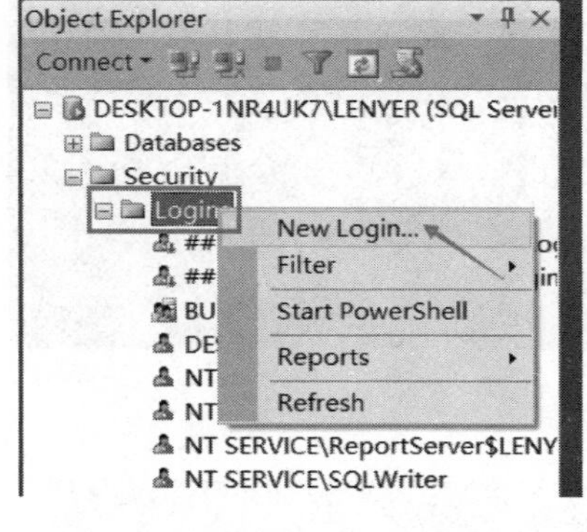

图 3-19

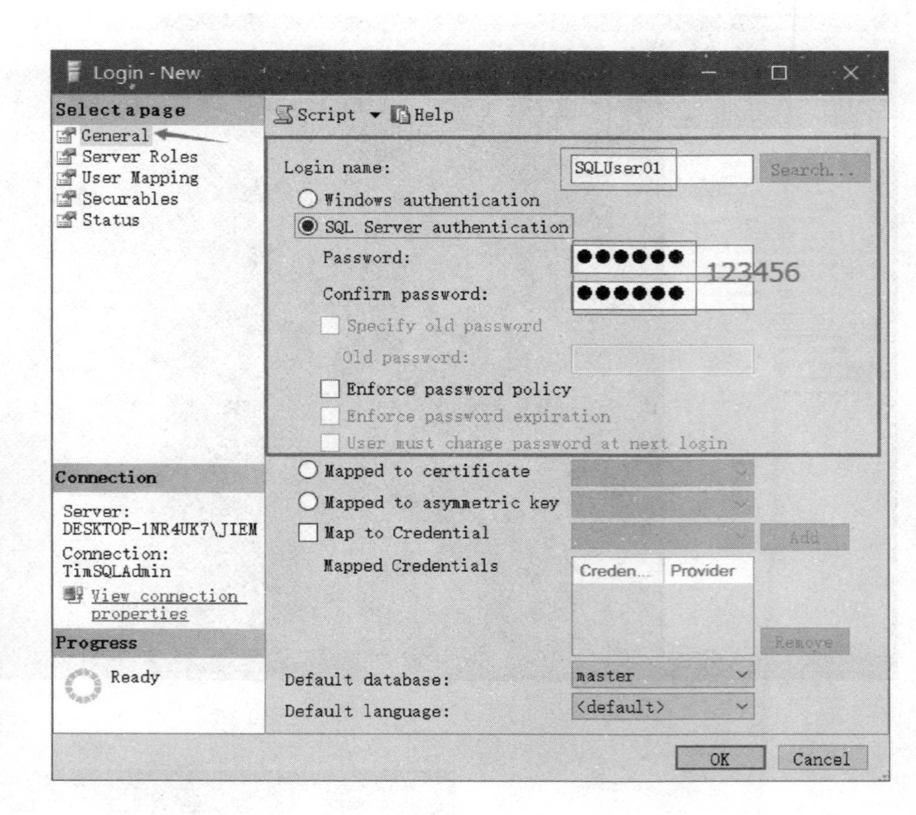

图 3-20

（3）在【Server Roles】选项中对普通用户权限的设置如图 3-21 所示，最后单击【OK】选项完成设置。

（4）普通用户添加完成后，在左侧的访问托盘中可以看到我们设置的新用户 SQLUser01，如图 3-22 所示。

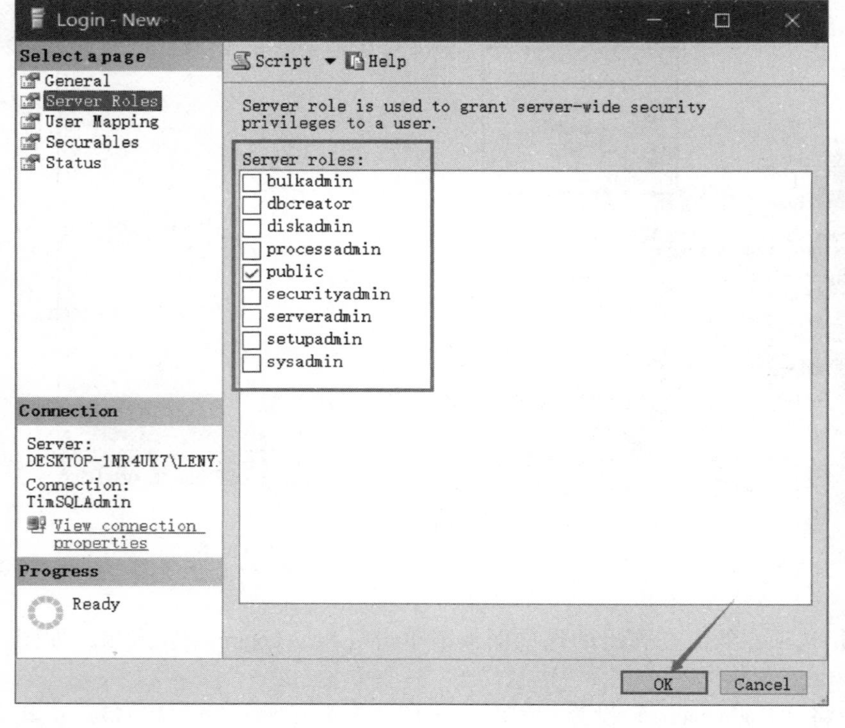

图 3-21

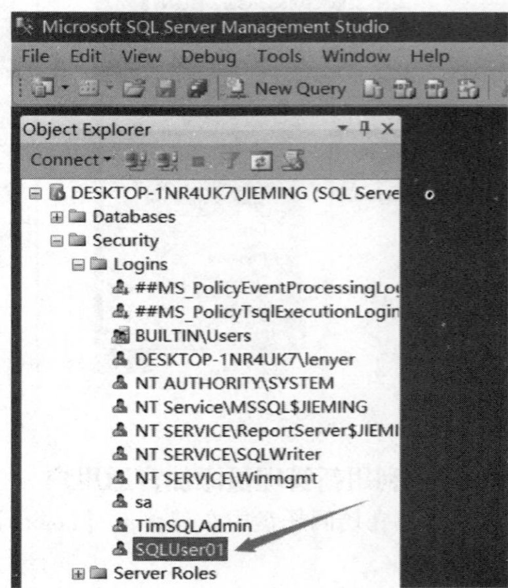

图 3-22

3.3　TIM 配置

3.3.1　在 TIM Admin 管理软件中创建数据库

（1）在桌面打开 TIM Admin 管理软件，如图 3-23 所示，然后在弹出的对话框中输入前面在 SQL 软件上的【服务名称】设置，这里一般是“服务器名称 \ Instance”，如果不确定，请去 Microsoft SQL Management Studio 中查看，如图 3-24 和图 3-25 所示。然后单击【Test connection（测试连接）】选项（当出现测试成功提示时表示连接成功），最后单击【Next】选项，如图 3-26 所示。

图 3-23

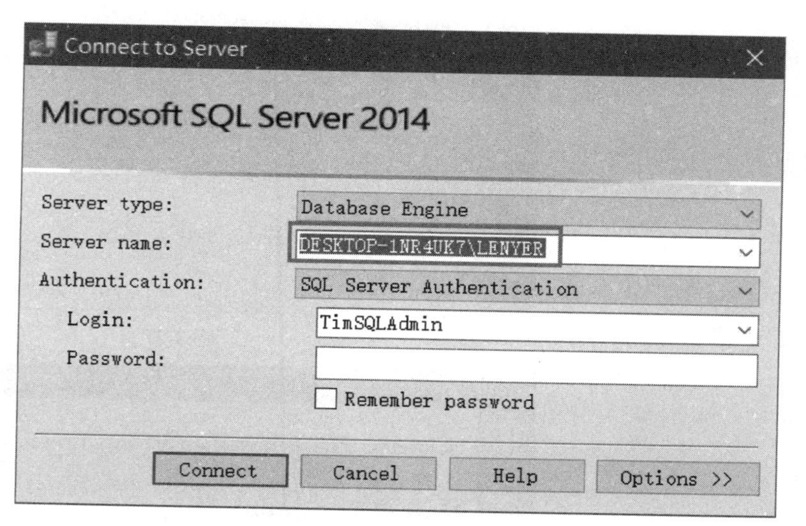

图 3-24

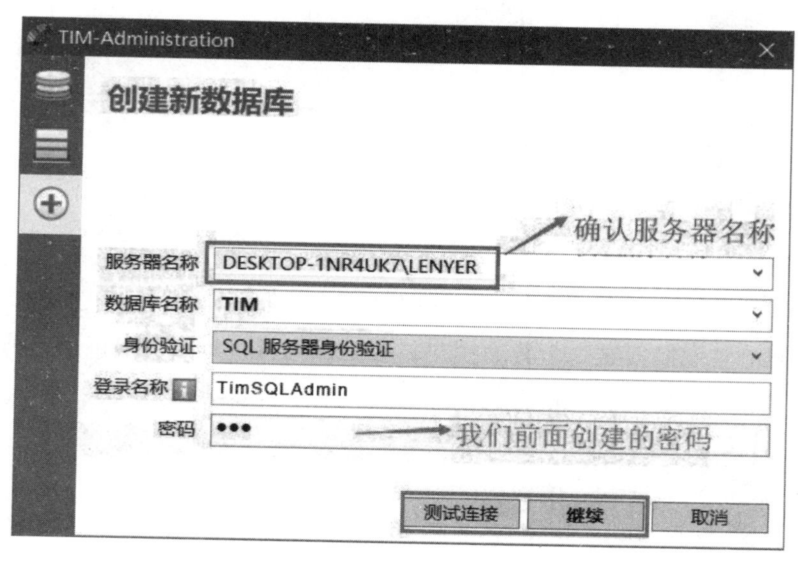

图 3-25

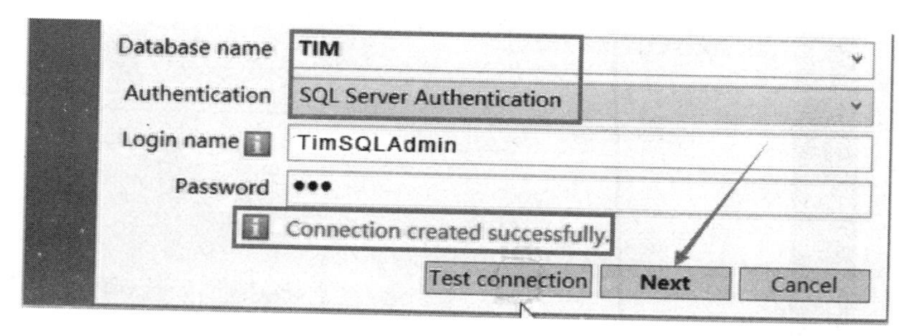

图 3-26

（2）在弹出的对话框中添加新的管理员；将【Authentication（身份验证）】更改为【TIM Authentication】；【Name】设为“TimAdmin”；【Password】举例设置为“123”，最后单击【Create（创建）】选项完成新管理员的添加，如图 3-27 和图 3-28 所示。

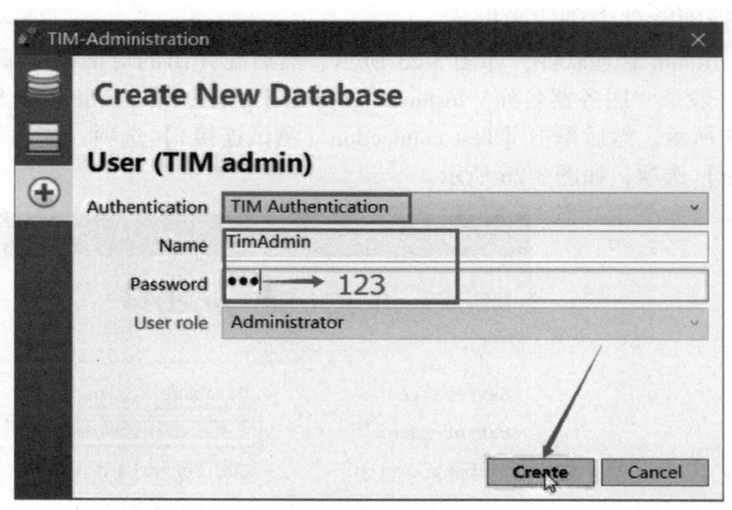

图 3-27

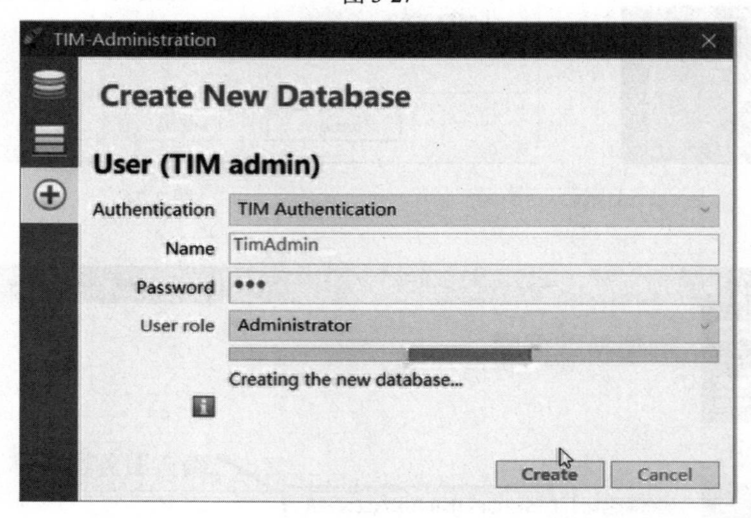

图 3-28

（3）在弹出的对话框中让我们创建一个普通用户，这里我们可以单击【Skip】选项跳过（后期可以通过 Tim Admin 进入管理账户，进行用户配置），如图 3-29 所示。

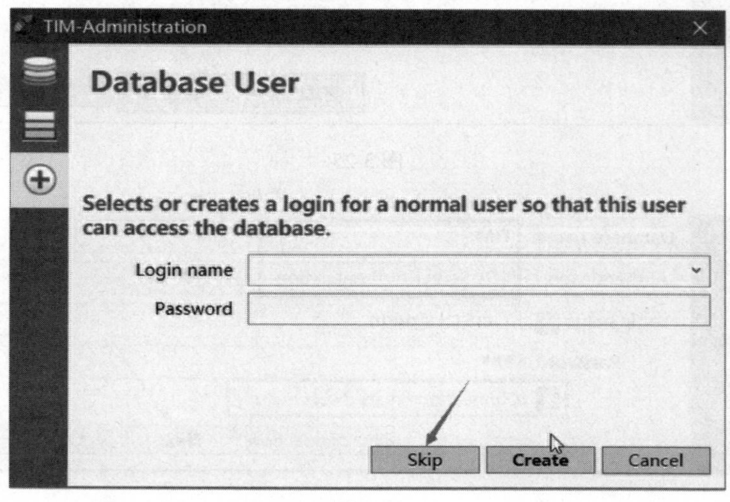

图 3-29

（4）在对话框中【Data storage（数据保存）】选项，选择【Network folder（网络文件夹）】选项，路径设置为我们在C盘中创建的【TIM Extra Files】文件夹，最后单击【Next】选项完成设置，如图3-30所示。

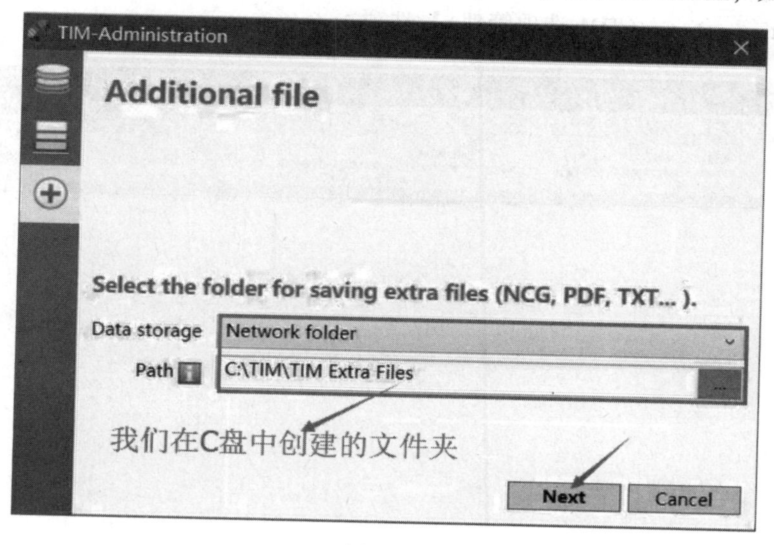

图3-30

（5）在图3-31中出现英文提示内容为“选择的附加文件路径是本地路径；这可能会在网络中造成问题。你想继续吗?”这里继续单击【Next】选项（提示：在正式的商业用途中请选择服务器路径），最后单击【Close】选项完成操作，如图3-32所示。

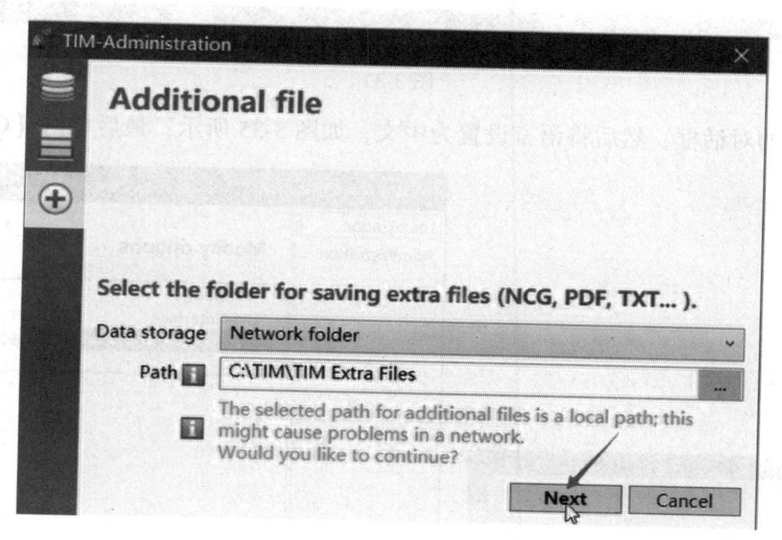

图3-31

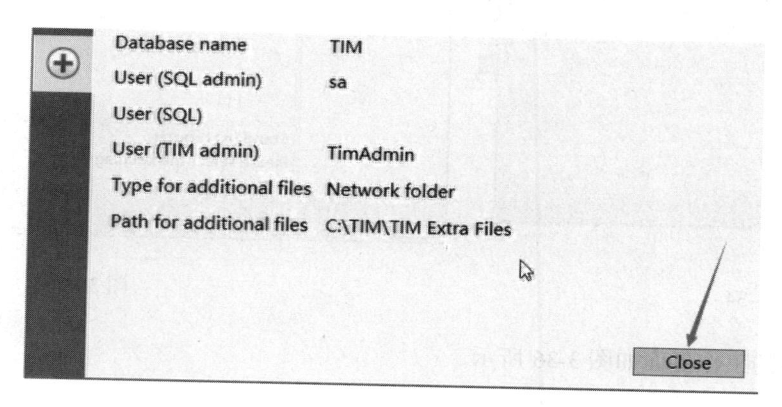

图3-32

3.3.2 选择语言

（1）进入软件工作界面后，单击左上角的 TIM 图标，如图 3-33 所示。弹出如图 3-34 所示对话框并在对话框中单击【TIM-Administration options（TIM-选项管理)】选项。

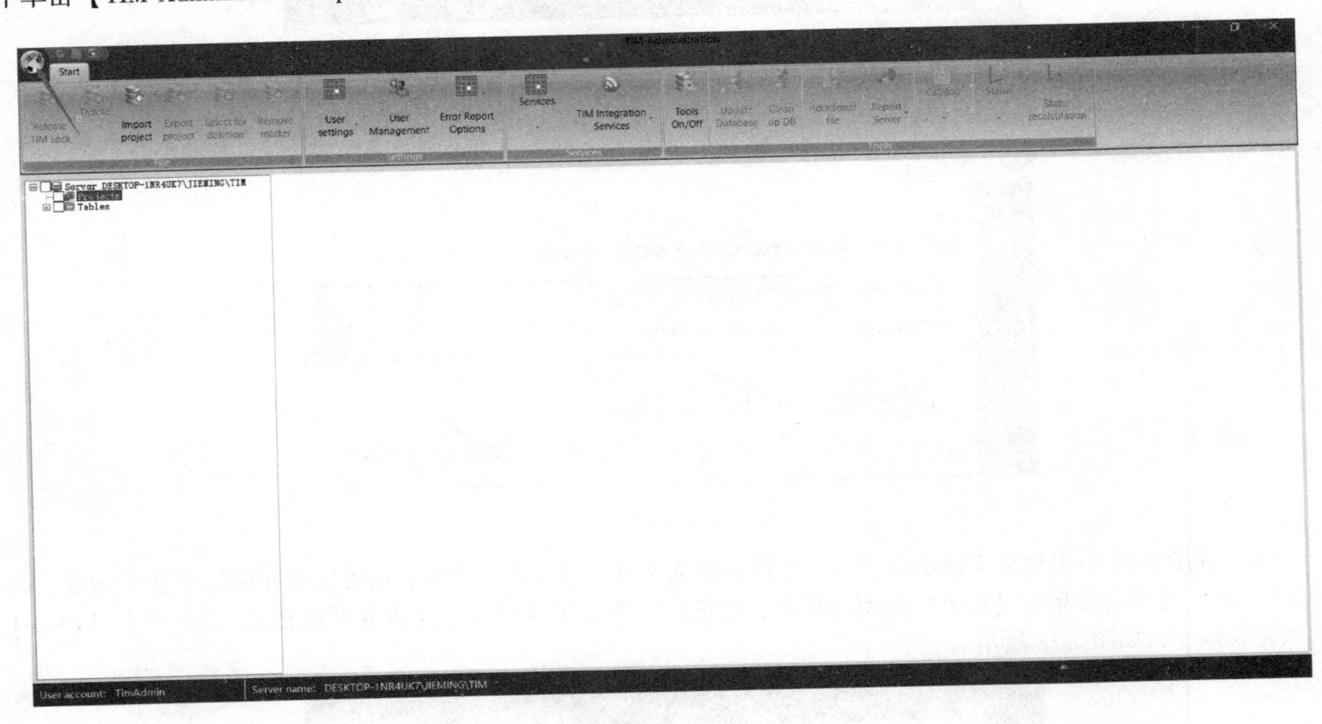

图 3-33

（2）单击后出现新的对话框，然后将语言设置为中文，如图 3-35 所示，最后单击【OK】选项完成设定。

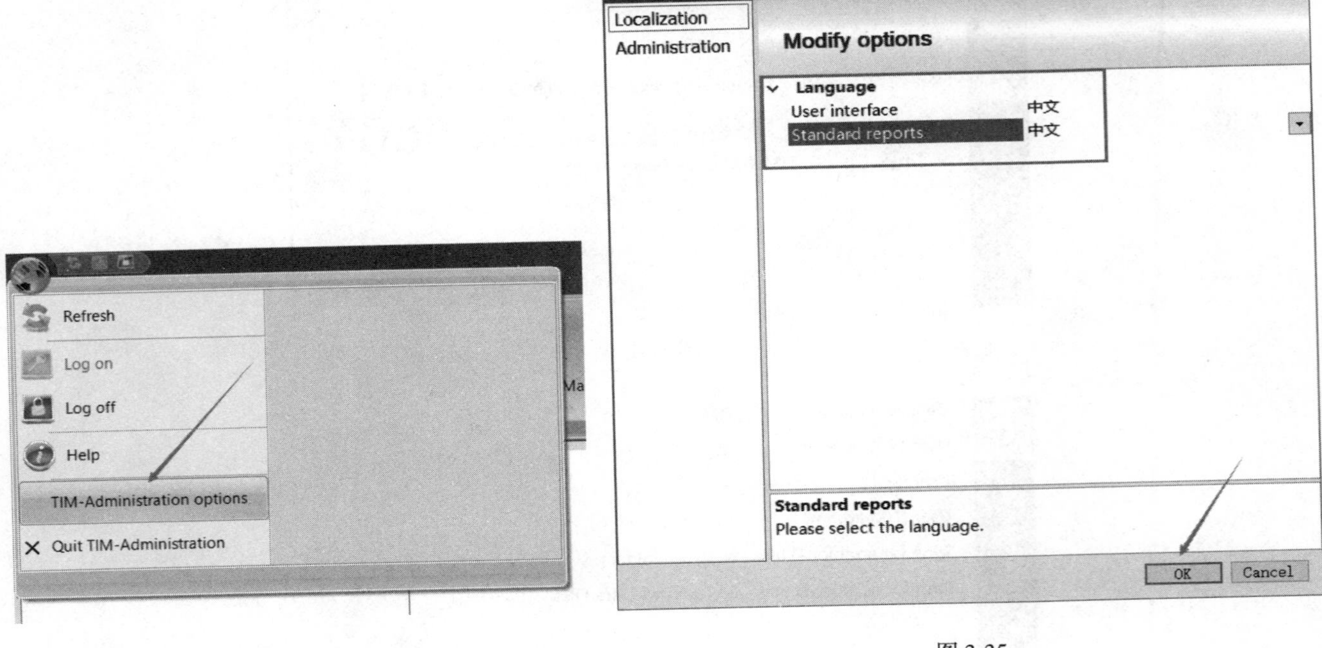

图 3-34　　　　图 3-35

（3）设置为中文后的工作界面如图 3-36 所示。

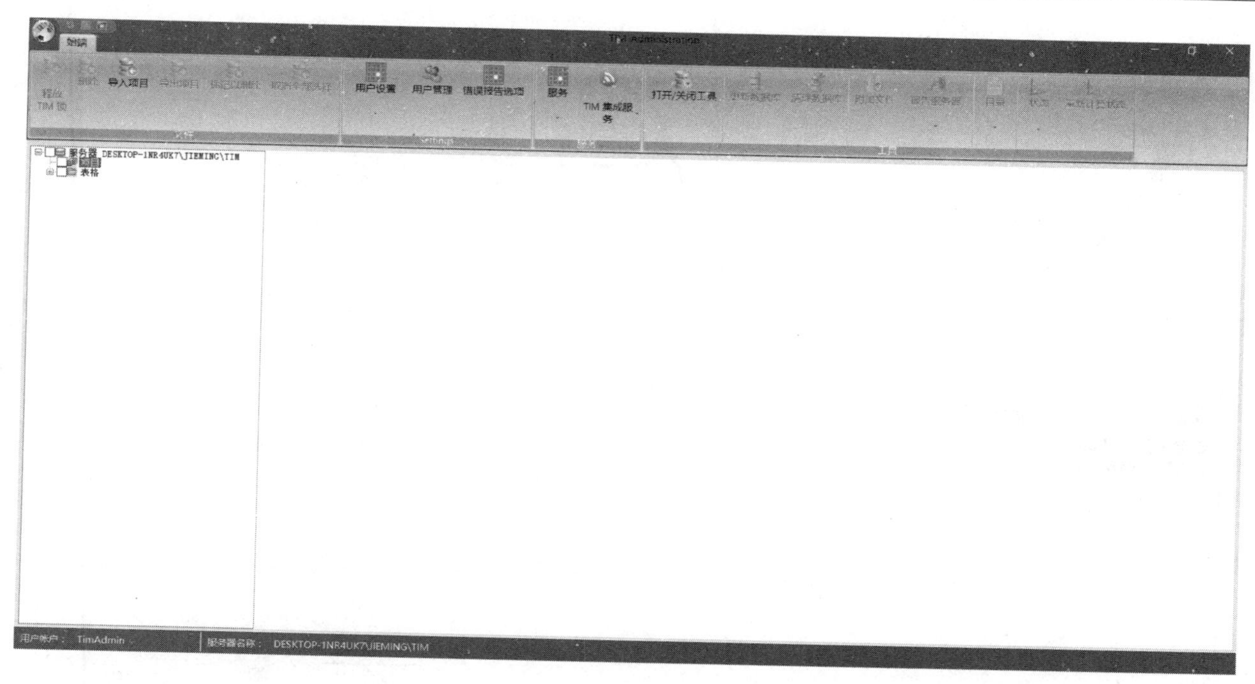

图 3-36

3.3.3　添加用户

（1）在工作界面中顶部的【Settings】选项栏中单击【用户管理】选项，如图 3-37 所示。

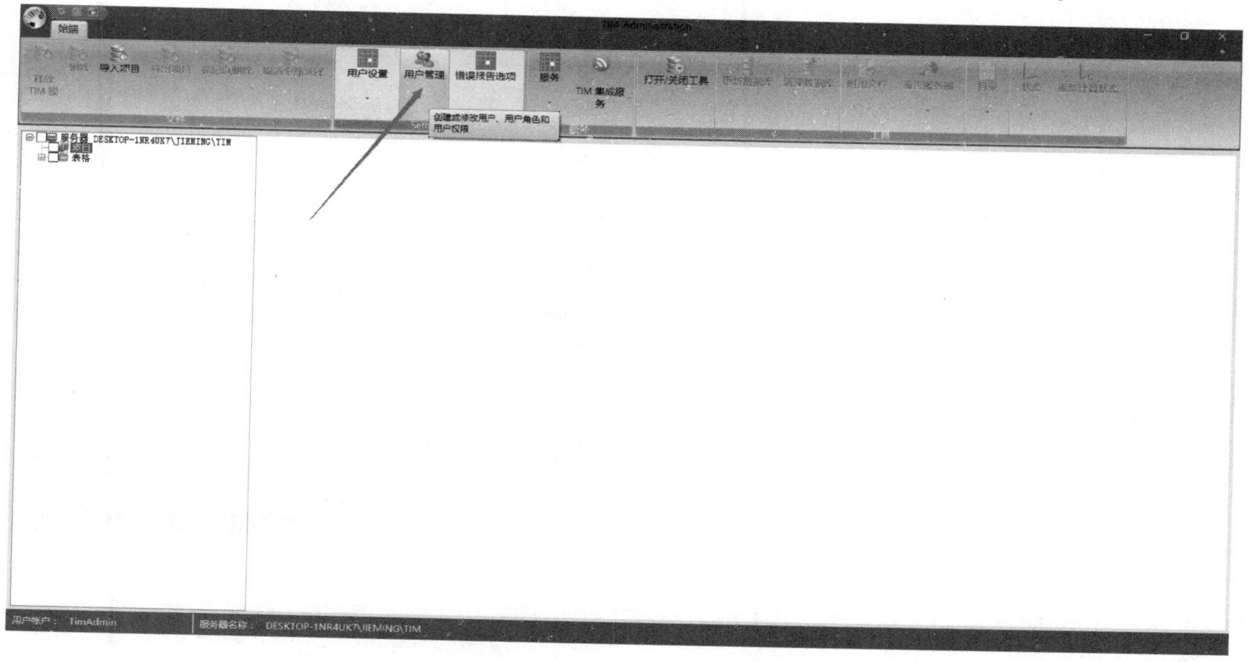

图 3-37

（2）在弹出的【用户管理】对话框中单击【用户】选项，然后单击右侧的 【添加对象】选项，如图 3-38所示。

（3）在弹出的对话框中设置用户名称、身份验证（这里身份验证的方式分为 TIM 验证和 Windows 验证两种，TIM 验证的方式可以在不同的计算机上登录，Windows 验证的方式只能通过指定的 Windows 账号登录）、密码、用户角色（这里的用户角色分为四种，分别是 Adminstrator 账户管理员、Key User 关键用户、User 一般用户、Viewer 参访人），这里设为一般用户（用户角色的设定规定了用户在软件操作中的权限，例如用户角色为 Viewer，那么他就不参与操作，仅仅只是查看），如图 3-39 所示（如果需要我们也可以设置用户的姓名、编号等信息），最后单击【应用】和【确定】选项完成设置。

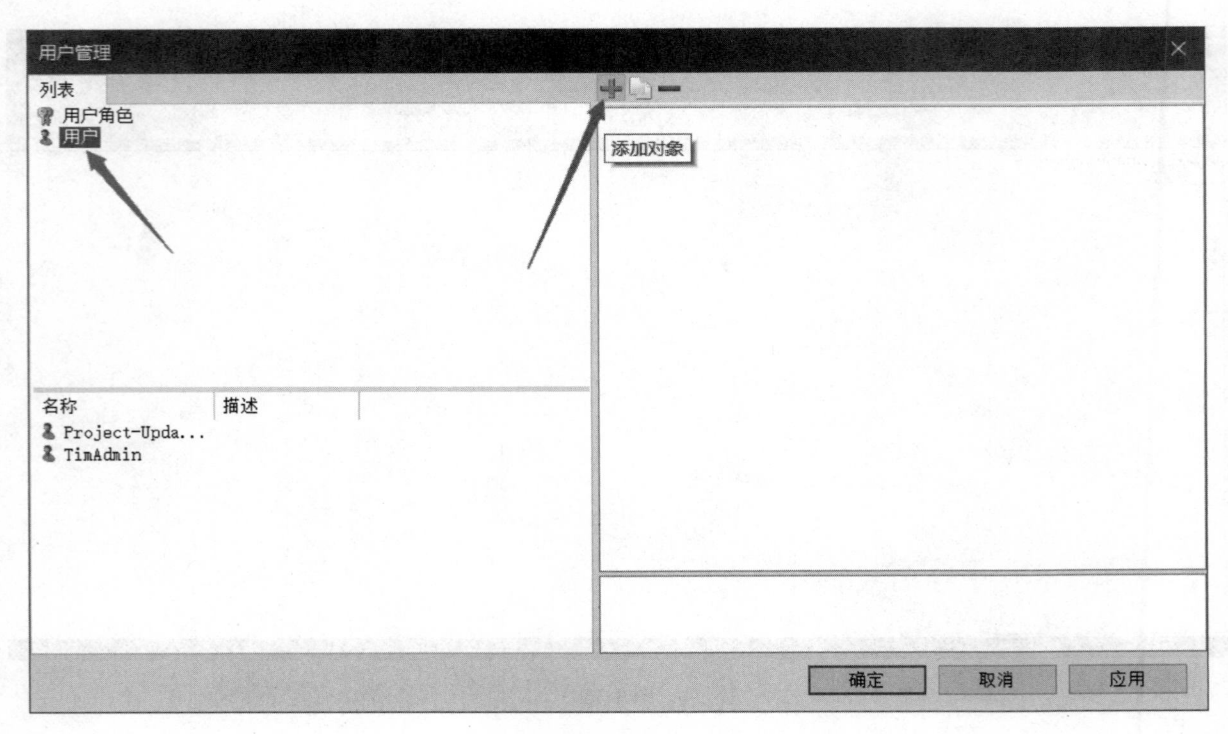

图 3-38

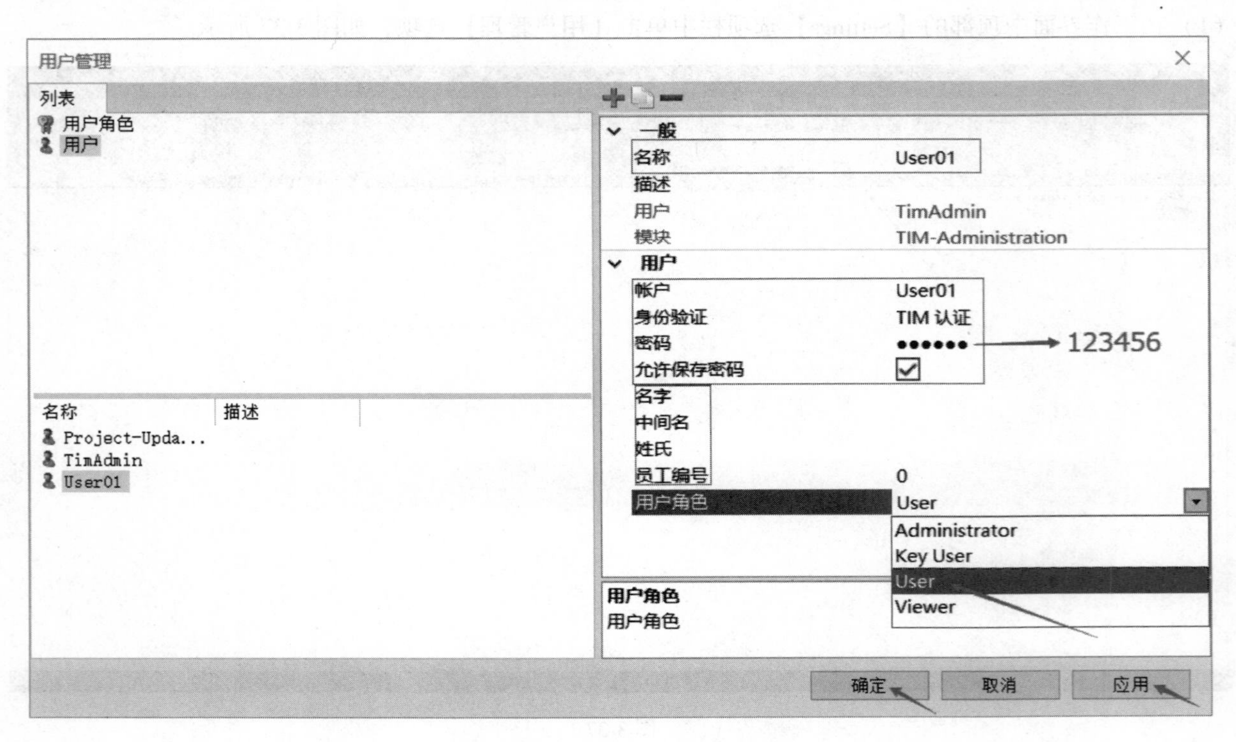

图 3-39

（4）再次在操作界面单击【用户管理】选项，然后在弹出的对话框中单击【用户】选项可以查看添加的新用户，如图 3-40 所示。最后单击【确定】选项返回。

3.3.4　用新用户登录

（1）再次打开软件，在登录界面的对话框中使用新用户登录（Tim Admin 和 Tim User 都可以登录，不同的是 Tim Admin 在软件内享有更多的权限，当只是个人使用时，建议使用 Tim Admin 进行登录，以便做更多的设置），如图 3-41 所示。

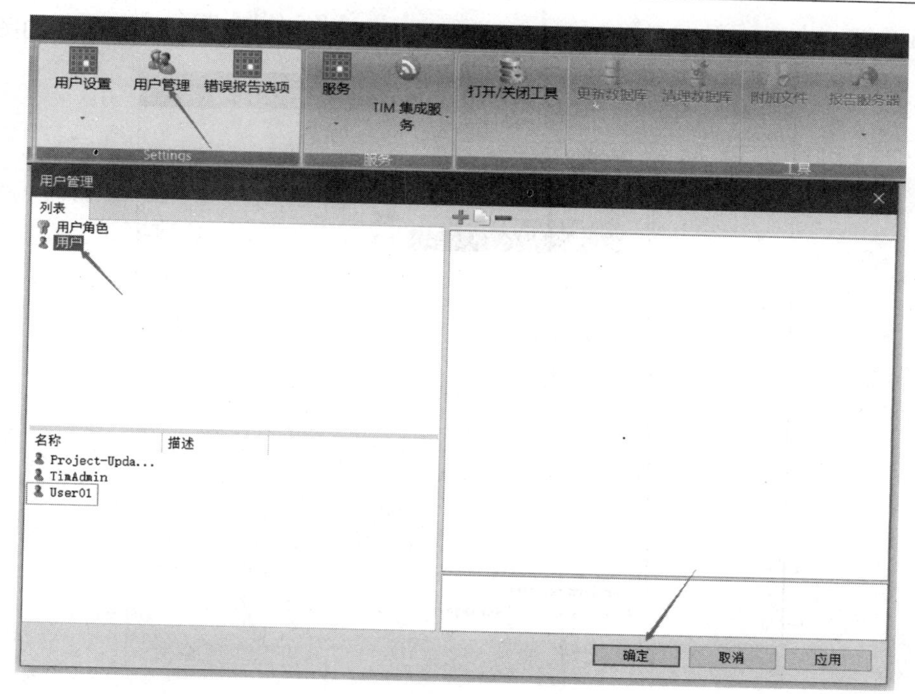

图 3-40

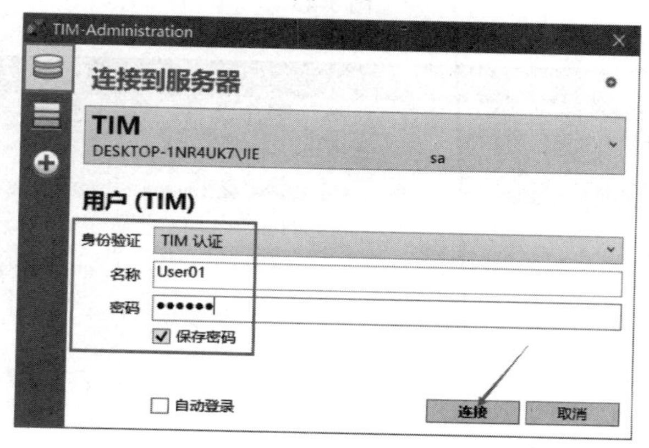

图 3-41

（2）使用新用户 User01 进入工作界面后，如图 3-42 所示。

图 3-42

（3）当新用户进入软件后需要重新设置语言，新用户 User01 的语言设置方法如图 3-43 和图 3-44 所示。

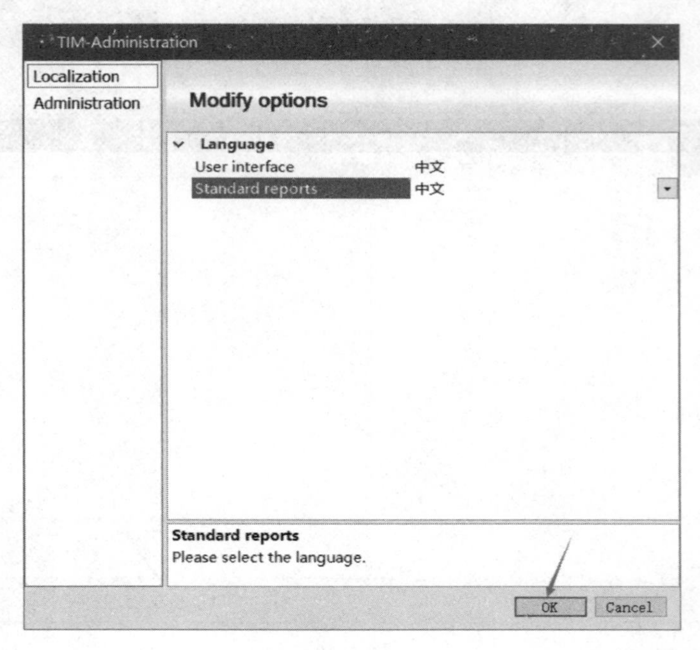

图 3-43

图 3-44

3.4 Reporting Services 配置

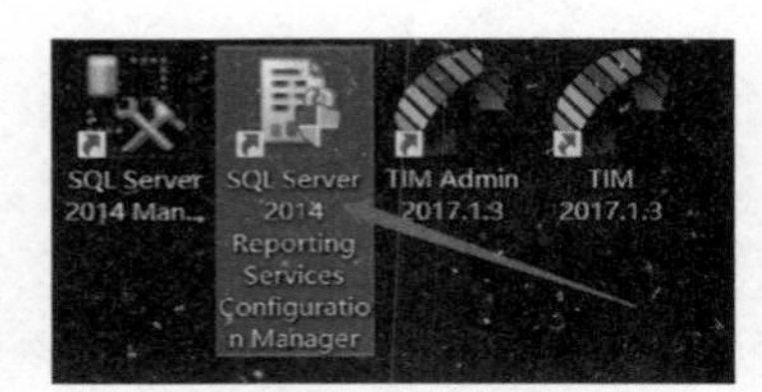

图 3-45

（1）在桌面打开软件 SQL Server 2014 Reporting Services Configuration Manager，如图 3-45 所示。进入主界面后可以看到“Web Service URL”和“Report Manager URL”这两个选项，分别对应不同的网址，如图 3-46 和图 3-47 所示。

（2）打开 TIM Admin 软件并连接进入，如图 3-48 所示，TIM Admin 界面内容如图 3-49 所示。

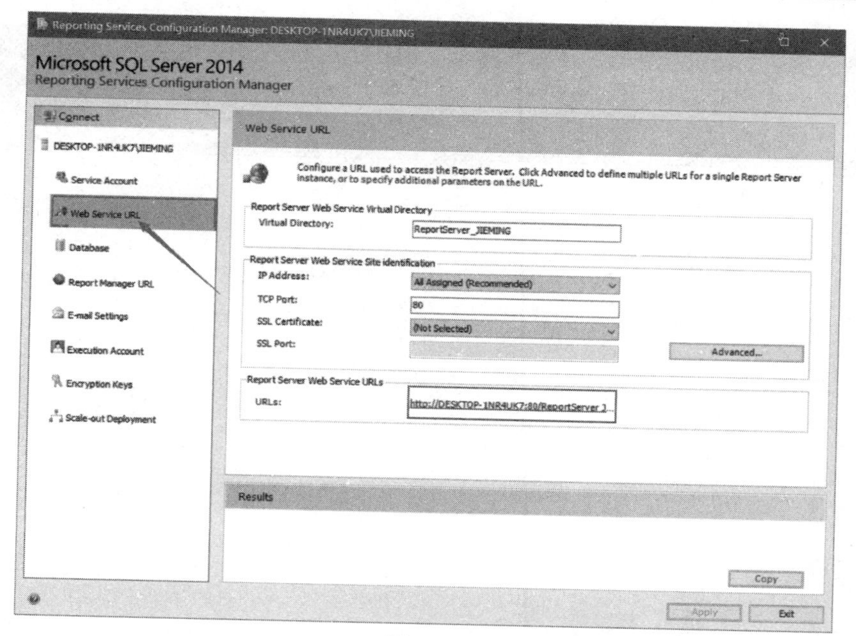

图 3-46

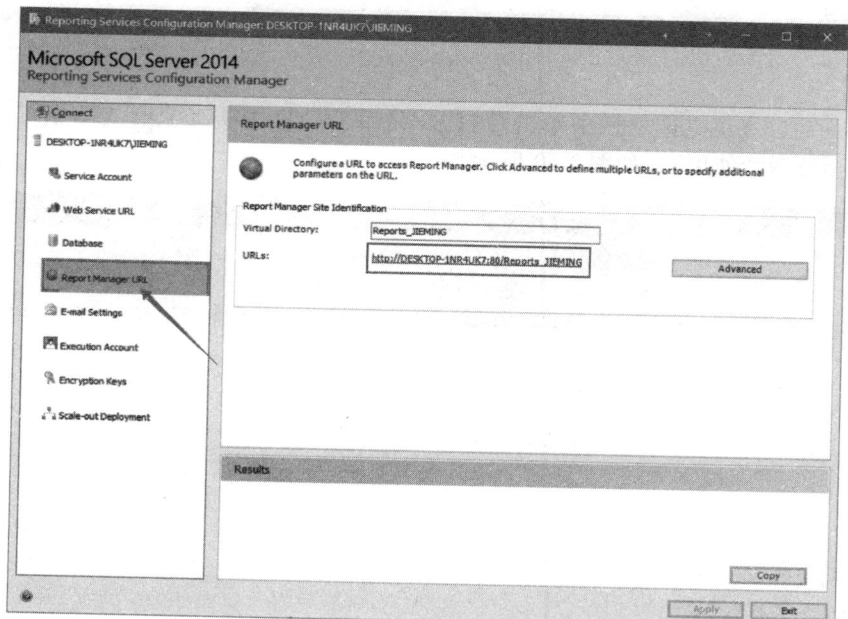

图 3-47

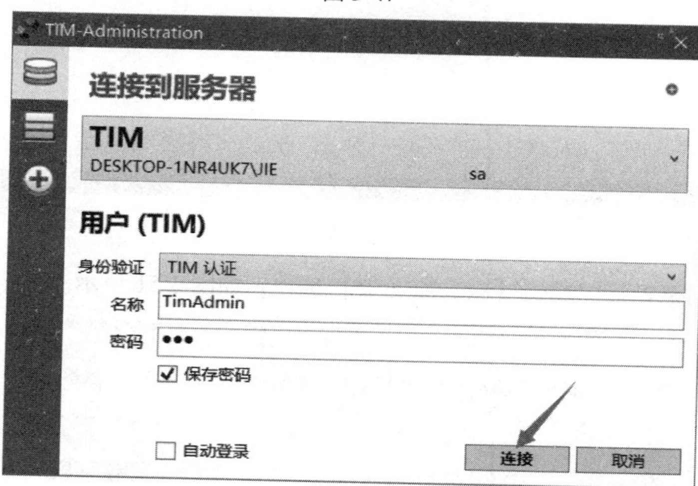

图 3-48

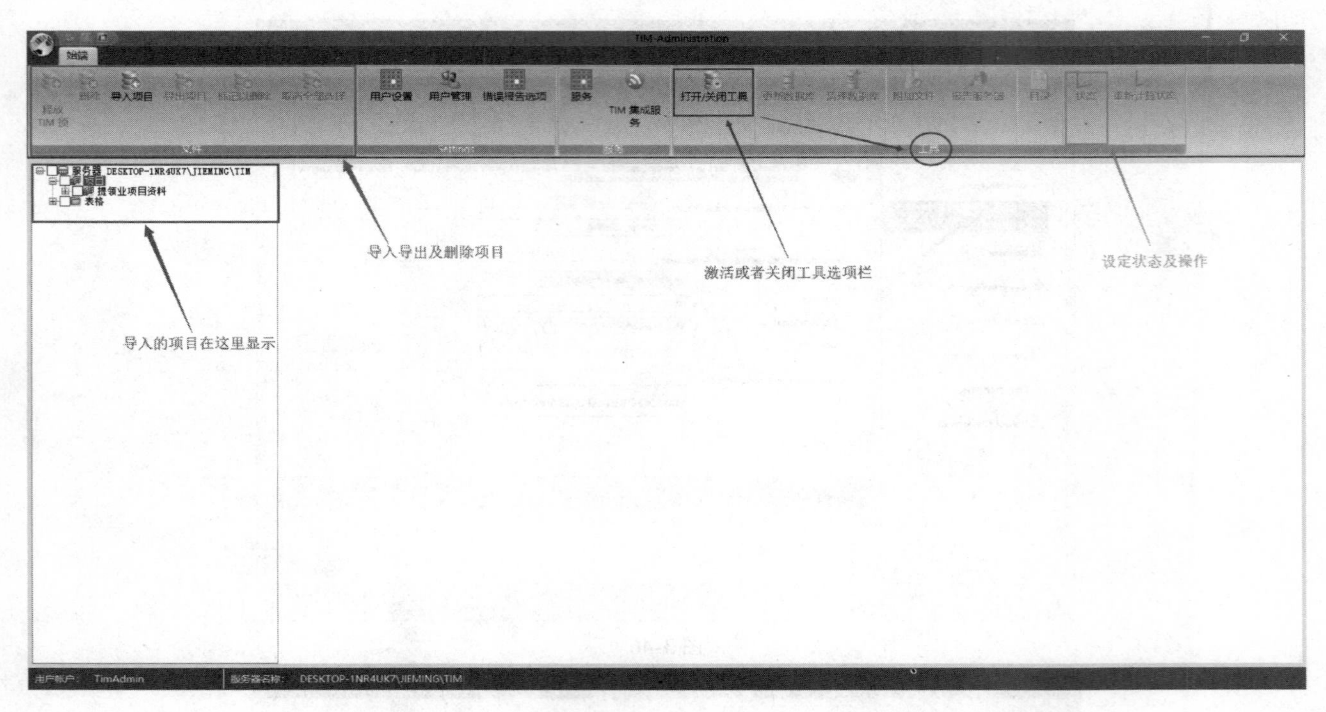

图 3-49

（3）进入工作界面后，在工具选项栏中单击【打开/关闭工具】选项（只有先单击【打开/关闭工具】选项，其后面的选项才会被激活使用），如图 3-50 所示。

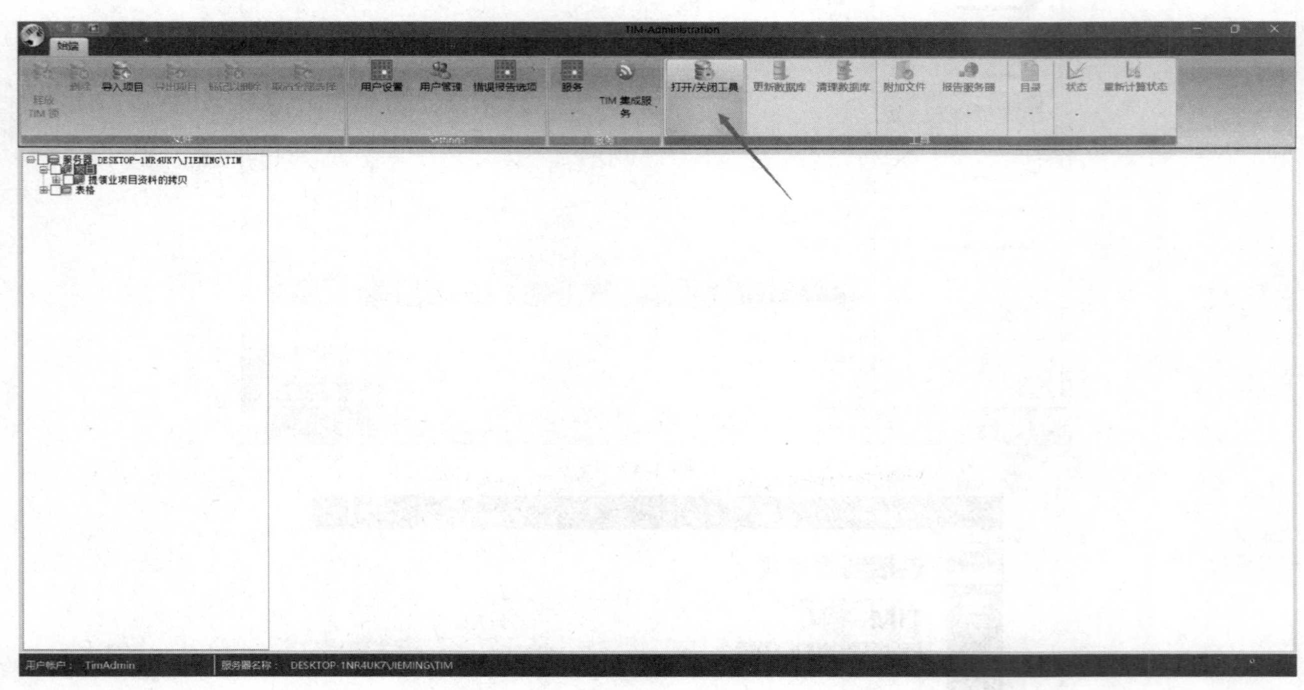

图 3-50

（4）当其他选项被同时激活后，单击【报告服务器】选项，如图 3-51 所示。

图 3-51

（5）在弹出的选项卡中单击【设置 URL】选项，如图 3-52 所示。

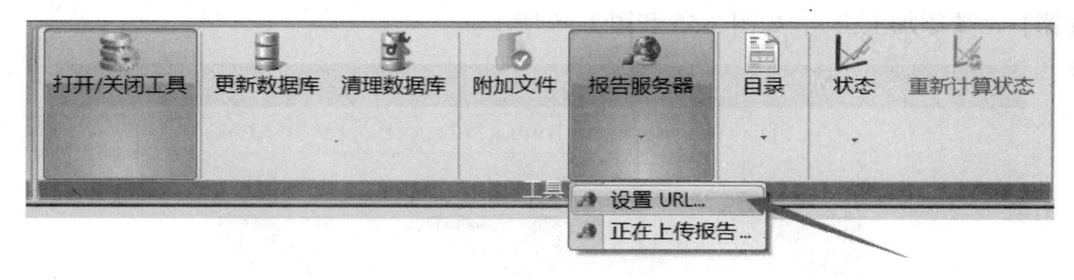

图 3-52

（6）在弹出的对话框中需要输入网址（这里需要输入的网址就是前面在 SQL Server 2014 Reporting Services Configuration Manager 中打开的内容），如图 3-53 所示。

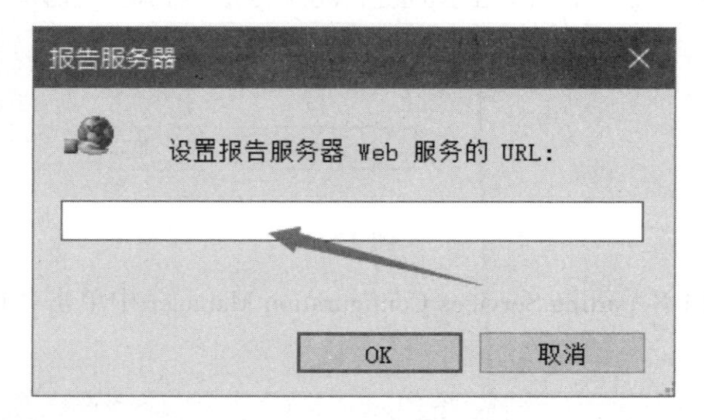

图 3-53

（7）返回到 SQL Server 2014 Reporting Services Configuration Manager 中，单击“Web Service URL”选项查看网址，如图 3-54 所示。

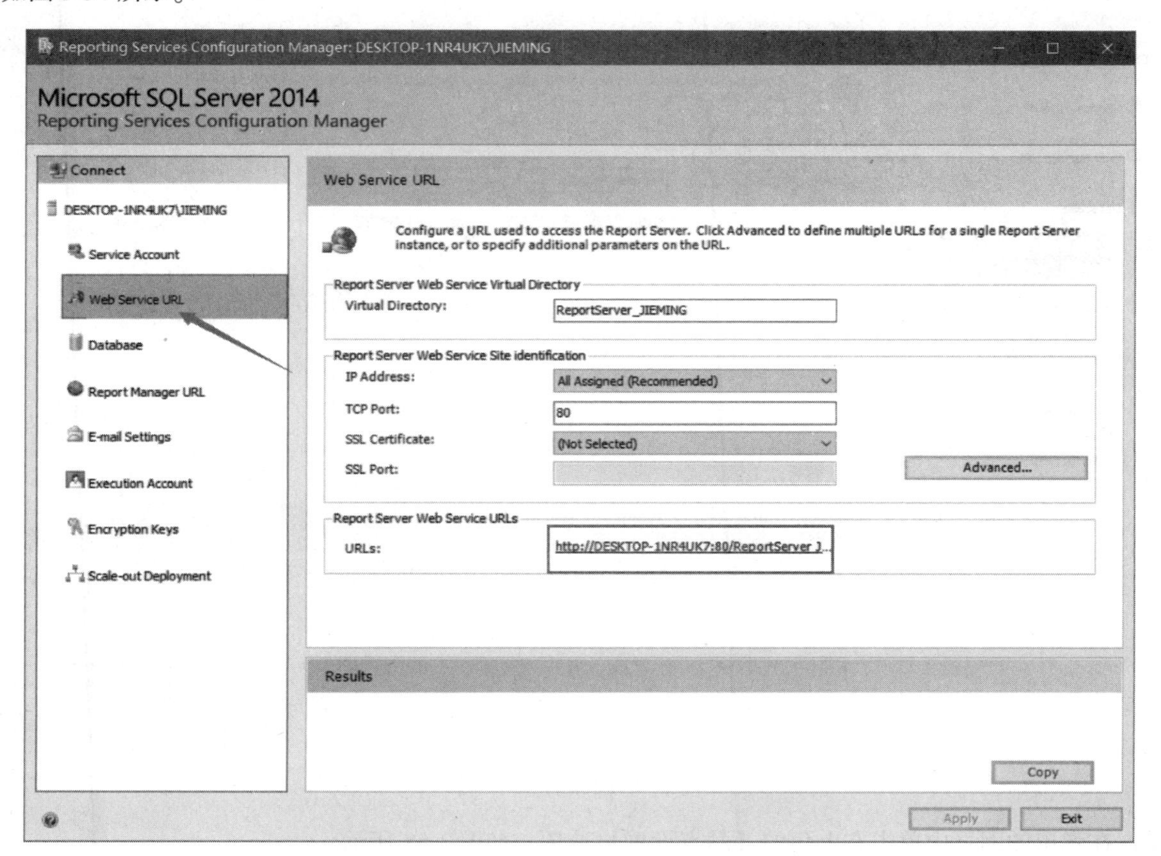

图 3-54

（8）单击打开网址并复制到 TIM Admin 的【报告服务器】对话框中（注意原网址中有“：80”，所以复制到【报告服务器】后要添加上去），如图 3-55 和图 3-56 所示。

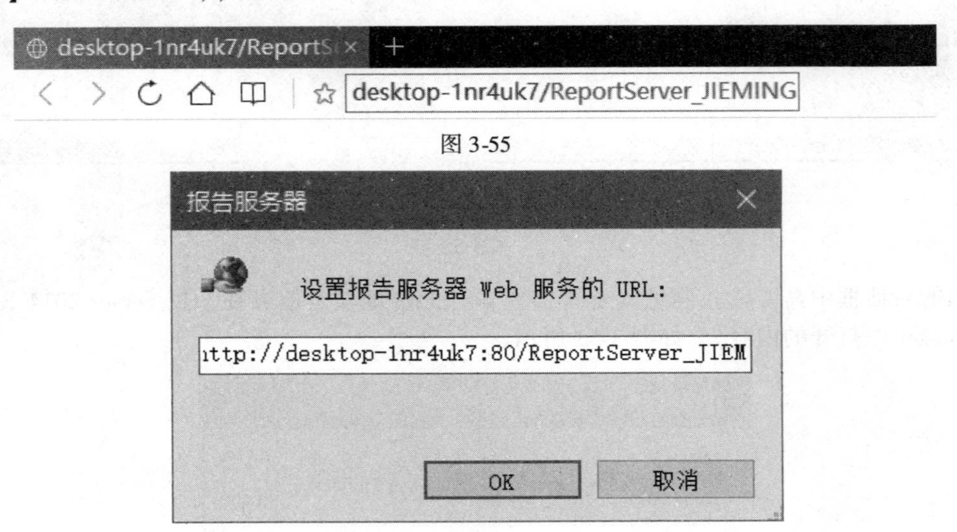

图 3-55

图 3-56

（9）然后在 SQL Server 2014 Reporting Services Configuration Manager 中单击“Report Manager URL”选项和网址，如图 3-57 所示。

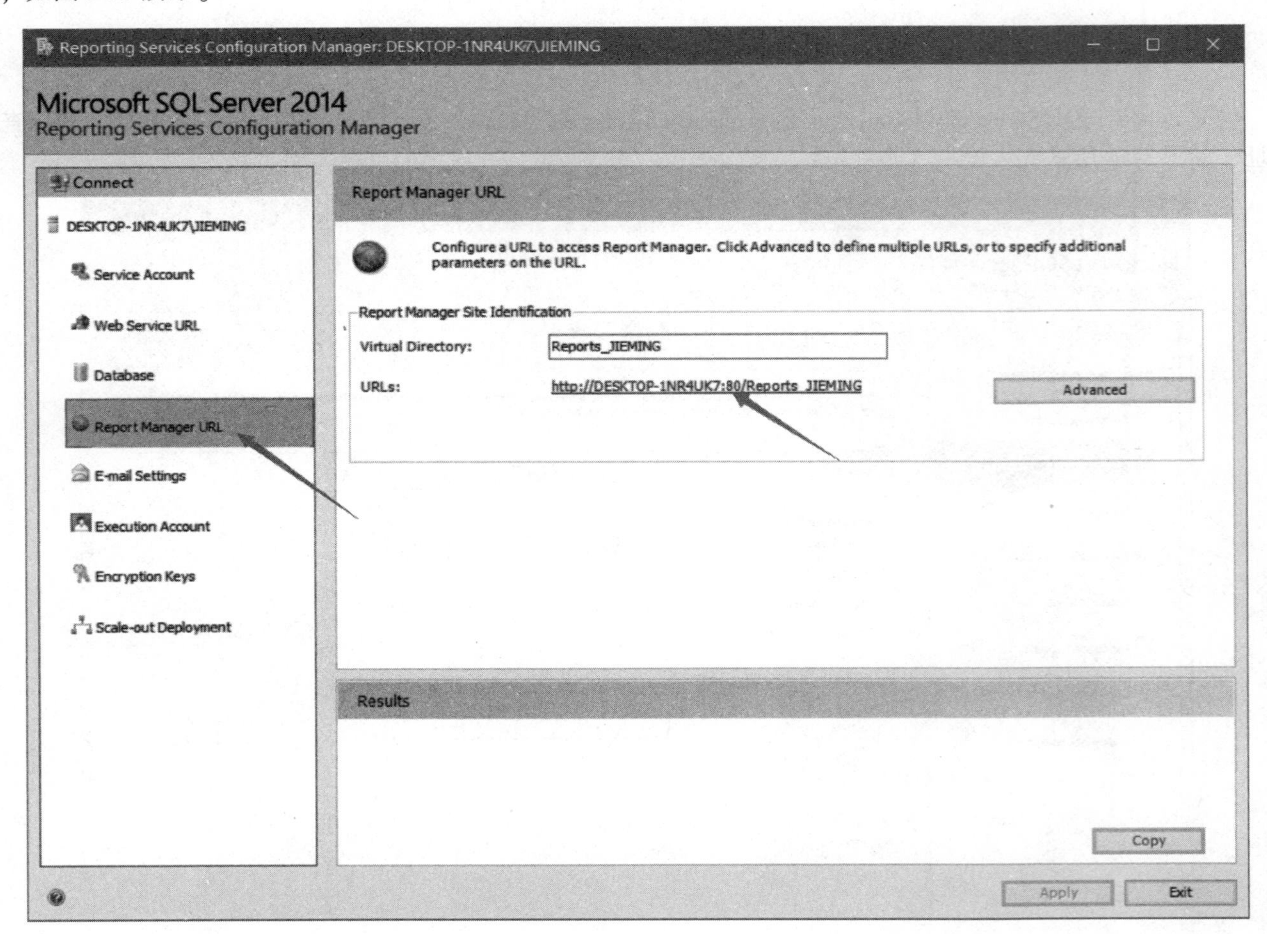

图 3-57

（10）在弹出的网页中单击右上角的【站点设置】选项，如图 3-58 所示。

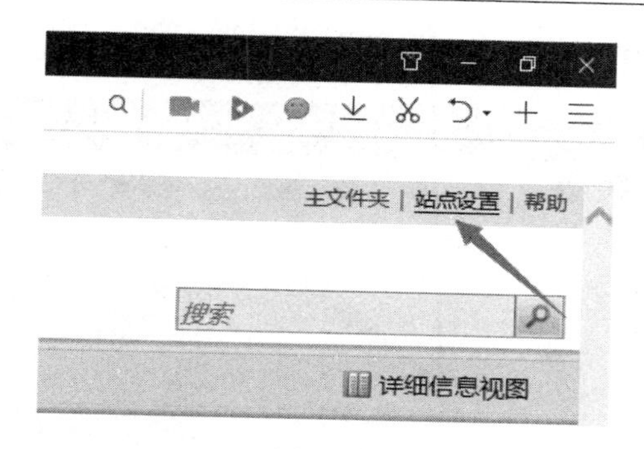

图3-58

并在弹出的页面中单击【安全性】选项，然后单击【新建角色分配】选项，如图3-59所示。

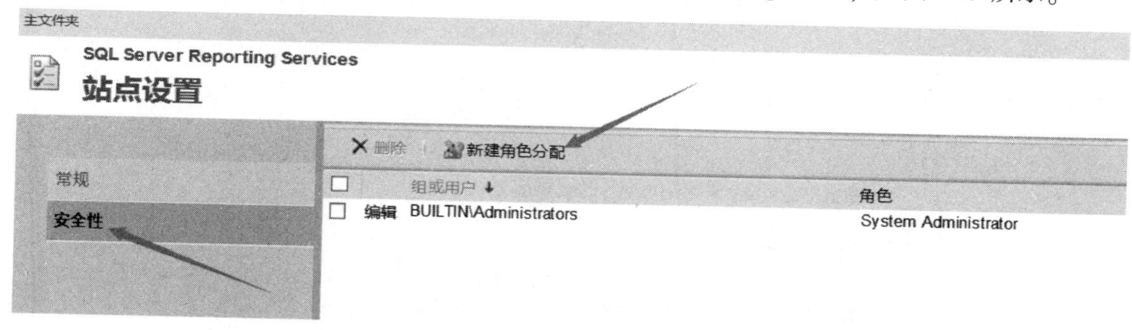

图3-59

然后在弹出的页面中选择计算机用户名，设置角色权限，最后单击【确定】选项，如图3-60所示。

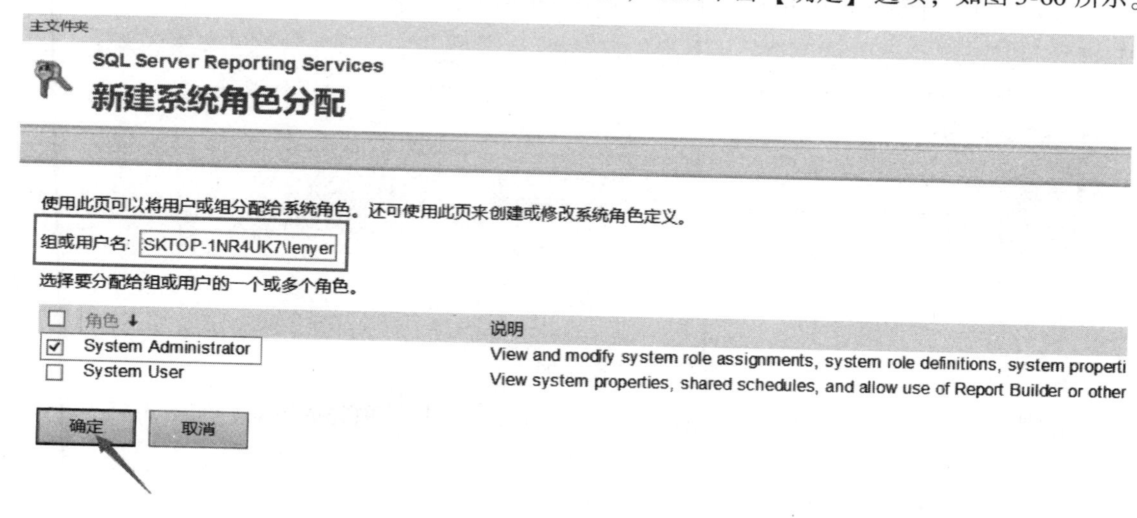

图3-60

此时页面中出现了我们刚刚设置好的管理角色，如图3-61所示。

图3-61

单击右上角的【主文件夹】选项，如图 3-62 所示。

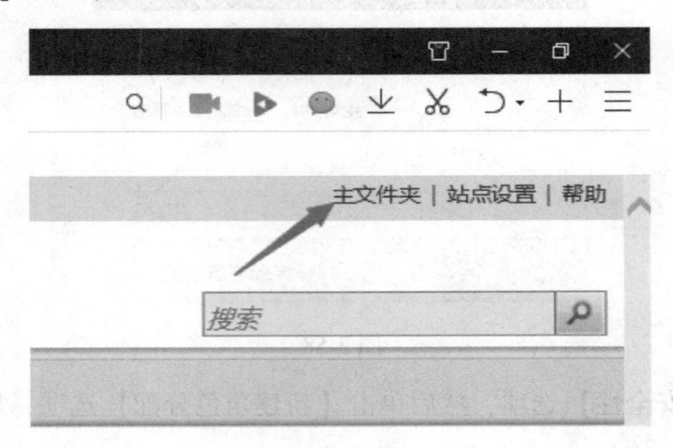

图 3-62

（11）在主文件夹页面单击【文件夹设置】选项，如图 3-63 所示。

图 3-63

进入这一页面后单击【新建角色分配】选项，如图 3-64 所示。

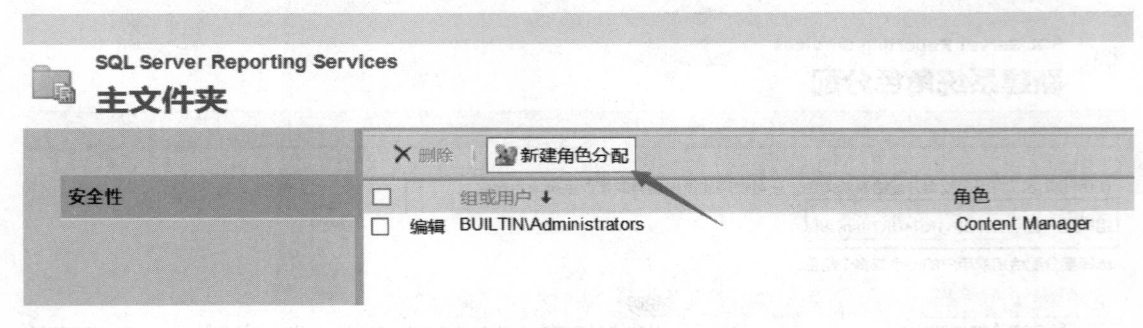

图 3-64

在页面中设置【用户名】并分配用户的角色，最后单击【确定】选项完成设置，如图 3-65 所示。

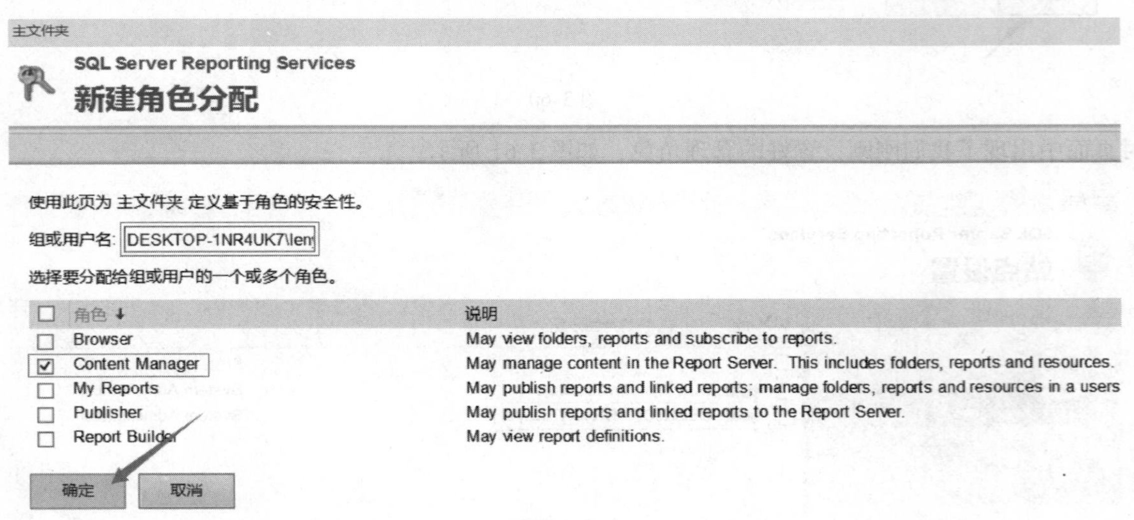

图 3-65

设置完成后如图 3-66 所示。

图 3-66

（12）再次单击【报告服务器】选项，然后在弹出的选项卡中单击【正在上传报告】选项，如图 3-67 所示。

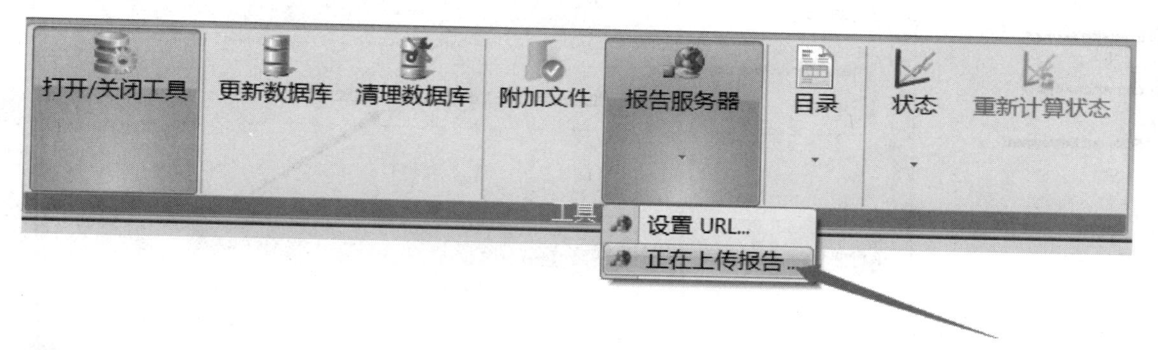

图 3-67

在弹出的对话框中单击【标准】选项，然后单击【OK】选项完成上传，如图 3-68 所示。

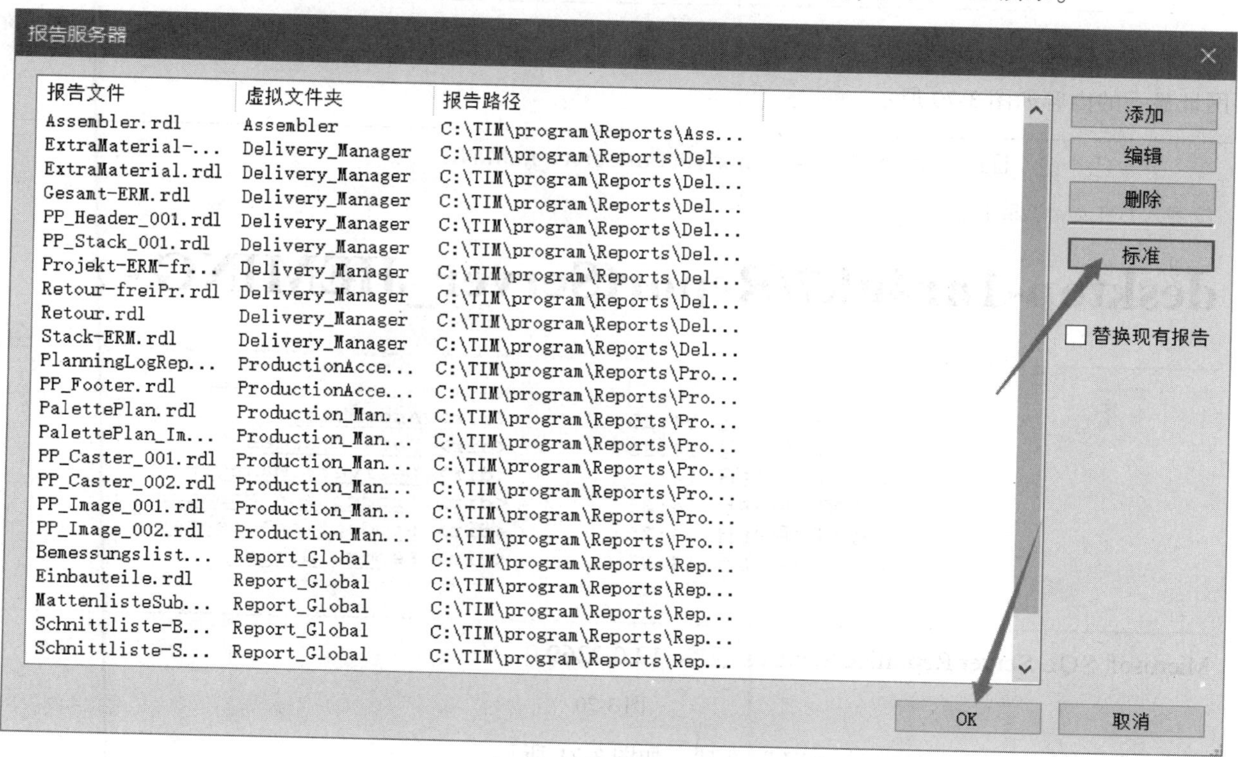

图 3-68

（13）再次打开“Web Service URL”选项的网址，如图 3-69 所示。

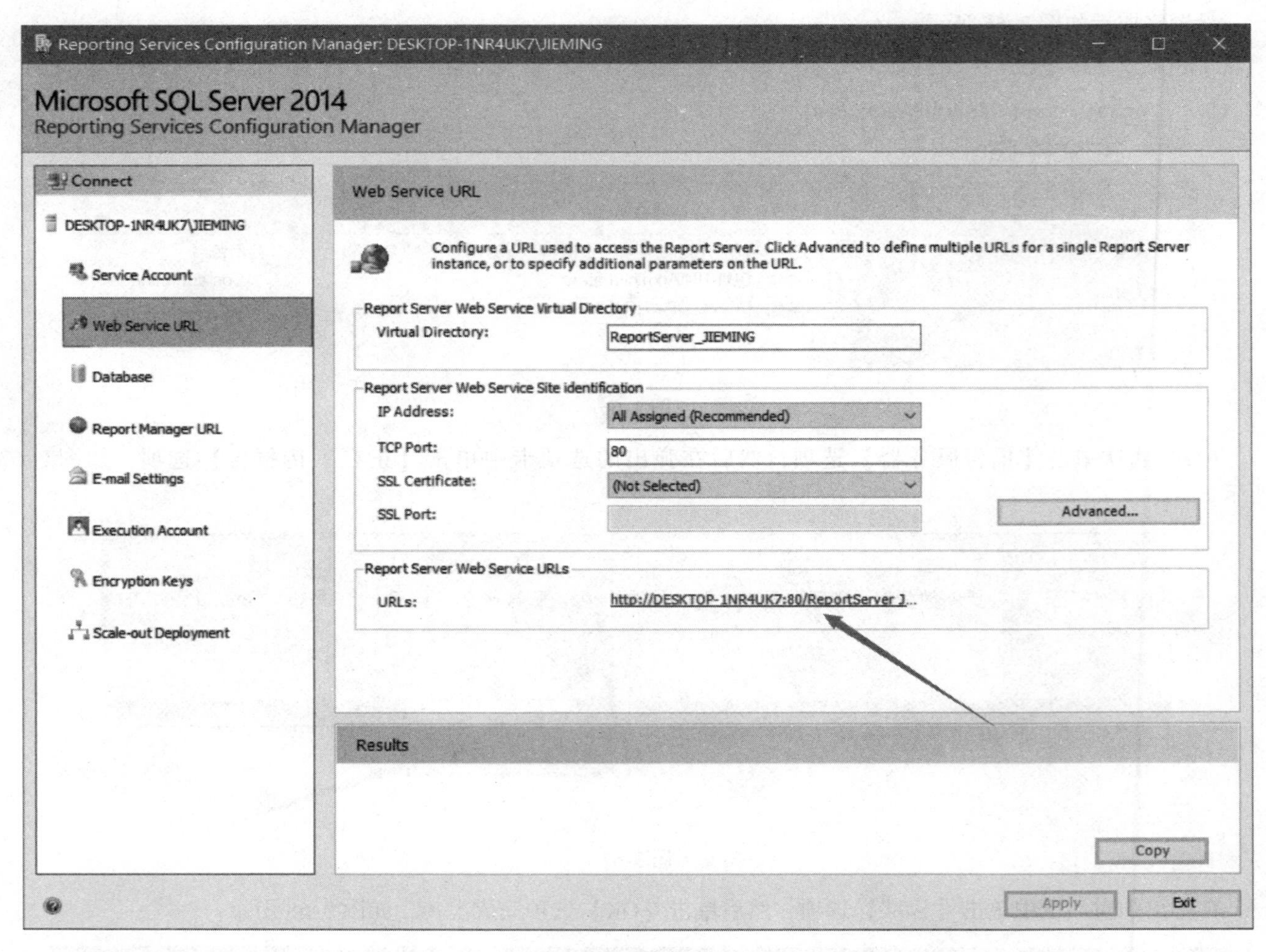

图 3-69

网址显示的内容如图 3-70 所示。

desktop-1nr4uk7/ReportServer_JIEMING

导入书签　★ 找回书签

desktop-1nr4uk7/ReportServer_JIEMING - /

```
2017年9月28日  14:25        <dir> Assembler
2017年9月28日  14:25        <dir> Data Sources
2017年9月28日  14:25        <dir> Delivery Manager
2017年9月28日  14:25        <dir> Production Manager
2017年9月28日  14:25        <dir> ProductionAcceptance
2017年9月28日  14:25        <dir> Report Global
```

Microsoft SQL Server Reporting Services 版本 12.0.2269.0

图 3-70

(14) 再次打开“Report Manager URL”选项，如图 3-71 所示。

主文件夹页面如图 3-72 所示。

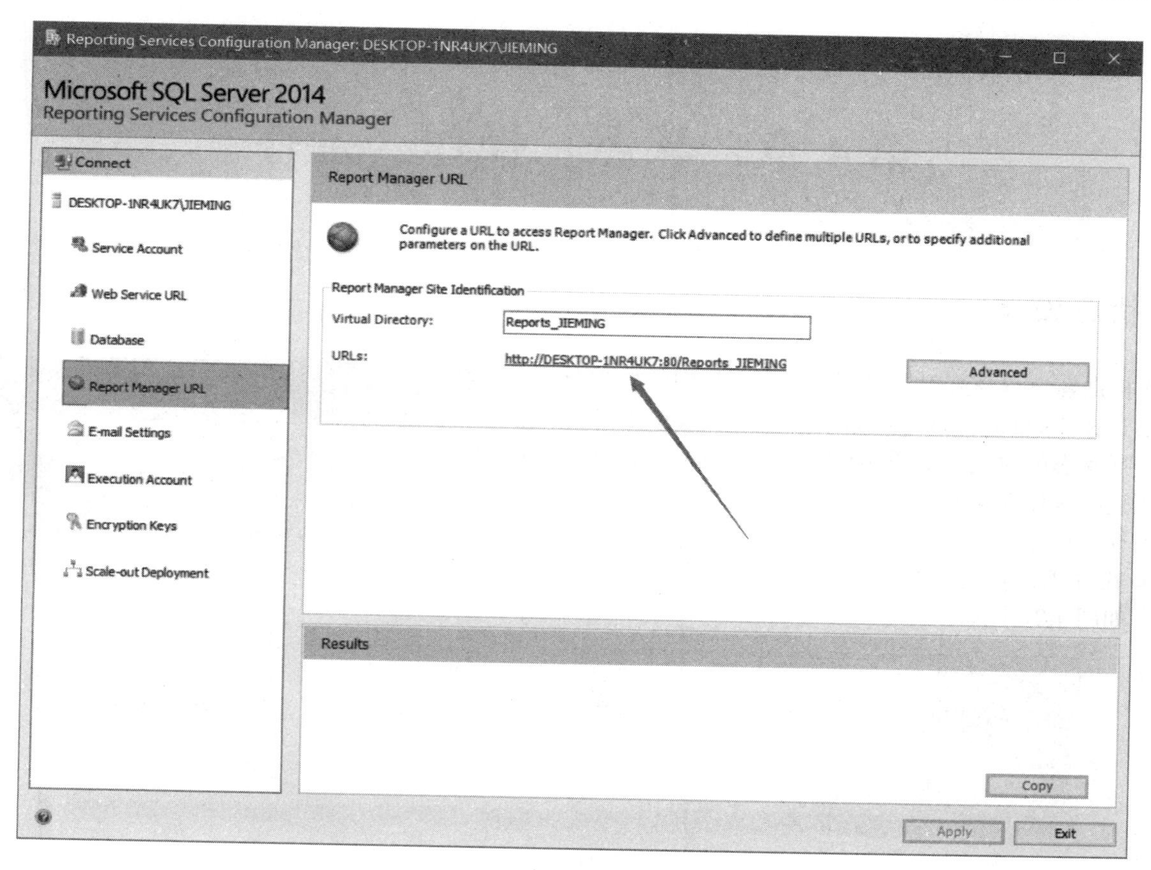
Reporting Services Configuration Manager: DESKTOP-1NR4UK7\JIEMING
Microsoft SQL Server 2014
Reporting Services Configuration Manager
Connect
DESKTOP-1NR4UK7\JIEMING
Service Account
Web Service URL
Database
Report Manager URL
E-mail Settings
Execution Account
Encryption Keys
Scale-out Deployment
Report Manager URL
Configure a URL to access Report Manager. Click Advanced to define multiple URLs, or to specify additional parameters on the URL.
Report Manager Site Identification
Virtual Directory:
Reports_JIEMING
URLs:
http://DESKTOP-1NR4UK7:80/Reports_JIEMING
Advanced
Results
Copy
Apply
Exit

图 3-71

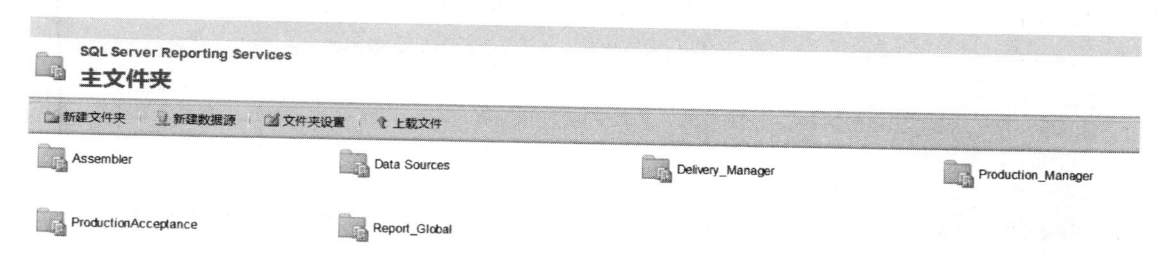
SQL Server Reporting Services
主文件夹
新建文件夹
新建数据源
文件夹设置
上载文件
Assembler
Data Sources
Delivery_Manager
Production_Manager
ProductionAcceptance
Report_Global

图 3-72

第 4 章　状态、操作、条件

4.1　状态设置

图 4-1

TIM 根据客户自身流程需要，可以将项目中的构件分为多个状态。可通过在 Technical Information Manager 模块单击【操作】栏中的按钮完成状态的改变，如图 4-1 所示。也可以通过外部程序改变状态，当这些操作在设置时标记为“外部操作”，需要将操作分配给相应的模块。

（1）在【工具】选项栏中单击【打开/关闭工具】选项激活其他选项，如图 4-2 所示。

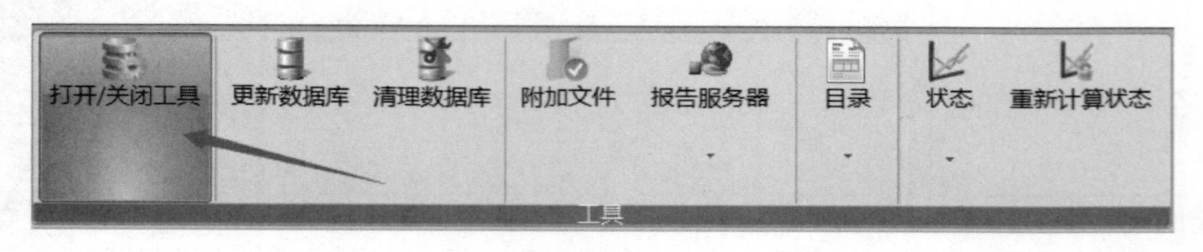

图 4-2

在激活的选项栏中单击【状态】选项（如果不激活，其他选项将会灰色显示且单击无效），如图 4-3 所示。

图 4-3

弹出【警告】对话框，阅读后单击【确定】选项（由于此应用程序开放性较高，系统很容易被修改。在当前项目正在使用中时更改状态配置可能会导致这些项目的元件出现无效标签，所以提示我们确认此步操作，如果继续就单击【确定】选项。由于这个是最核心的设置，任何人都不可以轻易修改状态中的任何内容，只有管理员才有这个权限。所以一般情况下，工作流程一旦确认，将不会随意修改！）如图 4-4 所示。

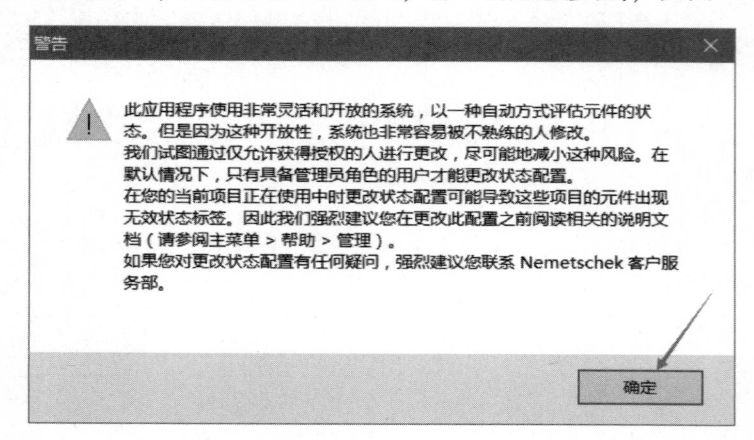

图 4-4

在【状态配置】对话框的【列表】选项中分为：状态、操作、条件。

条件：条件可以为“是”或“否”，是操作执行的前提条件，界面中用“红”与“绿”区分“是”与“否”。

操作：操作可以产生条件将其设为“是”，同理，操作也可将条件恢复为“否”。

状态：状态是一个或多个条件满足后的结果。

在【状态配置】对话框中单击【状态】选项，然后单击右侧的 ➕【添加对象】选项，如图 4-5 所示。

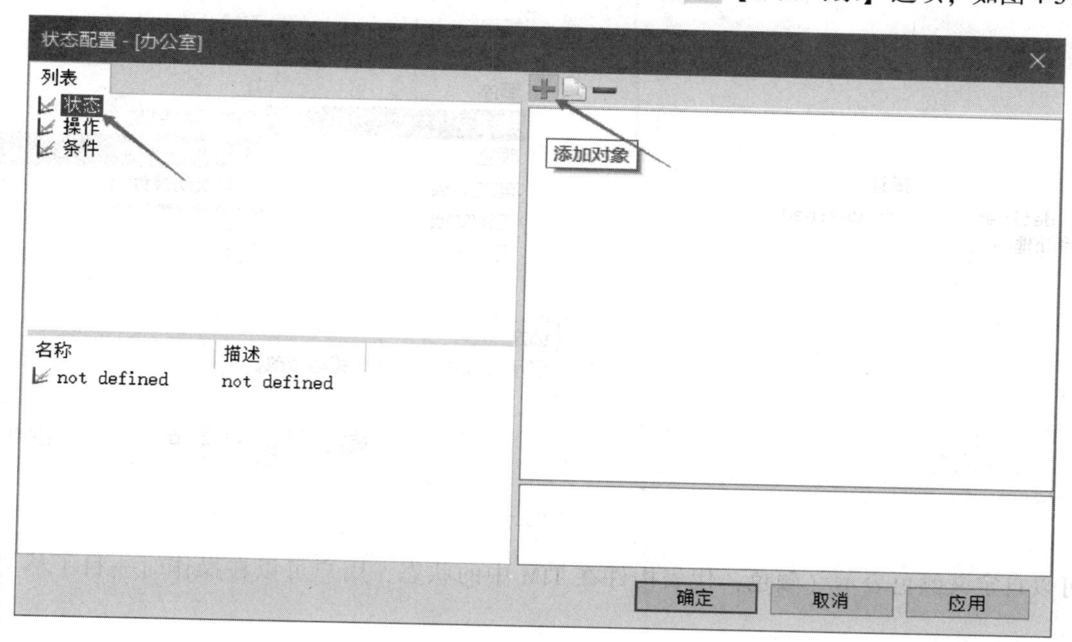

图 4-5

单击添加对象后如图 4-6 所示，在对话框中出现【状态 1】和对应的属性。

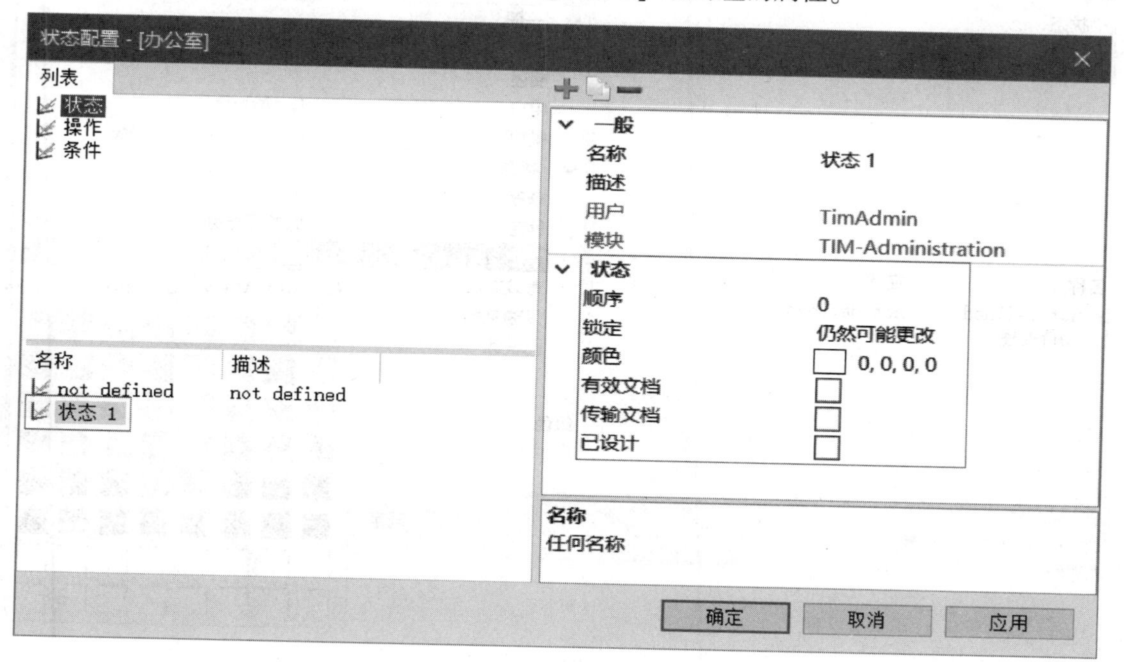

图 4-6

在对话框中将名称改为【00 待处理】(取双位数可以使两个状态之间有足够的空间添加其他需要的状态)，在【锁定】(【锁定】表示是否允许后期进行更改）后的下拉列表里有【仍然可能更改】和【所有改动被锁】两个选项（具体设置根据管理员的需要而定），如图 4-7 所示。

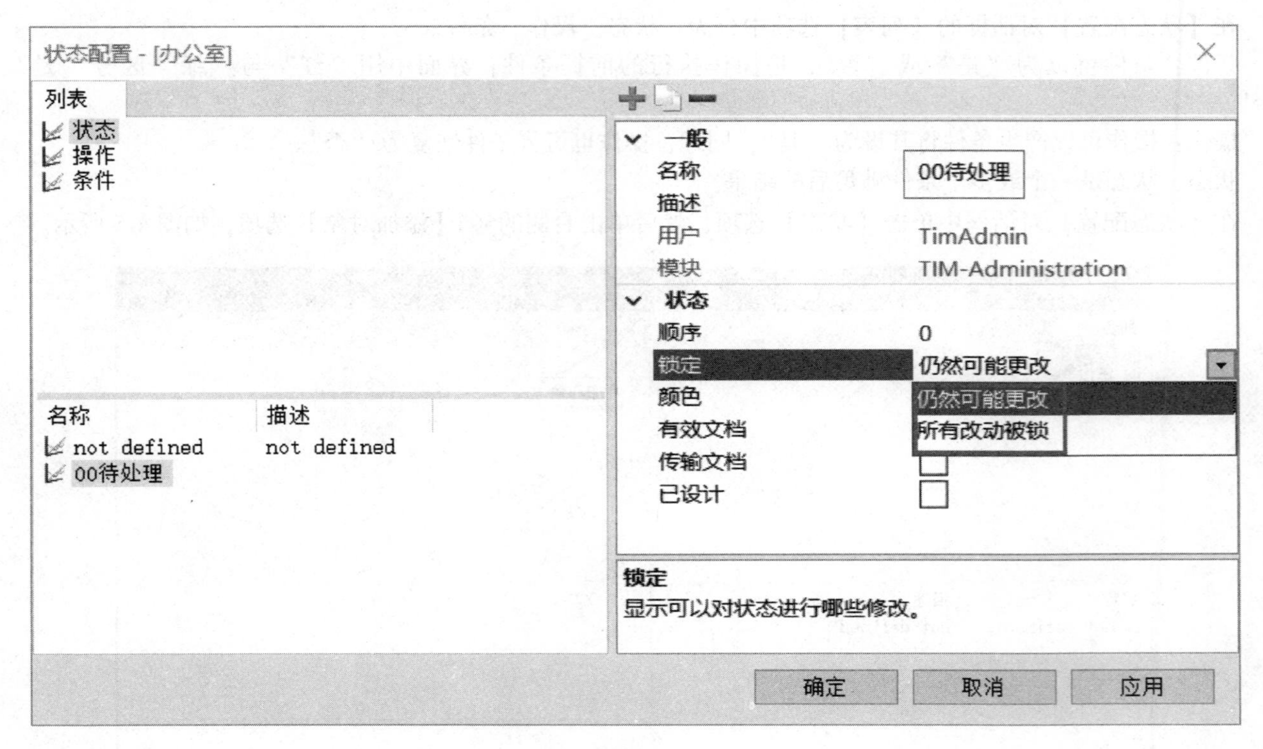

图 4-7

用户可以自定义颜色表示（颜色：代表构件在 TIM 中的状态，用户可以在操作时一目了然），如图 4-8 所示。

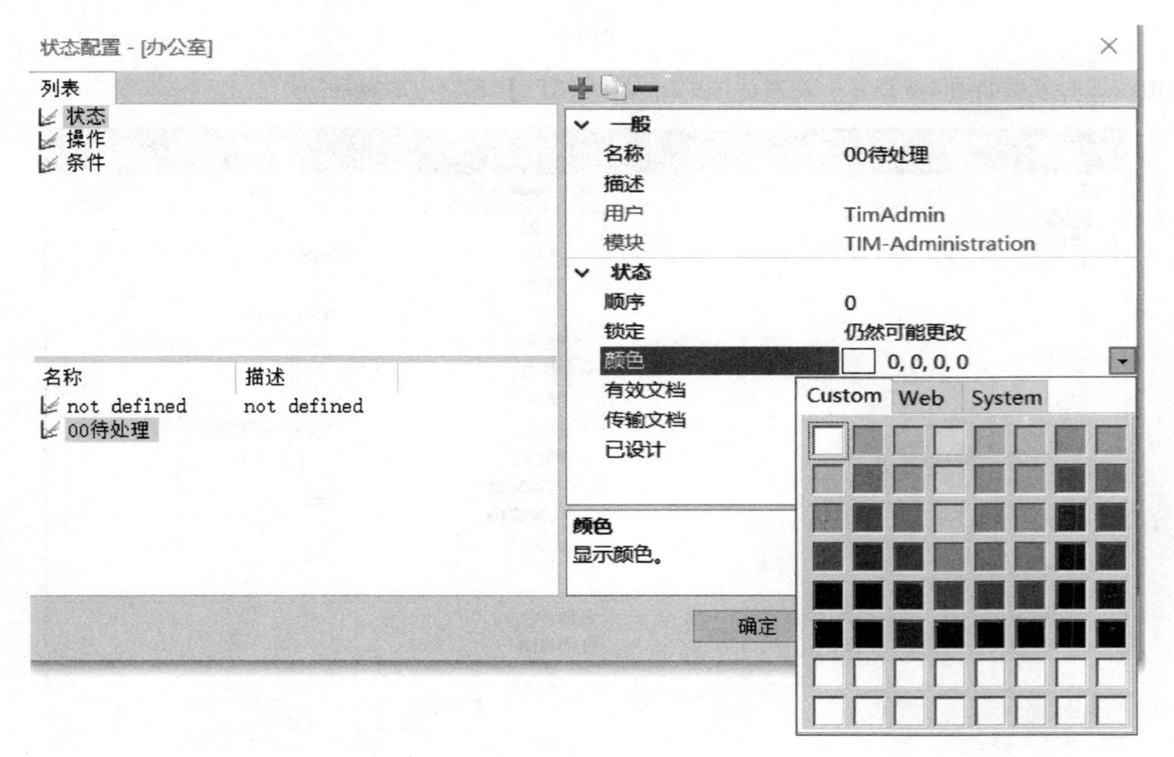

图 4-8

在【颜色】下方分别是【有效文档】（表示元件的任何附加文件都是有效的）、【传输文档】（表示启用时可以传输元件的附加文件）和【已设计】（表示指出元件是否已设计。可用于在计算机中排除“日期-回看”算法内设计的发布日期）。三个选项如图 4-9 所示。

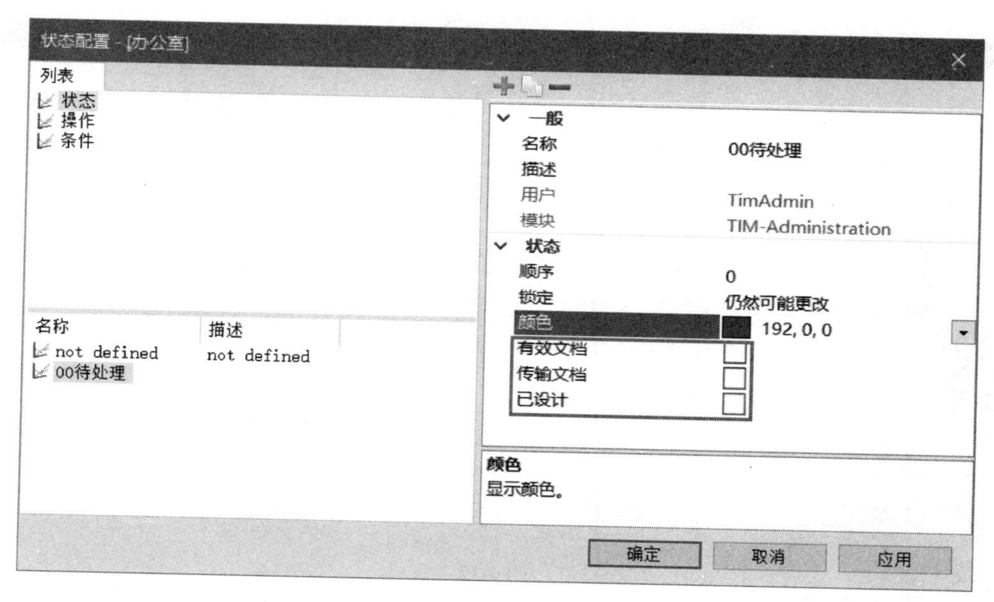

图 4-9

（2）此处举例设定 8 个状态，依次如图 4-10 ~ 图 4-17 所示。

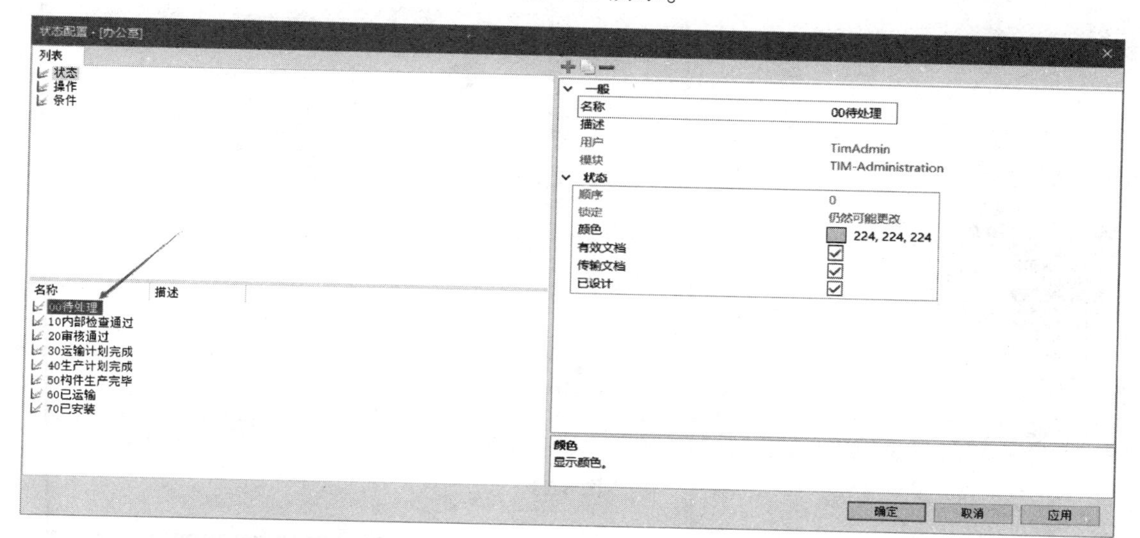

图 4-10

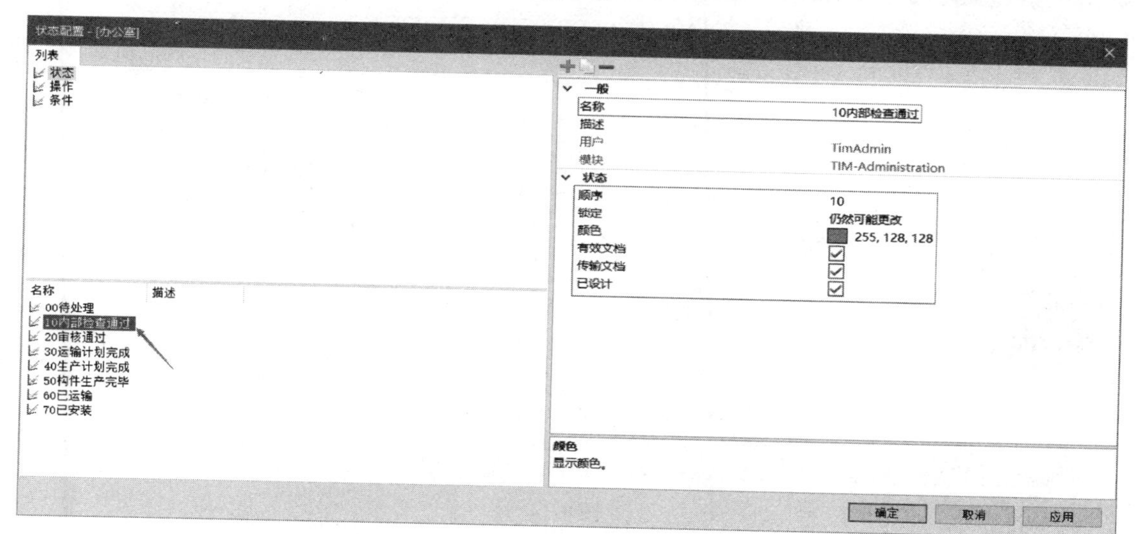

图 4-11

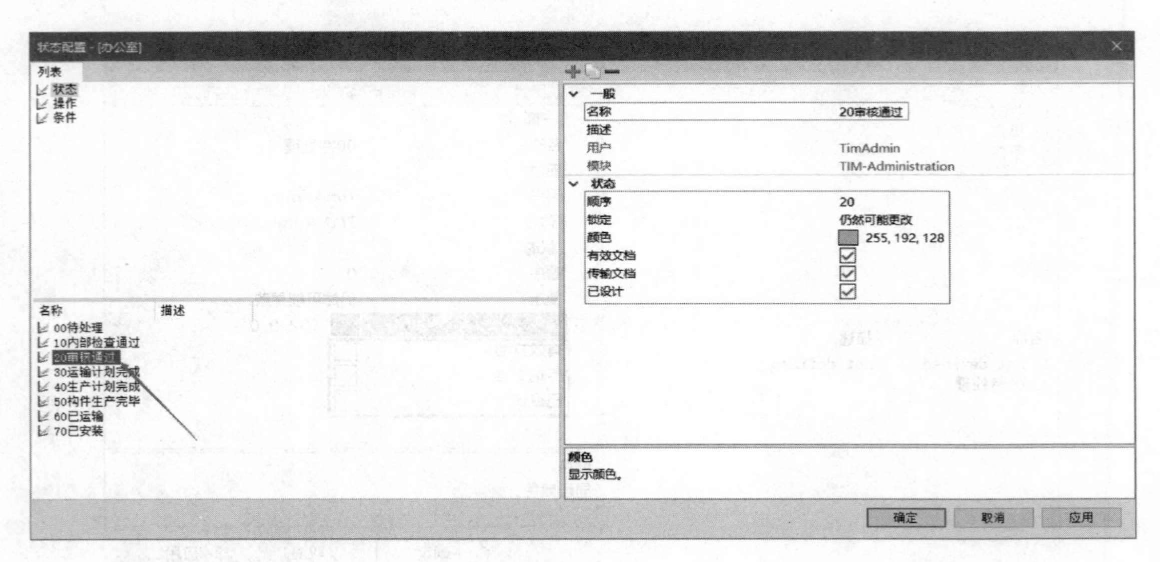

图 4-12

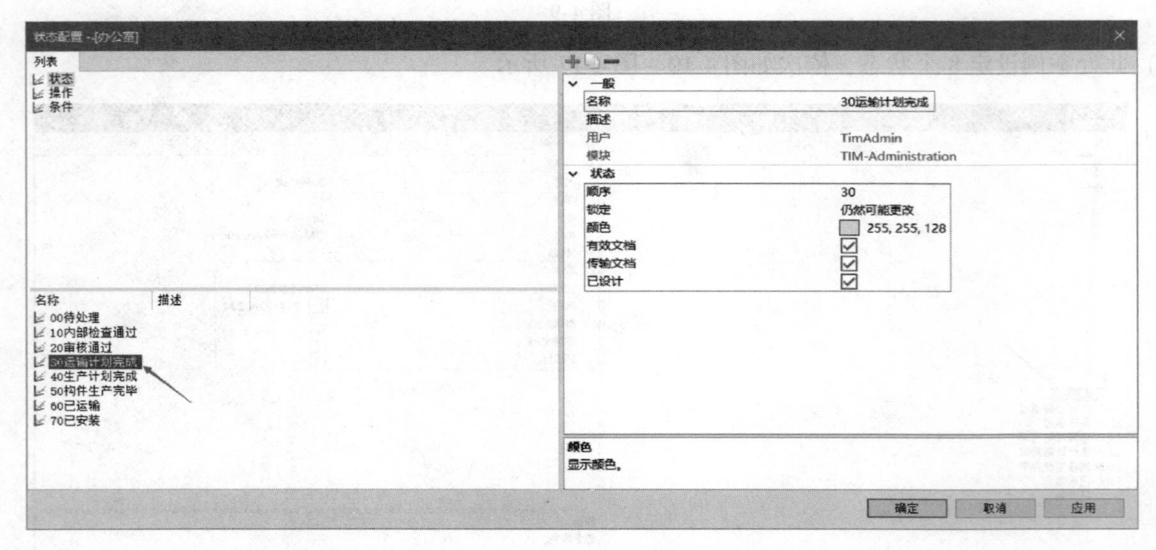

图 4-13

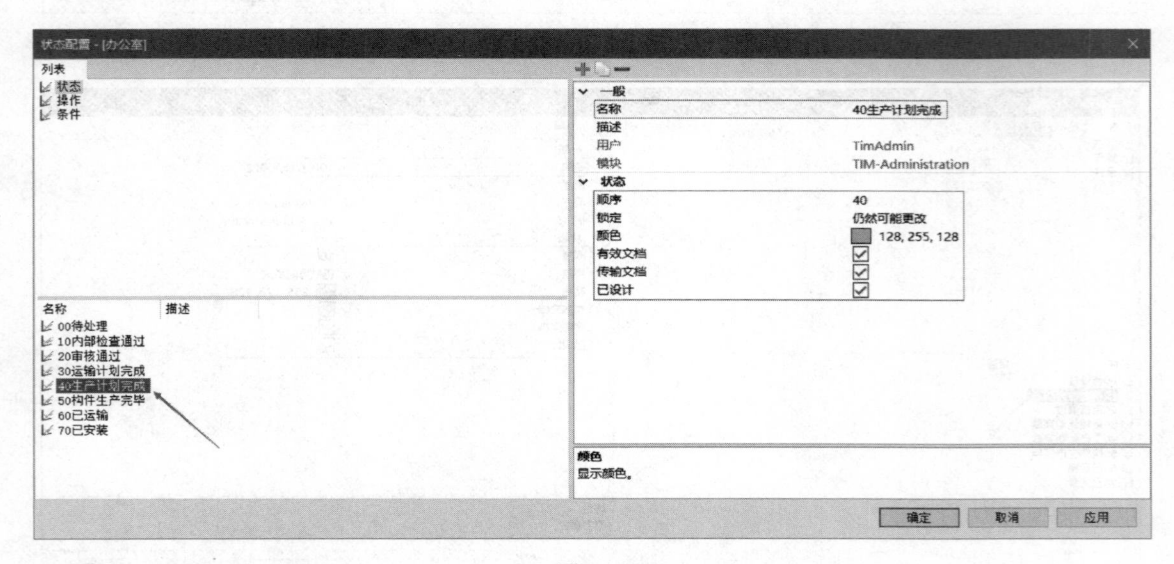

图 4-14

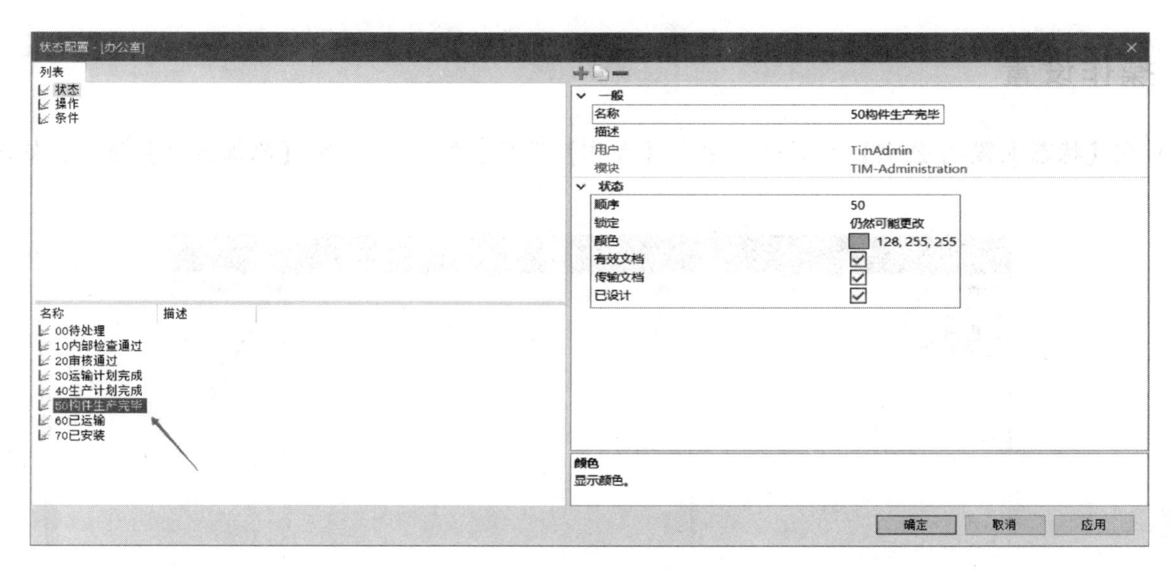

图 4-15

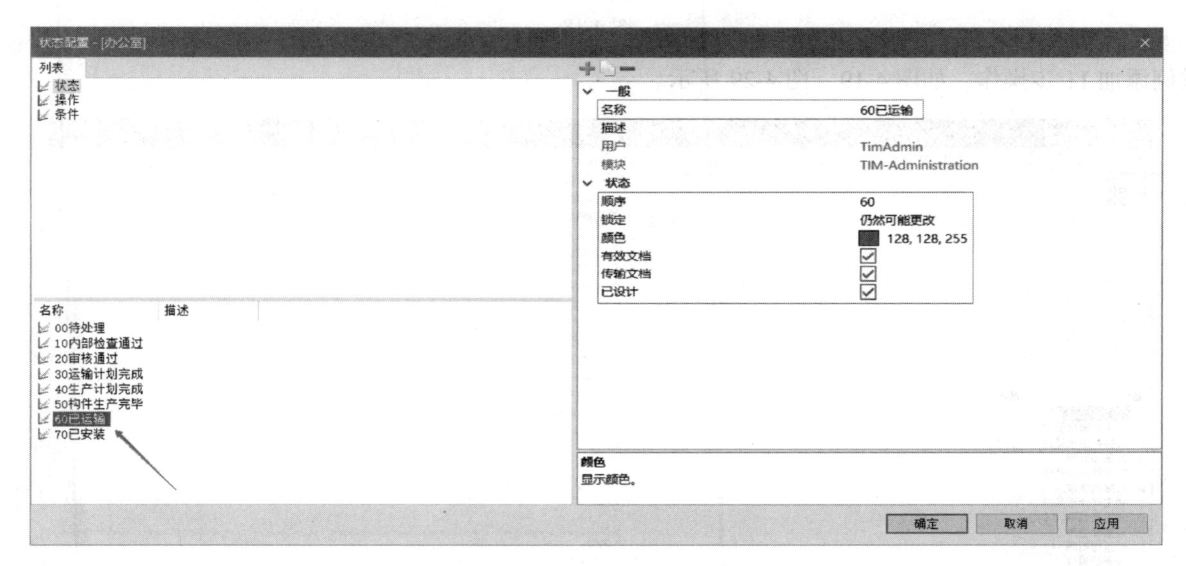

图 4-16

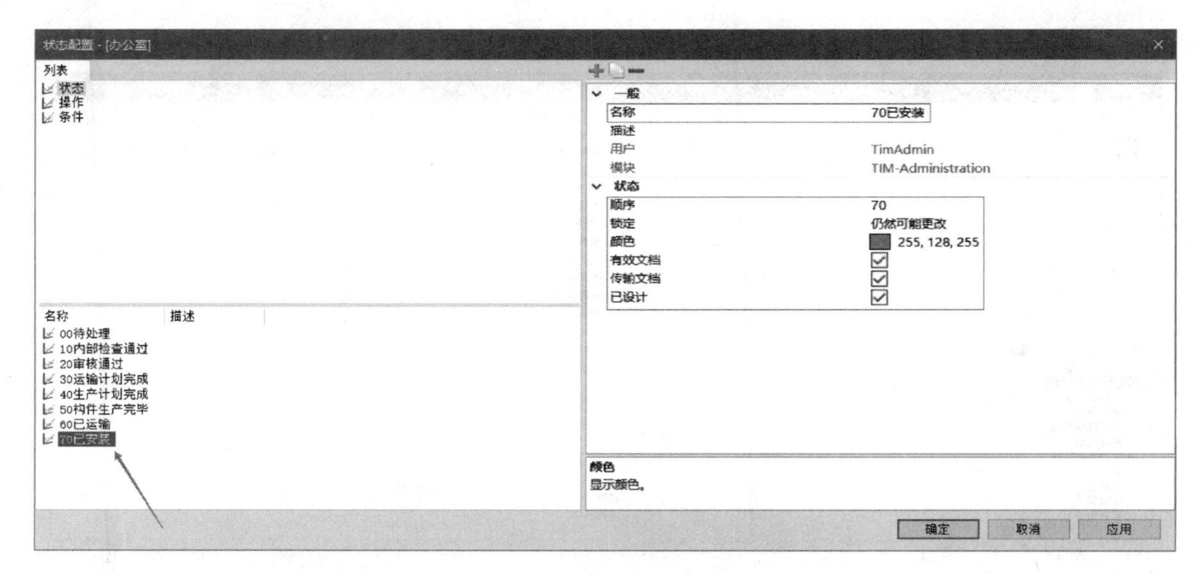

图 4-17

4.2 操作设置

（1）在【状态配置-办公室】对话框中单击【操作】选项，然后单击【添加选项】选项，如图 4-18 所示。

图 4-18

举例添加 11 步操作，如图 4-19 ~ 图 4-29 所示。

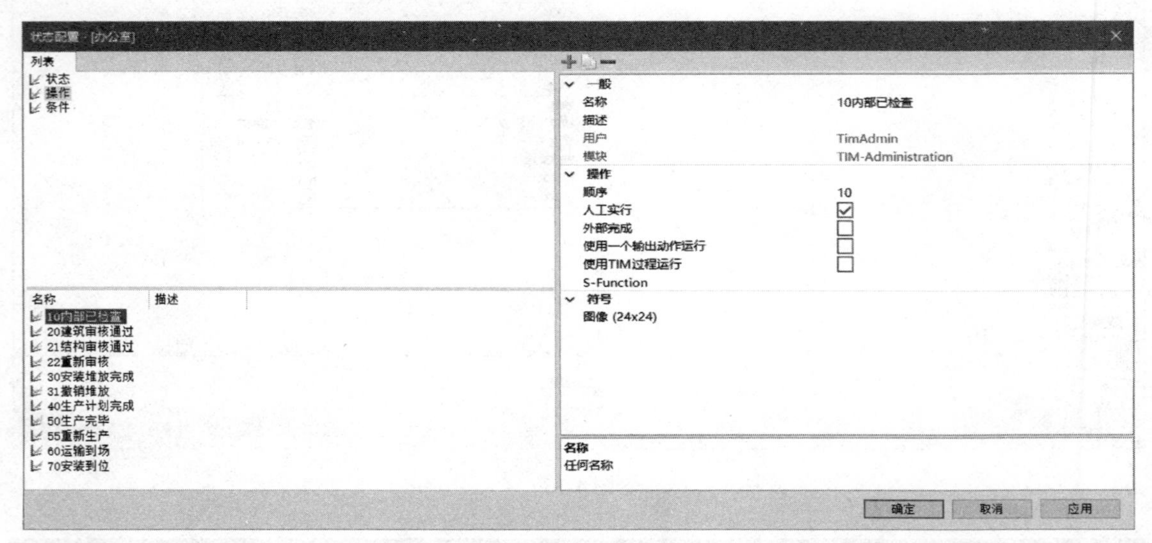

图 4-19

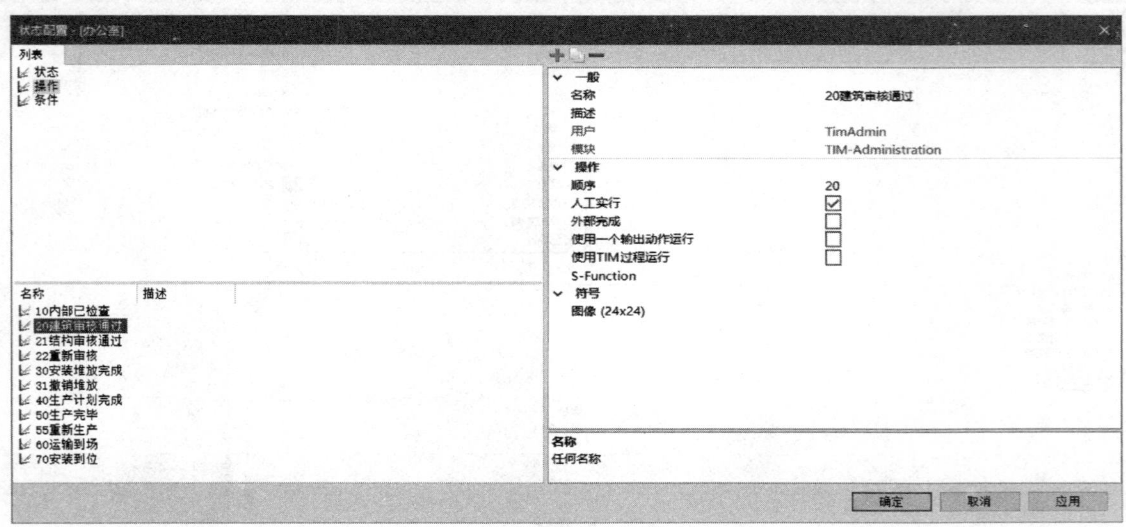

图 4-20

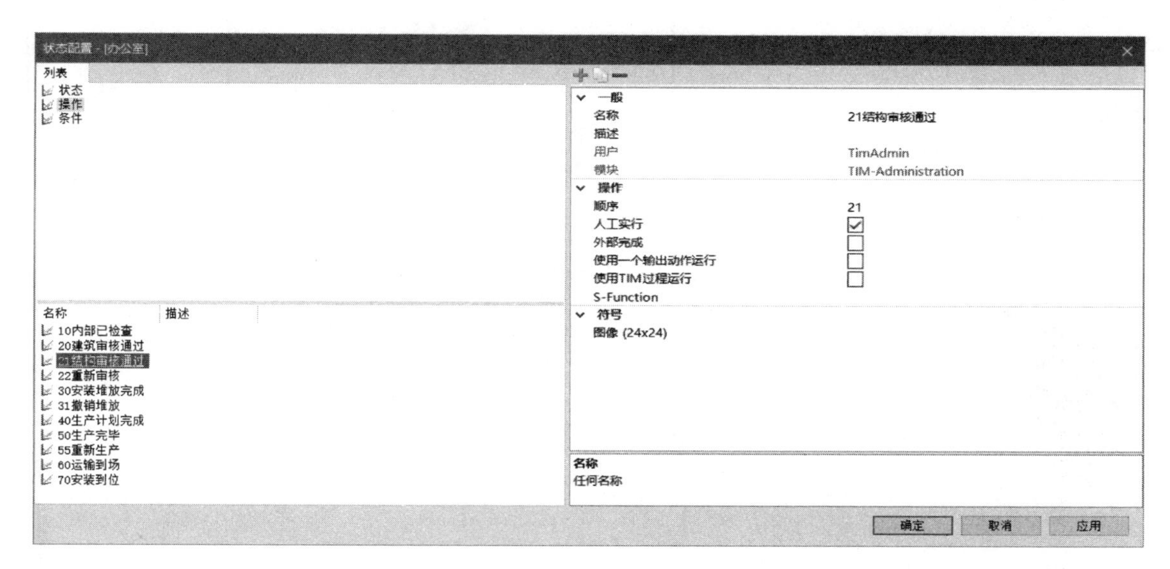

图 4-21

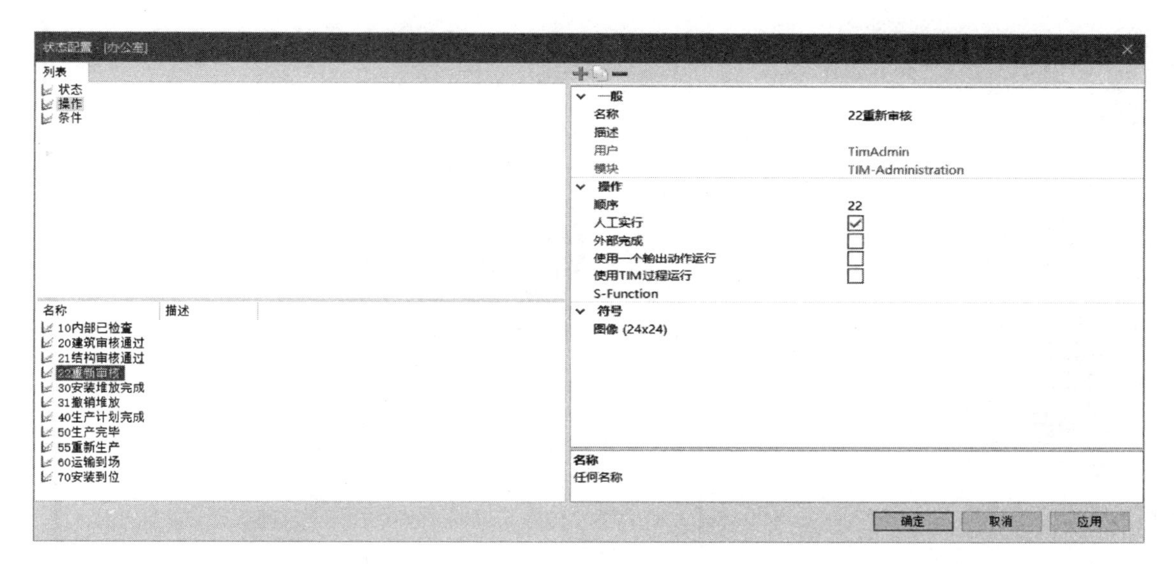

图 4-22

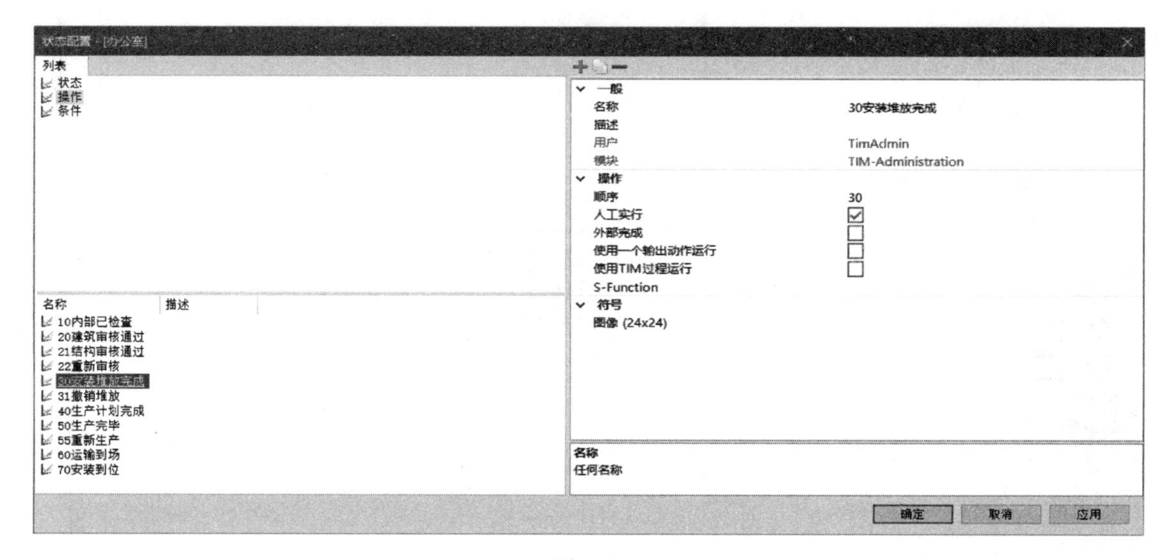

图 4-23

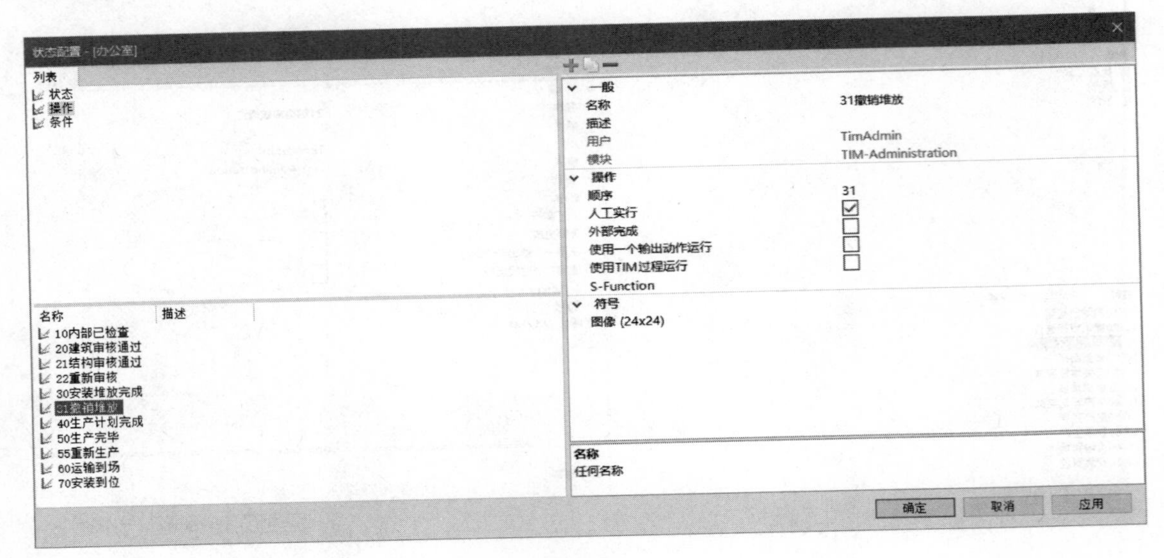

图 4-24

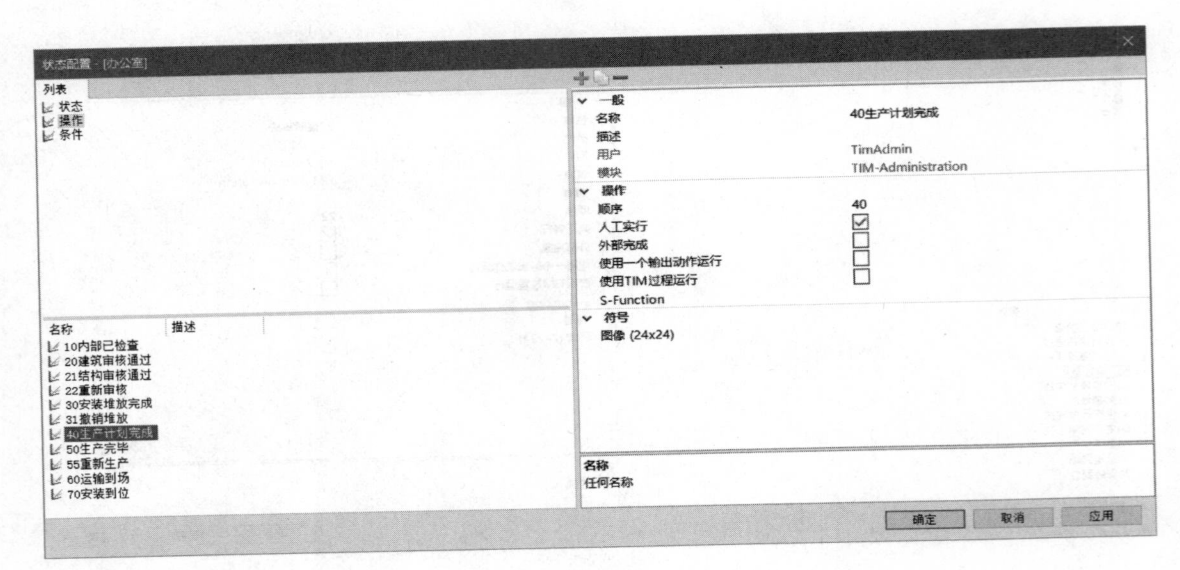

图 4-25

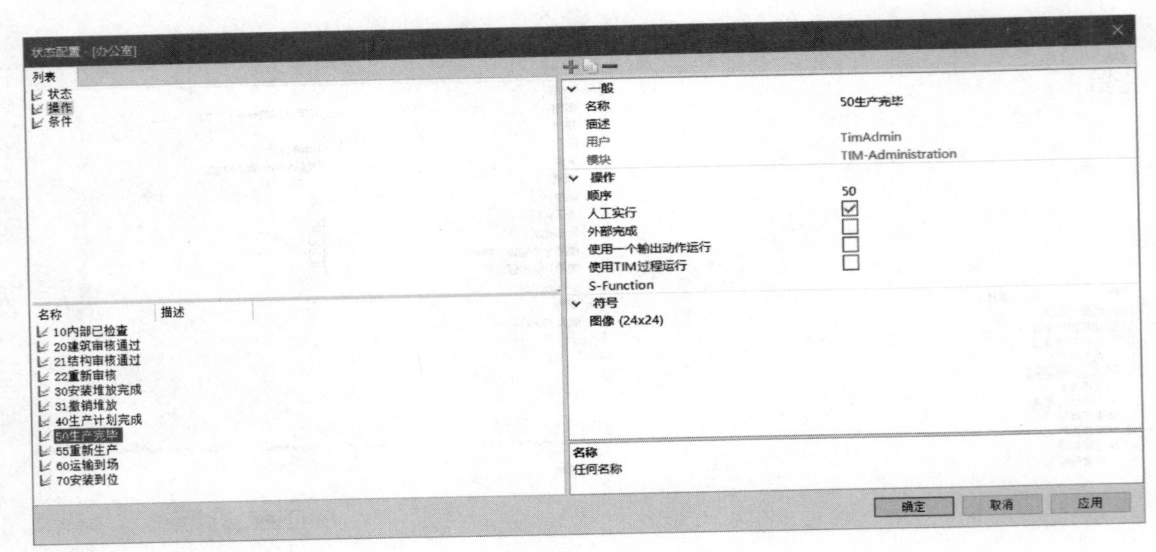

图 4-26

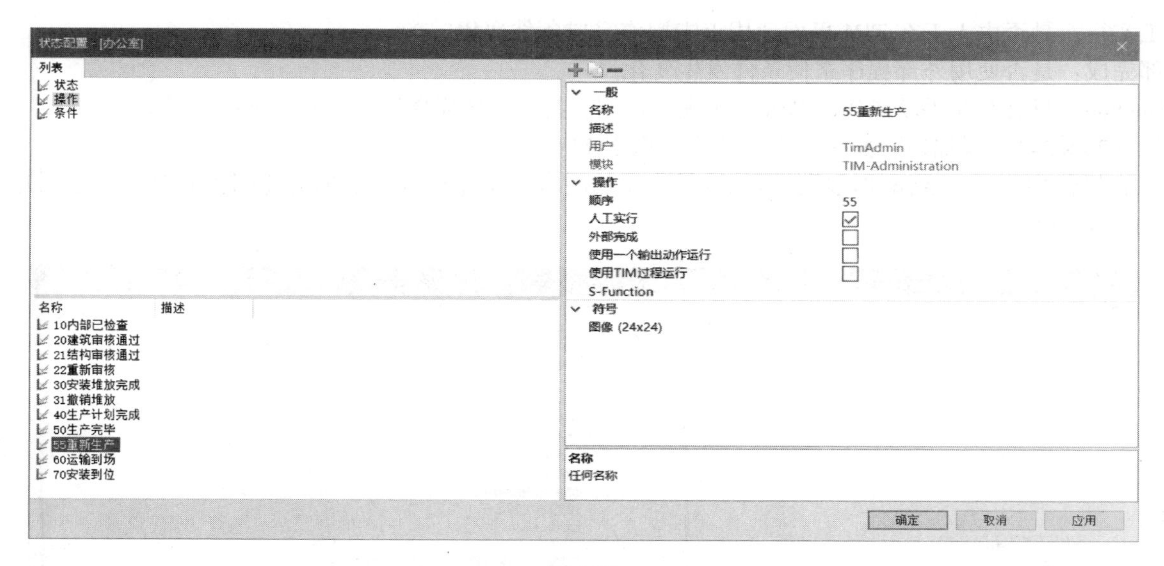

图 4-27

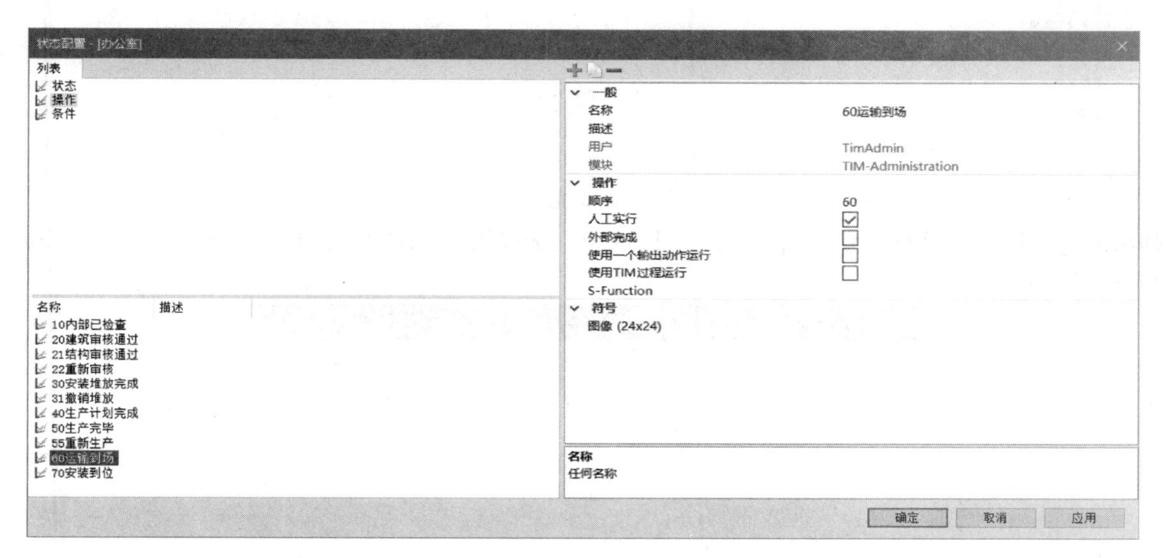

图 4-28

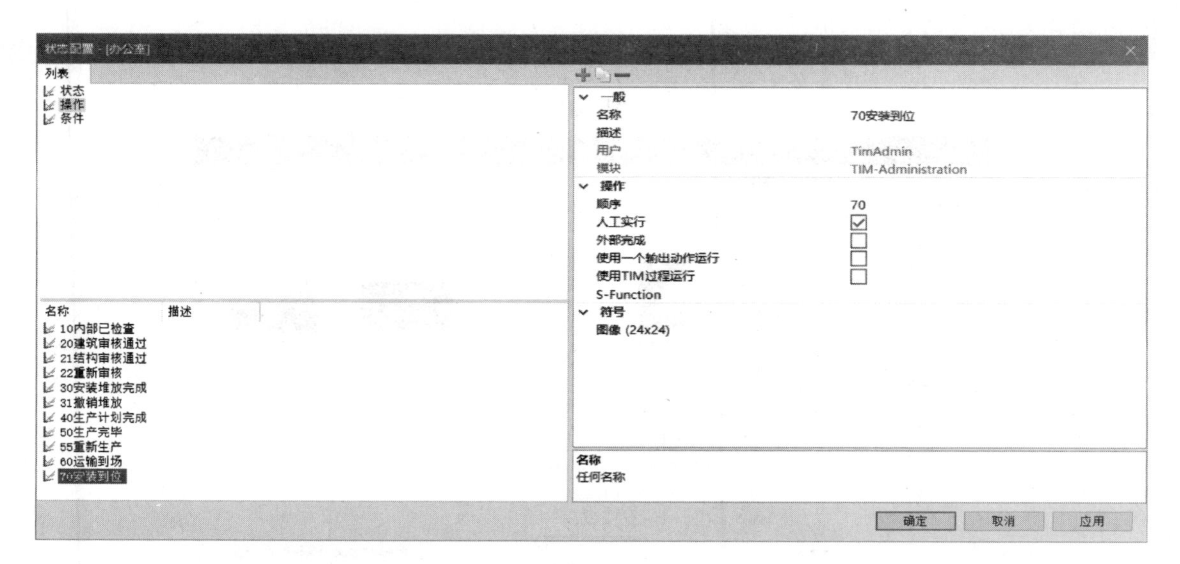

图 4-29

人工实行：是否由人工在 TIM 里面使用点击操作完成条件变化。

外部完成：是否使用外部程序来使条件发生变化。

S-function：只有在非手动操作的情况下出现并使用，特殊模块需要这些内置函数的帮助。

图像（24×24）：添加适合操作行为的图片（像素 24×24）。

（2）在操作中，每一次添加选项都可以为操作添加图像，在【符号】下单击【图像】选项，然后单击出现的[...]，如图 4-30 所示。

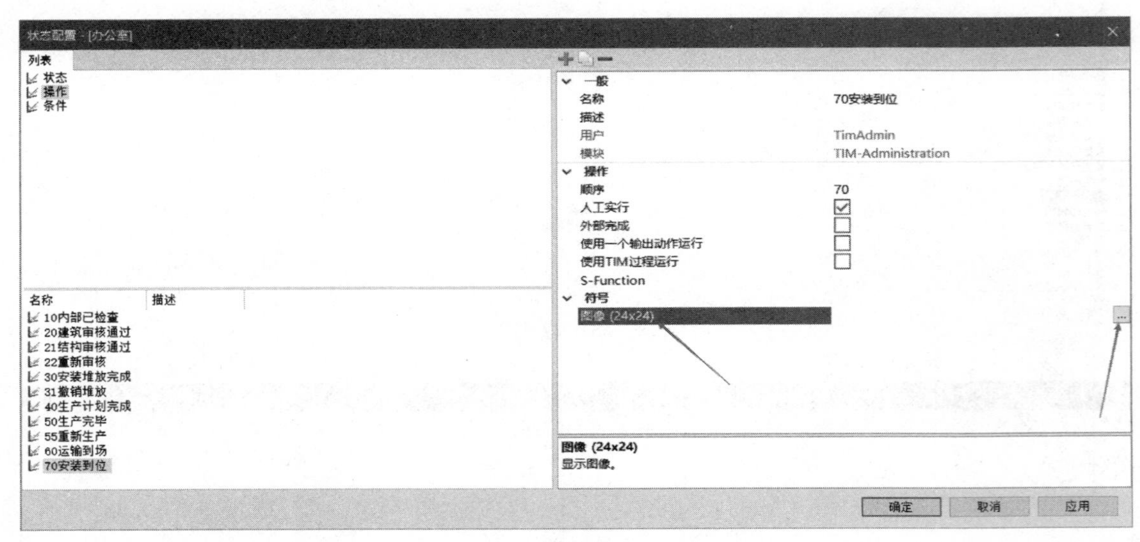

图 4-30

在弹出的【位图】对话框中单击【导入...】选项，选择要添加的图片（图片分辨率为 24×24），如图 4-31～图 4-34 所示。

图 4-31

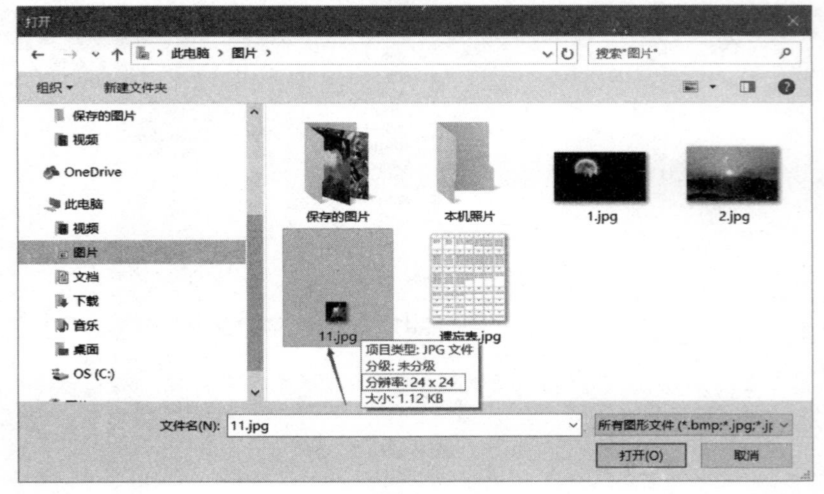

图 4-32

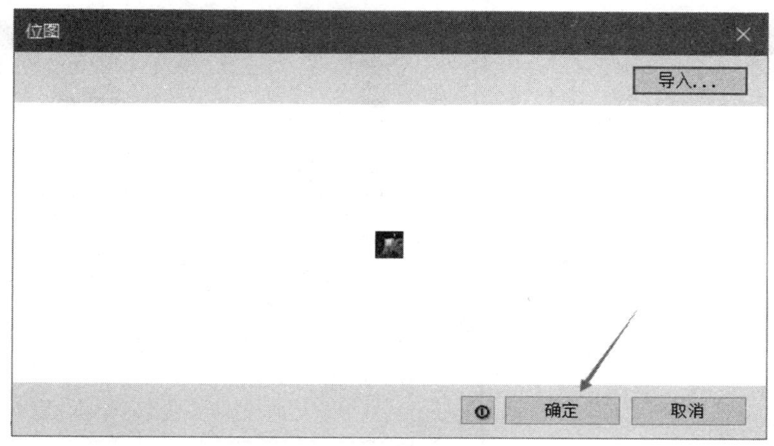

图 4-33

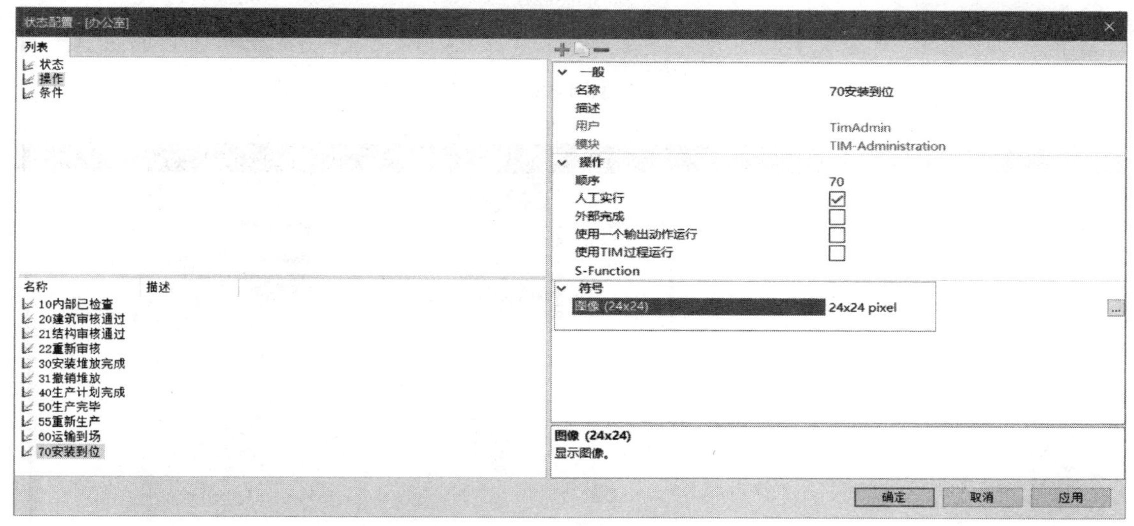

图 4-34

4.3　条件设置

条件就是状态的前提条件。可以规定构件达到某个状态需要有一个或多个条件都满足。系统通过逻辑判断条件是否满足状态。

（1）单击“条件”选项，举例设置 8 个条件，如图 4-35 ~ 图 4-42 所示。

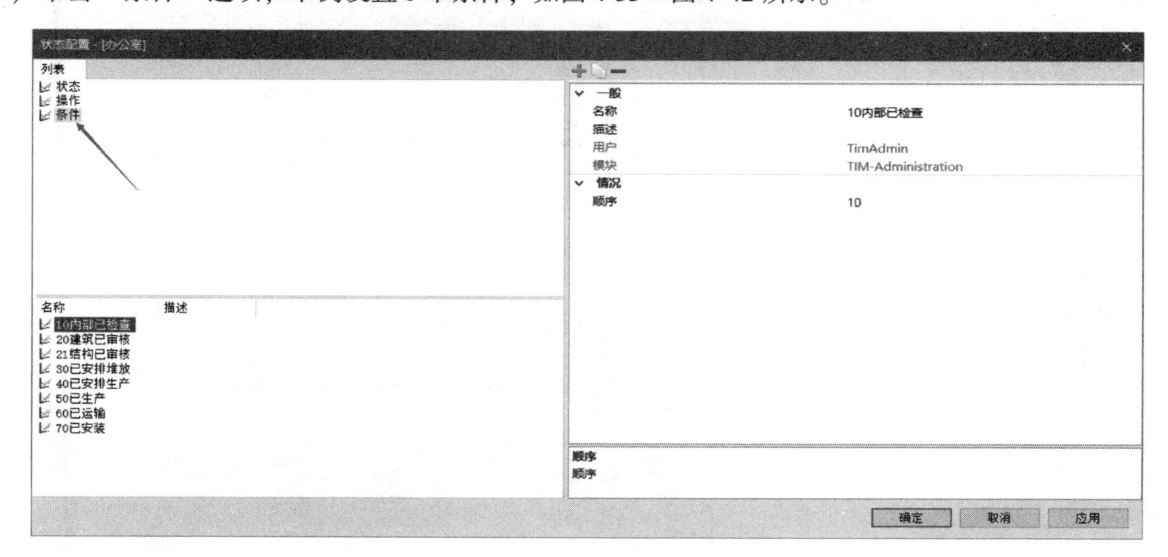

图 4-35

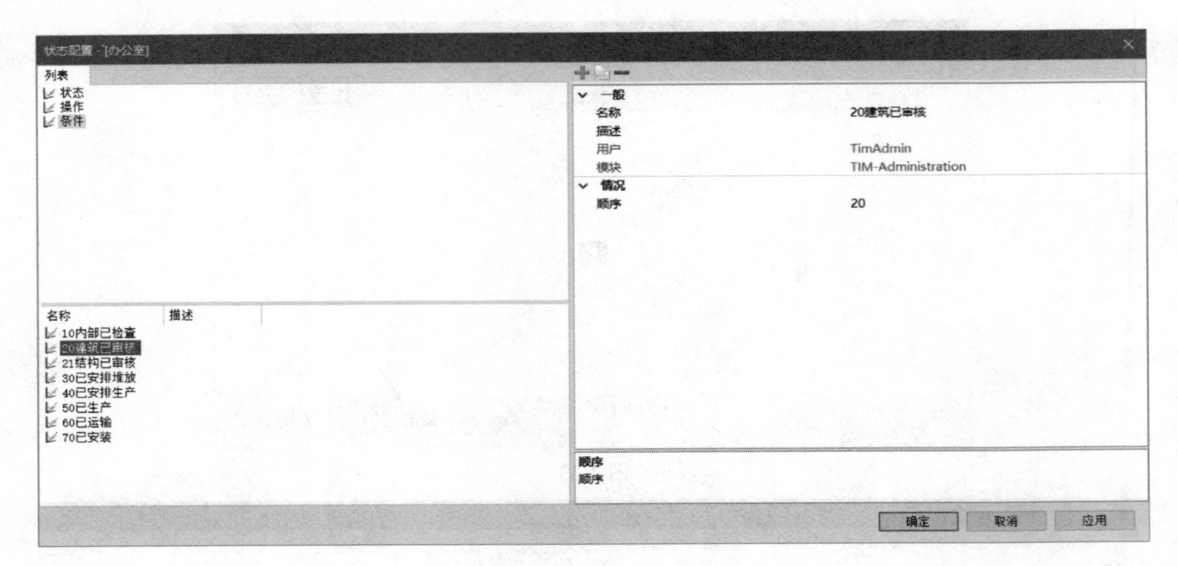

图 4-36

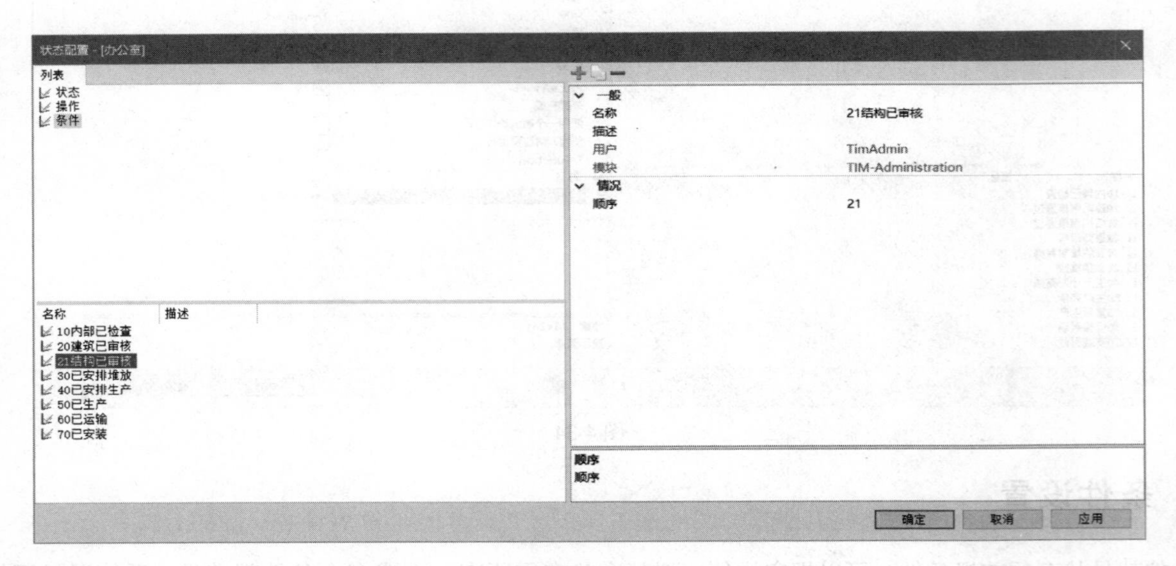

图 4-37

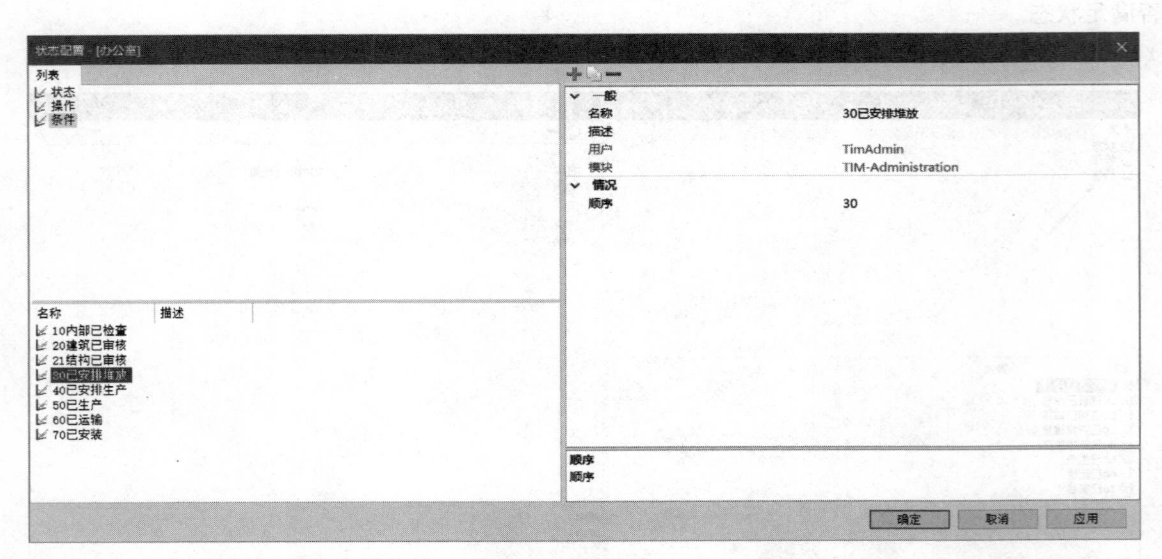

图 4-38

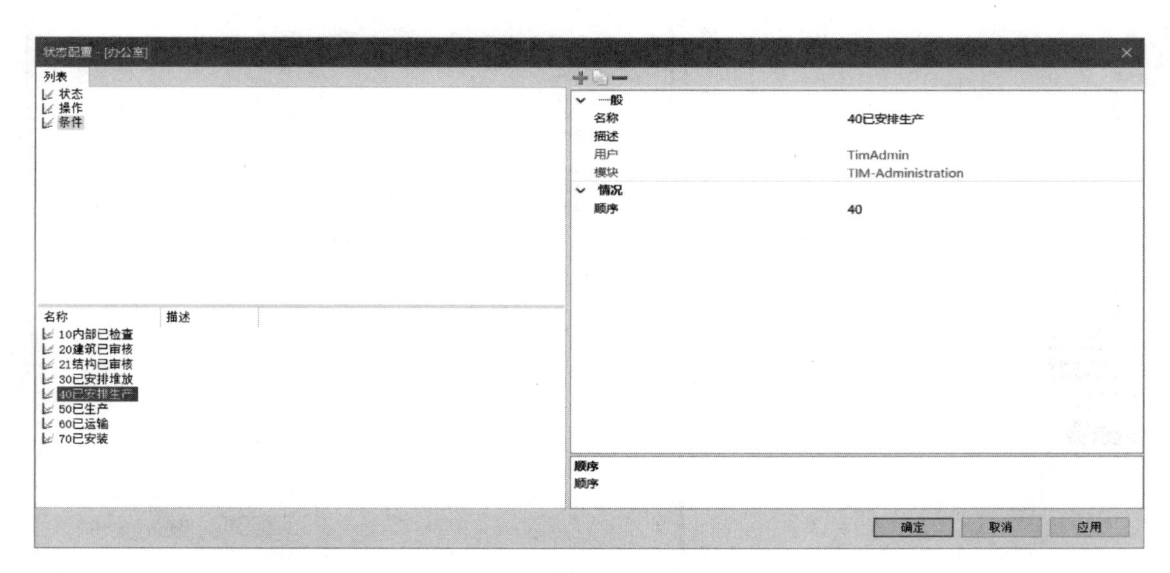

图 4-39

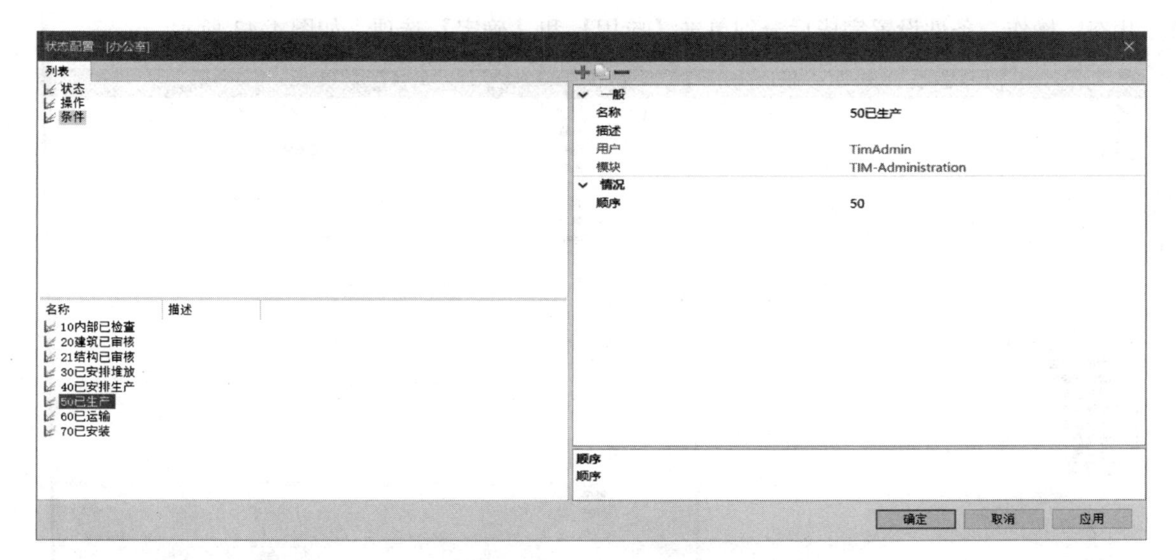

图 4-40

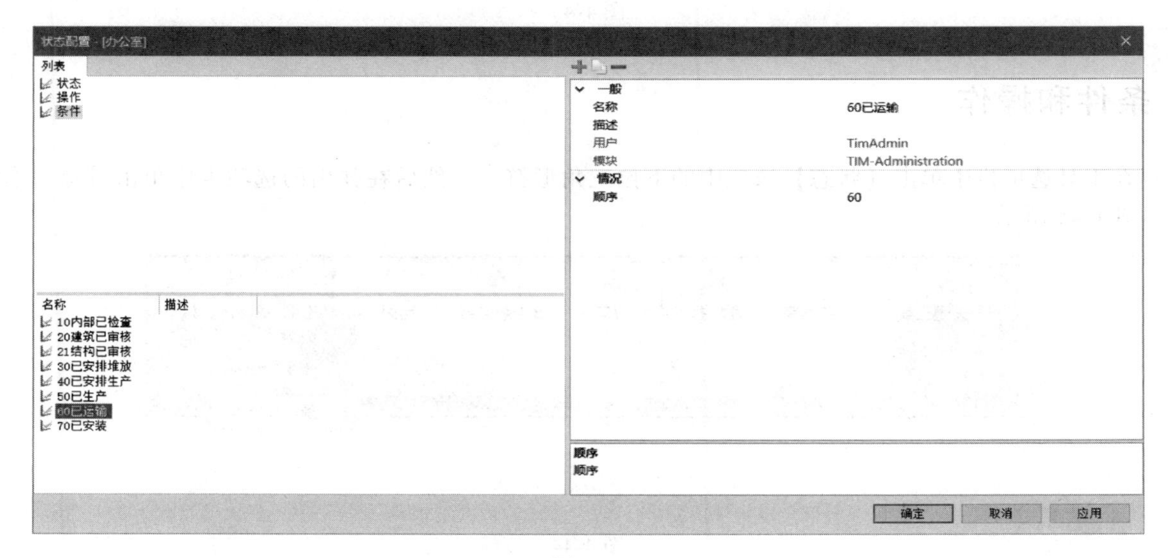

图 4-41

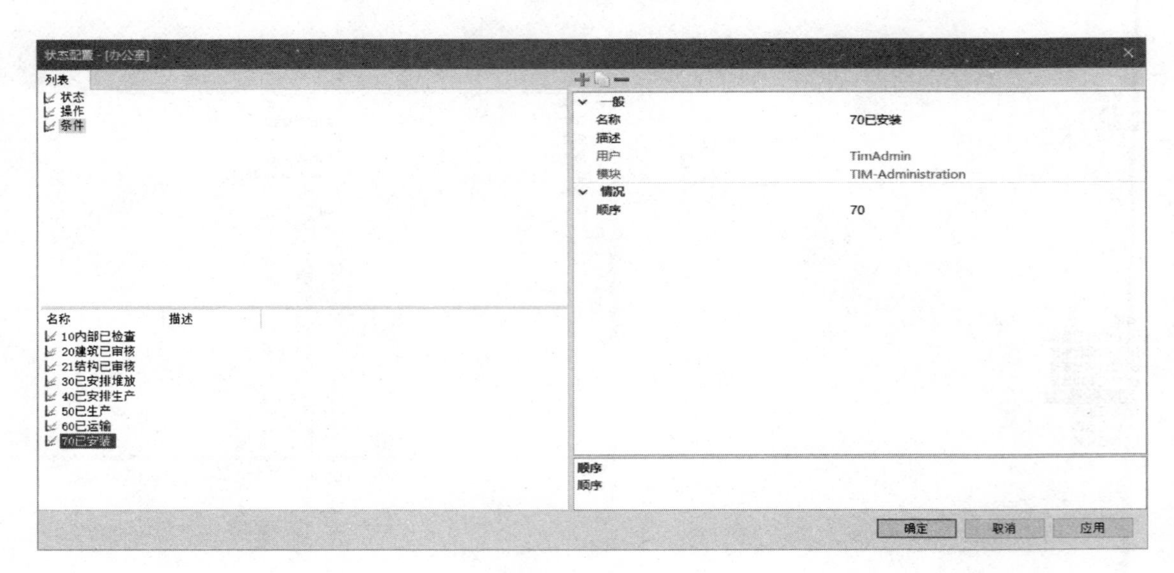

图 4-42

（2）状态、操作、条件设置完毕后分别单击【应用】和【确定】选项，如图 4-43 所示。

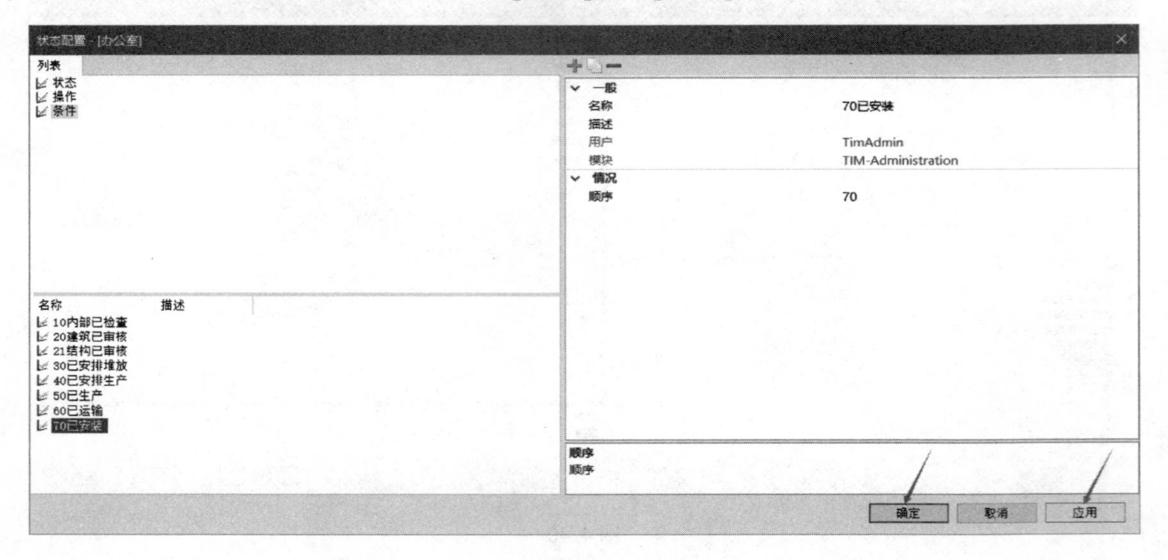

图 4-43

4.4　条件和操作

（1）在工具选项栏中单击【状态】选项中的下拉三角形符号，然后在弹出的选项卡中单击【条件和操作】选项，如图 4-44 所示。

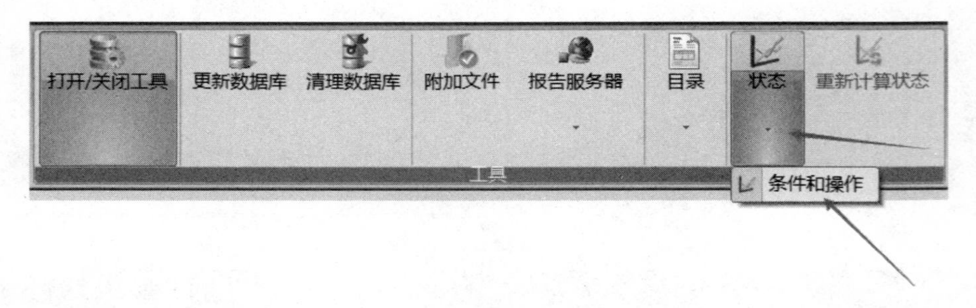

图 4-44

弹出【警告】对话框（认真阅读对话框中内容），单击【确定】选项，如图 4-45 所示。

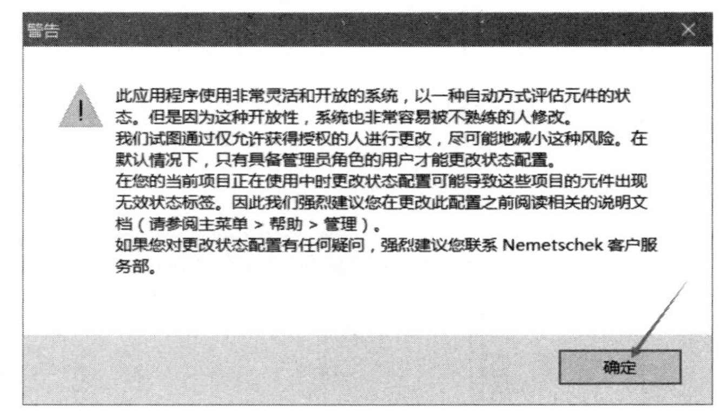

图 4-45

（2）在弹出的【条件操作】对话框中分别有【状态评估】、【前提条件】、【（设置/重设）测试操作】三个选项卡，在选项卡中通过绿色和红色来表示条件的满足和不满足，如图 4-46 ~ 图 4-48 所示。

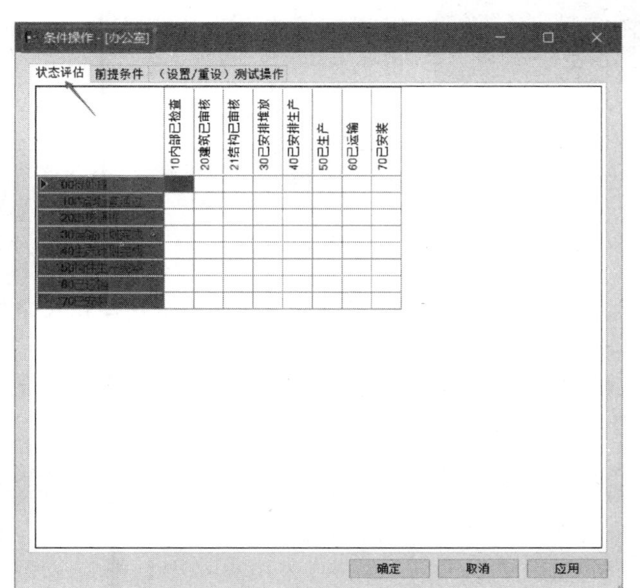

图 4-46

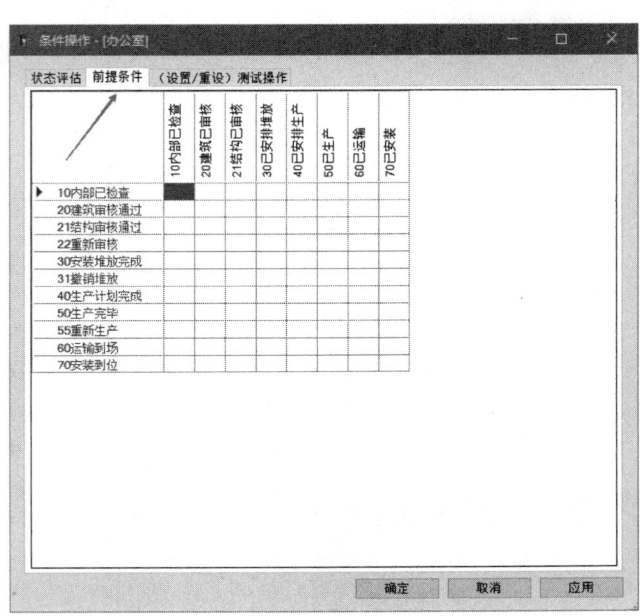

图 4-47

图 4-48

（3）在【状态评估】选项卡中出现我们前面设置的状态和条件（状态和条件为对应关系），如图 4-49 所示。

（4）在【内部已检查】的条件下，状态才会显示为【内部检查通过】，所以在状态和条件对应的位置单击并显示出绿色，如图 4-50 所示。

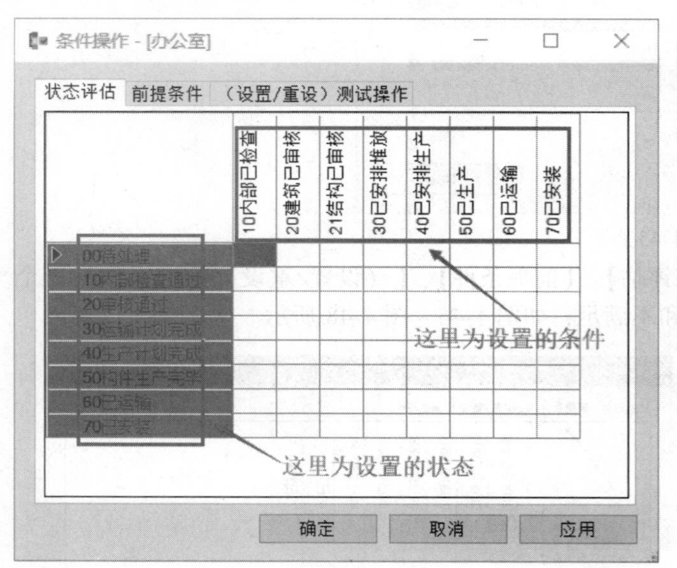

图 4-49

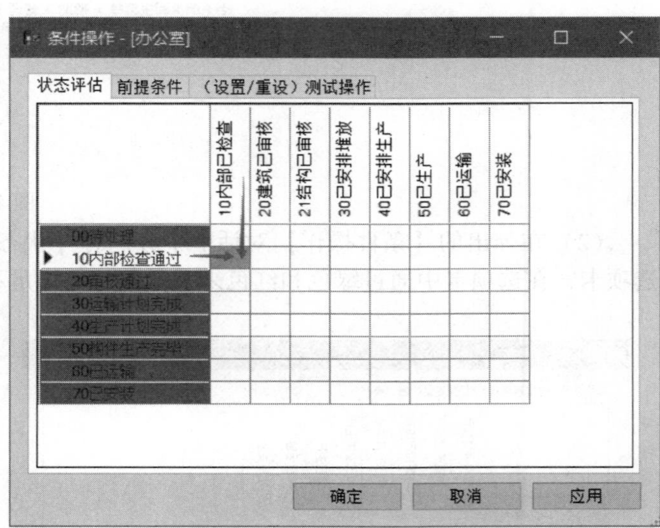

图 4-50

同理，在【建筑已审核】和【结构已审核】的条件下状态才会显示为【审核通过】（结构审核与建筑审核属于并列关系），在对应的位置单击并显示出绿色，如图 4-51 所示。

在【已安排堆放】的条件下状态才会显示为【运输计划完成】；在【已安排生产】的条件下状态才会显示为【生产计划完成】，在对应的位置单击并出现绿色，如图 4-52 所示。

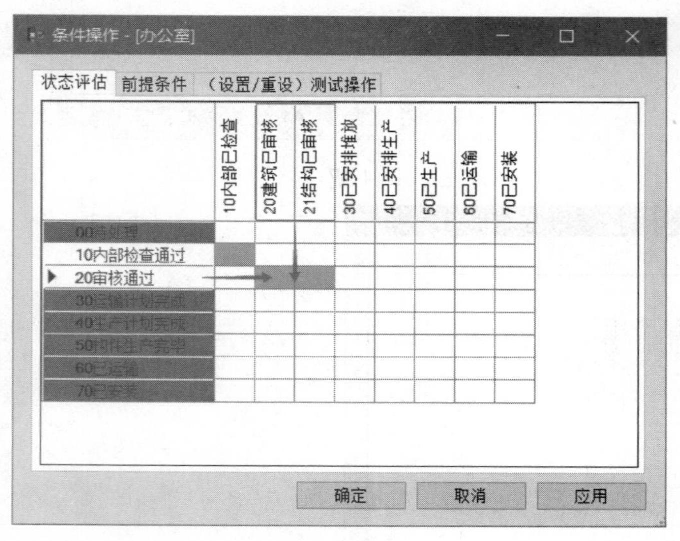

图 4-51

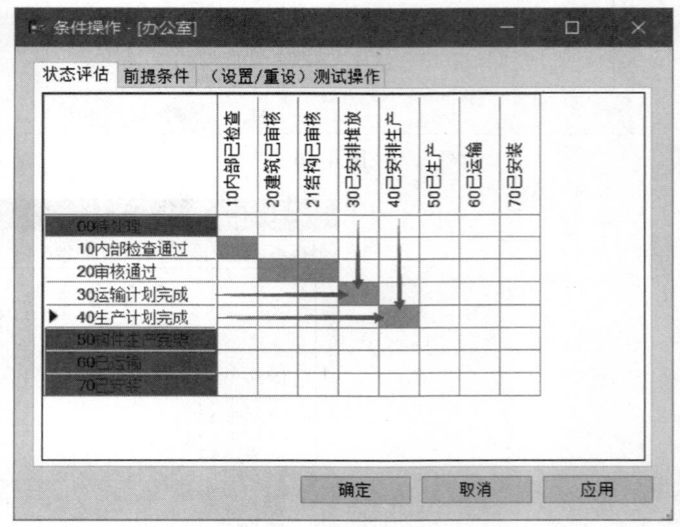

图 4-52

在【已生产】的条件下状态才会显示为【构件生产完毕】；在【已运输】的条件下状态才会显示为【已运输】；在【已安装】的条件下状态才会显示为【已安装】，在对应的位置单击并出现绿色，如图 4-53 所示。

（5）在【前提条件】选项卡中显示的是操作和条件（操作和条件为对应关系），如图 4-54 所示。

当【内部已检查】这个条件没有完成时，我们才会进行【内部已检查】这步操作（这里用红色表示未完成；用绿色表示完成），所以我们在对应位置单击两次并出现红色表示，如图 4-55 所示。

要执行【建筑审核通过】这步操作需要条件【内部已检查】完成，条件【建筑已审核】未完成，在对应的位置单击并出现不同的颜色表示，如图 4-56 所示。

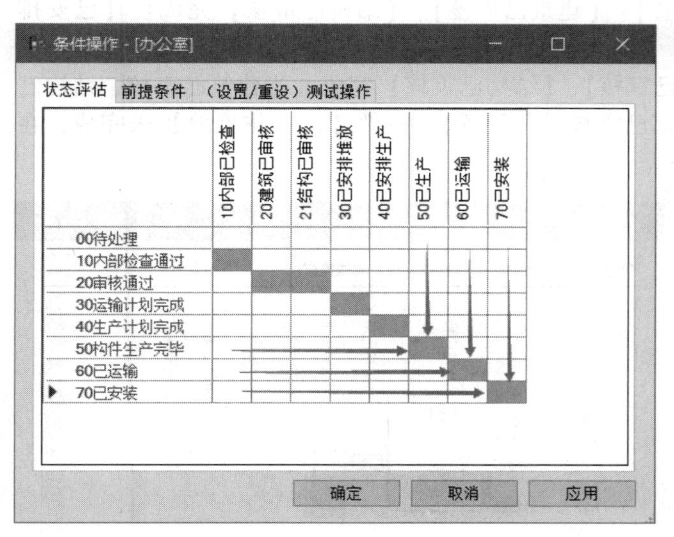

图 4-53

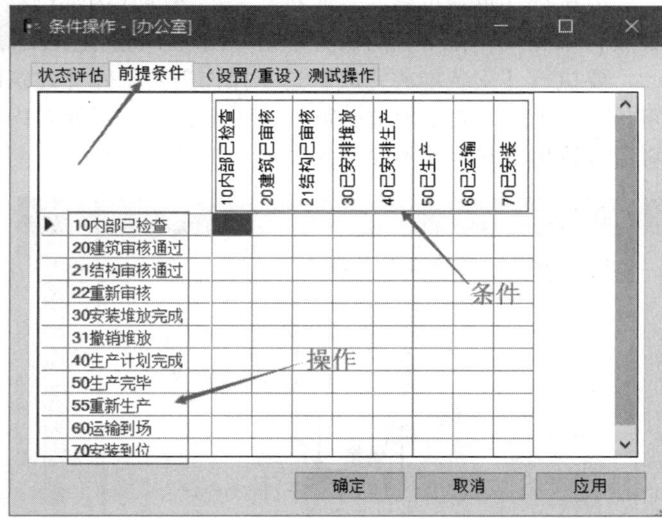

图 4-54

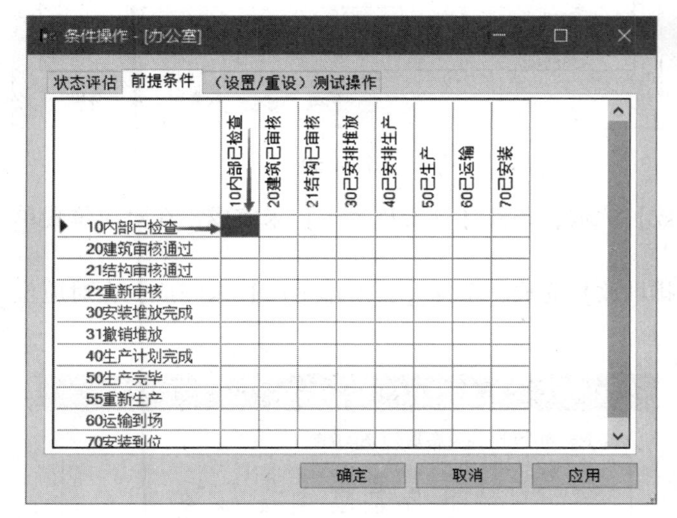

图 4-55

图 4-56

要执行【结构已审核】这步操作需要条件【内部已检查】完成，条件【结构已审核】未完成（由于建筑审核和结构审核是并列的没有先后顺序，所以在结构审核时不需要对建筑审核进行设置），如图 4-57 所示。

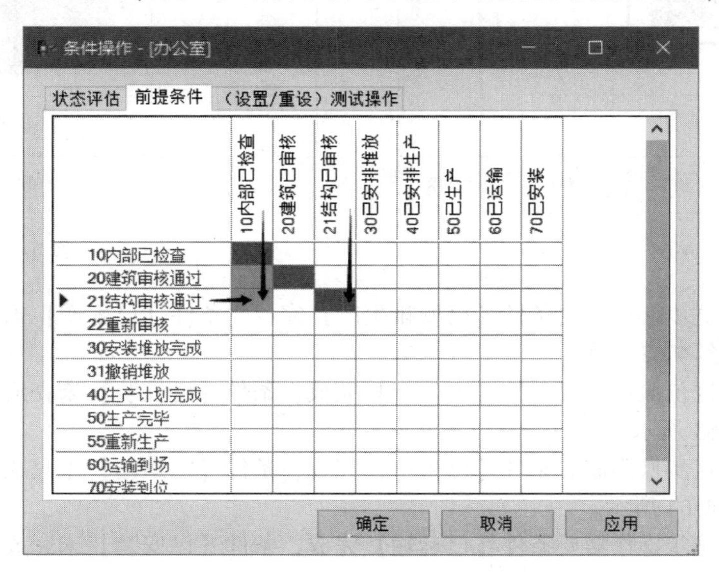

图 4-57

要执行【重新审核】这步操作需要条件【内部已检查】、【建筑已审核】、【结构已审核】完成且【已安排堆放】未完成，在对应的位置单击并出现不同颜色表示，如图 4-58 所示。

要执行【安装堆放完成】这步操作需要条件【建筑已审核】、【结构已审核】完成（当建筑已审核、结构已审核完成也就是表示内部已审核，所示我们不需要对内部已审核进行设置），条件【已安排堆放】未完成，在对应位置单击并出现不同颜色表示，如图 4-59 所示。

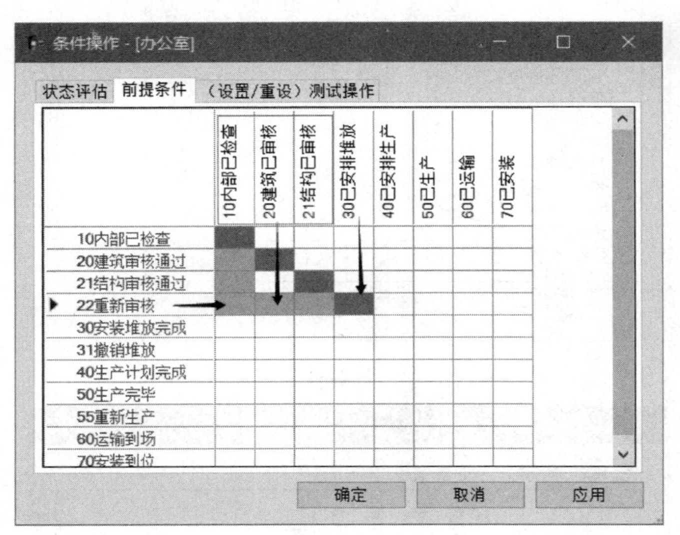

图 4-58

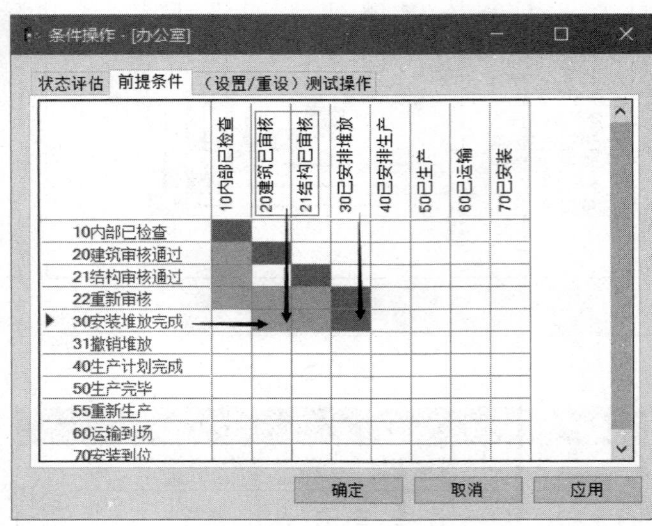

图 4-59

要执行【撤销堆放】这步操作需要条件【已安排堆放】完成，条件【已安排生产】未完成，在对应位置单击并出现不同颜色表示，如图 4-60 所示。

要执行【生产计划完成】这步操作需要条件【已安排堆放】完成，条件【已安排生产】未完成，在对应位置单击并出现不同颜色表示，如图 4-61 所示。

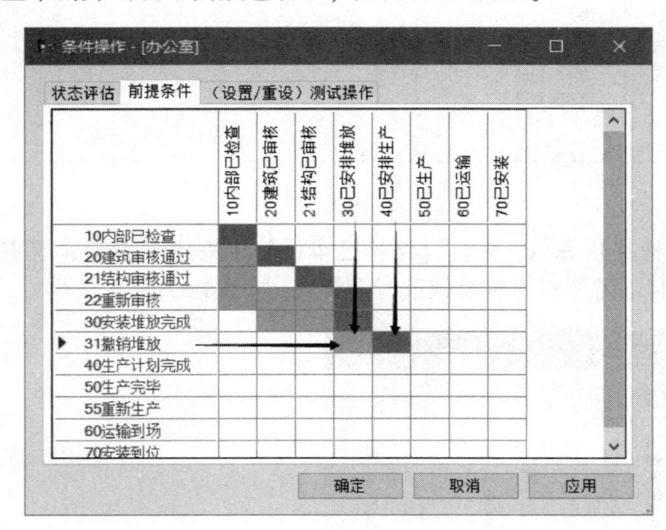

图 4-60

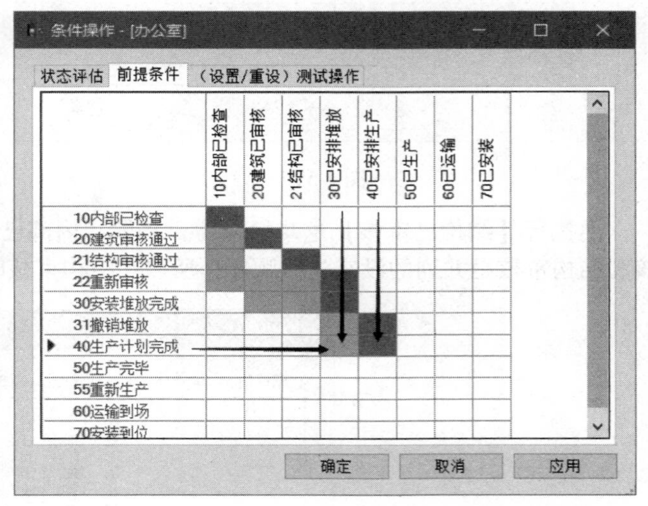

图 4-61

要执行【生产完毕】这步操作需要条件【已安排生产】完成，条件【已生产】未完成，在对应的位置单击并出现不同颜色表示，如图 4-62 所示。

要执行【重新生产】这步操作需要条件【已生产】完成，条件【已安装】未完成，在对应的位置单击并出现不同颜色表示，如图 4-63 所示。

要执行【运输到场】这步操作需要条件【已生产】完成，条件【已运输】未完成，在对应的位置单击并出现不同的颜色表示，如图 4-64 所示。

要执行【安装到位】这步操作需要条件【已运输】完成，条件【已安装】未完成，在对应的位置单击并出现不同的颜色表示，如图 4-65 所示。

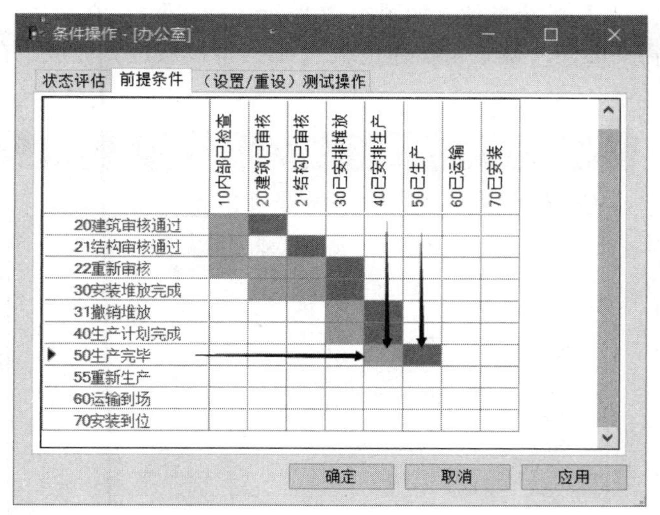

图 4-62

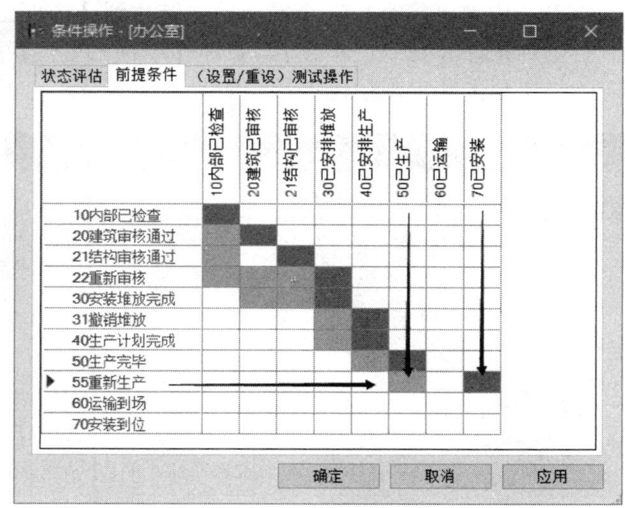

图 4-63

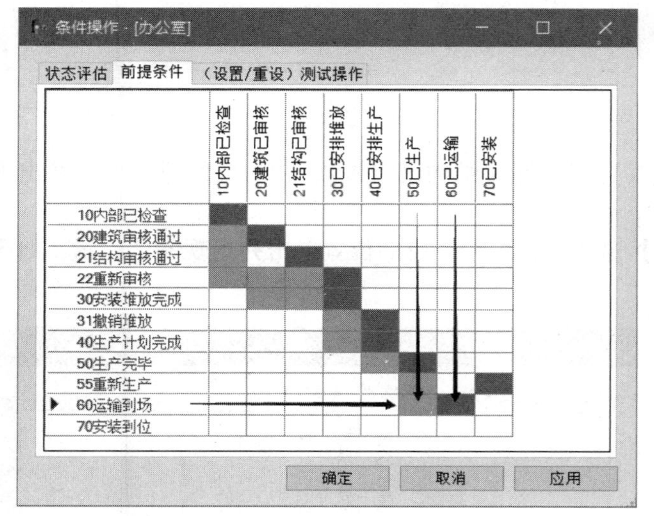

图 4-64

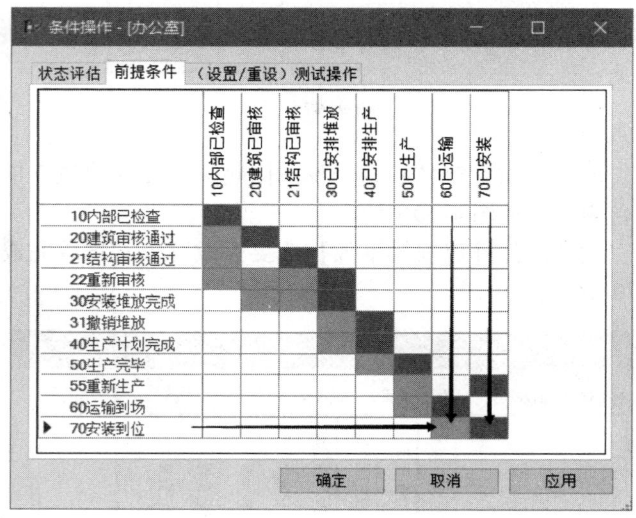

图 4-65

（6）在【（设置/重设）测试操作】选项卡中显示的是条件和操作（条件和操作为对应关系），如图4-66 所示。

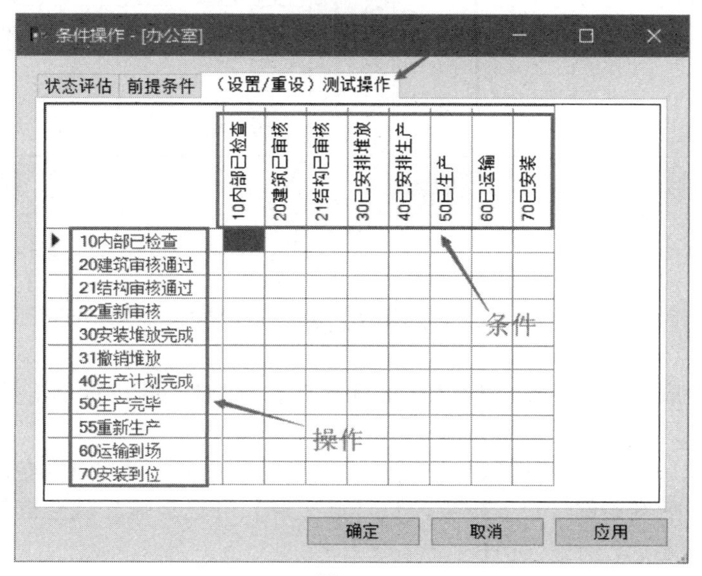

图 4-66

单击【内部已检查】这个操作后才能达到【内部已检查】这个条件，如图 4-67 所示。

要达到条件【建筑已审核】、条件【结构已审核】需要操作【建筑审核通过】、【结构审核通过】完成，在对应的位置单击并出现颜色表示，如图 4-68 所示。

图 4-67

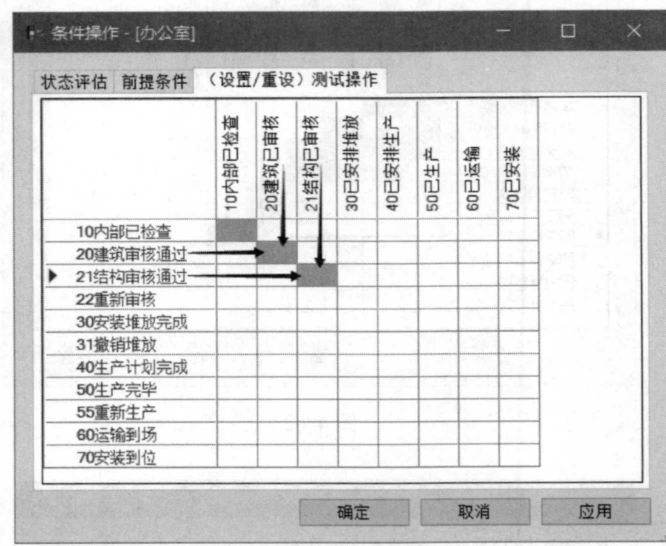

图 4-68

单击【重新审核】这个操作则删除条件【建筑已审核】与条件【结构已审核】，在对应的位置单击并出现颜色表示，如图 4-69 所示。

达到条件【已安排堆放】需要完成【安装堆放完成】这步操作，在对应的位置单击并出现颜色表示，如图 4-70 所示。

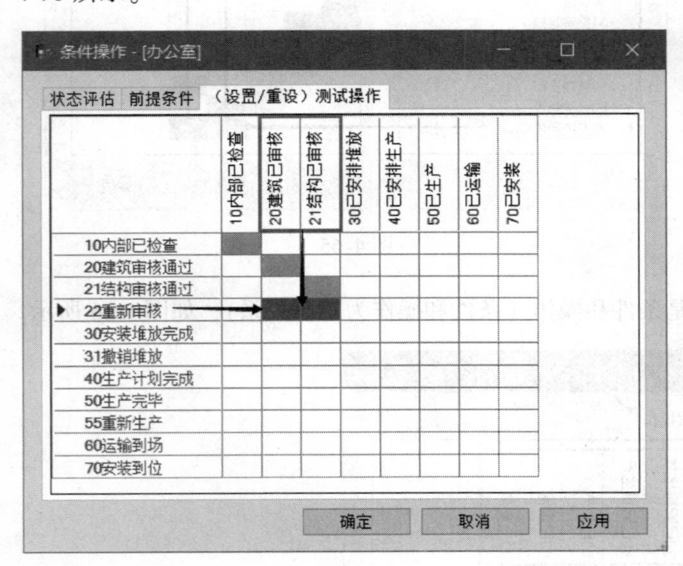

图 4-69

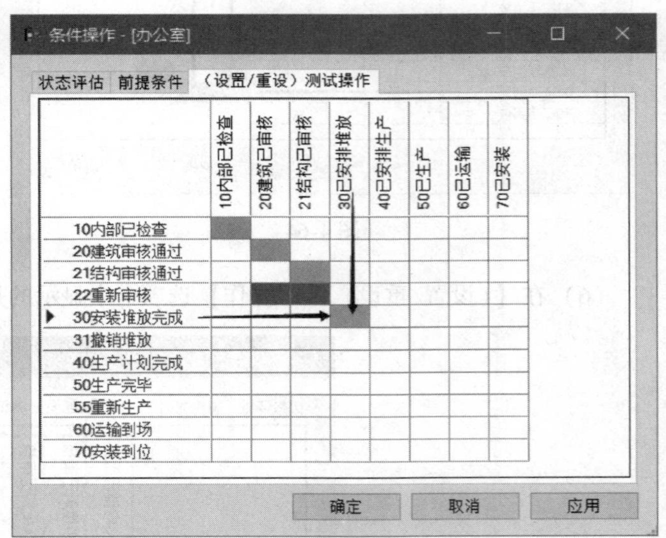

图 4-70

单击【撤销堆放】这步操作后，条件【已安装堆放】就会被删除，在对应的位置单击并出现颜色表示，如图 4-71 所示。

单击操作【生产计划完成】则可达到条件【已安排生产】，在对应的位置单击并出现颜色表示，如图 4-72 所示。

操作【生产完毕】完成后则达到条件【已生产】，在对应的位置单击并出现颜色表示，如图 4-73 所示。

单击操作【重新生产】后则条件【已安排生产】、【已生产】、【已运输】就会被删除，在对应的位置单击并出现颜色表示，如图 4-74 所示。

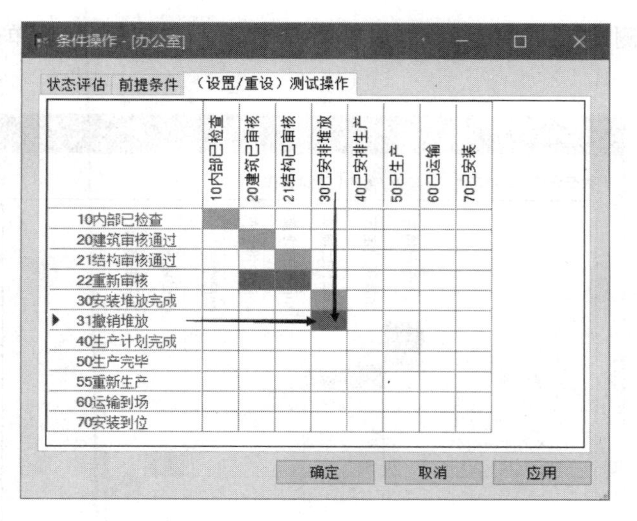

图 4-71

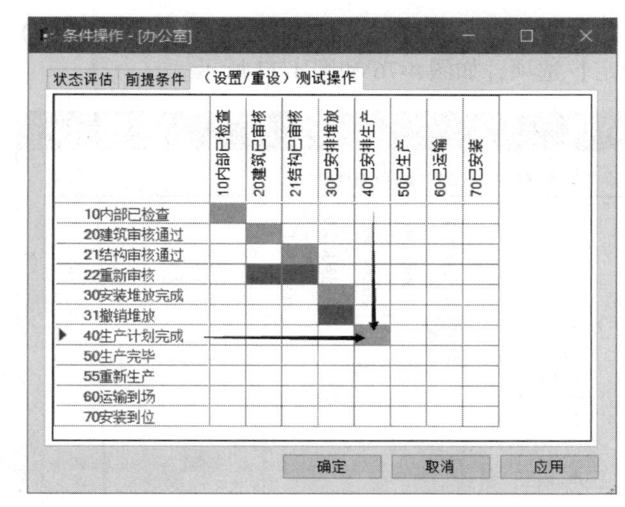

图 4-72

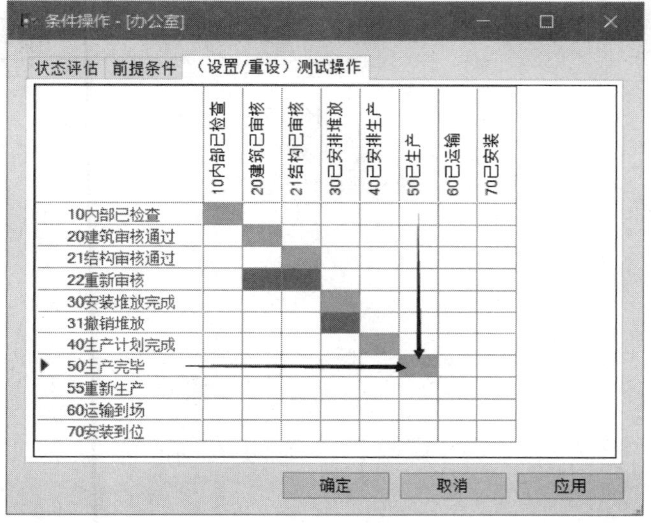

图 4-73

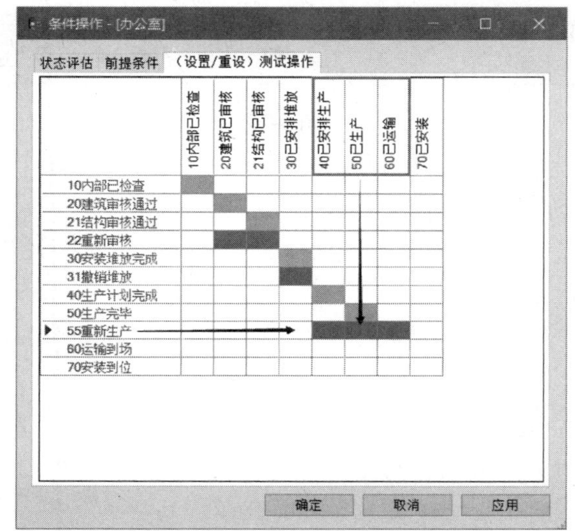

图 4-74

操作【运输到场】和【安装到位】完成后则达到条件【已运输】和条件【已安装】，在对应的位置单击并出现颜色表示，如图 4-75 所示。

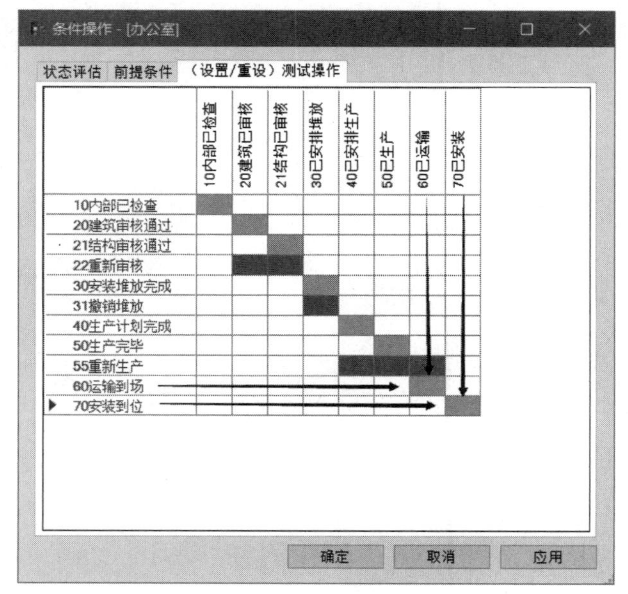

图 4-75

（7）当【状态评估】【前提条件】【（设置/重置）测试操作】都设置完成后单击【应用】选项，然后单击【确定】选项，如图 4-76 和图 4-77 所示。

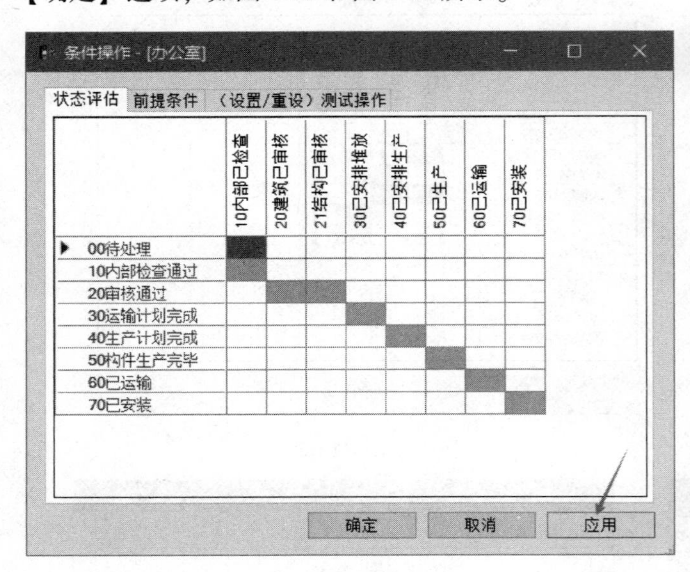

图 4-76

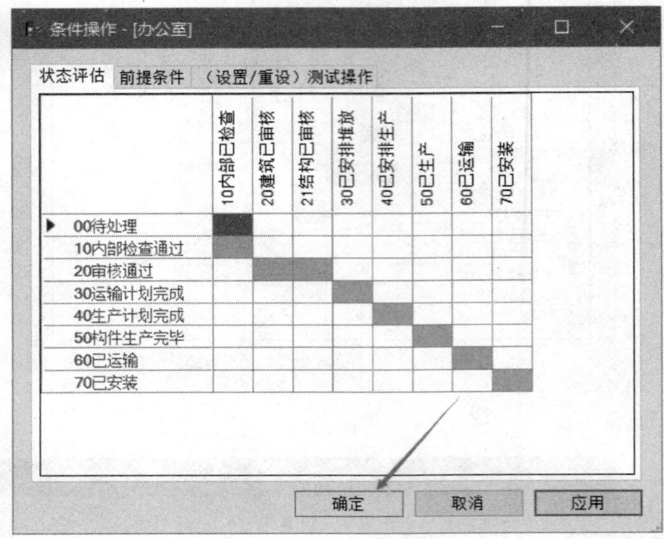

图 4-77

第 5 章　导入模块：项目导入、更新、删除

5.1　选择项目导入 TIM

5.1.1　项目选择

将教材附带的文件导入 planbar。在 planbar 中打开项目，制图文件的选择如图 5-1 和图 5-2 所示。

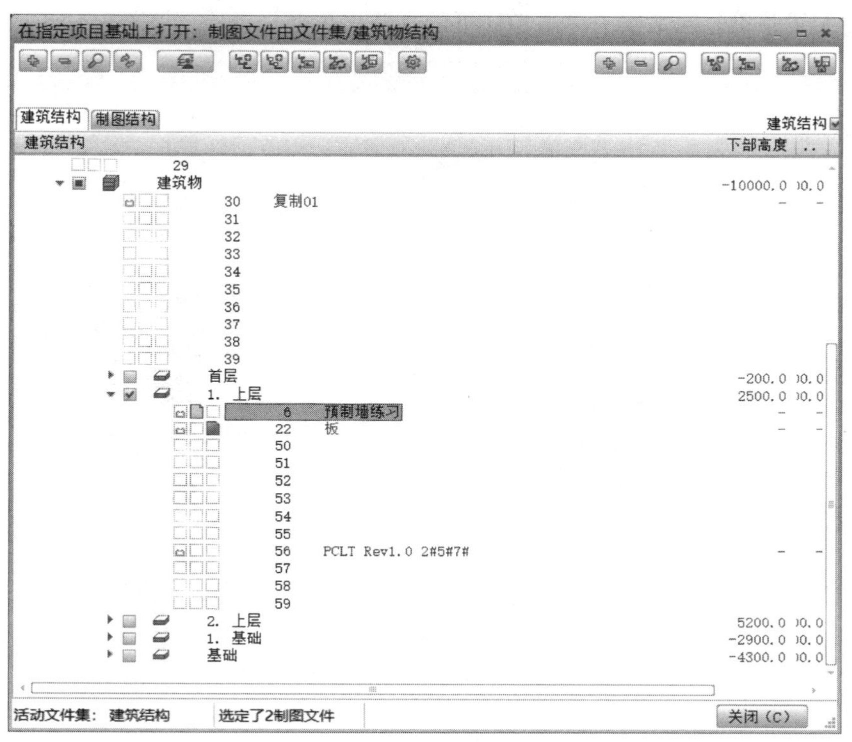

图 5-1

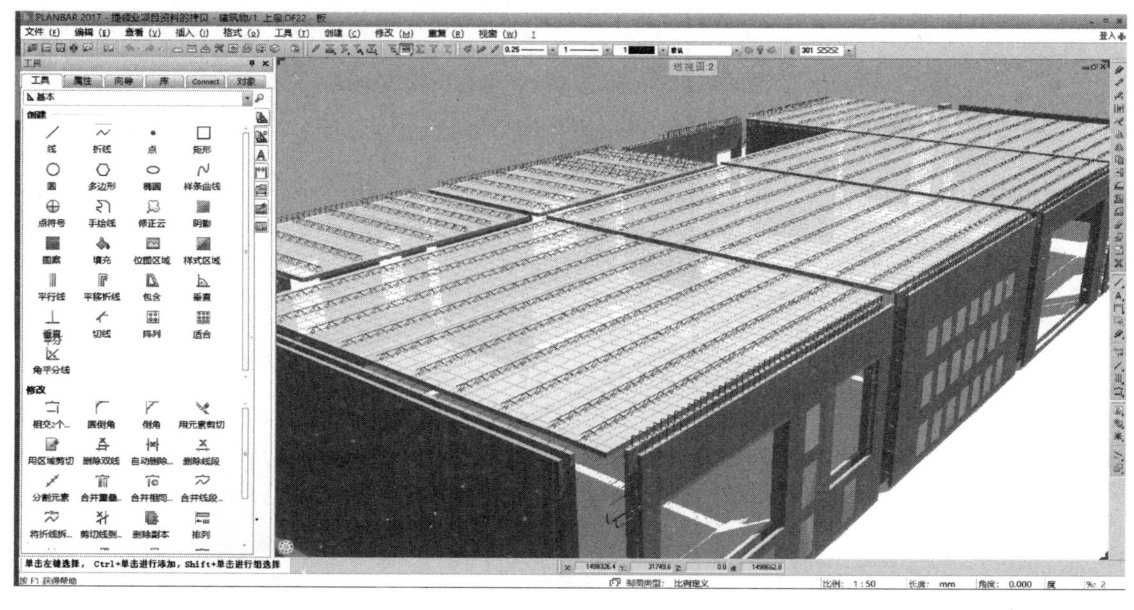

图 5-2

5.1.2　导出项目

（1）在快速访问托盘的【工具】模块中单击【目录】选项，然后单击【配置】选项，如图 5-3 所示。

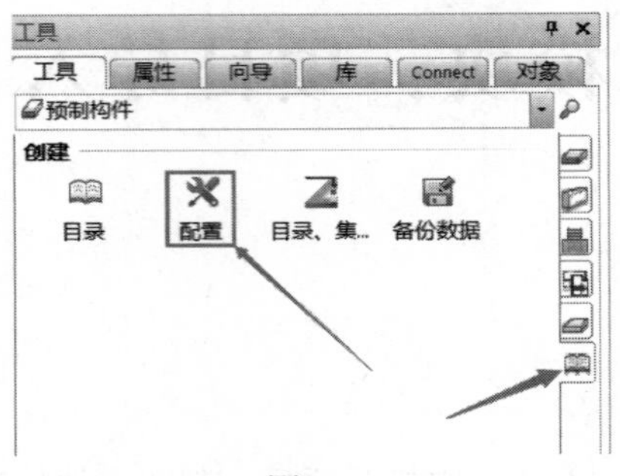

图 5-3

（2）在弹出的【配置菜单】对话框中单击 TIM 下的【输出数据】选项，如图 5-4 所示。

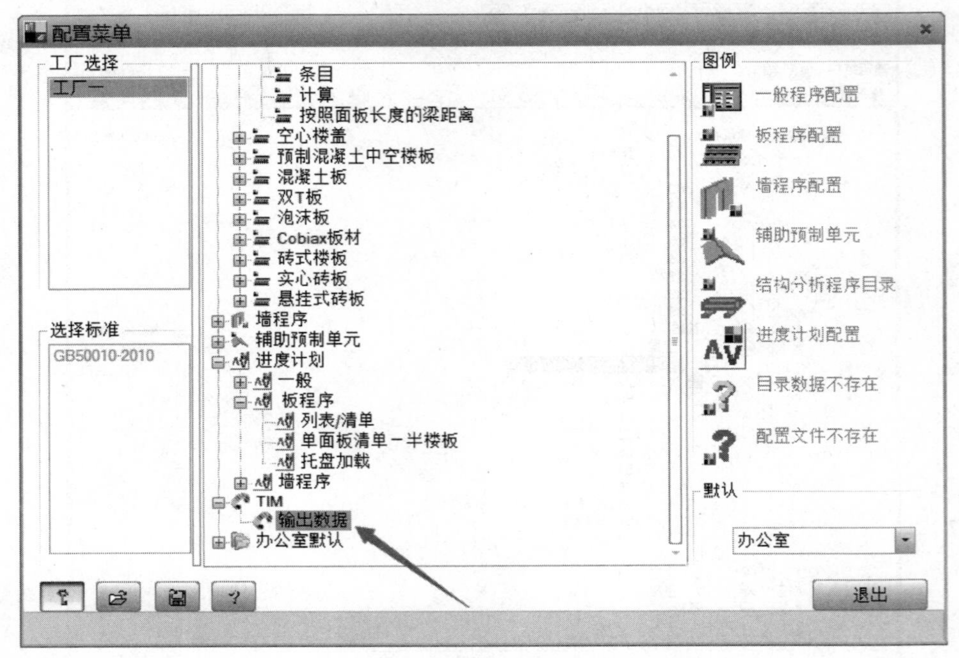

图 5-4

在弹出的【一般参数 TIM】对话框中单击【一般】选项，然后勾选“图样作为 PDF 数据输出”，如图 5-5 所示。

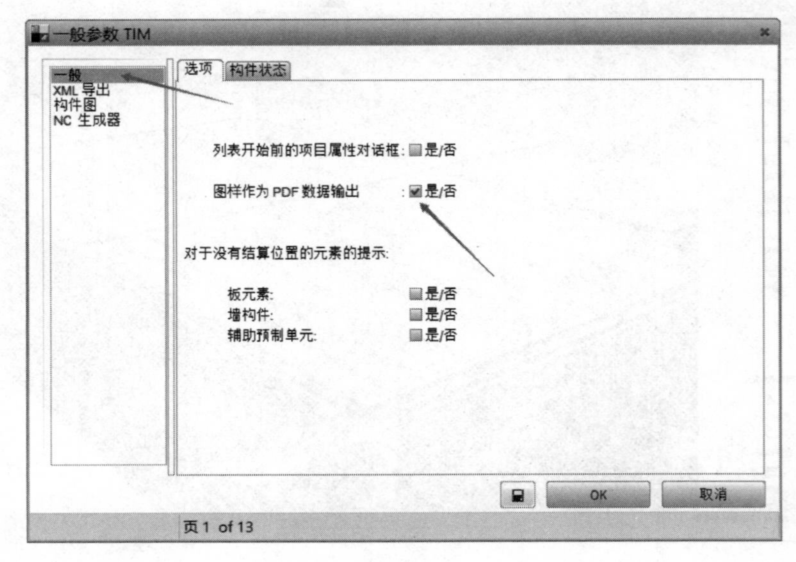

图 5-5

单击【XML 导出】选项，选项设置如图 5-6 所示。

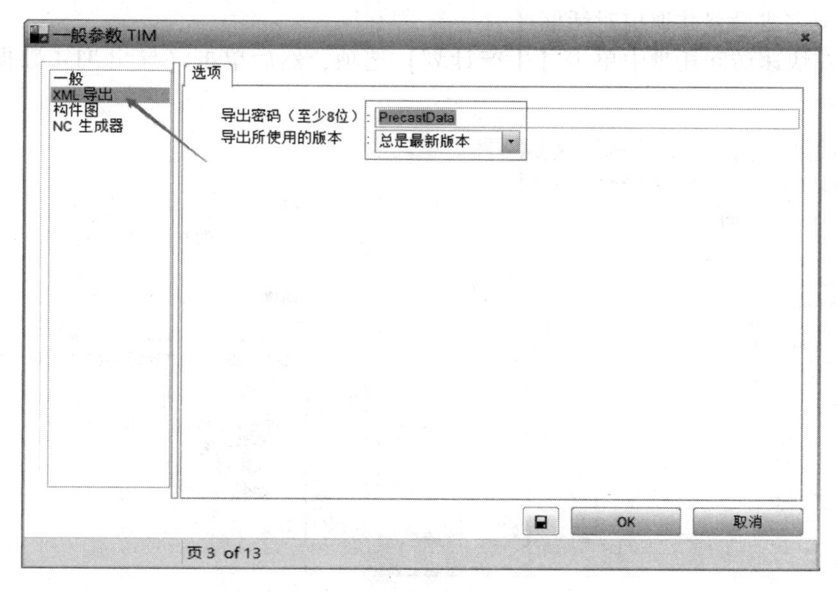

图 5-6

单击【构件图】选项，然后在对话框中单击【数据输出】，其他设置如图 5-7 所示。

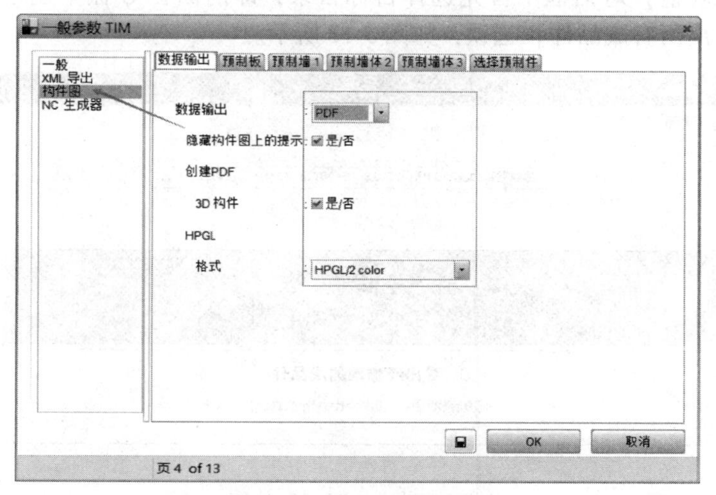

图 5-7

单击【预制板】选项，然后在半肋板后的下拉列表里选择【预制楼板】选项，如图 5-8 所示。

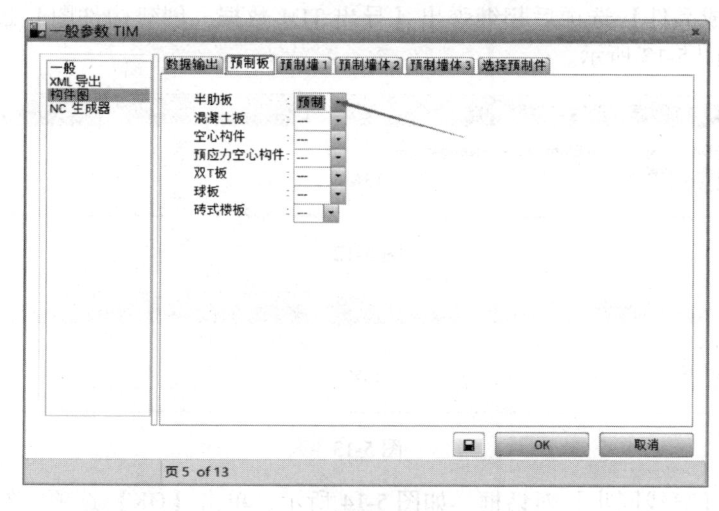

图 5-8

单击【预制墙 1】选项，然后在叠合板后的下拉列表里选择【双层墙】选项，如图 5-9 所示。最后单击【保存】和【OK】选项完成设置并退出对话框。

（3）退出以后，在快速访问托盘中单击【生产计划】选项，然后单击【导出 TIM 数据】选项，如图 5-10 所示。

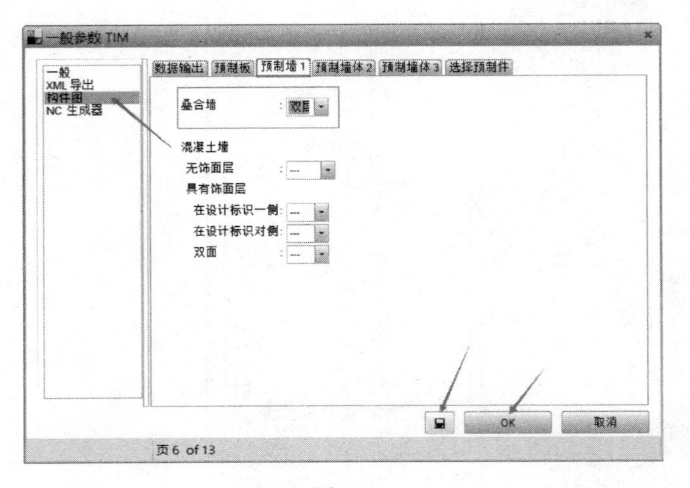

图 5-9

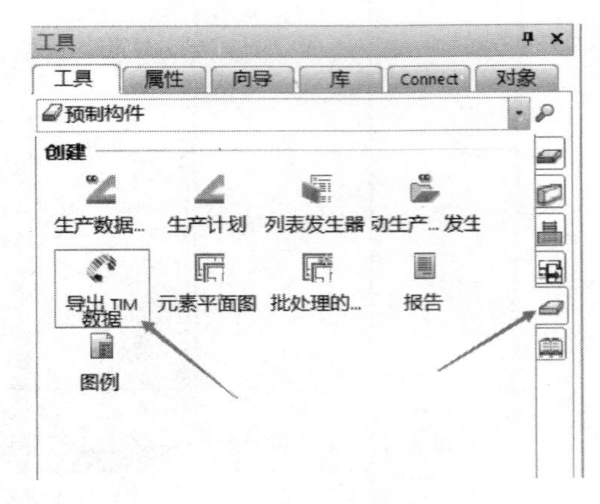

图 5-10

（4）在弹出的【离线调整】对话框中首先选择目标目录，即前面在 C 盘中创建的文件夹【C:\TIM\TIM Exchange】，然后单击【导出所有成品件】选项，如图 5-11 所示。

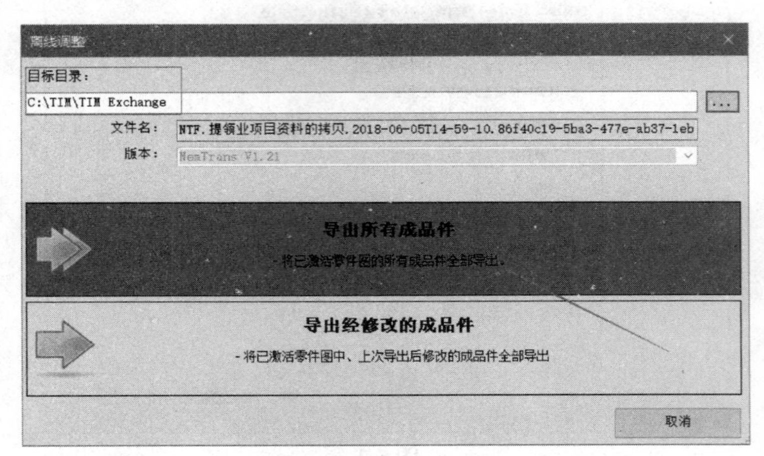

图 5-11

（5）单击【导出所有成品件】选项后相继弹出【导出 TIM 数据，创建构件图】进度框和【输出元素平面图】进度框，如图 5-12 和图 5-13 所示。

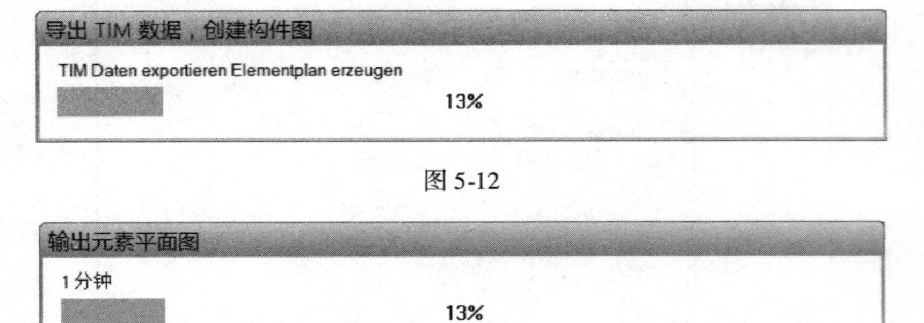

图 5-12

图 5-13

（6）导出完成后弹出【离线同步】对话框，如图 5-14 所示，单击【OK】选项，然后关闭 planbar。

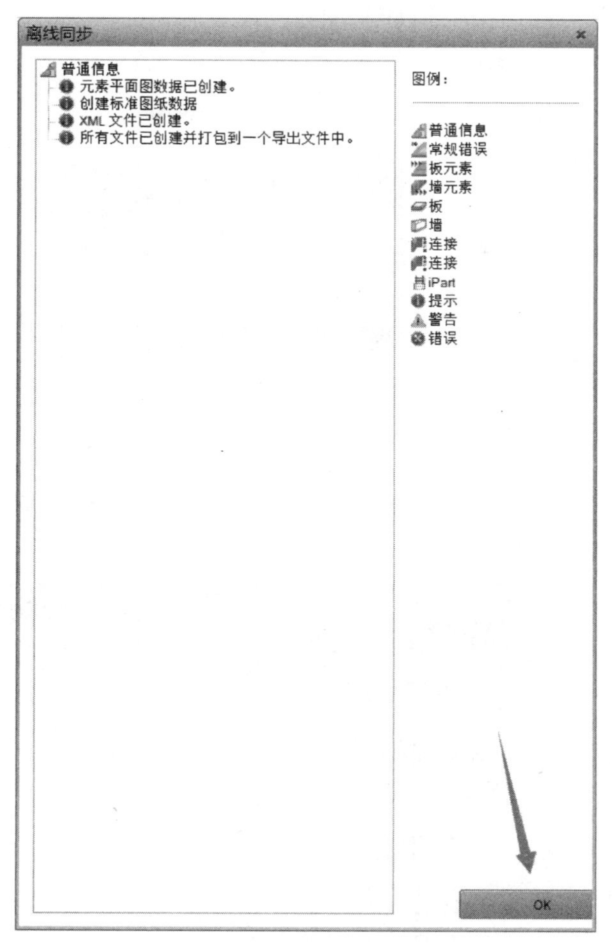

图 5-14

5.2　在 TIM 中导入项目

5.2.1　文件夹中查看导出的文件

在计算机中打开前面创建的【TIM Exchange】文件夹，在文件夹里会出现我们前面导出的 NEGX 文件，如图 5-15 所示。

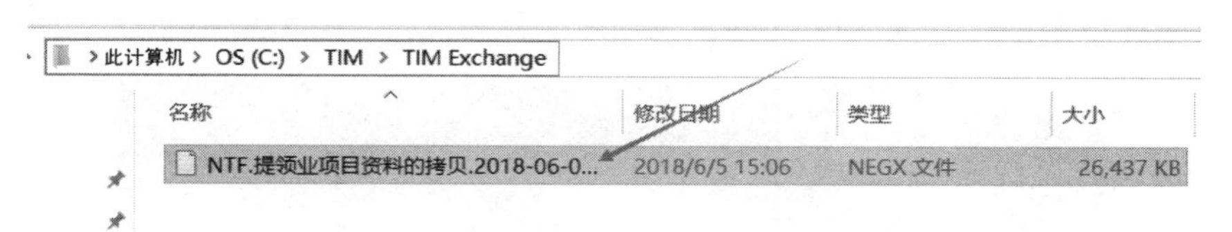

图 5-15

5.2.2　打开 TIM 并导入项目

（1）在桌面上打开 TIM 软件，然后使用 TimAdmin 登录，如图 5-16 和图 5-17 所示。

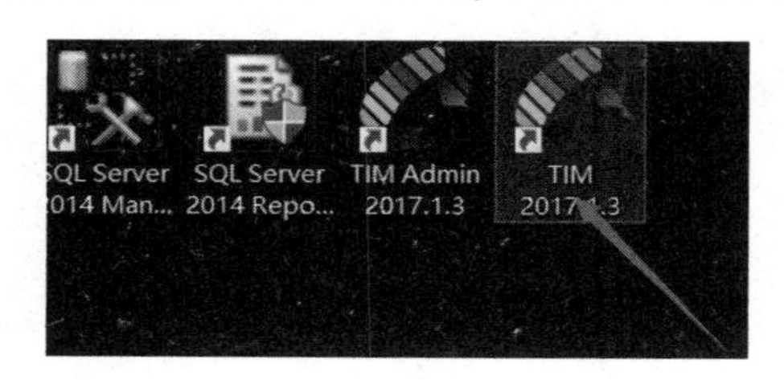

图 5-16

（2）进入软件工作界面后单击左上角的【TIM】图标，如图 5-18 所示。

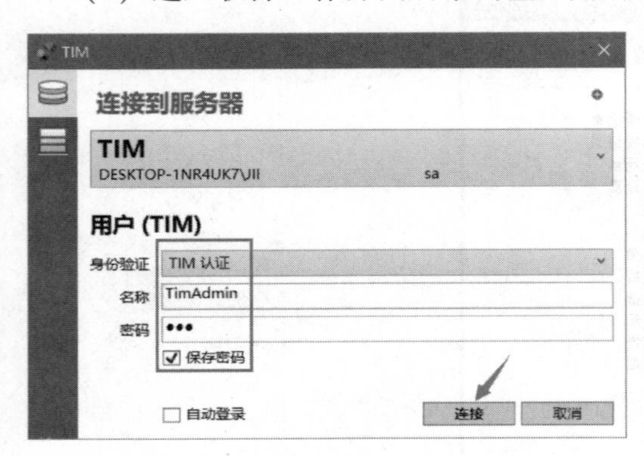

图 5-17

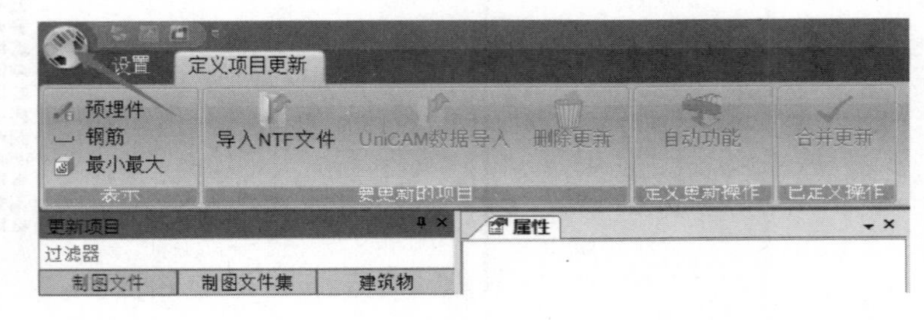

图 5-18

（3）在弹出的选择框中单击【模块】选项，然后在选项列表里单击【导入管理器】选项，将前面从 planbar 中导出的文件导入 TIM 中，如图 5-19 所示。

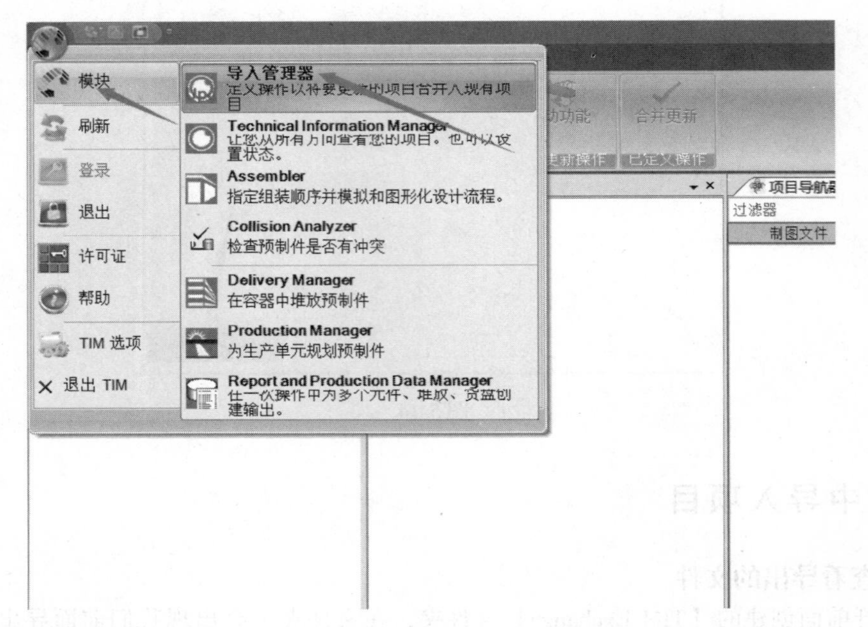

图 5-19

（4）在新的工作界面中单击【导入 NTF 文件】选项将文件导入，如图 5-20 所示。

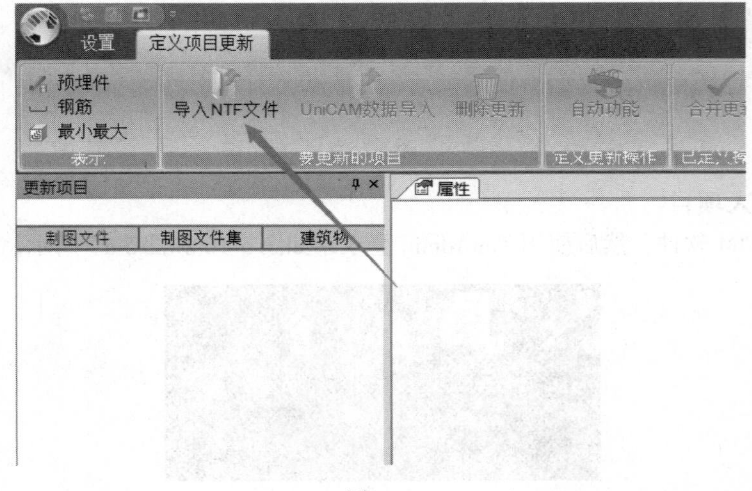

图 5-20

（5）在弹出的【导入项目】对话框中单击【选择】选项，从计算机中选择要导入的文件，如图 5-21 所示。

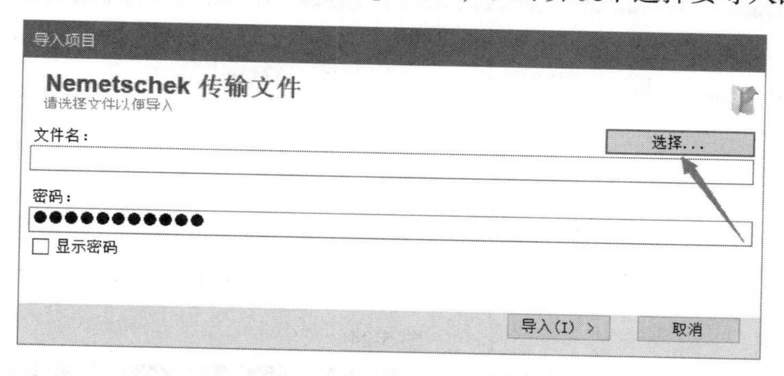

图 5-21

（6）这里我们导出的文件在前面创建的文件夹【TIM Exchange】中，打开【TIM Exchange】文件夹后单击我们从 Planabr 中导出 NEGX 文件，然后单击【打开】选项，如图 5-22 所示。

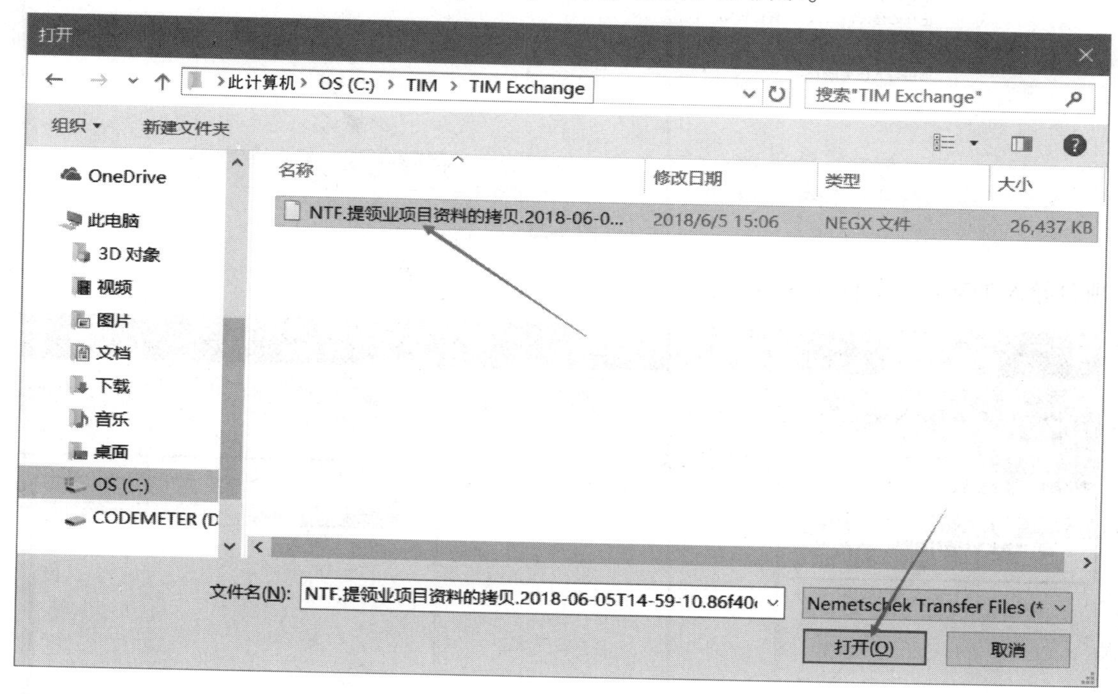

图 5-22

此时，在【导入项目】对话框中出现了我们选择的导入项目，如图 5-23 所示，最后单击【导入】选项完成导入。

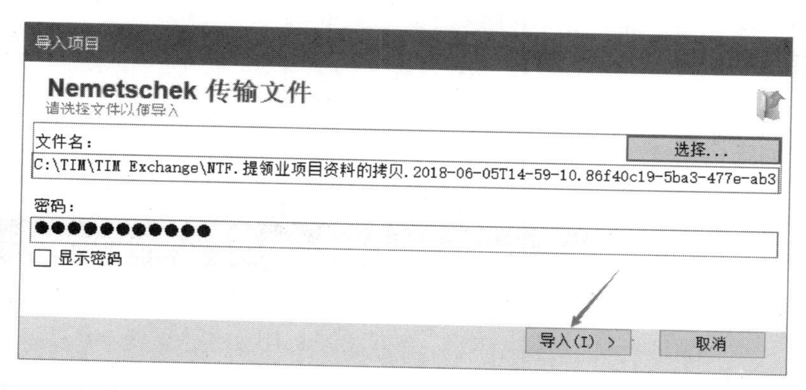

图 5-23

（7）导入进程如图 5-24 和图 5-25 所示，导入完成后单击【关闭】选项，完成此次导入。

图 5-24

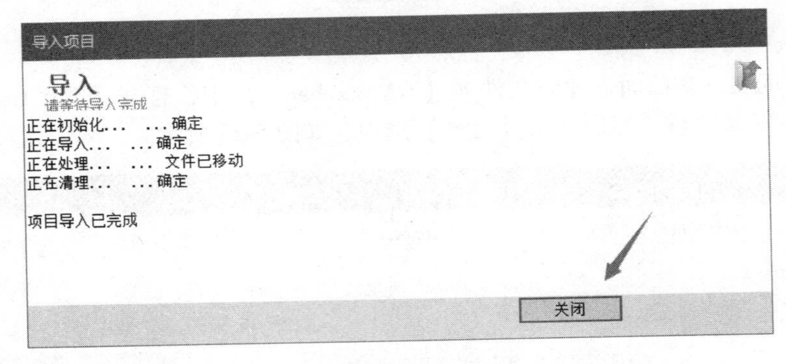

图 5-25

（8）项目导入 TIM 后，如图 5-26 所示。

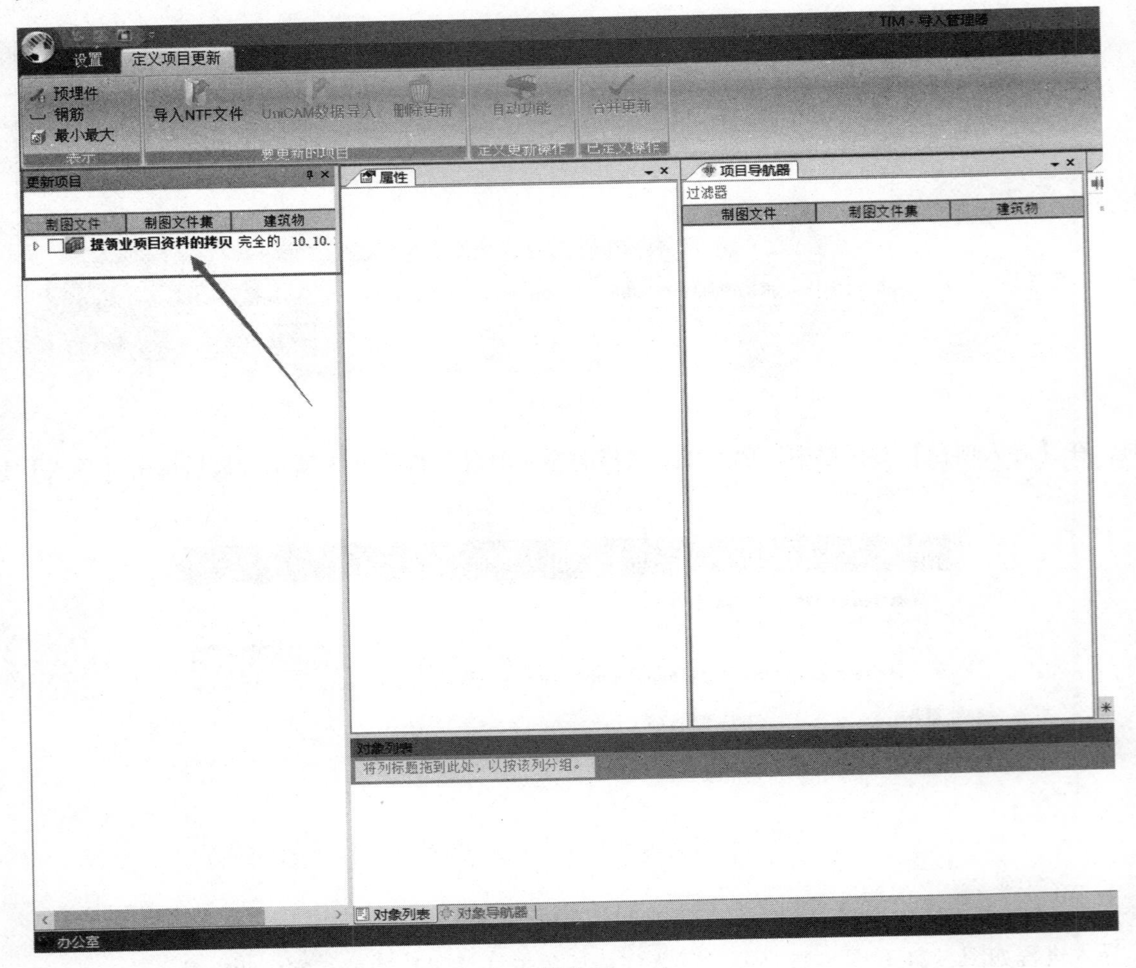

图 5-26

当项目导入后，需要将导入的项目勾选，然后单击【合并更新】选项，完成导入过程，如图 5-27 所示。

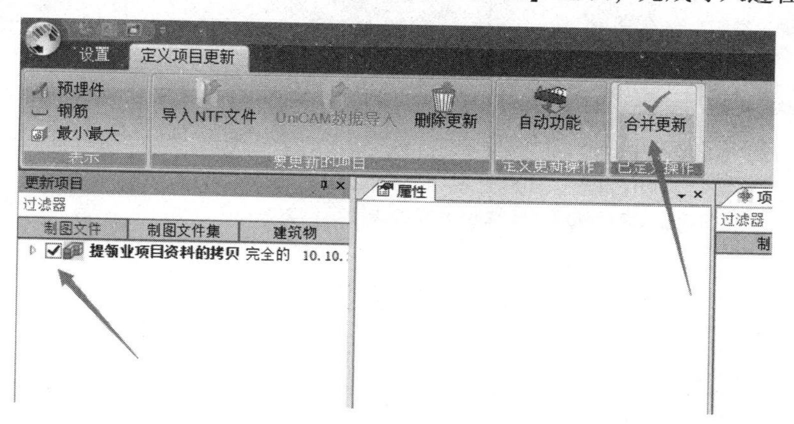

图 5-27

合并更新后，项目由临时文件夹转移到【项目导航器】中，如图 5-28 所示（如果我们将相同的模型在 Planbar 中进行了改动后再次导入 TIM，【合并更新】将会把我们改动过的内容进行更新）。

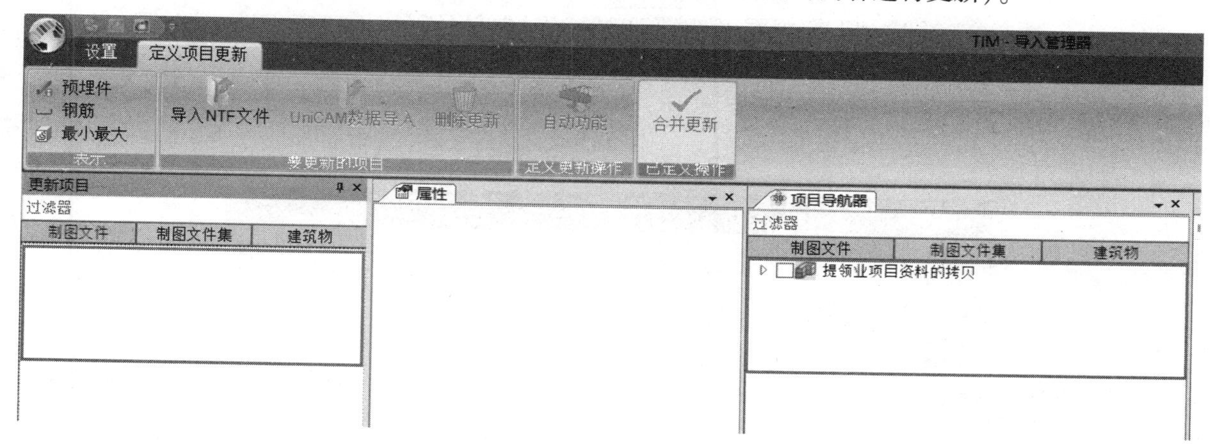

图 5-28

5.2.3　将项目修改后再次导入

（1）在导入修改后的项目之前，我们可以看到显示在 TIM 工作界面中【项目导航器】里的原项目，如图 5-29所示。

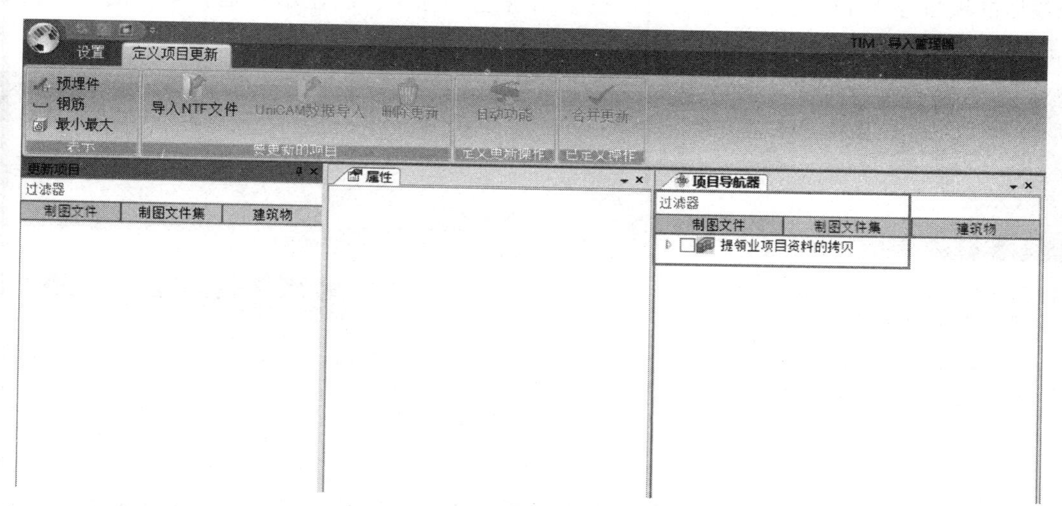

图 5-29

（2）在【TIM Exchange】文件夹中选择修改后的项目再次导入到 TIM 中（Planbar 中修改后的项目再次导出，同样导出到【TIM Exchange】文件夹中），如图 5-30 和图 5-31 所示。

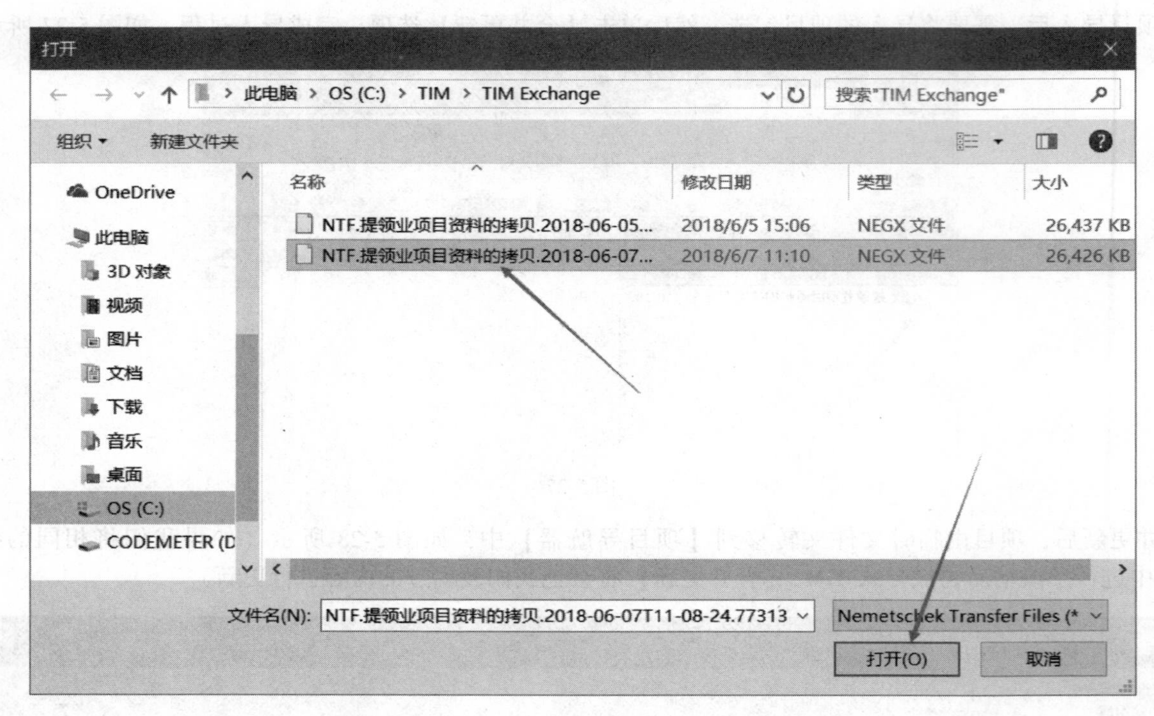

图 5-30

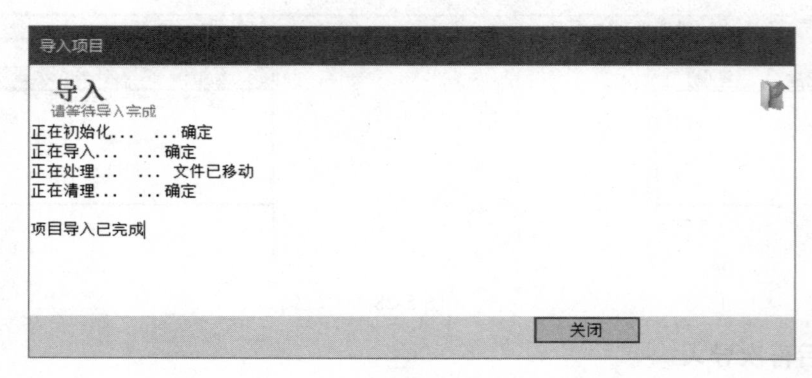

图 5-31

（3）修改后的项目导入 TIM 后，在更新项目栏会出现色彩标识，以显示其是有修正的部分，如图 5-32 所示。单击更新项目前的三角符号可以查看更新项目中要更新的内容，如图 5-33 所示。

图 5-32

（4）勾选修改后的项目，然后单击【合并更新】选项（表示将项目更新后的信息合并到前一次导入的相同项目中），如图 5-34 所示。

两个项目合并成一个项目后，如图 5-35 所示。

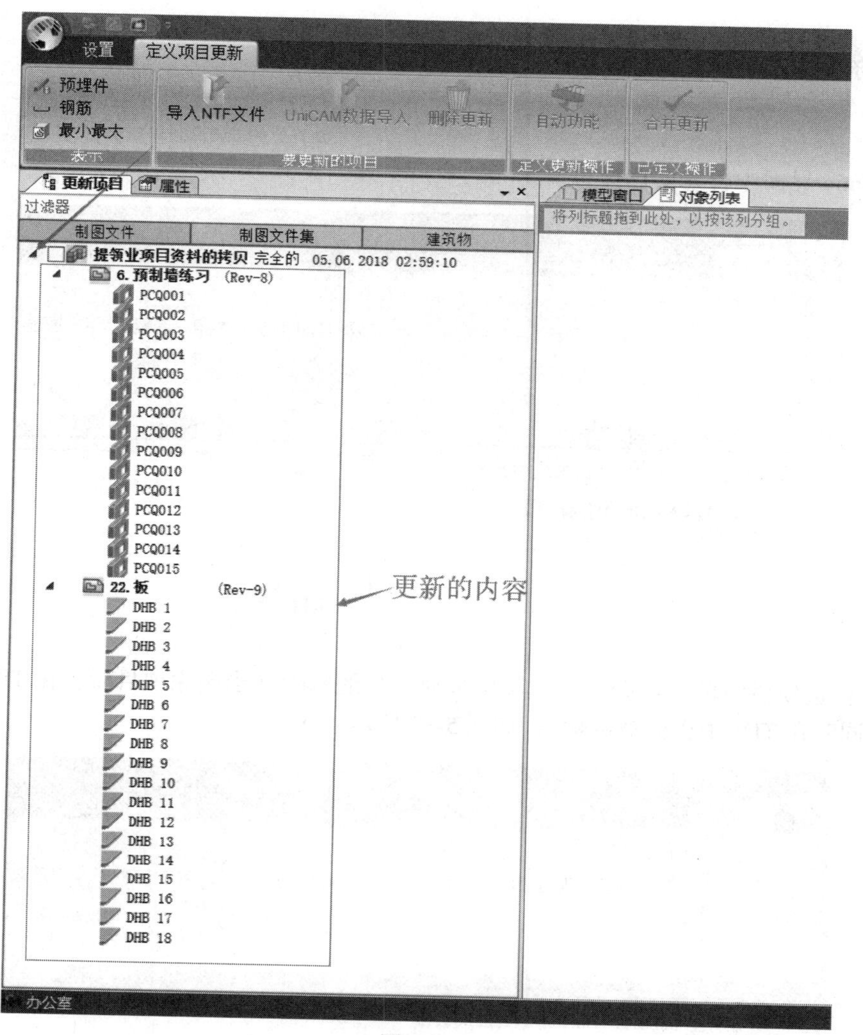

图 5-33

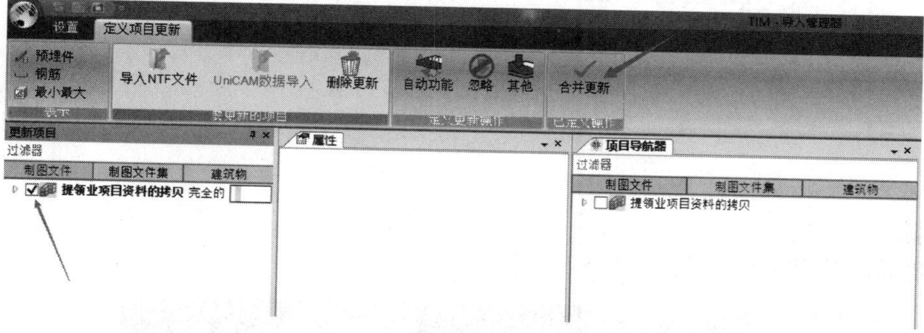

图 5-34

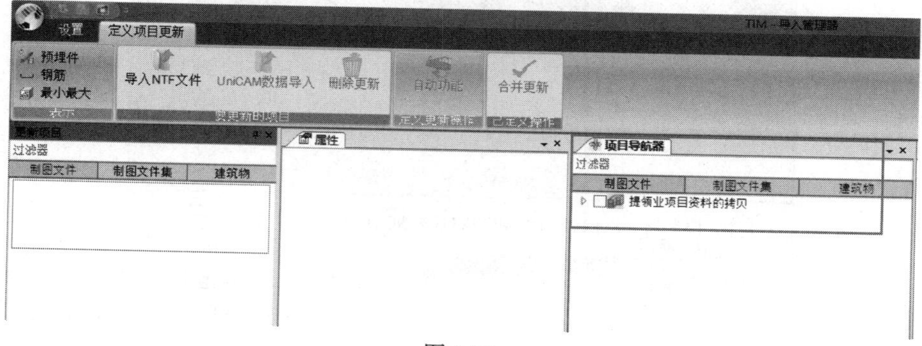

图 5-35

5.3　如何删除或标记以删除导入的项目

1. 删除

（1）在 TIM Admin 界面中首先要选择将要删除的项目，如图 5-36 所示。

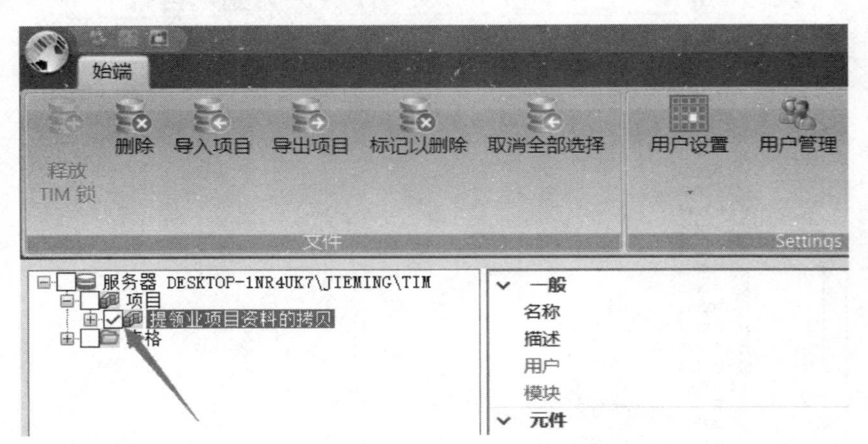

图 5-36

（2）在【文件】选项栏中单击【删除】选项完成对项目的删除（当删除项目后，在 TIM Admin 界面中的项目文件就会消失，同时在 TIM 中也会被清除），如图 5-37 所示。

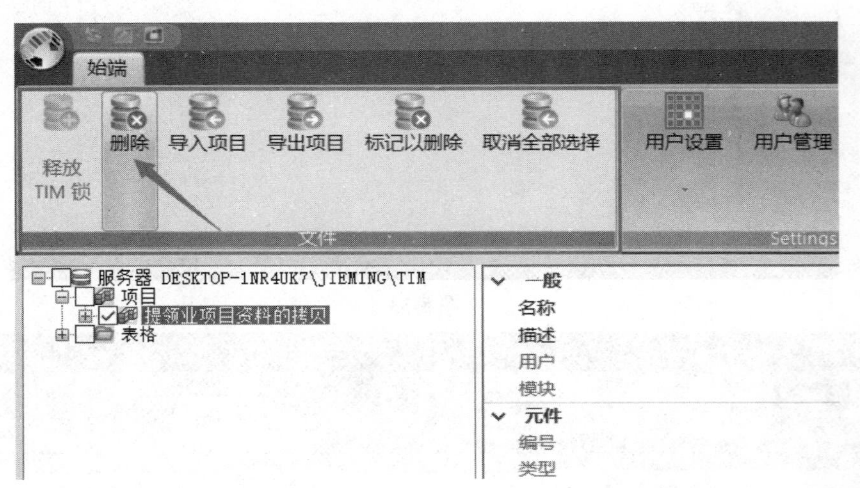

图 5-37

2. 标记以删除

（1）选择需要标记以删除的项目，如图 5-38 所示。

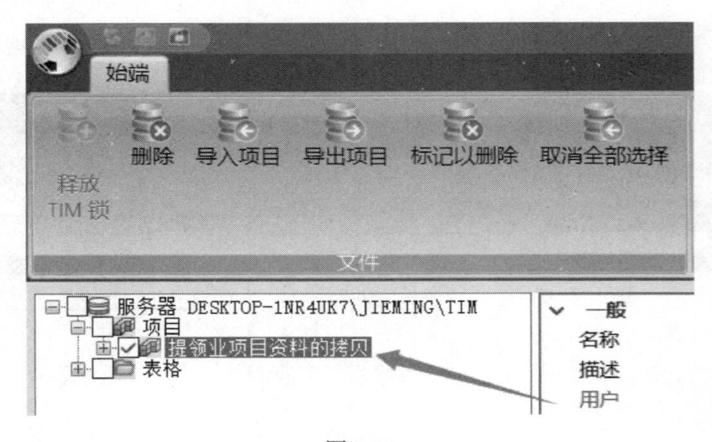

图 5-38

（2）在文件选项栏单击【标记以删除】选项（标记以删除项目后，项目在 TIM Admin 中灰色显示，但是在 TIM 中不会显示），如图 5-39 ~ 图 5-41 所示。

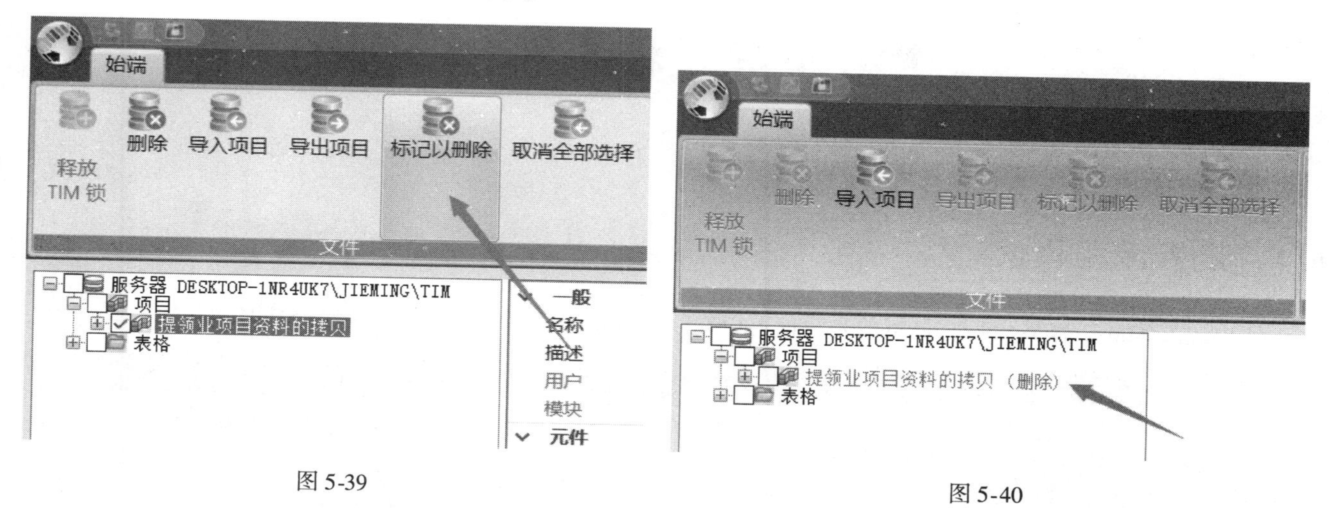

图 5-39　　图 5-40

（3）标记以删除后，也可以恢复被标记以删除的文件，选择已经被标记以删除的文件，然后在文件选项栏中单击【取消全部选择】选项，如图 5-42 所示。

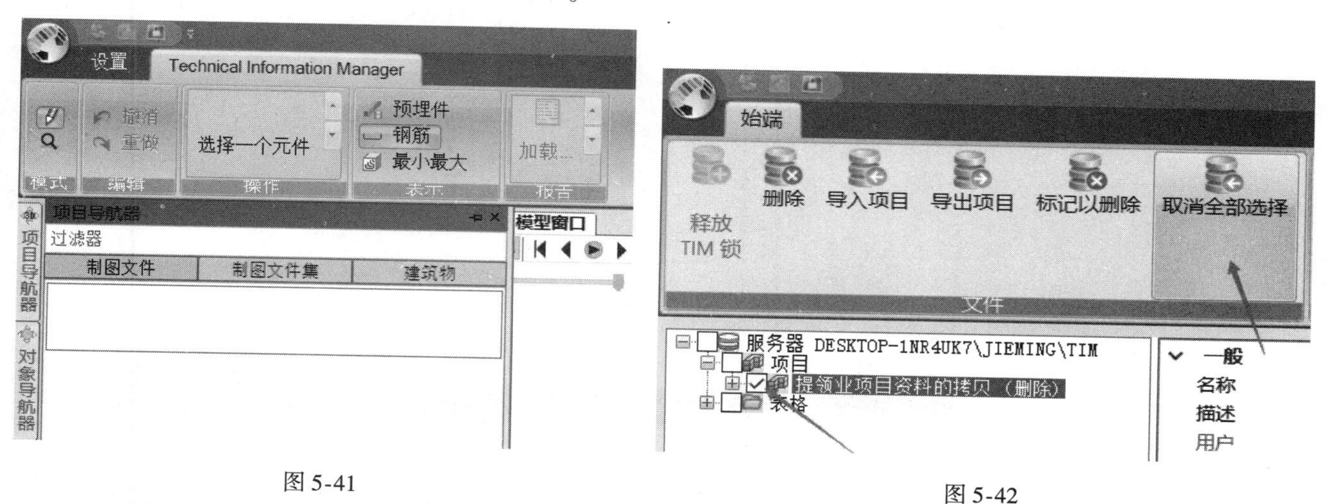

图 5-41　　图 5-42

（4）取消全部选择后，项目文件依然存在于 TIM Admin 中，如图 5-43 所示。

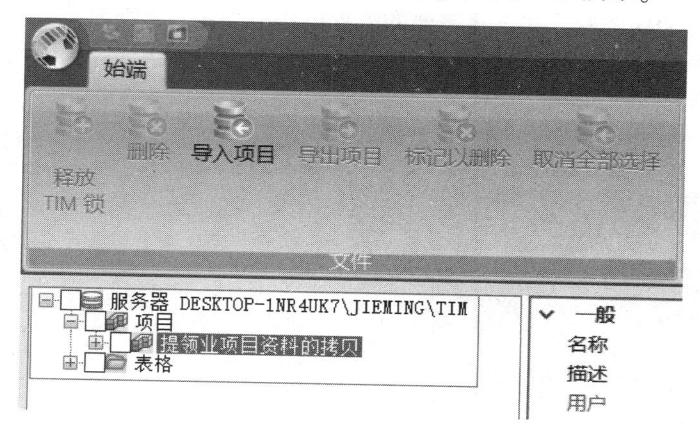

图 5-43

第 6 章　状态管理

从多方面查看项目，并可以对状态进行设置。

6.1　进入流程模块

（1）进入 TIM 工作界面后，显示的是目前可以在 TIM 中查看和管理的项目，如图 6-1 所示。

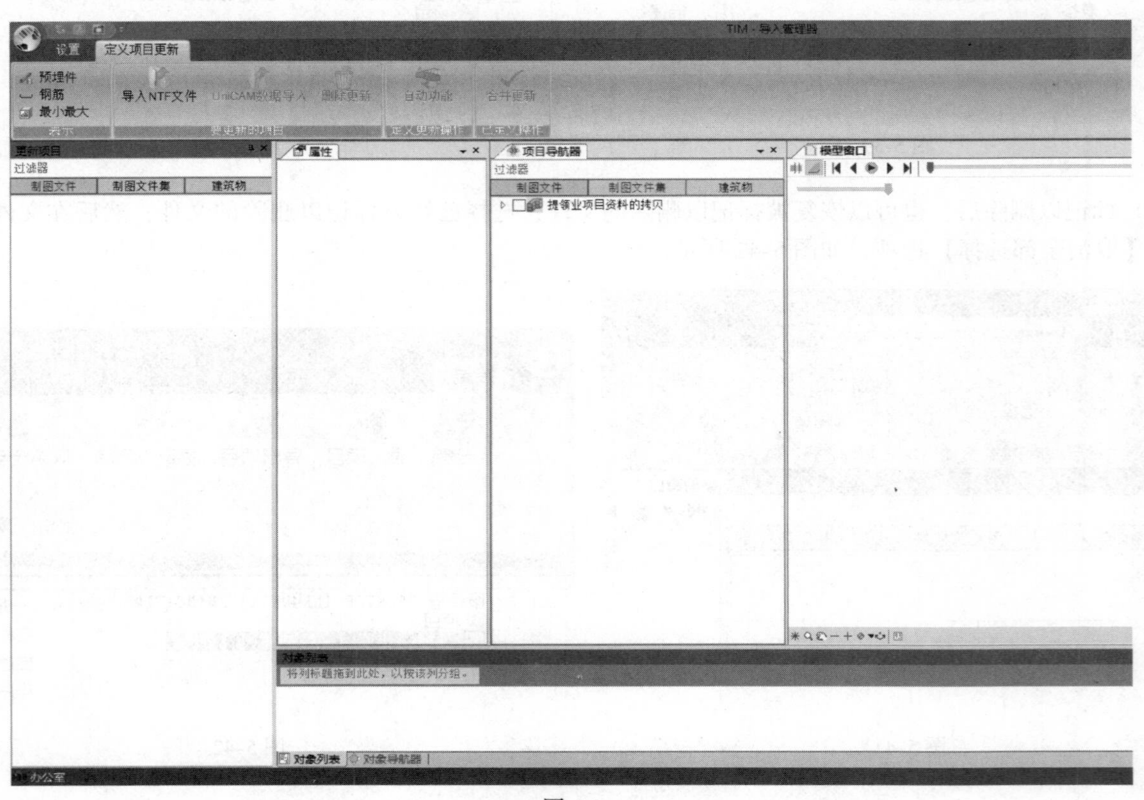

图 6-1

（2）单击软件左上角的 TIM 图标，并选择需要的流程模块，如图 6-2 所示。

（3）在弹出的对话框中单击【模块】选项，然后在弹出的选项列表中单击【Technical Information Manager】模块选项，如图 6-3 所示。

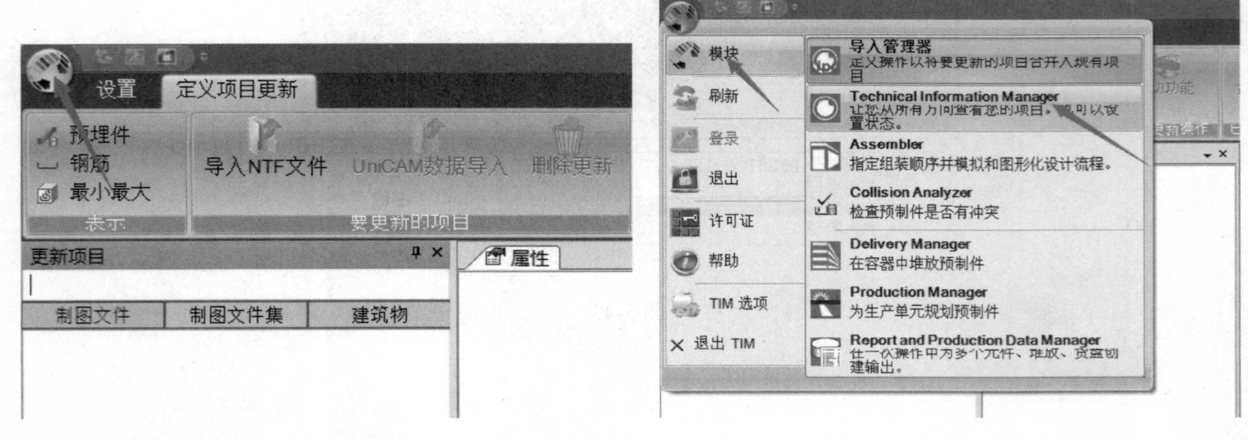

图 6-2　　　　图 6-3

（4）此时界面切换为状态信息管理模块界面（在这个模块中可以将每个构件按照其所在的状态以不同的颜色标识出来，从而达到检查项目进度的 3D 显示，通过色彩显示，我们可以直接地看到项目的进展），如图 6-4 所示。

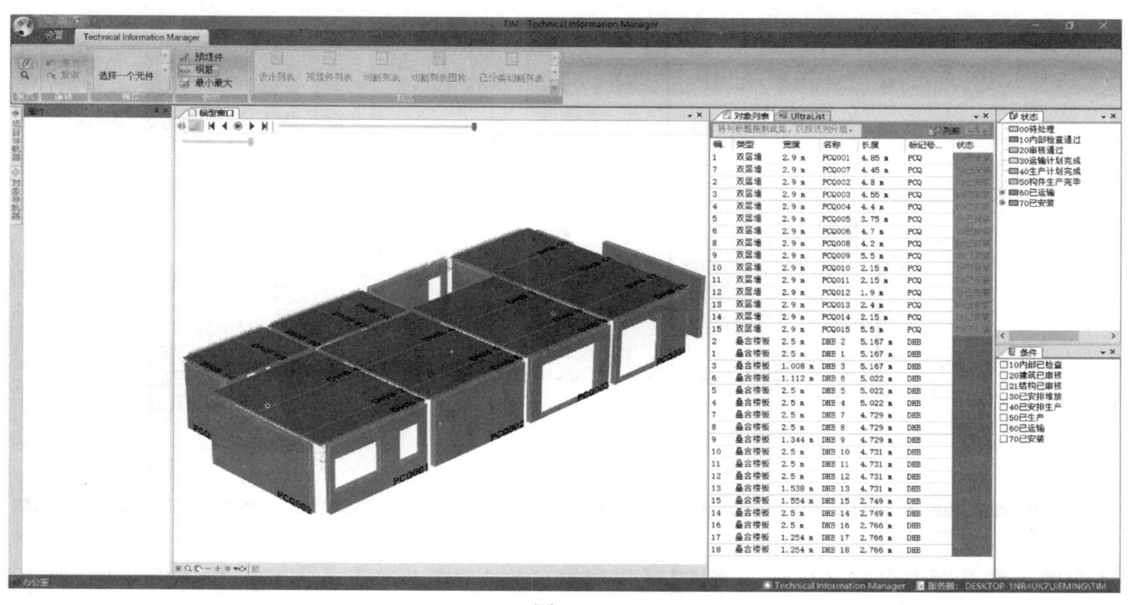

图 6-4

（5）将鼠标放在左侧访问栏的【项目导航器】选项中同时弹出【项目导航器】选项框，在选项框中单击勾选要查看的项目文件，如图 6-5 所示。

在【项目导航器】中还包括【制图文件集】和【建筑物】。在【制图文件集】下分布了几个制图文件，如图 6-6 所示；在【建筑物】下包含了【建筑物】分层文件夹，软件提供在制图文件、制图文件集或者建筑物这三种模式下进行信息管理，本教材中选择制图文件作为查看方式，如图 6-7 所示。

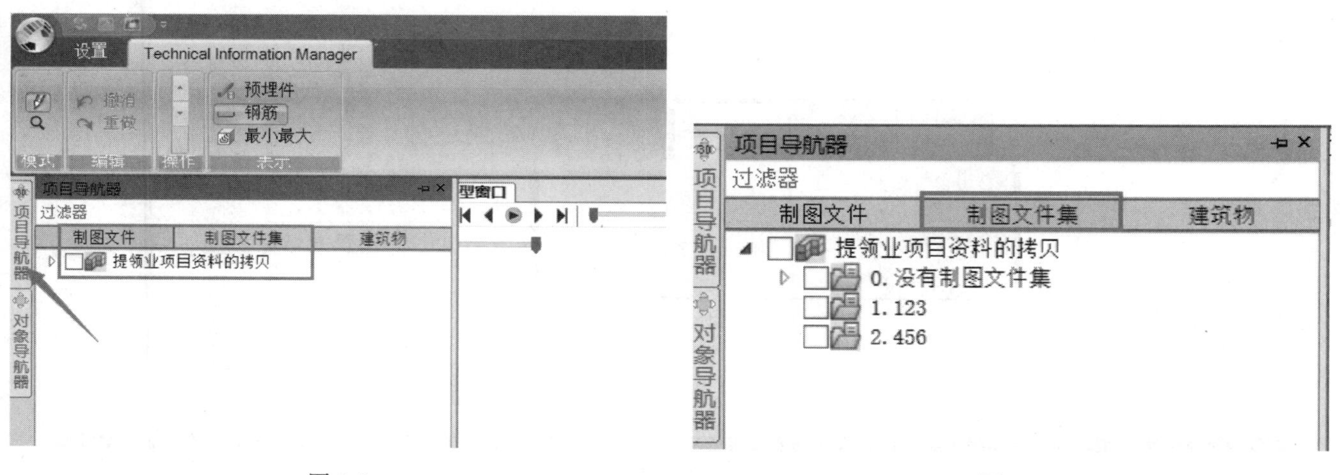

图 6-5　　　　图 6-6

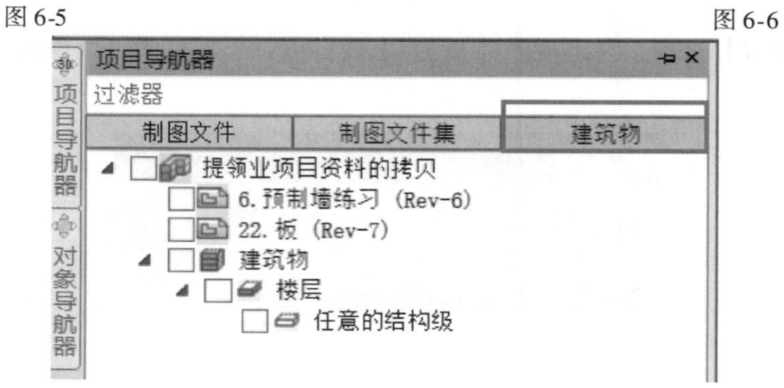

图 6-7

（6）在【制图文件】中将项目打开后，如图 6-8 所示。

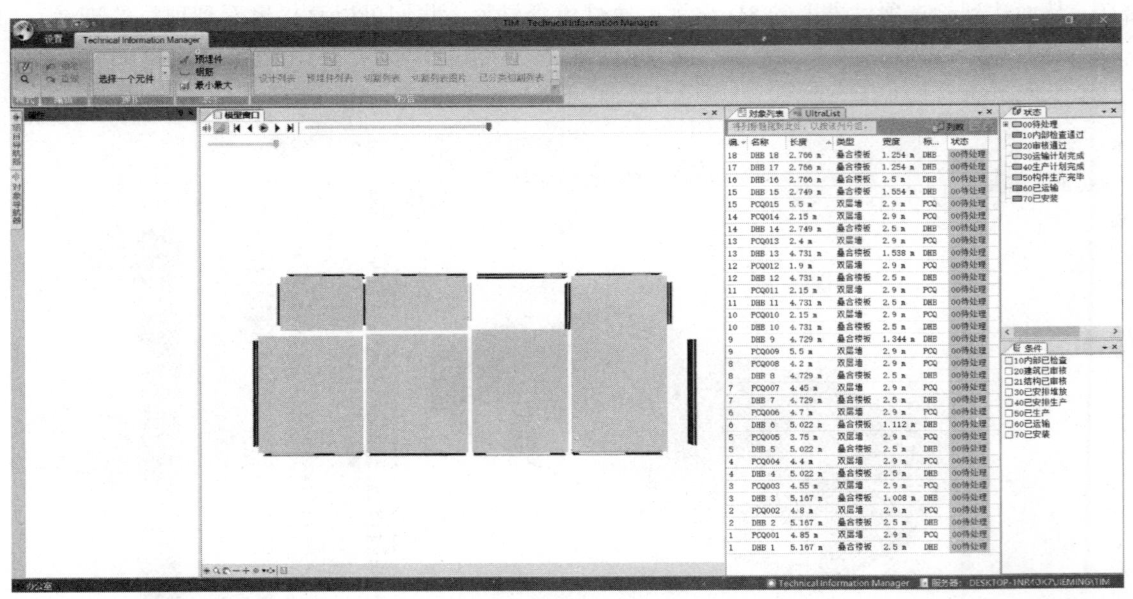

图 6-8

在信息管理工作界面中自定义显示【属性】【模型窗口】【对象列表】【状态】和【条件】（状态和条件是在 TIM Admin 中设置过的）这几部分，如图 6-9 所示。

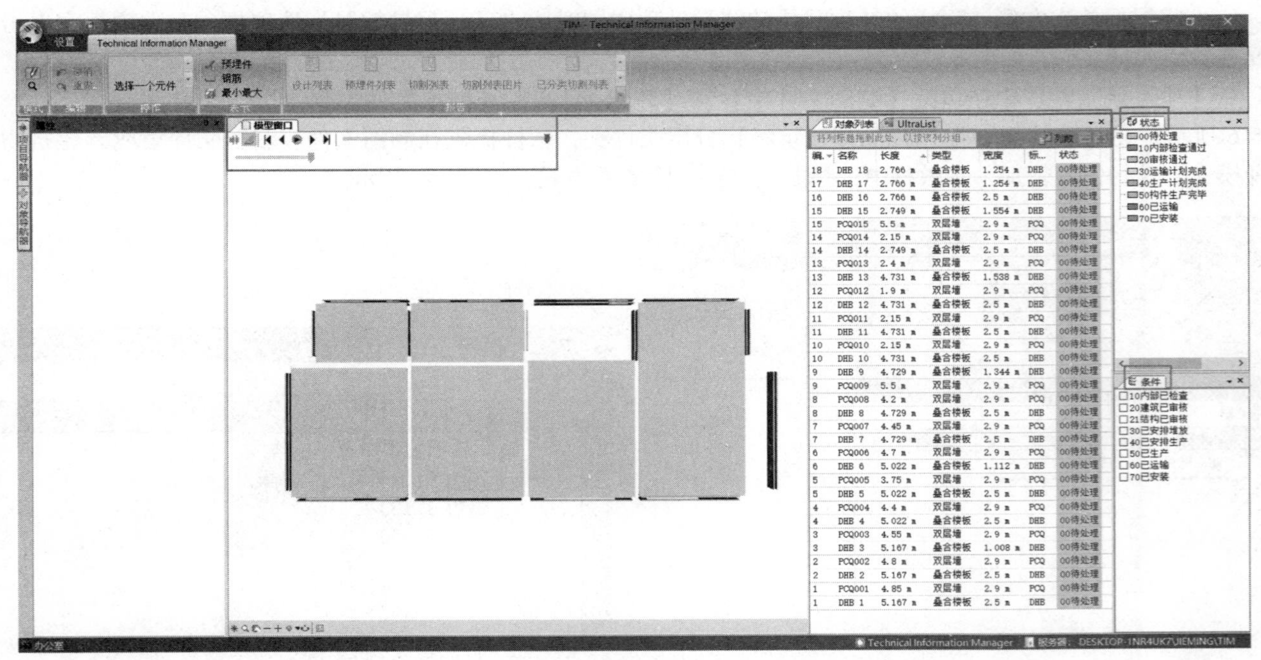

图 6-9

在工具栏中单击【设置】选项，在出现的【显示/隐藏】工具选项栏中可以设置在界面中显示的窗口，如图 6-10 所示。

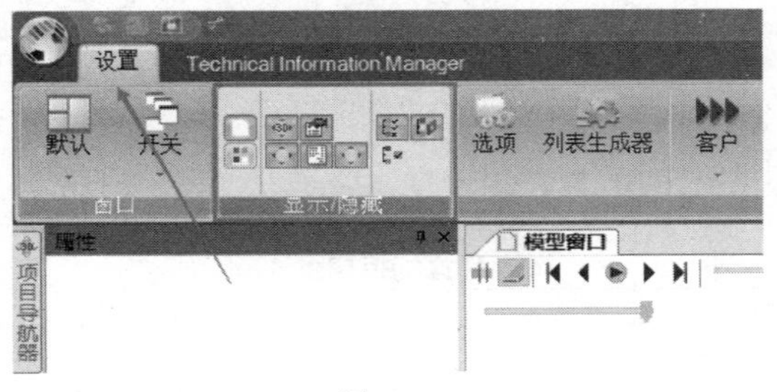

图 6-10

（7）在【模型窗口】中单击右下角工具栏中的【导航模式】选项，然后拖动鼠标（或者 Ctrl + 鼠标左键）对模型进行查看旋转，如图 6-11 所示。

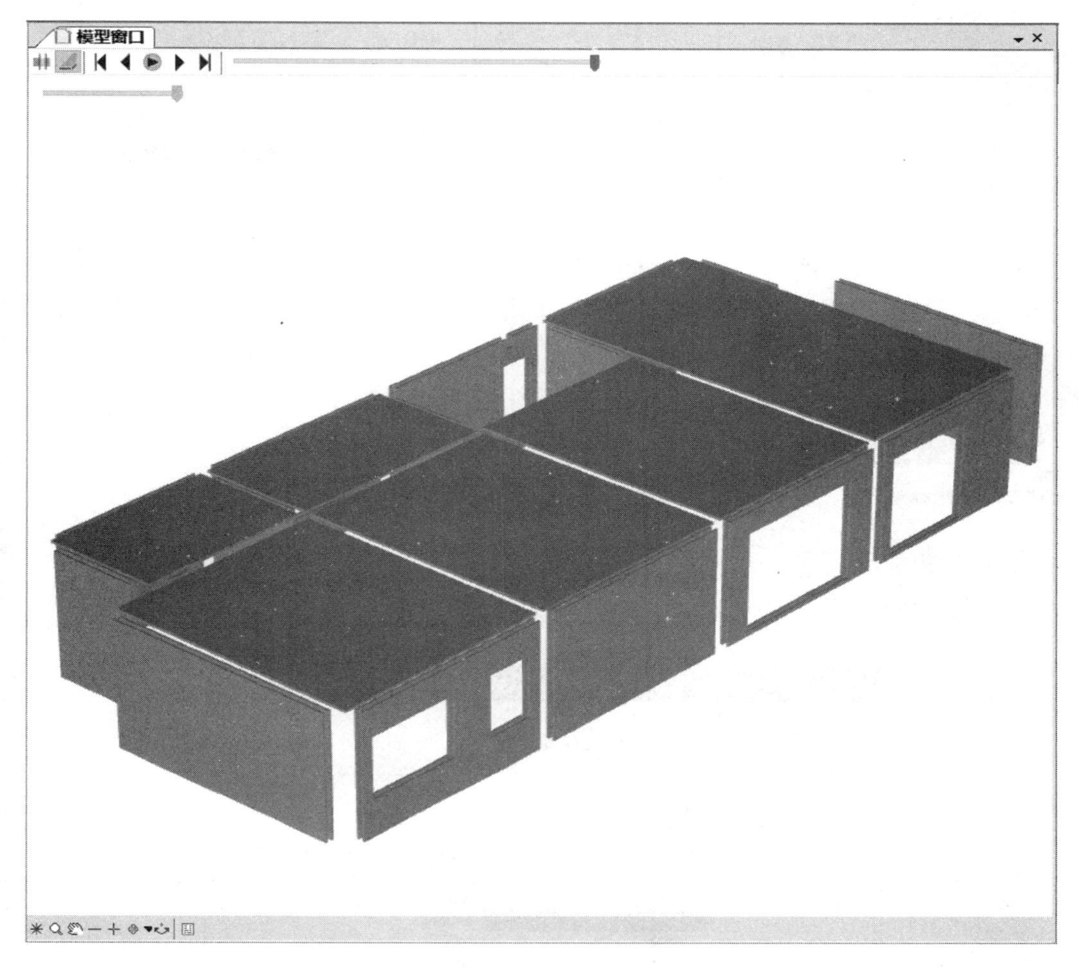

图 6-11

（8）添加构件标签。在工具栏中单击【设置】选项，然后在设置选项栏中单击【选项】选项，如图 6-12 所示。

图 6-12

在弹出的【Technical Information Manager】对话框中单击【标签】选项，然后在【模型窗口】选项栏中勾选【标签】，如图 6-13 所示。

单击【参考点】选项，然后单击下拉选项图标并在弹出的窗口里选择标签的位置（这里选择右下角位置举例），如图 6-14 所示。

将第 1 行展开然后单击【模板】选项，最后单击模板后的选项图标，如图 6-15 所示。

在弹出的【模板】对话框中单击下拉选项图标，然后在弹出的选项卡上单击选择标签类型（这里选择名称举例），最后单击【确定】选项，如图 6-16 所示。

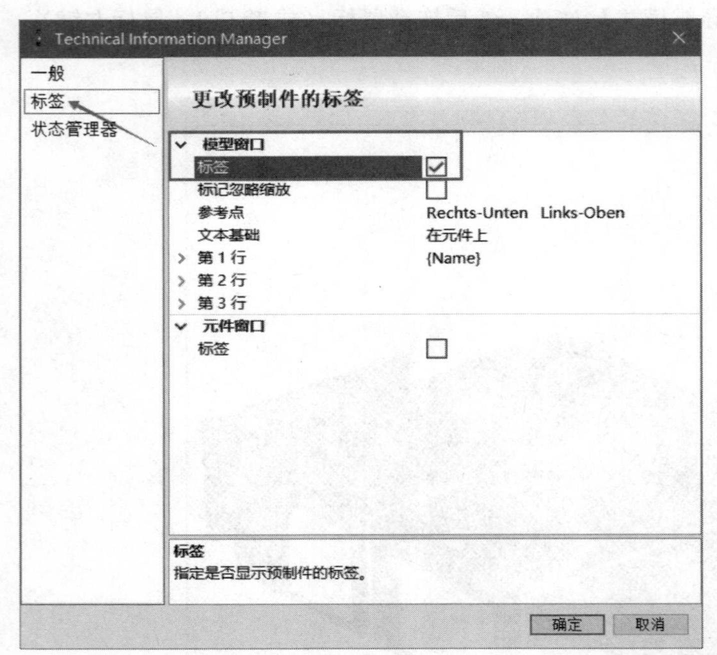

图 6-13

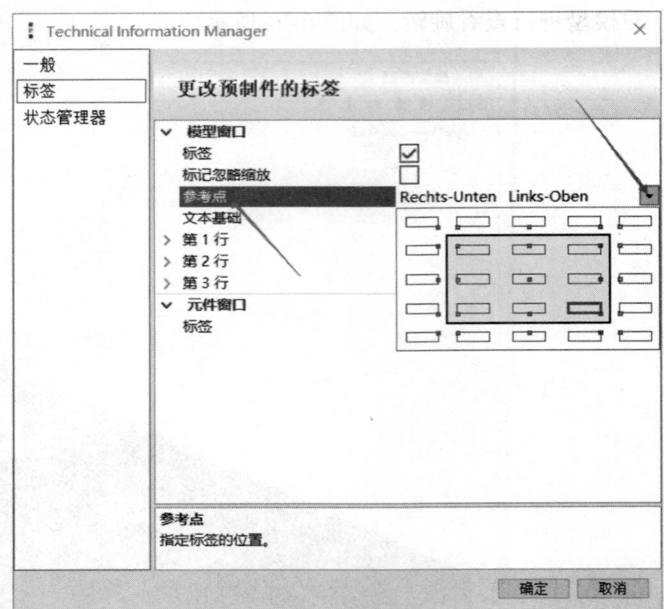

图 6-14

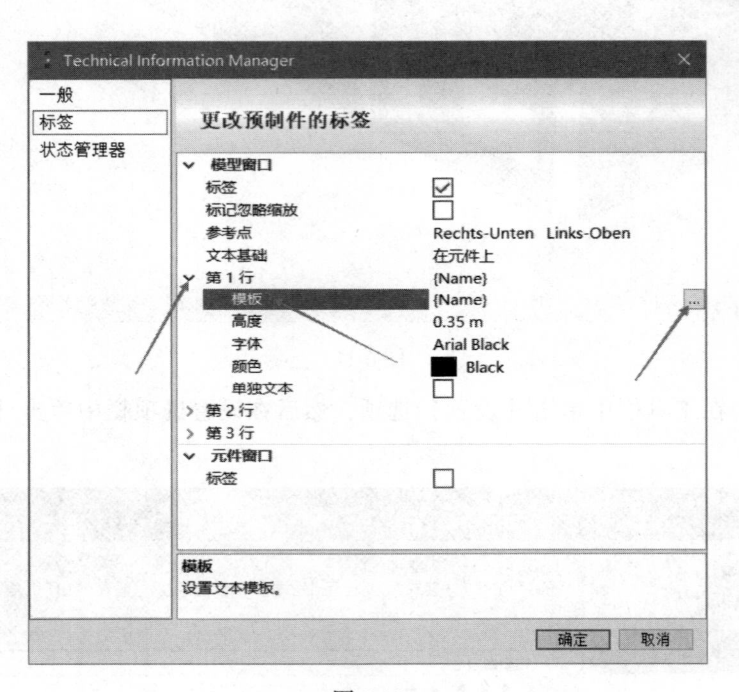

图 6-15

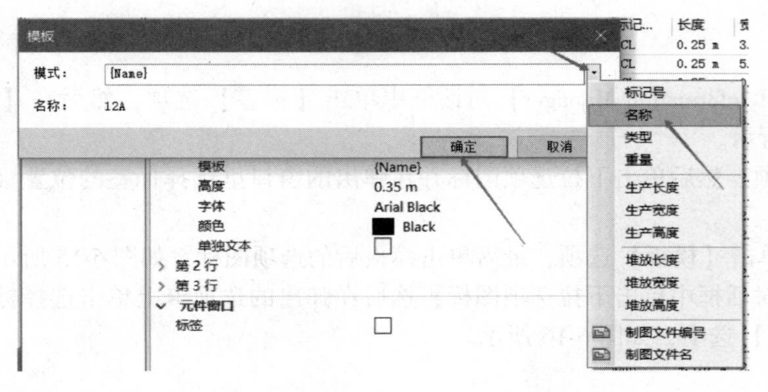

图 6-16

继续对标签的高度、字体、颜色进行设定（若勾选单独文本，此行可以选择与标签不一样的参考点作为摆放位置），最后单击【确定】选项完成设置，如图 6-17 和图 6-18 所示。

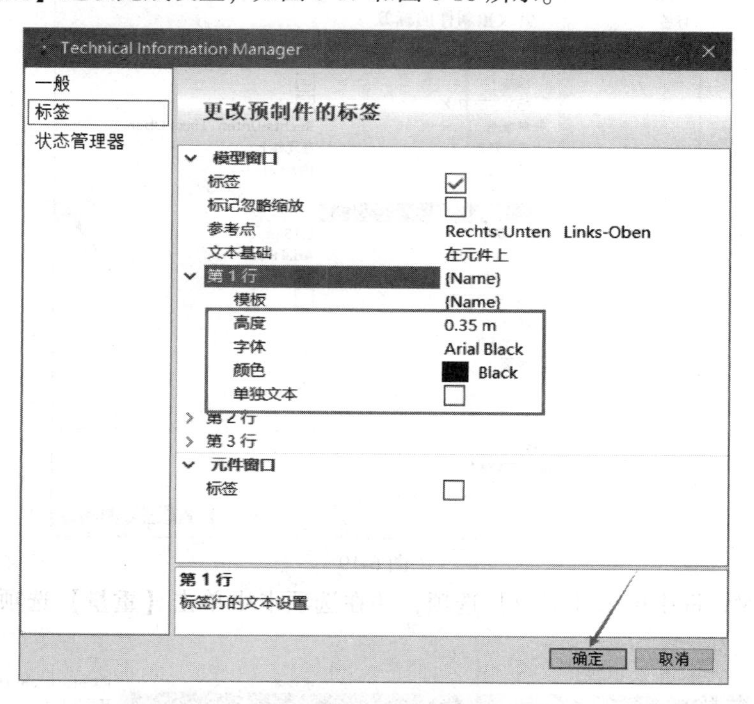

图 6-17

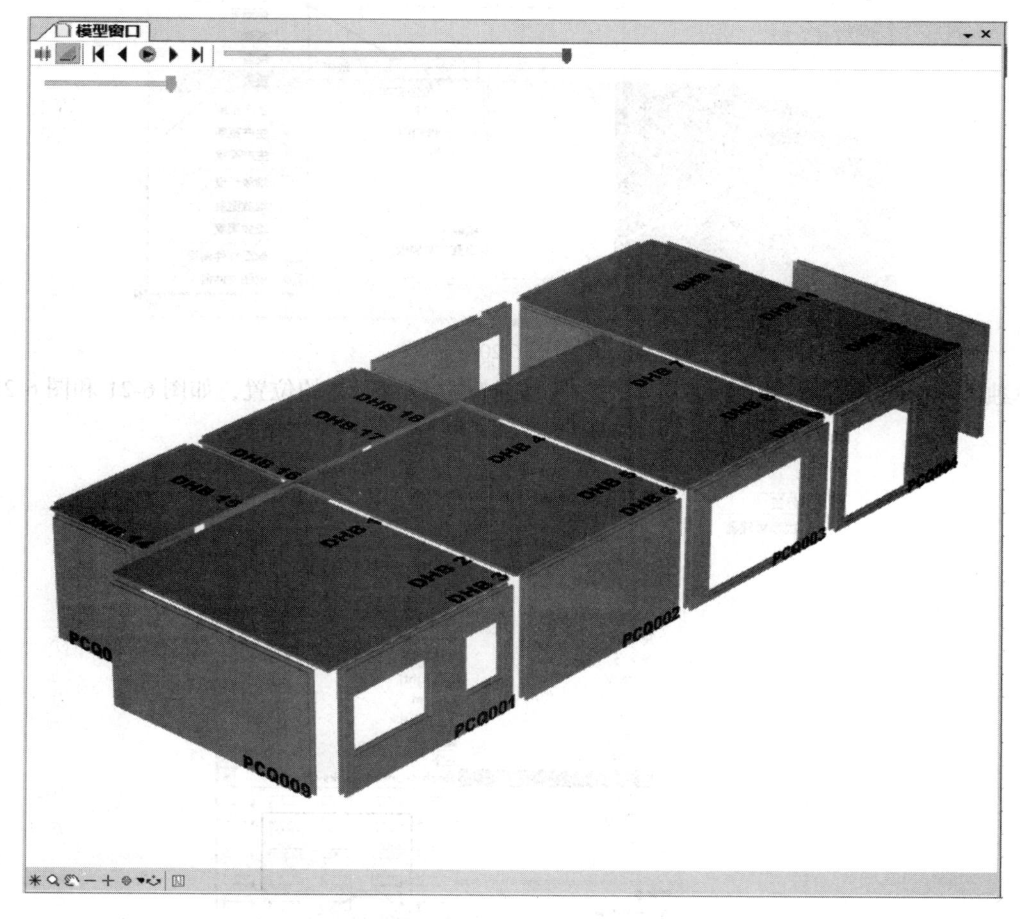

图 6-18

添加第 2 行标签，在第 2 行下单击“模板”对应的选项，如图 6-19 所示。

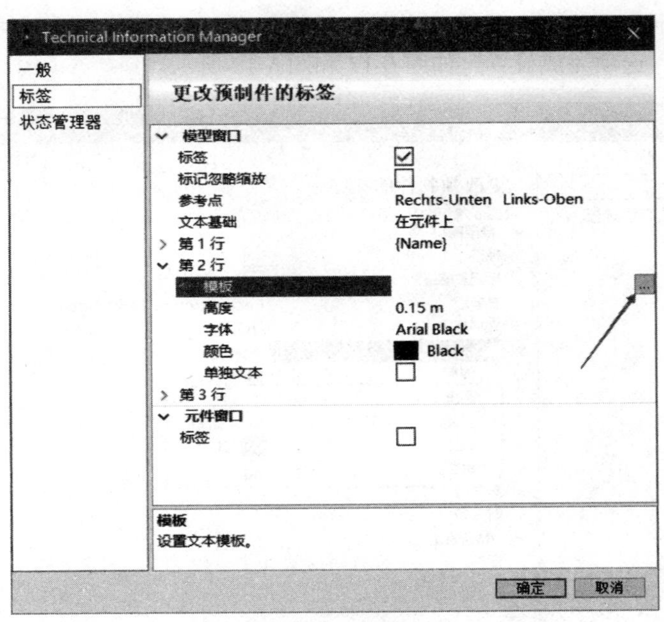

图 6-19

在弹出的【模板】对话框中单击【下拉】选项，并在选项卡中单击【重量】选项，然后单击【确定】选项，如图 6-20 所示。

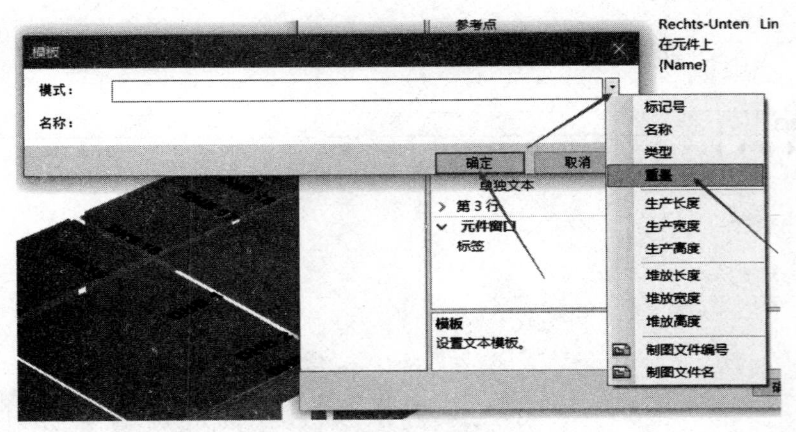

图 6-20

勾选【单独文本】选项，单击【参考点】后的下拉选项并设置标签的位置，如图 6-21 和图 6-22 所示。

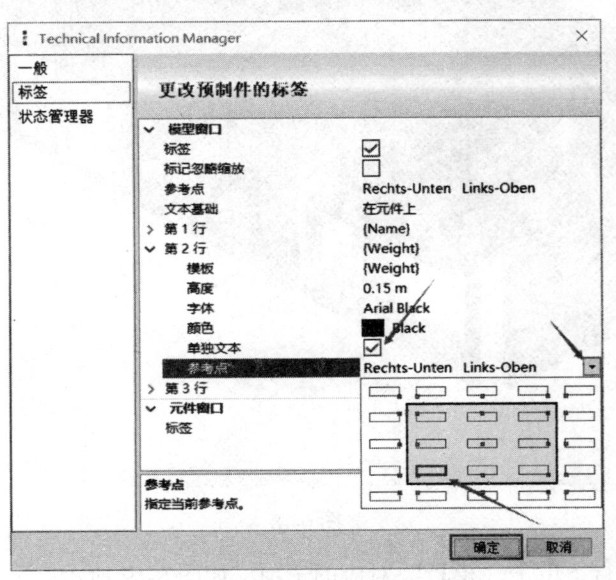

图 6-21

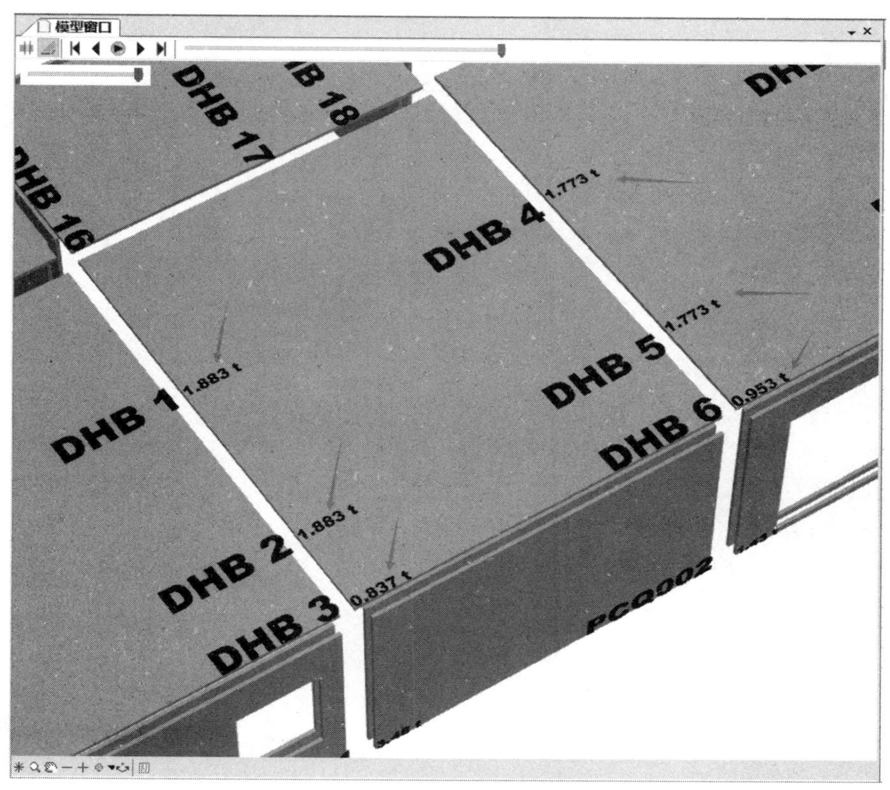

图 6-22

（9）设置线条颜色。在【Technical Information Manager】对话框中单击【一般】选项，然后单击选择【线条颜色】，通过线条颜色的设置可以让模型中的构件看上去是一个个单独的构件（可以根据需求选择其他颜色表示线条，这里选择灰色举例），如图 6-23 所示。

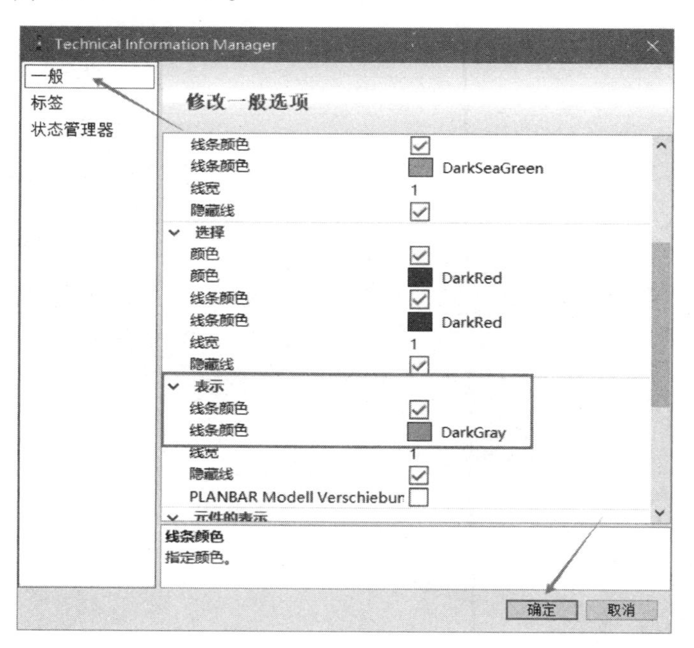

图 6-23

通过对线条的设定，可以将同种构件进行区分。如图 6-24 中所示的楼板。

（10）在【模型窗口】下方的工具栏中分布了 8 个工具图标，这些图标分别表示（从左向右）【刷新】、【缩放剖面】、【移动图像】、【缩小图片】、【放大图片】、【平面图】、【导航模式】、【仅显示对象导航器中选择的原件】，如图 6-25 所示。

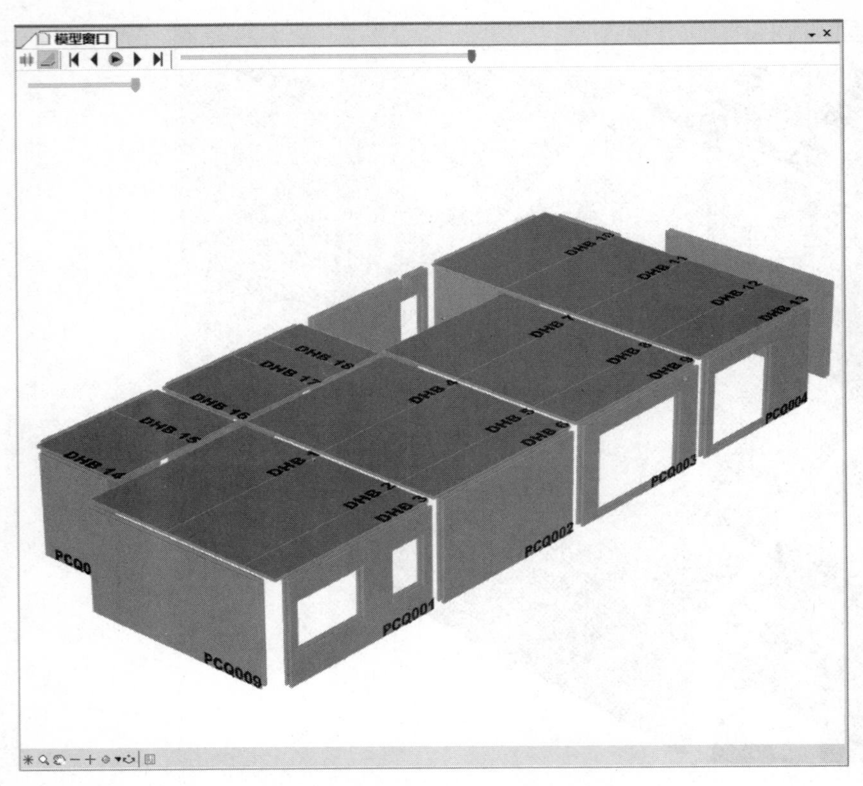

图 6-24

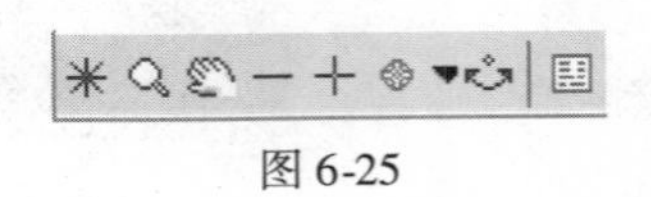

图 6-25

在【平面图】图标上有个下拉选项，在选项里可以选择不同视角的视图，如图 6-26 所示。

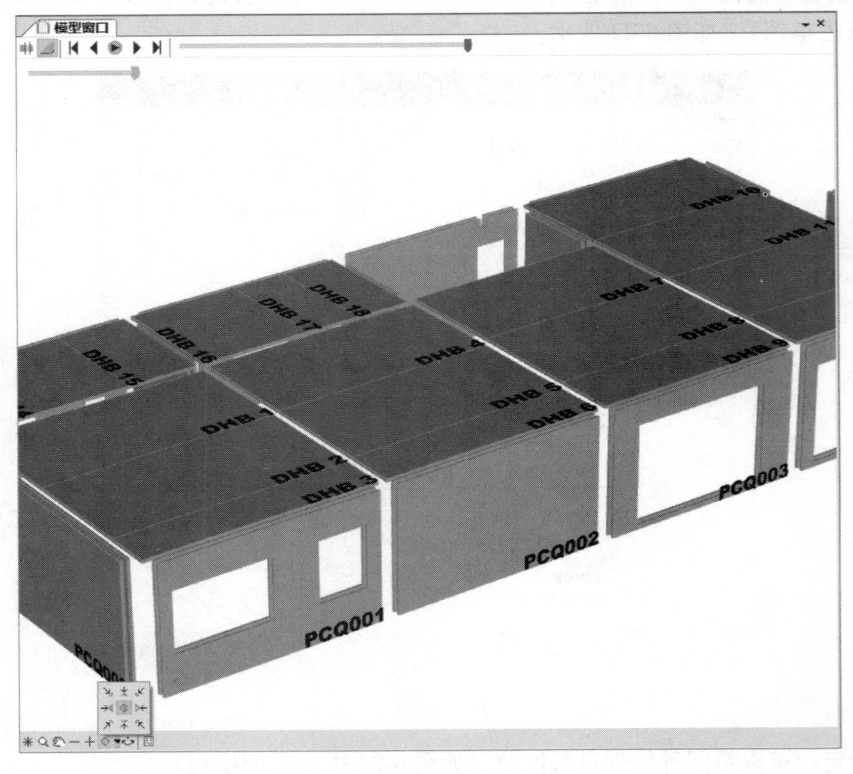

图 6-26

（11）在【模型窗口】中单击构件模型或在【对象列表】中单击构件名称，在【属性】对话框中都会显示出此构件的相关信息（包括构件名称和描述、几何形状、元件信息、图样信息、状态信息、预制信息、生产数据、BVBS 数据等），这些信息的来源都是 Planbar，如图 6-27 所示。

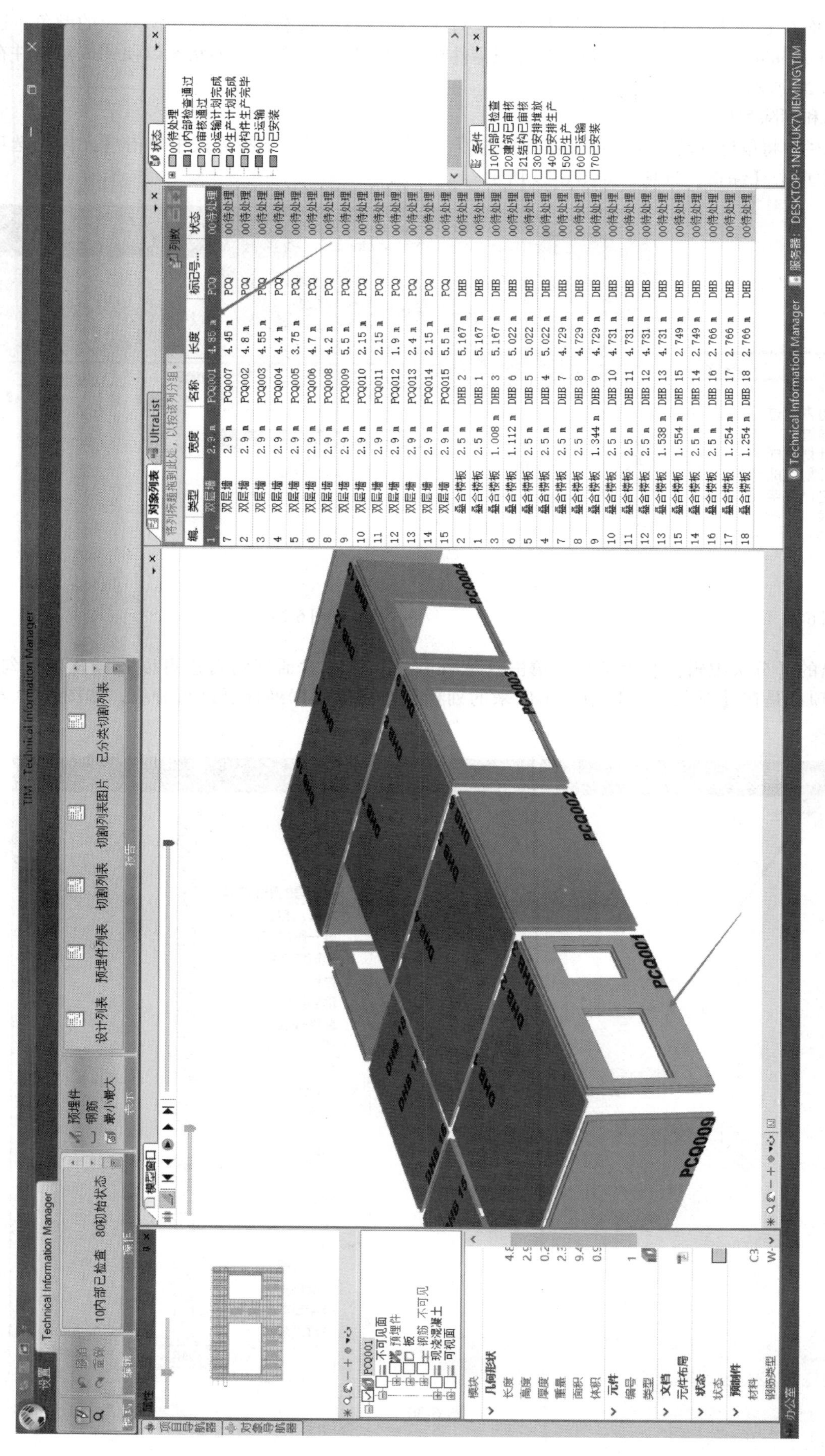
TIM : Technical Information Manager
设计列表
预埋件列表
切割列表
切割列表图片
已分类切割列表
10内部已检查
80初始状态
对象列表
UltraList
状态
00待处理
10内部检查通过
20审核通过
30运输计划完成
40生产计划完成
50构件生产完毕
60已运输
70已安装
条件
10内部已检查
20建筑已审核
21结构已审核
30已安排堆放
40已安排生产
50已生产
60已运输
70已安装
PCQ001
PCQ002
PCQ003
PCQ004
PCQ009
Technical Information Manager
服务器：DESKTOP-1NR4UK7\JIEMING\TIM

图6-27

（12）在界面右上角【状态】对话框里表示的是构件不同阶段的状态和每种状态所对应的颜色，这些状态和颜色都在 TIM Admin 中已经定义，通过颜色标识构件在整个管理流程中所处的状态以便完成对构件在流程中的把控，如图 6-28 所示。

（13）添加和删除列标题

1）在访问栏中将鼠标移动到【对象导航器】选项上，然后在第一个下拉列表中单击【元件】选项，在第二个下拉列表中单击【编辑】选项，如图 6-29 所示。

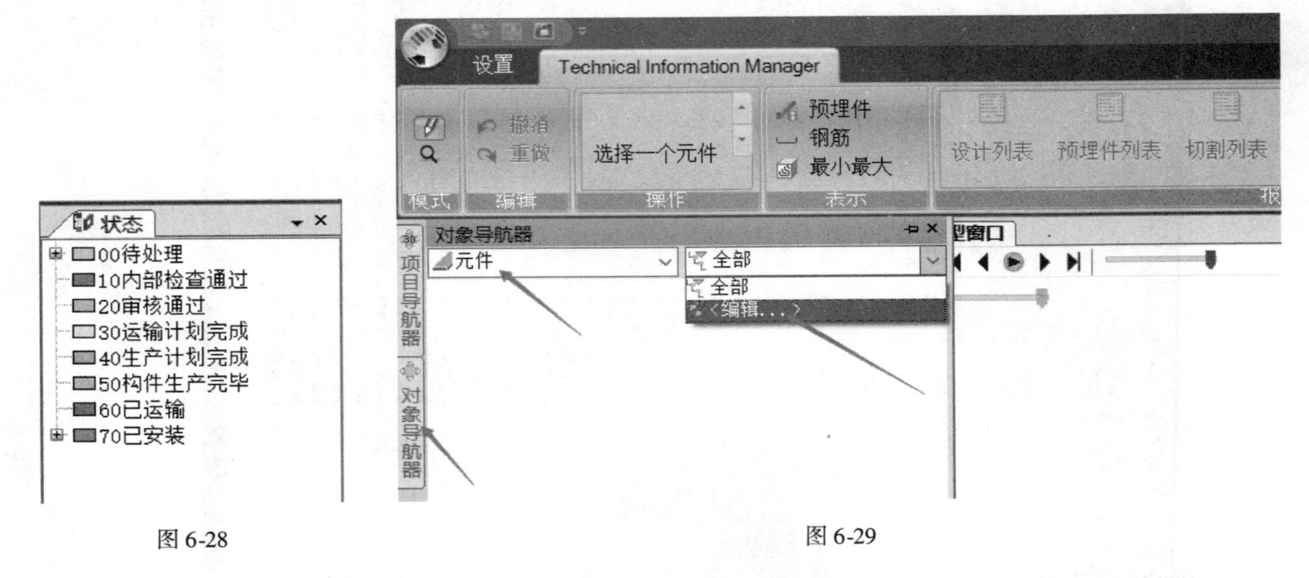

图 6-28　　　　　　　　　　　　　　图 6-29

2）在弹出的【分级编辑器】对话框中单击【元件】选项，在对话框的右边可以看见几个打勾的选项，这些打勾的选项都是在【对象列表】中显示出来的列标题并可以根据列标题进行分组，如图 6-30 和图 6-31 所示。

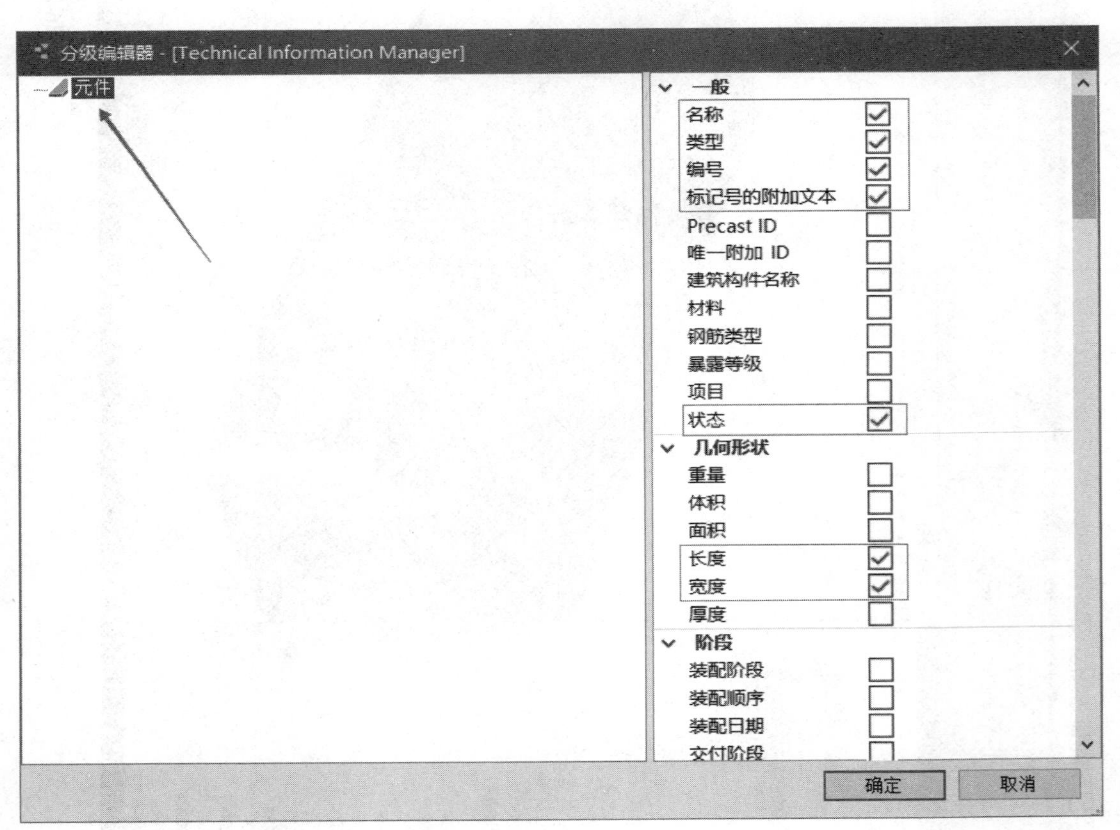

图 6-30

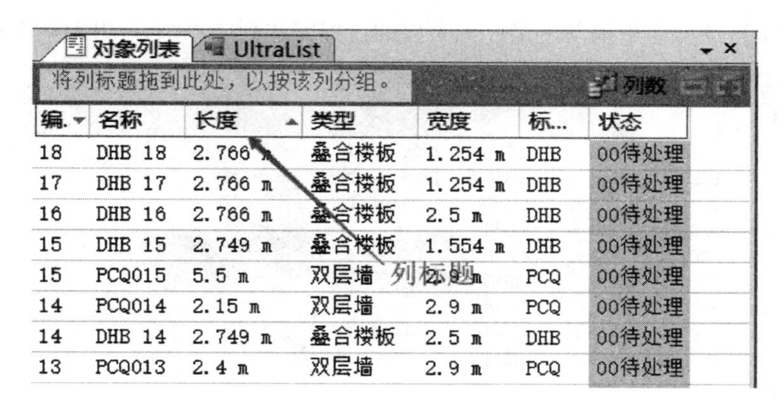

对象列表　UltraList

将列标题拖到此处，以按该列分组。　列数

编.	名称	长度	类型	宽度	标...	状态
18	DHB 18	2.766 m	叠合楼板	1.254 m	DHB	00待处理
17	DHB 17	2.766 m	叠合楼板	1.254 m	DHB	00待处理
16	DHB 16	2.766 m	叠合楼板	2.5 m	DHB	00待处理
15	DHB 15	2.749 m	叠合楼板	1.554 m	DHB	00待处理
15	PCQ015	5.5 m	双层墙	2.9 m	PCQ	00待处理
14	PCQ014	2.15 m	双层墙	2.9 m	PCQ	00待处理
14	DHB 14	2.749 m	叠合楼板	2.5 m	DHB	00待处理
13	PCQ013	2.4 m	双层墙	2.9 m	PCQ	00待处理

图 6-31

3）添加列标题。在【分级编辑器】对话框中勾选要添加的列标题（我们勾选重量举例），然后单击【确定】选项，如图 6-32 所示。

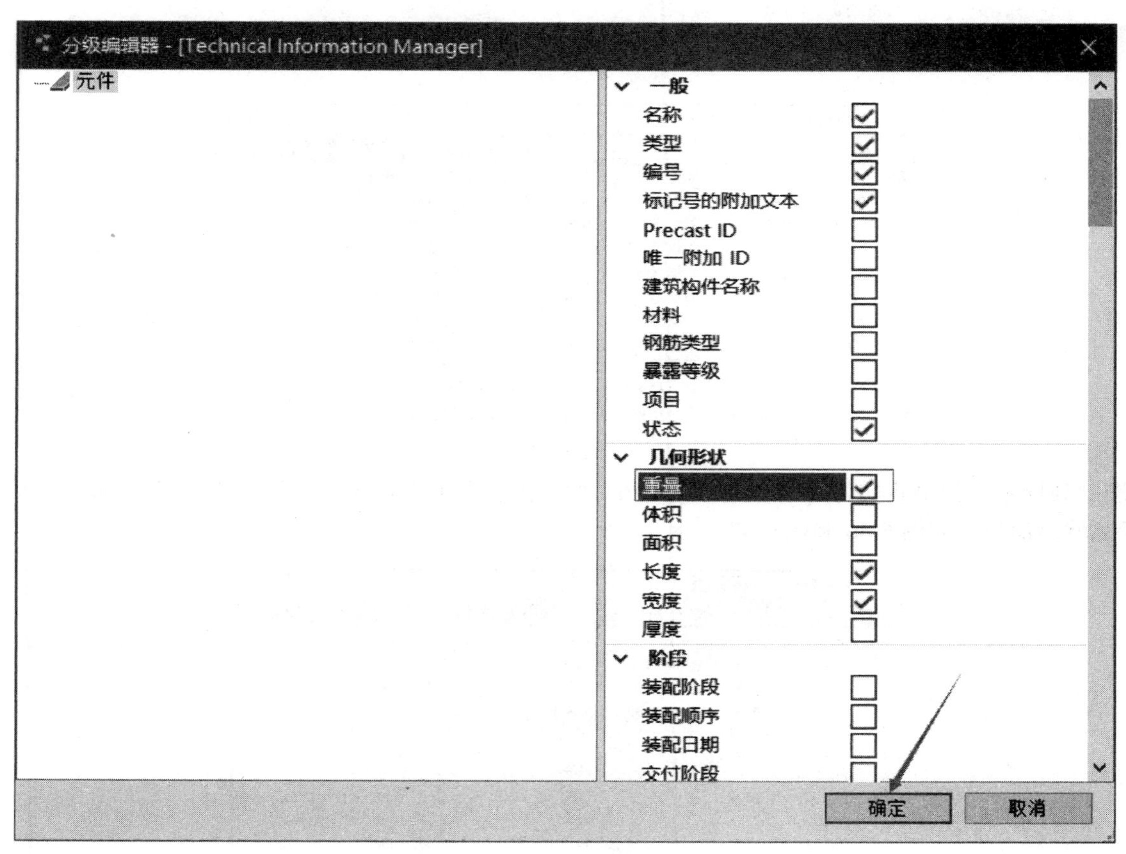

图 6-32

在【对象列表】中单击【列表】选项，如图 6-33 所示。

对象列表　UltraList

将列标题拖到此处，以按该列分组。　列数

编.	名称	长度	类型	宽度	标...	状态
18	DHB 18	2.766 m	叠合楼板	1.254 m	DHB	00待处理
17	DHB 17	2.766 m	叠合楼板	1.254 m	DHB	00待处理
16	DHB 16	2.766 m	叠合楼板	2.5 m	DHB	00待处理
15	DHB 15	2.749 m	叠合楼板	1.554 m	DHB	00待处理
15	PCQ015	5.5 m	双层墙	2.9 m	PCQ	00待处理

图 6-33

在弹出的【列的选择】选项卡中拖动重量放到对应的位置完成列的添加，如图 6-34 和图 6-35 所示。

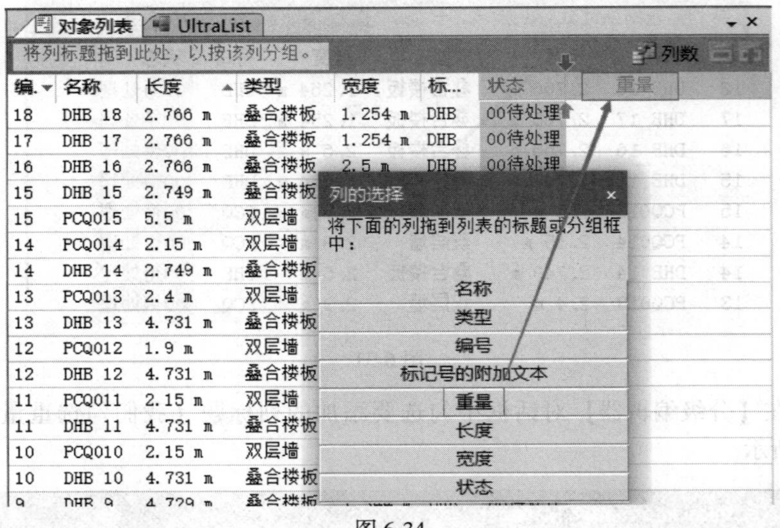

图 6-34

编.	名称	长度	类型	宽度	标...	状态	重量
15	PCQ015	5.5 m	双层墙	2.9 m	PCQ	00待处理	3.987 t
9	PCQ009	5.5 m	双层墙	2.9 m	PCQ	00待处理	3.987 t
2	PCQ002	4.8 m	双层墙	2.9 m	PCQ	00待处理	3.48 t
7	PCQ007	4.45 m	双层墙	2.9 m	PCQ	00待处理	2.886 t
8	PCQ008	4.2 m	双层墙	2.9 m	PCQ	00待处理	2.695 t
6	PCQ006	4.7 m	双层墙	2.9 m	PCQ	00待处理	2.462 t
1	PCQ001	4.85 m	双层墙	2.9 m	PCQ	00待处理	2.361 t
5	PCQ005	3.75 m	双层墙	2.9 m	PCQ	00待处理	1.984 t
2	DHB 2	5.167 m	叠合楼板	2.5 m	DHB	00待处理	1.938 t
1	DHB 1	5.167 m	叠合楼板	2.5 m	DHB	00待处理	1.938 t

图 6-35

4）删除列标题。如果我们将【对象列表】中的列标题拖动到【列的选择】选项卡中，那么【对象列表】中的列标题就会消失，如图 6-36 和图 6-37 所示。

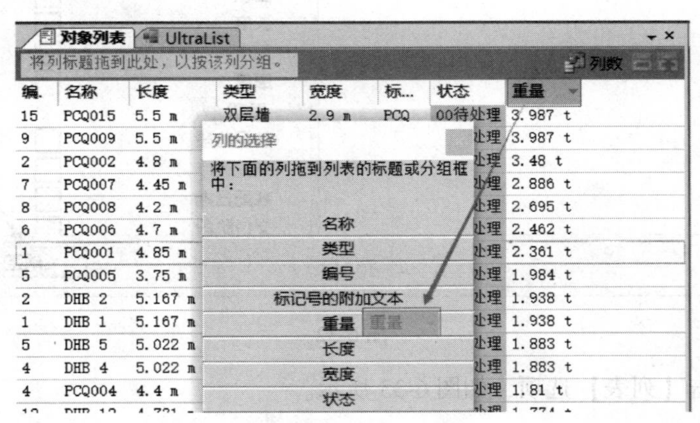

图 6-36

编.	名称	长度	类型	宽度	标...	状态
15	PCQ015	5.5 m	双层墙	2.9 m	PCQ	00待处理
9	PCQ009	5.5 m	双层墙	2.9 m	PCQ	00待处理
2	PCQ002	4.8 m	双层墙	2.9 m	PCQ	00待处理
7	PCQ007	4.45 m	双层墙	2.9 m	PCQ	00待处理
8	PCQ008	4.2 m	双层墙	2.9 m	PCQ	00待处理
6	PCQ006	4.7 m	双层墙	2.9 m	PCQ	00待处理
1	PCQ001	4.85 m	双层墙	2.9 m	PCQ	00待处理

图 6-37

（14）在工具栏的【表示】选项栏中单击【预埋件】选项，同时【模型窗口】中的预埋件都将会显示出来，如图 6-38 和图 6-39 所示。

图 6-38

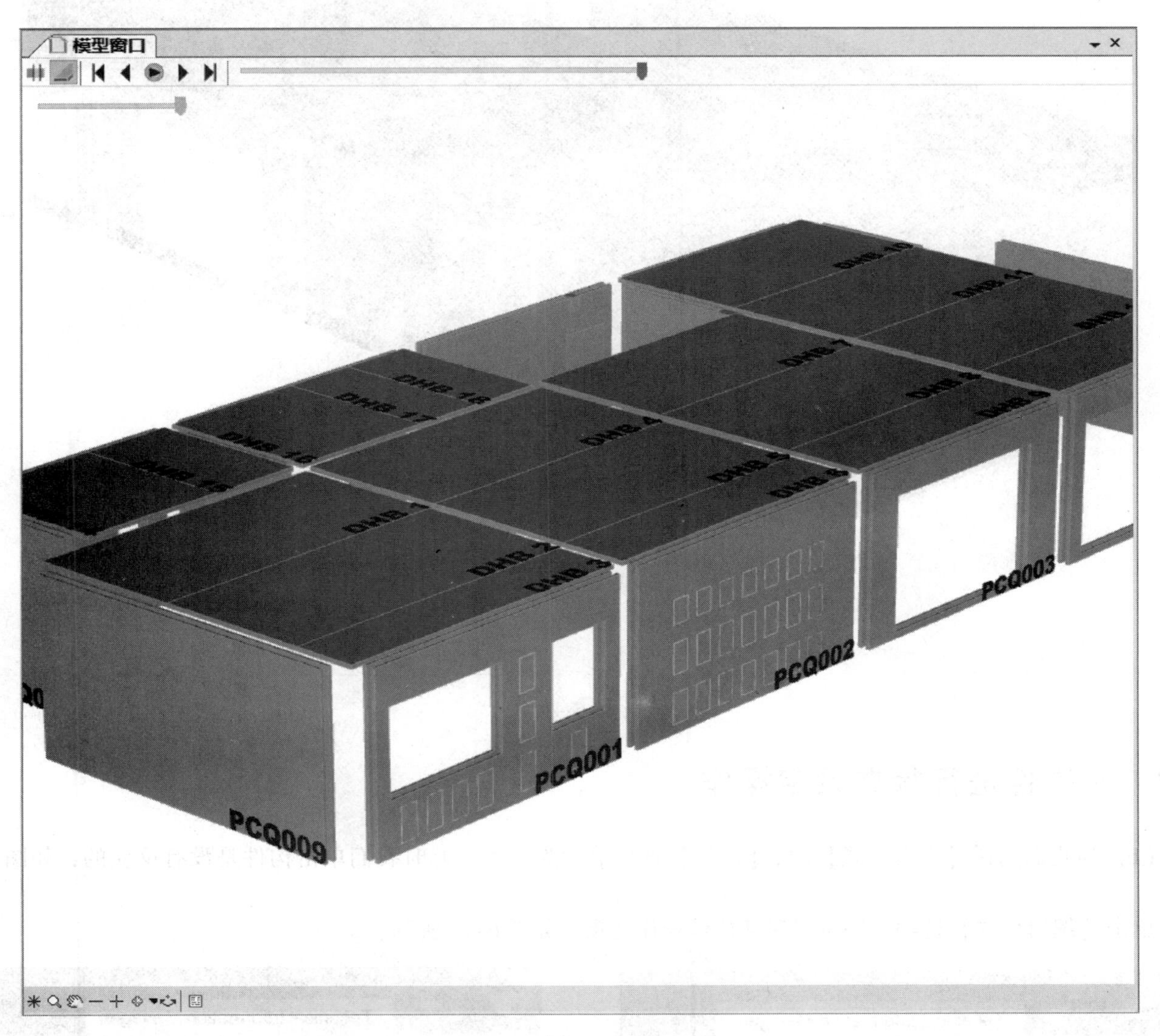

图 6-39

（15）在【表示】选项栏中单击【钢筋】选项，同时【模型窗口】中的所有钢筋都将会显示出来，如图 6-40和图 6-41 所示。

图 6-40

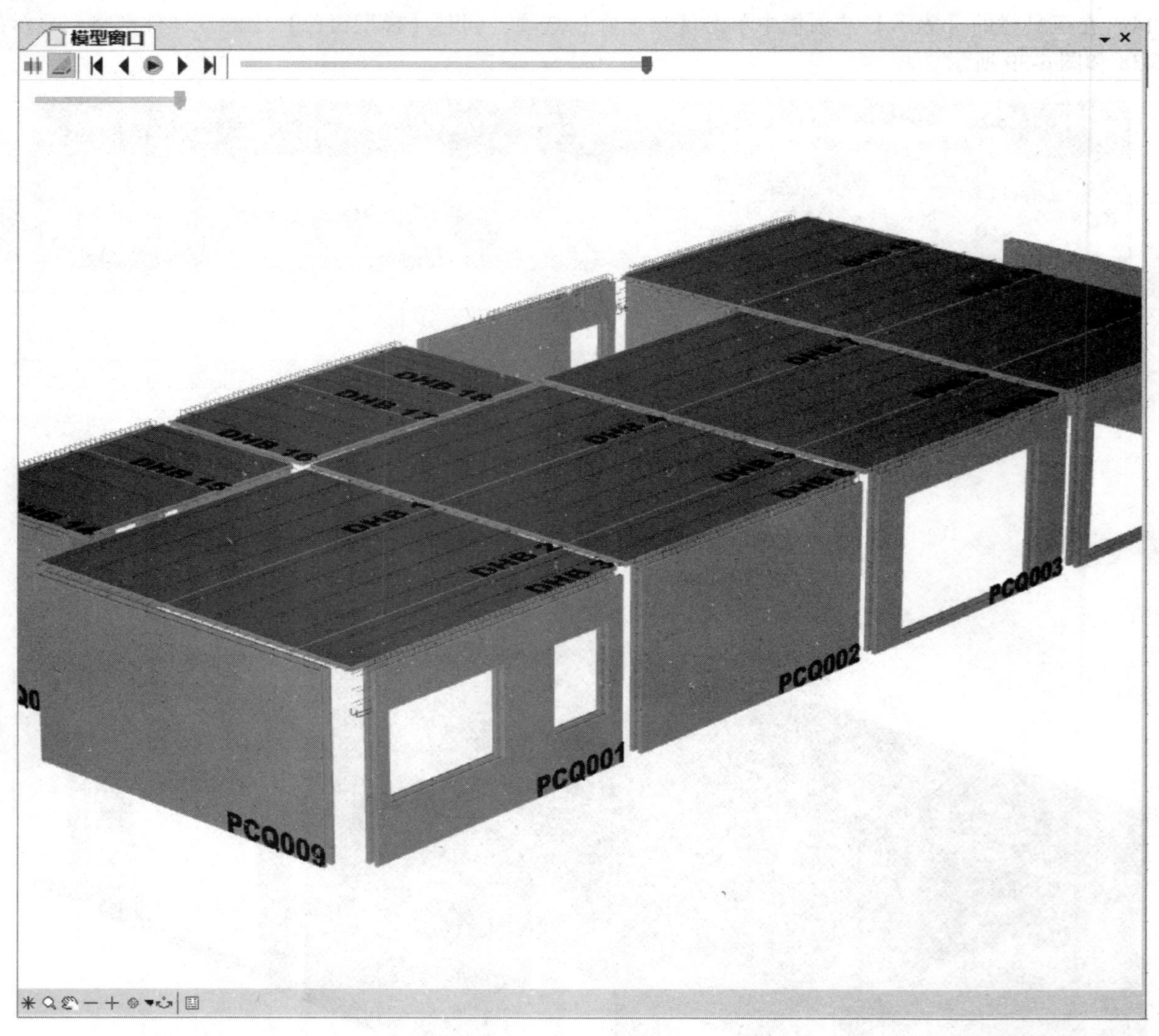

图 6-41

6.2　对构件进行状态设定操作

（1）当我们选择【查看模式】时，【操作】选项显示为灰色，此时我们单击构件是没有反应的，如图 6-42 所示。

单击【编辑模式】选项，即可以激活构件操作选项，如图 6-43 所示。

图 6-42

图 6-43

（2）所有的构件最初都处于待处理的状态，然后根据构件在整个流程中的进度，在【操作】选项中一步步单击，改变构件状态。通过颜色的变化可以随时查看其实际的状态，如图 6-44 所示。

（3）工具栏的【操作】选项栏中的选项都是前面在 TIM Admin 中设置好的操作，我们选择一个构件，然后单击【操作】[10 内部已检查]，就会发现这个构件的颜色发生了变化，操作也会跳到下一步的选项，如图 6-45 所示。

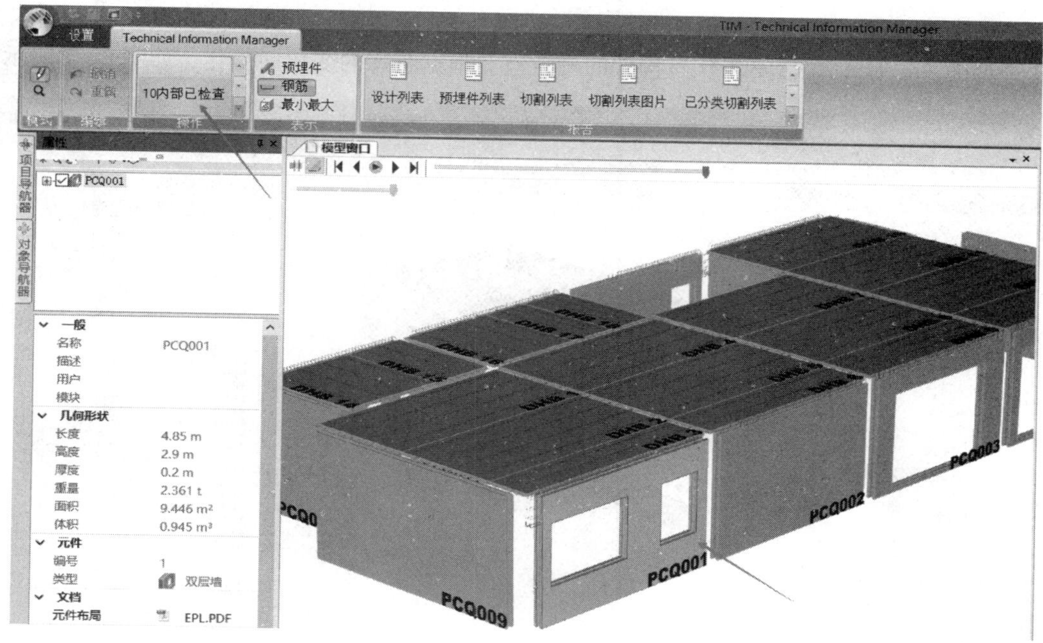

图 6-44

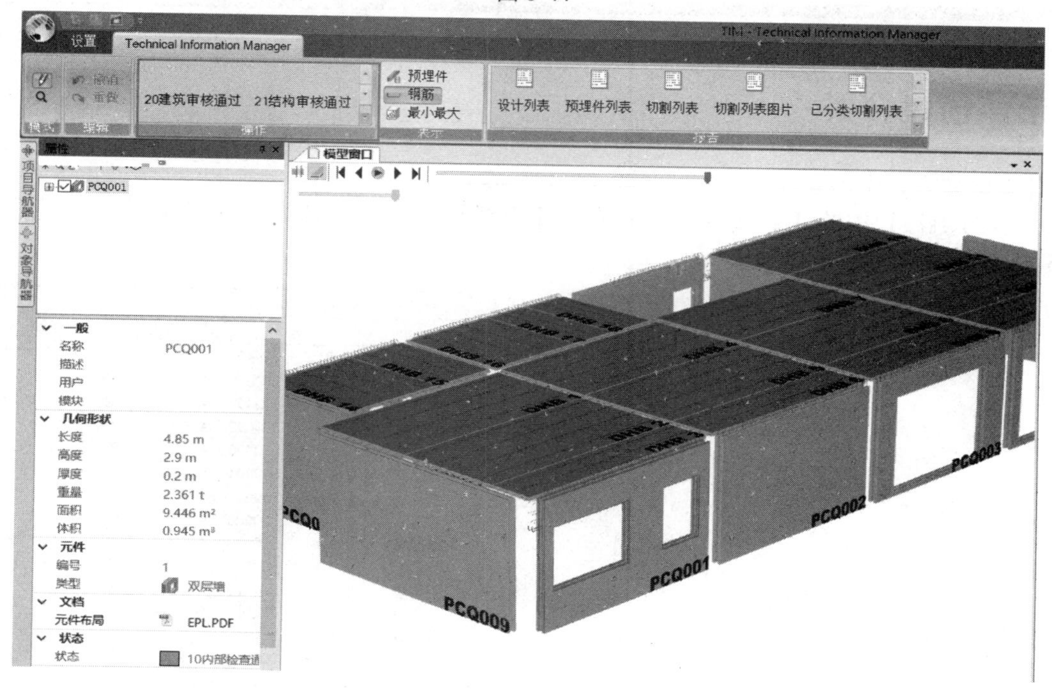

图 6-45

同时构件在【对象列表】中的状态也会有由【00 待处理】变为【10 内部已检查】，如图 6-46 所示。

对象列表　UltraList

将列标题拖到此处，以按该列分组。　列数

编.	名称	长度	类型	宽度	标...	状态
15	PCQ015	5.5 m	双层墙	2.9 m	PCQ	00待处理
9	PCQ009	5.5 m	双层墙	2.9 m	PCQ	00待处理
2	PCQ002	4.8 m	双层墙	2.9 m	PCQ	00待处理
7	PCQ007	4.45 m	双层墙	2.9 m	PCQ	00待处理
8	PCQ008	4.2 m	双层墙	2.9 m	PCQ	00待处理
6	PCQ006	4.7 m	双层墙	2.9 m	PCQ	00待处理
1	PCQ001	4.85 m	双层墙	2.9 m	PCQ	10内...
5	PCQ005	3.75 m	双层墙	2.9 m	PCQ	00待处理
2	DHB 2	5.167 m	叠合楼板	2.5 m	DHB	00待处理

图 6-46

（4）在工具栏的【操作】选项栏中依次单击操作步骤，最终完成后，【操作】选项栏中会显示出没有手动操作可用，构件的状态变为【70 已安装】且构件的颜色也会根据状态的变化而变化，如图 6-47 所示。

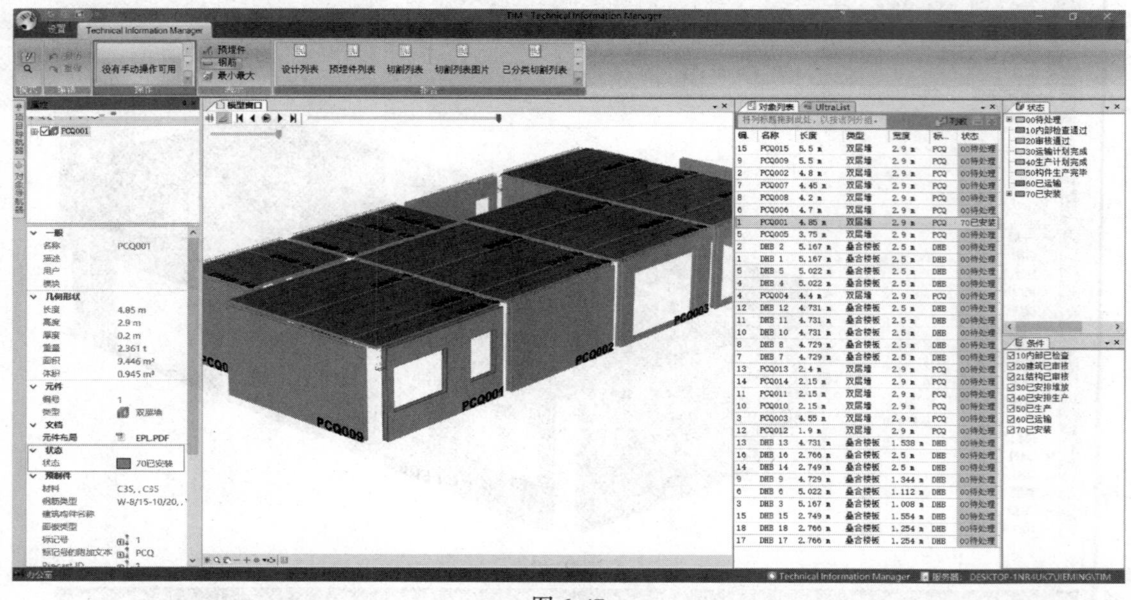

图 6-47

6.3　为元件创建分类

（1）在【对象列表】中创建分类

1）在【对象导航器】中的【下拉列表】里单击【全部】选项（全部表示在对象列表中不对构件进行过滤），如图 6-48 和图 6-49 所示。

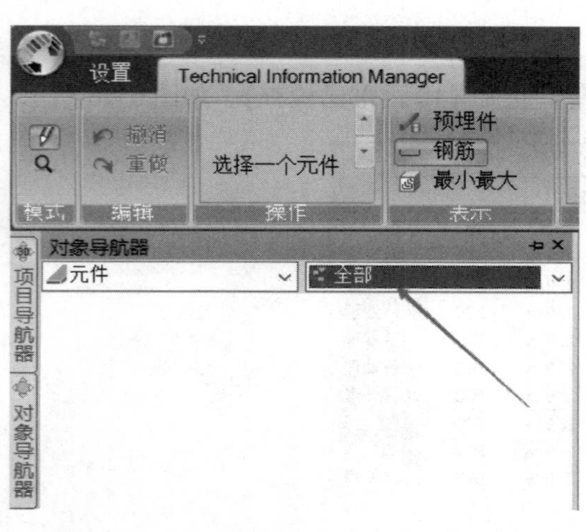

图 6-48

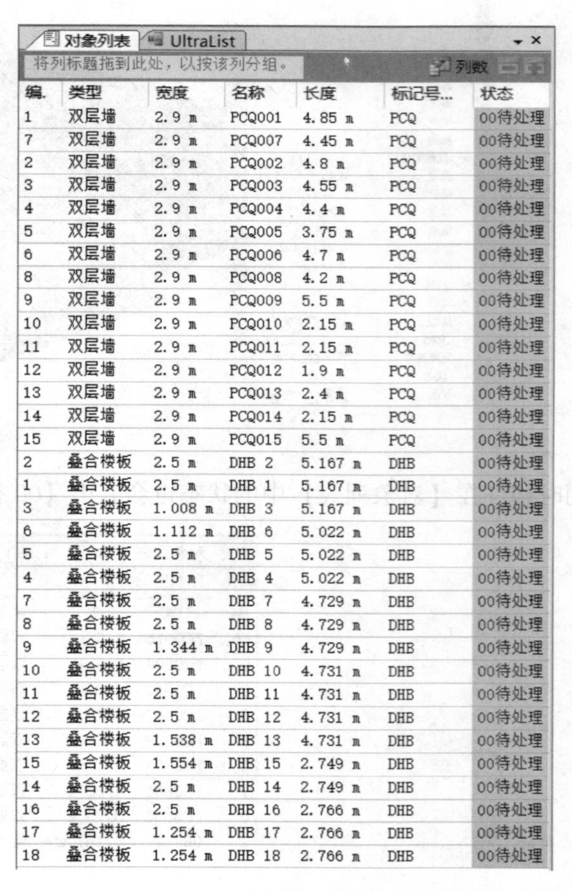

对象列表　UltraList

将列标题拖到此处，以按该列分组。　列数

编.	类型	宽度	名称	长度	标记号...	状态
1	双层墙	2.9 m	PCQ001	4.85 m	PCQ	00待处理
7	双层墙	2.9 m	PCQ007	4.45 m	PCQ	00待处理
2	双层墙	2.9 m	PCQ002	4.8 m	PCQ	00待处理
3	双层墙	2.9 m	PCQ003	4.55 m	PCQ	00待处理
4	双层墙	2.9 m	PCQ004	4.4 m	PCQ	00待处理
5	双层墙	2.9 m	PCQ005	3.75 m	PCQ	00待处理
6	双层墙	2.9 m	PCQ006	4.7 m	PCQ	00待处理
8	双层墙	2.9 m	PCQ008	4.2 m	PCQ	00待处理
9	双层墙	2.9 m	PCQ009	5.5 m	PCQ	00待处理
10	双层墙	2.9 m	PCQ010	2.15 m	PCQ	00待处理
11	双层墙	2.9 m	PCQ011	2.15 m	PCQ	00待处理
12	双层墙	2.9 m	PCQ012	1.9 m	PCQ	00待处理
13	双层墙	2.9 m	PCQ013	2.4 m	PCQ	00待处理
14	双层墙	2.9 m	PCQ014	2.15 m	PCQ	00待处理
15	双层墙	2.9 m	PCQ015	5.5 m	PCQ	00待处理
2	叠合楼板	2.5 m	DHB 2	5.167 m	DHB	00待处理
1	叠合楼板	2.5 m	DHB 1	5.167 m	DHB	00待处理
3	叠合楼板	1.008 m	DHB 3	5.167 m	DHB	00待处理
6	叠合楼板	1.112 m	DHB 6	5.022 m	DHB	00待处理
5	叠合楼板	2.5 m	DHB 5	5.022 m	DHB	00待处理
4	叠合楼板	2.5 m	DHB 4	5.022 m	DHB	00待处理
7	叠合楼板	2.5 m	DHB 7	4.729 m	DHB	00待处理
8	叠合楼板	2.5 m	DHB 8	4.729 m	DHB	00待处理
9	叠合楼板	1.344 m	DHB 9	4.729 m	DHB	00待处理
10	叠合楼板	2.5 m	DHB 10	4.731 m	DHB	00待处理
11	叠合楼板	2.5 m	DHB 11	4.731 m	DHB	00待处理
12	叠合楼板	2.5 m	DHB 12	4.731 m	DHB	00待处理
13	叠合楼板	1.538 m	DHB 13	4.731 m	DHB	00待处理
15	叠合楼板	1.554 m	DHB 15	2.749 m	DHB	00待处理
14	叠合楼板	2.5 m	DHB 14	2.749 m	DHB	00待处理
16	叠合楼板	2.5 m	DHB 16	2.766 m	DHB	00待处理
17	叠合楼板	1.254 m	DHB 17	2.766 m	DHB	00待处理
18	叠合楼板	1.254 m	DHB 18	2.766 m	DHB	00待处理

图 6-49

2）在【对象列表】中将【类型】拖动到过滤栏区域，如图 6-50 所示。此时【对象列表】中的构件按类型被分为两类，分别是叠合板和双层墙，如图 6-51 所示。

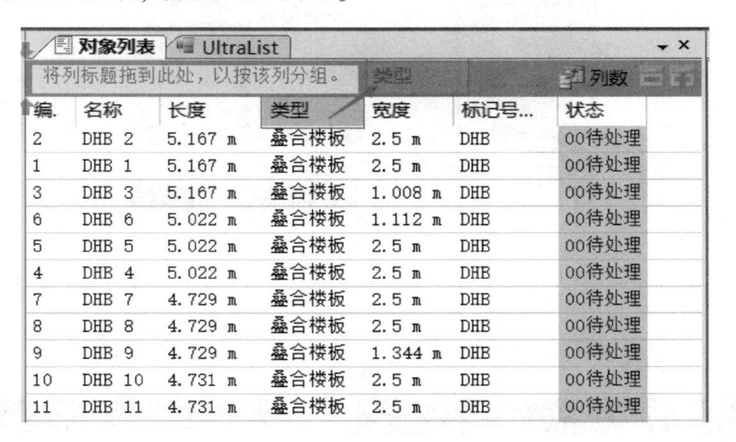

图 6-50

3）然后在【类型】分类的基础上继续按照【宽度】分类（也可以根据其他选项分类，这里以类型和宽度为例），如图 6-52 所示。

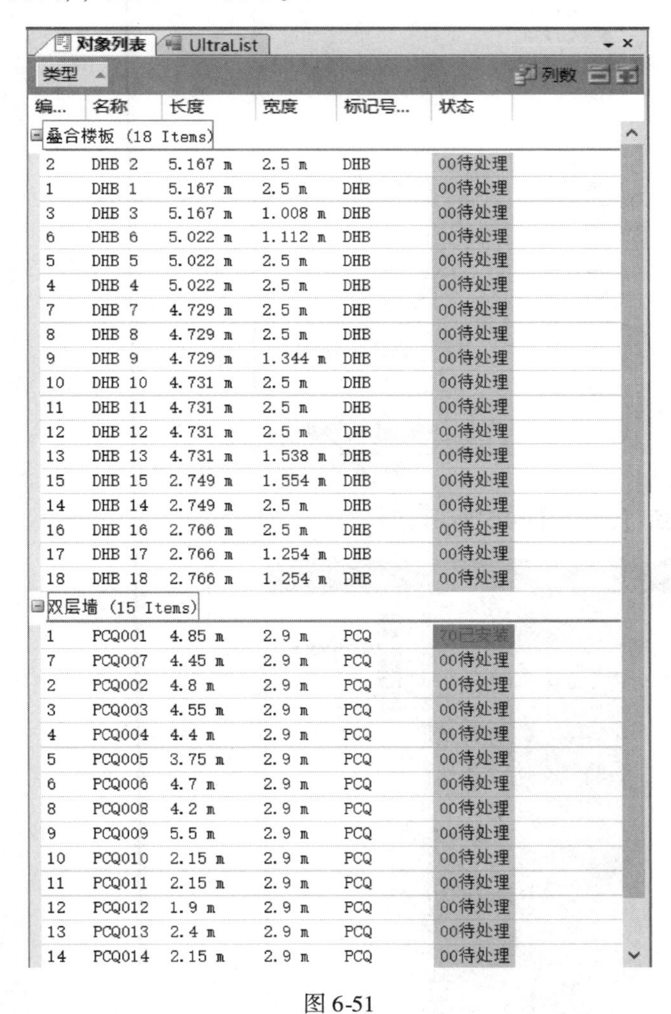

图 6-51

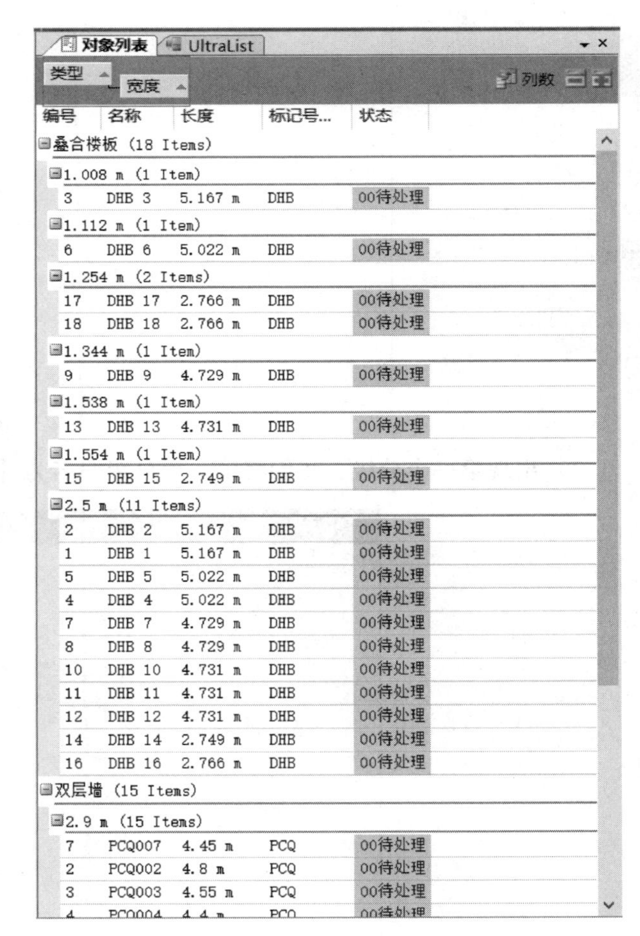

图 6-52

（2）在【对象导航器】中创建分级

1）在【对象导航器】中单击下拉列表，然后单击【编辑...】选项，如图 6-53 所示。

2）在弹出的【分级编辑器】对话框中右键单击【元件】选项，然后在弹出的选项卡中单击【创建新的分级选项】，如图 6-54 所示。

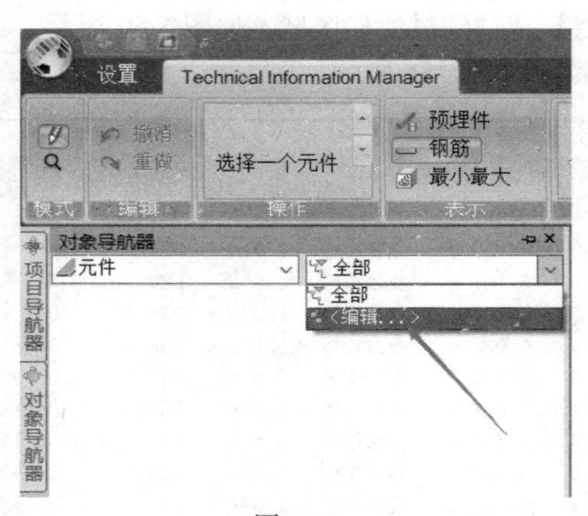

图 6-53

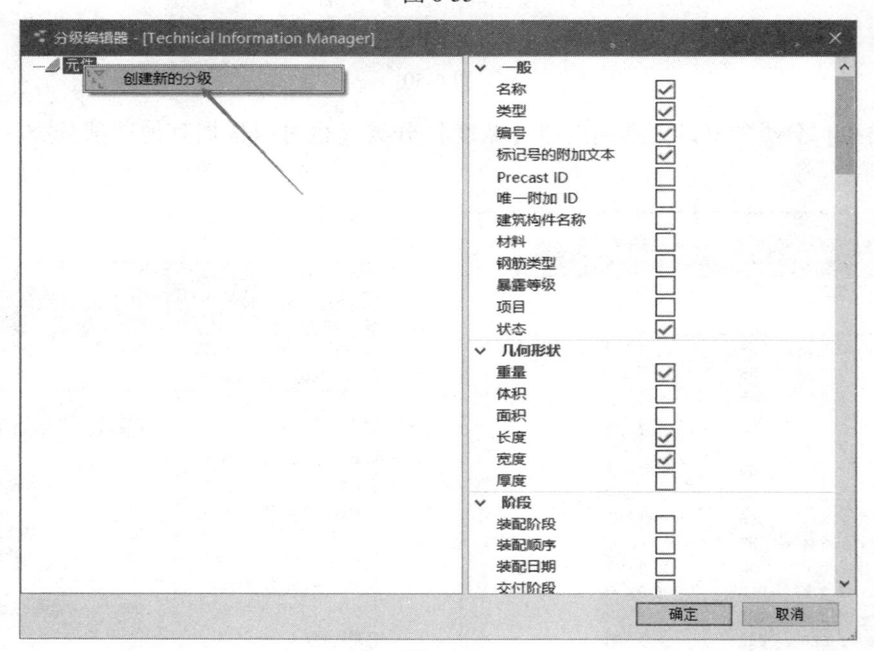

图 6-54

3）出现第一个分级，我们将第一个分级命名为【类型】，如图 6-55 所示。

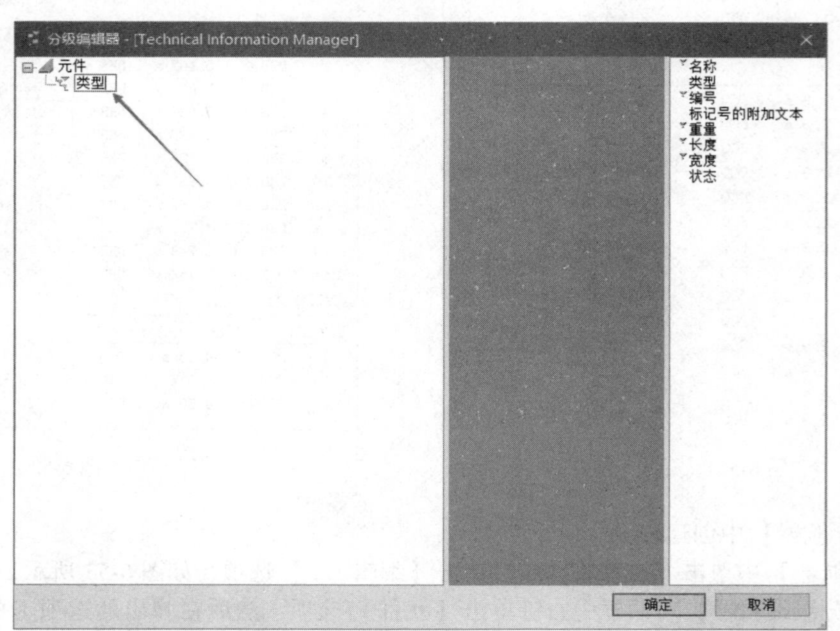

图 6-55

4）将右侧的【类型】选项拖动到中间的灰色区域内，如图 6-56 和图 6-57 所示。

图 6-56

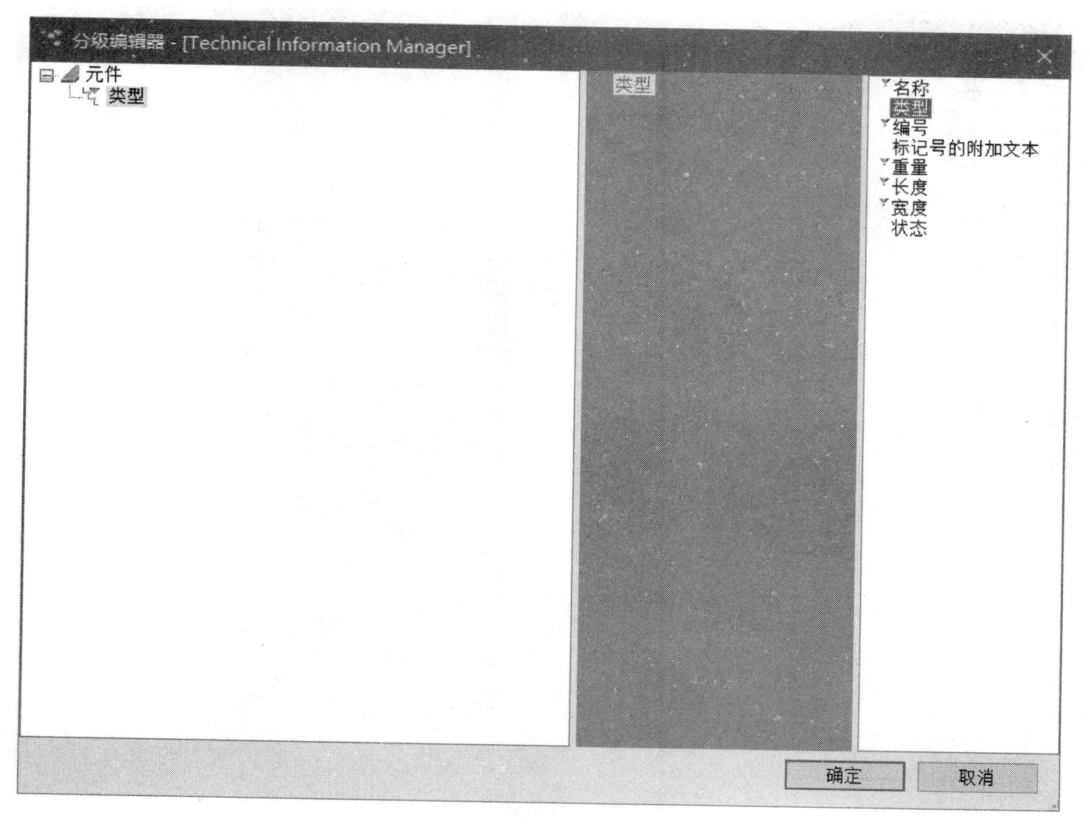

图 6-57

5）可以再次创建一个分级，如图 6-58 所示。

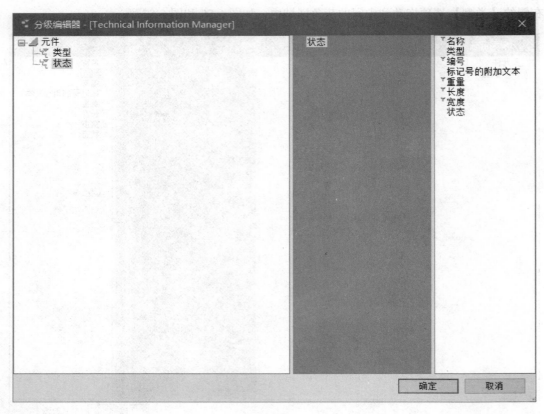

图 6-58

6）继续创建第三个分级，最后单击【确定】选项完成设置，如图 6-59 所示。

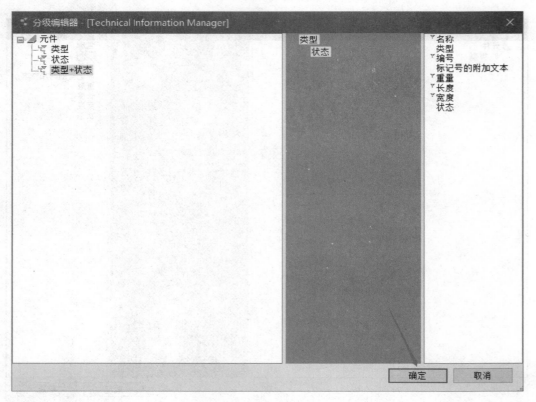

图 6-59

（3）在【对象导航器】的下拉列表中单击【类型】选项，以便对前面的设定进行查看，如图 6-60 所示。此时元件被分为两种类型，而且每种类型的数量也被显示出来，如图 6-61 所示。

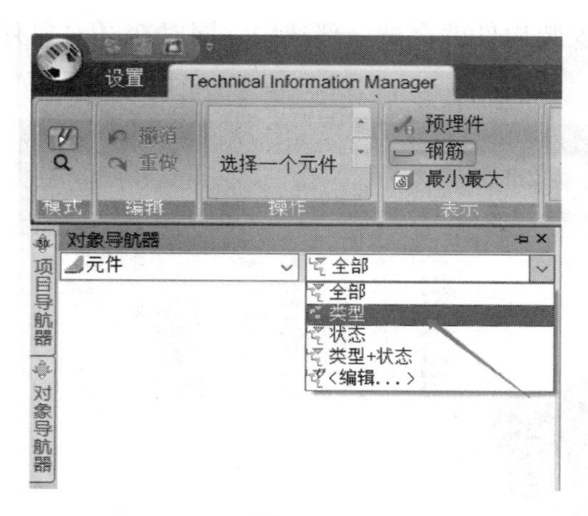

图 6-60

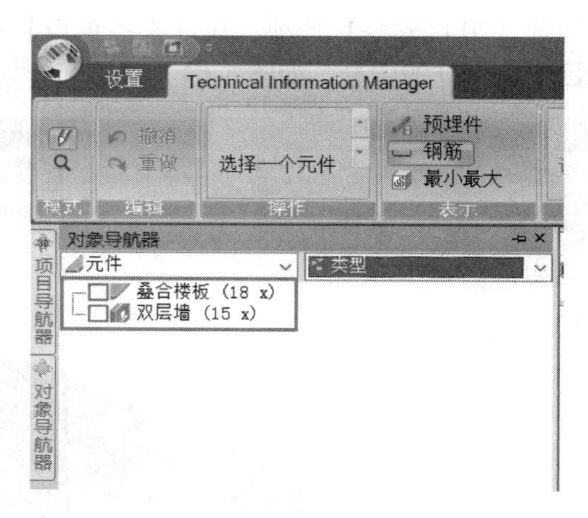

图 6-61

在【类型】中勾选【叠合楼板】选项,【模型窗口】中的所有叠合楼板构件被选中,【对象列表】中出现所有的叠合楼板的信息,如图 6-62 所示。

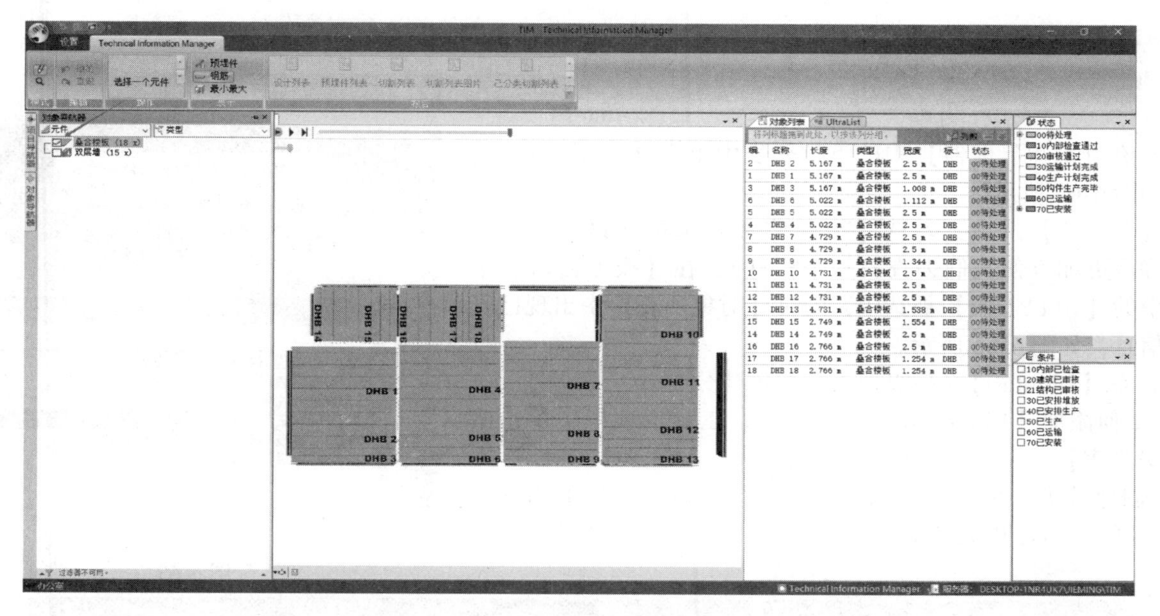

图 6-62

(4) 在【对象导航器】中的下拉列表里单击【状态】选项,如图 6-63 所示。

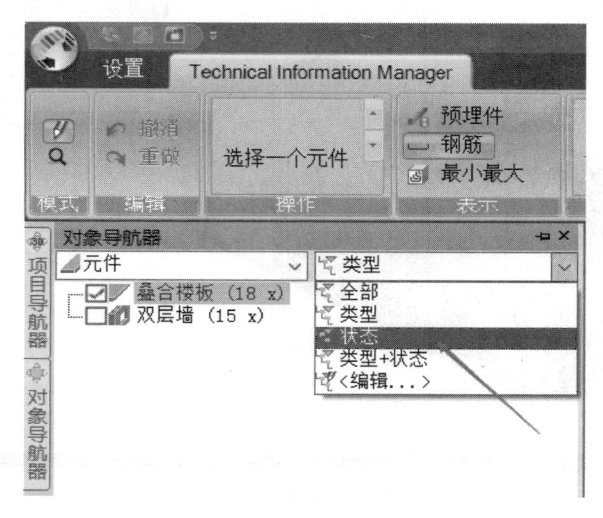

图 6-63

然后勾选【70 已安装】选项，在【模型窗口】中的已安装构件就会被全部选中，同时在【对象列表】中将会出现已安装构件的信息，如图 6-64 所示。

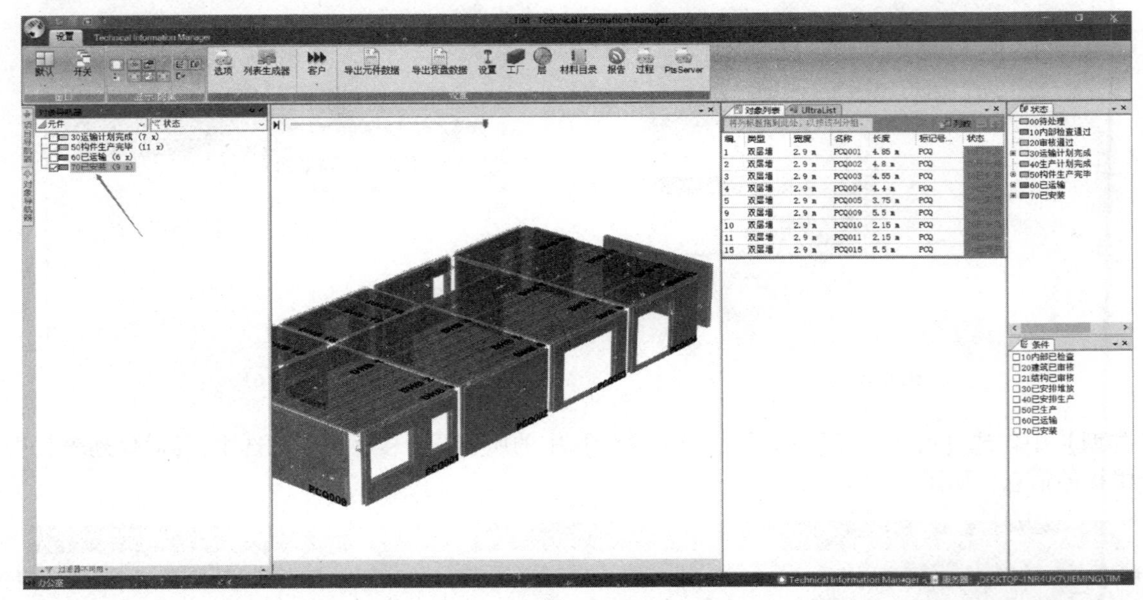

图 6-64

（5）在【对象导航器】中的下拉列表中单击【类型＋状态】选项，如图 6-65 所示。

在【双层墙】选项下勾选【70 已安装】选项（这样的分级更加明确也更加方便我们去查找一个构件），在【模型窗口】中双层墙中的【70 已安装】被选中，同时【对象列表】中出现已安装构件信息，如图 6-66 所示。

（6）在【UltraList】（超级列表）中创建分类

1）如何添加【UltraList】。在【设置】工具选项栏中单击激活【超级列表】选项，如图 6-67 所示。

2）创建分类。单击【UltraList】选项（UltraList 里的内容可以直接复制到 Excel 中），如图 6-68 所示。

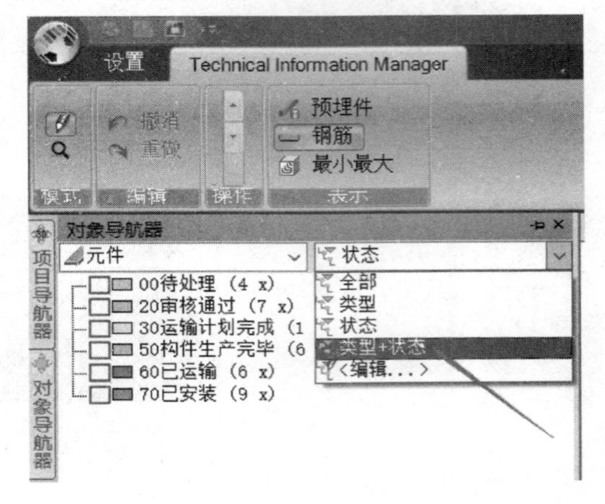

图 6-65

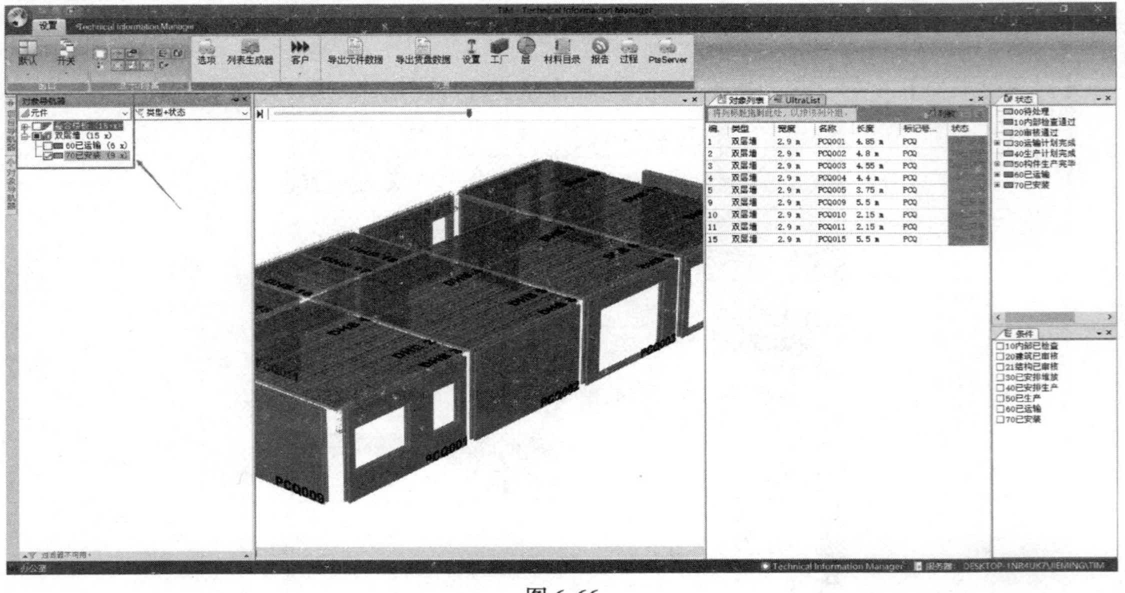

图 6-66

图 6-67

图 6-68

首先在下拉列表中单击【元素】选项，如图 6-69 所示，然后单击【添加过滤器】选项，如图 6-70 所示。

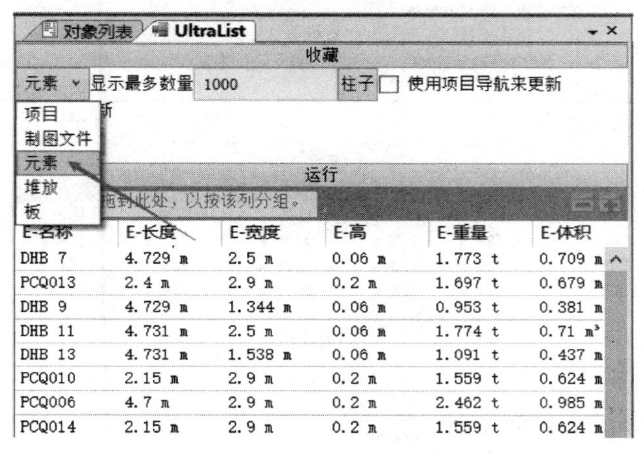

图 6-69

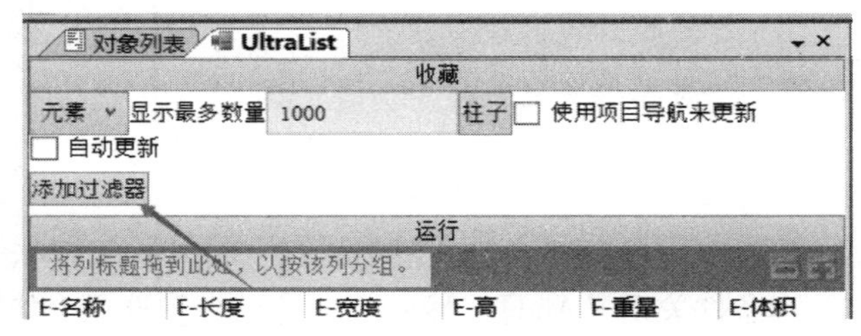

图 6-70

在弹出的选项框里单击下拉列表，然后单击【长度】选项，如图 6-71 所示。

最后在选项框里设置数值和属性的关系，此处举例选择“大于”，单击【运行】选项，如图 6-72 所示。

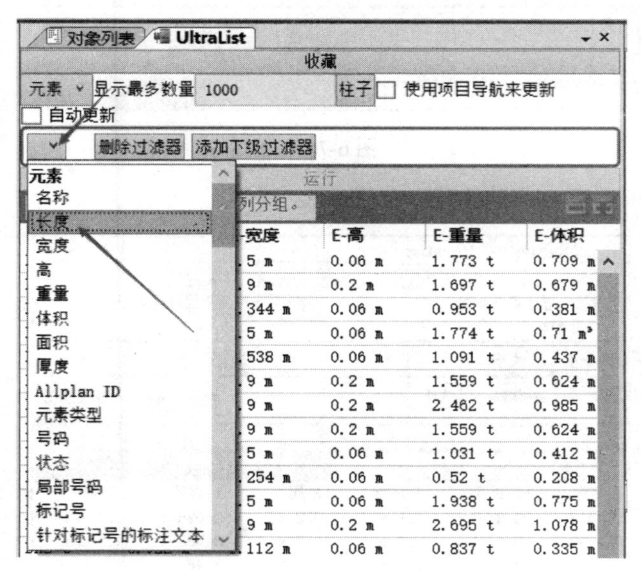

图 6-71

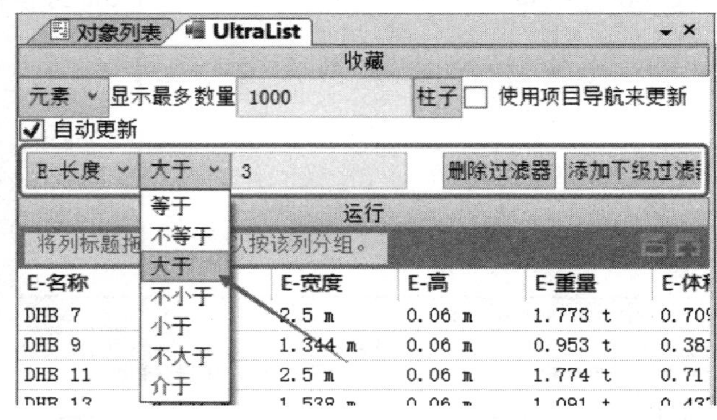

图 6-72

此时显示的所有构件的长度都是大于 3m，如图 6-73 所示。

下面继续添加过滤器，单击【添加下级过滤器】选项，如图 6-74 所示。

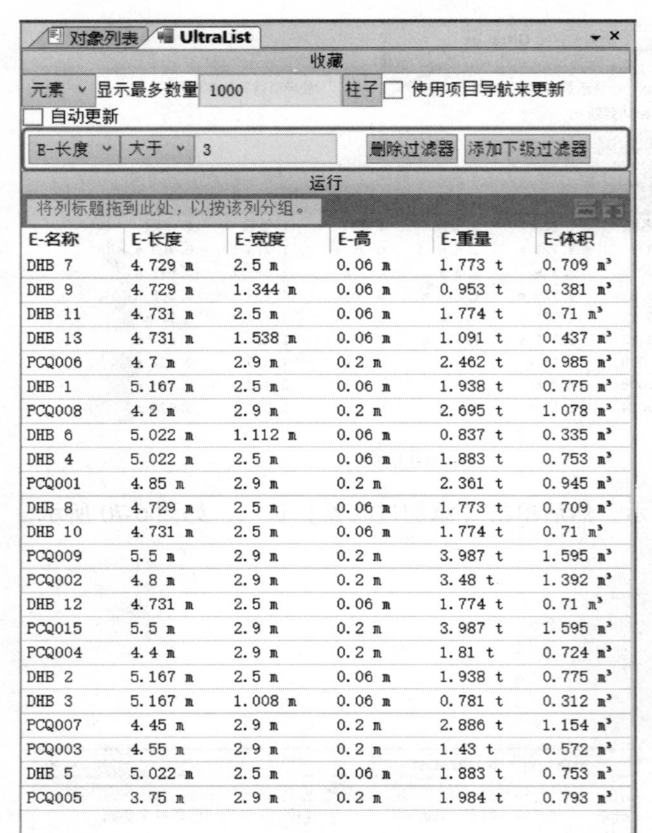

图 6-73

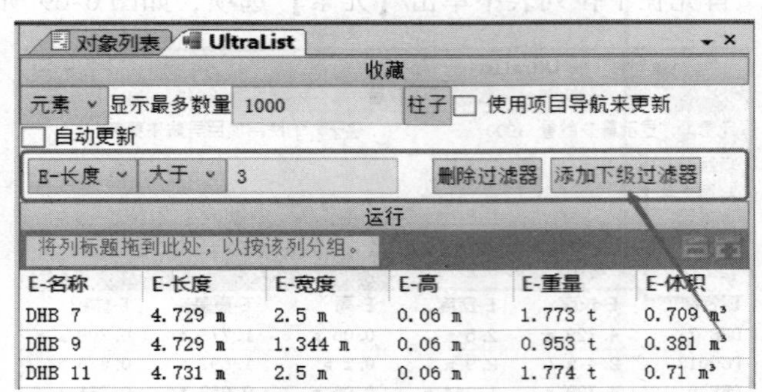

图 6-74

这里选择“体积”并设置范围举例，如图 6-75 所示。

选择条件关系【And】，然后单击【运行】选项，如图 6-76 和图 6-77 所示。

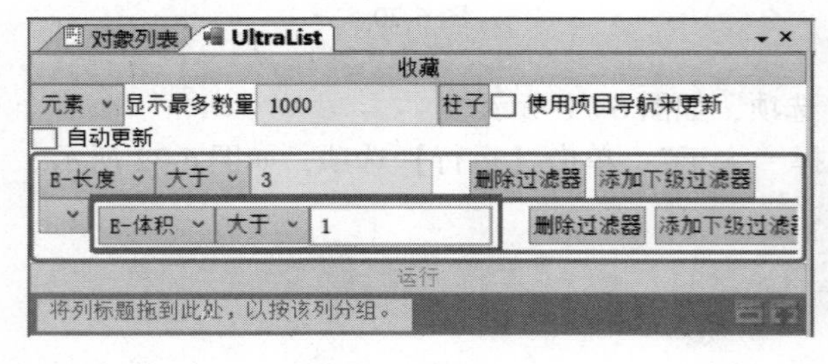

图 6-75

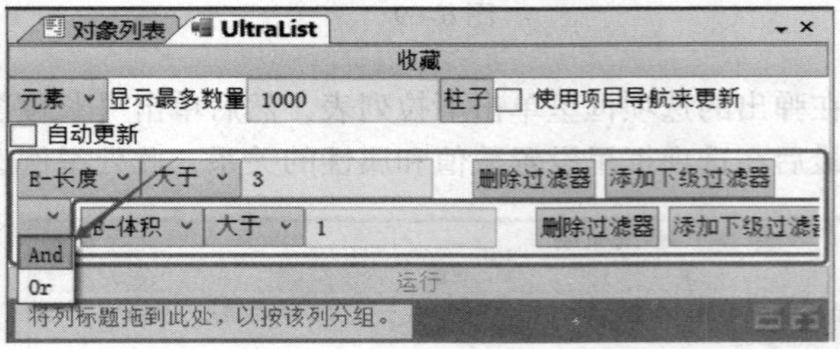

图 6-76

最后在【UltraList】中显示的都是长度大于 3m 且体积大于 $1m^3$ 的构件，如图 6-78 所示。

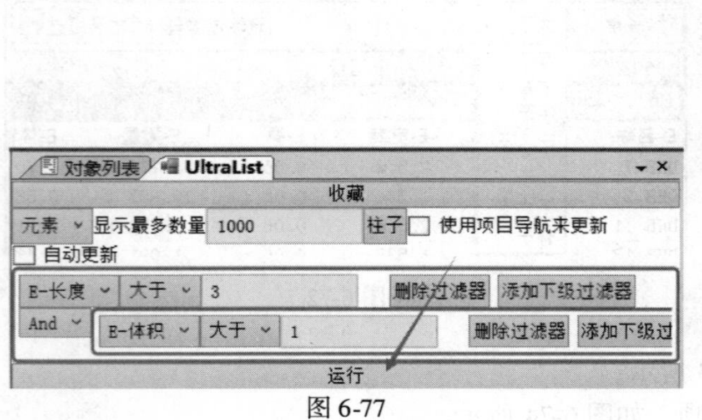

图 6-77

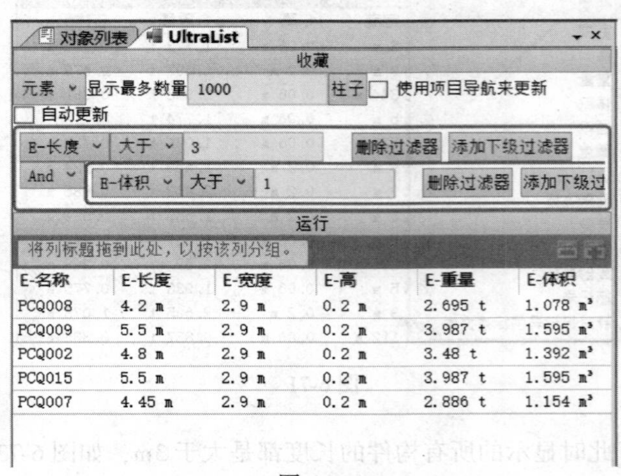

图 6-78

如果我们将条件关系设置为【Or】，就会显示出长度大于 3m 或体积大于 $1m^3$ 的所有构件，如图 6-79 所示。

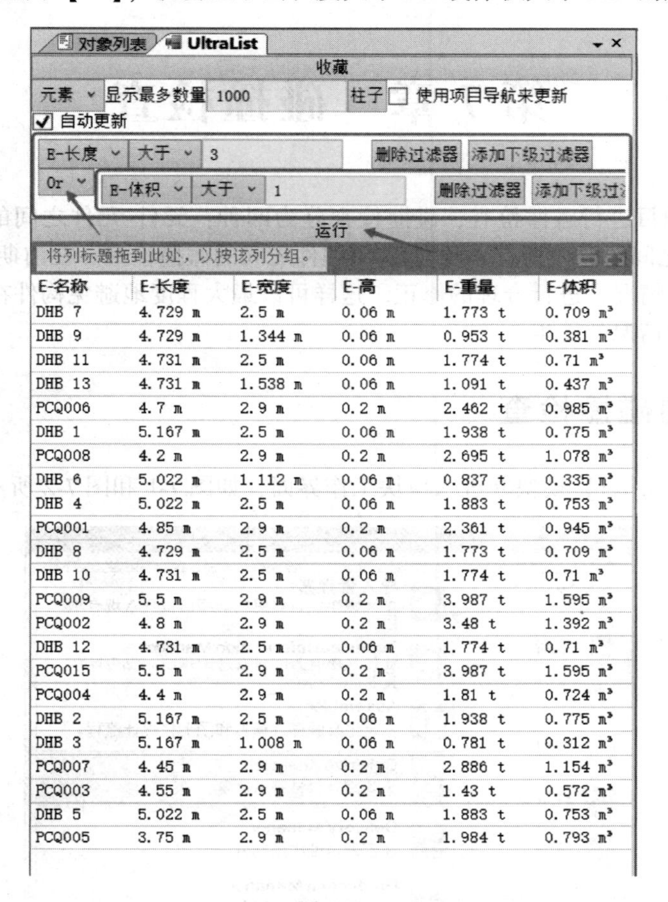

E-名称	E-长度	E-宽度	E-高	E-重量	E-体积
DHB 7	4.729 m	2.5 m	0.06 m	1.773 t	0.709 m³
DHB 9	4.729 m	1.344 m	0.06 m	0.953 t	0.381 m³
DHB 11	4.731 m	2.5 m	0.06 m	1.774 t	0.71 m³
DHB 13	4.731 m	1.538 m	0.06 m	1.091 t	0.437 m³
PCQ006	4.7 m	2.9 m	0.2 m	2.462 t	0.985 m³
DHB 1	5.167 m	2.5 m	0.06 m	1.938 t	0.775 m³
PCQ008	4.2 m	2.9 m	0.2 m	2.695 t	1.078 m³
DHB 6	5.022 m	1.112 m	0.06 m	0.837 t	0.335 m³
DHB 4	5.022 m	2.5 m	0.06 m	1.883 t	0.753 m³
PCQ001	4.85 m	2.9 m	0.2 m	2.361 t	0.945 m³
DHB 8	4.729 m	2.5 m	0.06 m	1.773 t	0.709 m³
DHB 10	4.731 m	2.5 m	0.06 m	1.774 t	0.71 m³
PCQ009	5.5 m	2.9 m	0.2 m	3.987 t	1.595 m³
PCQ002	4.8 m	2.9 m	0.2 m	3.48 t	1.392 m³
DHB 12	4.731 m	2.5 m	0.06 m	1.774 t	0.71 m³
PCQ015	5.5 m	2.9 m	0.2 m	3.987 t	1.595 m³
PCQ004	4.4 m	2.9 m	0.2 m	1.81 t	0.724 m³
DHB 2	5.167 m	2.5 m	0.06 m	1.938 t	0.775 m³
DHB 3	5.167 m	1.008 m	0.06 m	0.781 t	0.312 m³
PCQ007	4.45 m	2.9 m	0.2 m	2.886 t	1.154 m³
PCQ003	4.55 m	2.9 m	0.2 m	1.43 t	0.572 m³
DHB 5	5.022 m	2.5 m	0.06 m	1.883 t	0.753 m³
PCQ005	3.75 m	2.9 m	0.2 m	1.984 t	0.793 m³

图 6-79

第 7 章　碰撞检查

在 TIM 中我们可以对项目进行碰撞检查，碰撞检查分为四种：元件-元件之间的碰撞检查、钢筋-钢筋之间的碰撞检查、钢筋-预埋件之间的碰撞检查、预埋件-预埋件之间的碰撞检查。在前期碰撞检查功能的支持下，我们可以提前了解构件碰撞的情况，进行合理的修正。这样可以最大程度地避免构件在生产后由于不合适而返厂，造成资源浪费、延误工期等情况的发生。

7.1　元件与元件的碰撞检查

（1）打开【Collision Analyzer】模块并进入模块工作界面，如图 7-1 和图 7-2 所示。

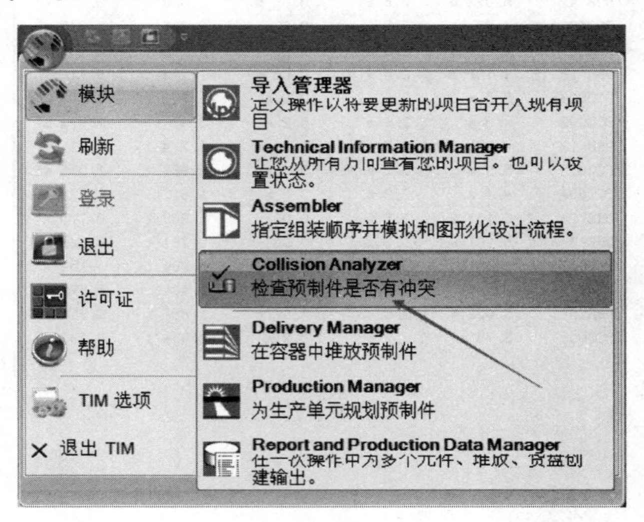

图 7-1

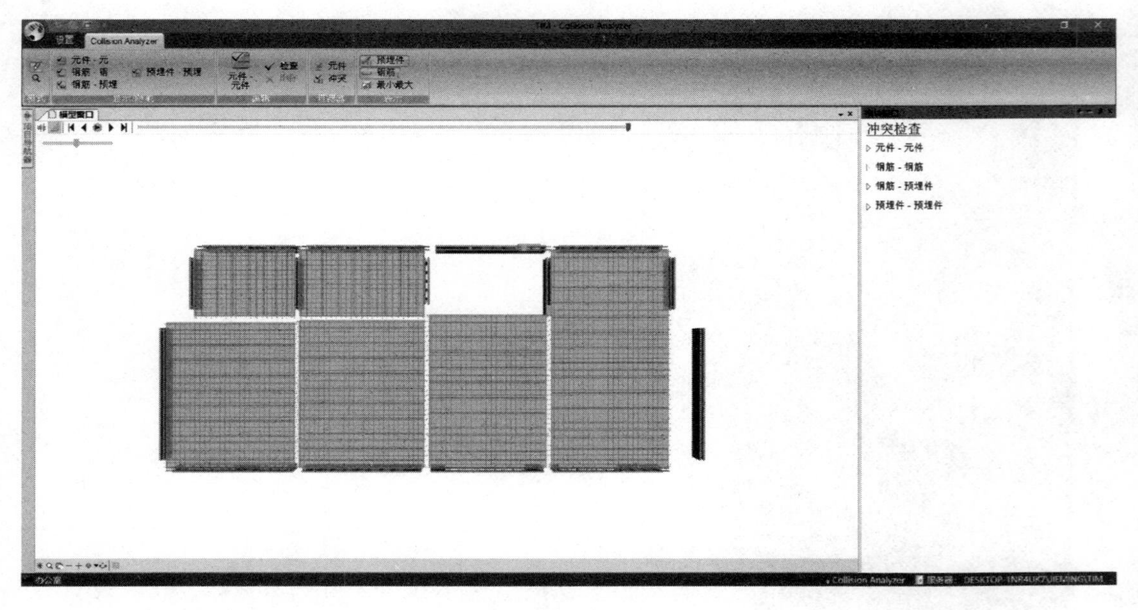

图 7-2

（2）在【显示/隐藏】选项栏中单击【元件-元件】选项，同样也在【编辑】选项栏中单击【元件-元件】选项，如图 7-3 所示。

（3）在【模块窗口】的【元件-元件】中单击【检查】选项进行碰撞检查，检查完毕后会出现检查结果（这里的检查结果表示元件没有冲突），如图 7-4 和图 7-5 所示。

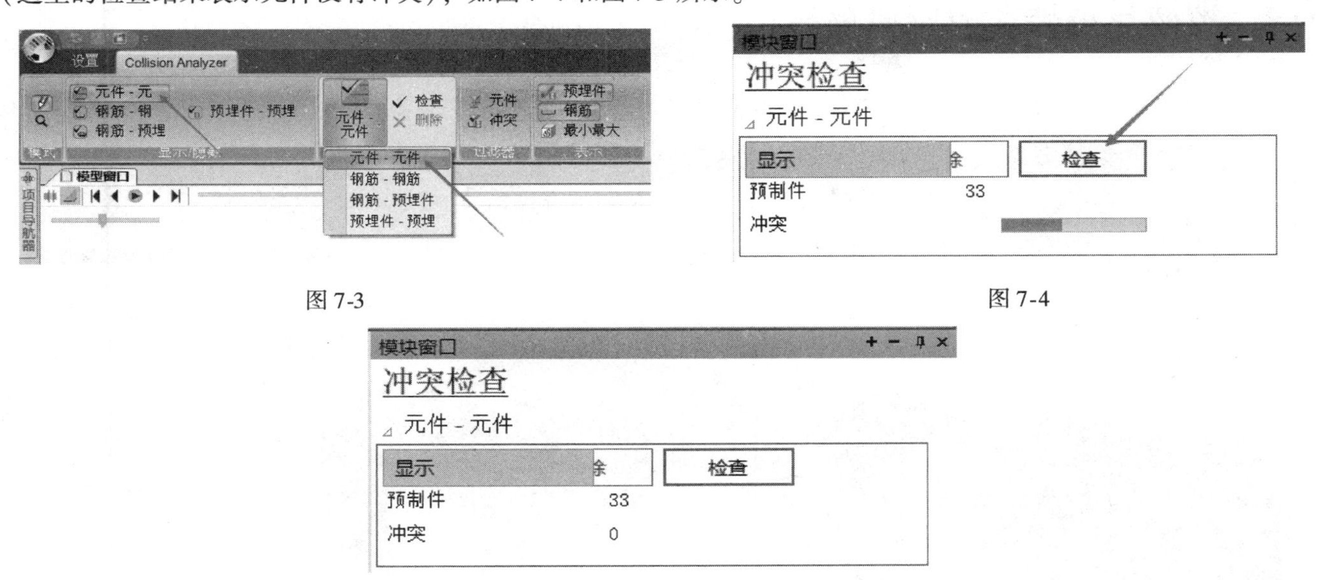

图 7-3

图 7-4

图 7-5

7.2 钢筋与钢筋的碰撞检查

继续对【钢筋-钢筋】进行碰撞检查（操作步骤同元件-元件），检查结果会显示在【模型窗口】和【模块窗口】中，如图 7-6 和图 7-7 所示。

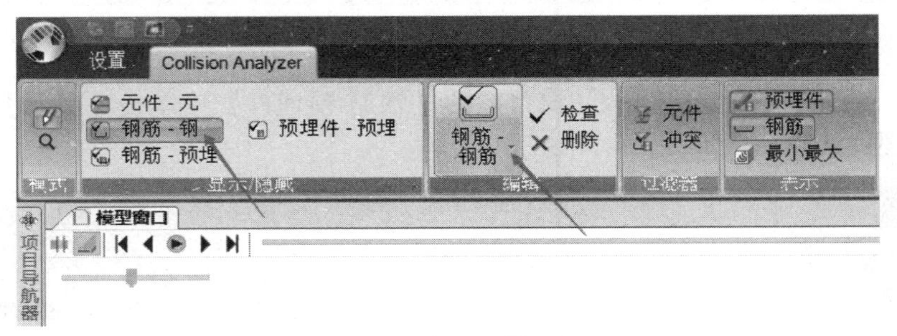

图 7-6

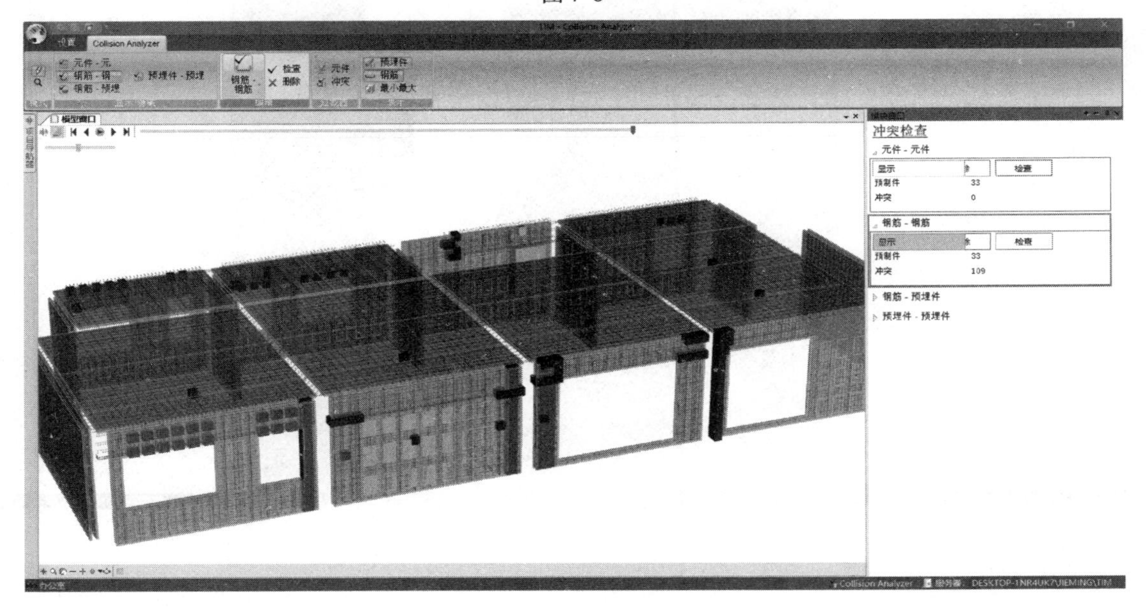

图 7-7

7.3　钢筋与预埋件的碰撞检查

（1）继续对钢筋与预埋件进行碰撞检查，检查结果如图 7-8 所示。

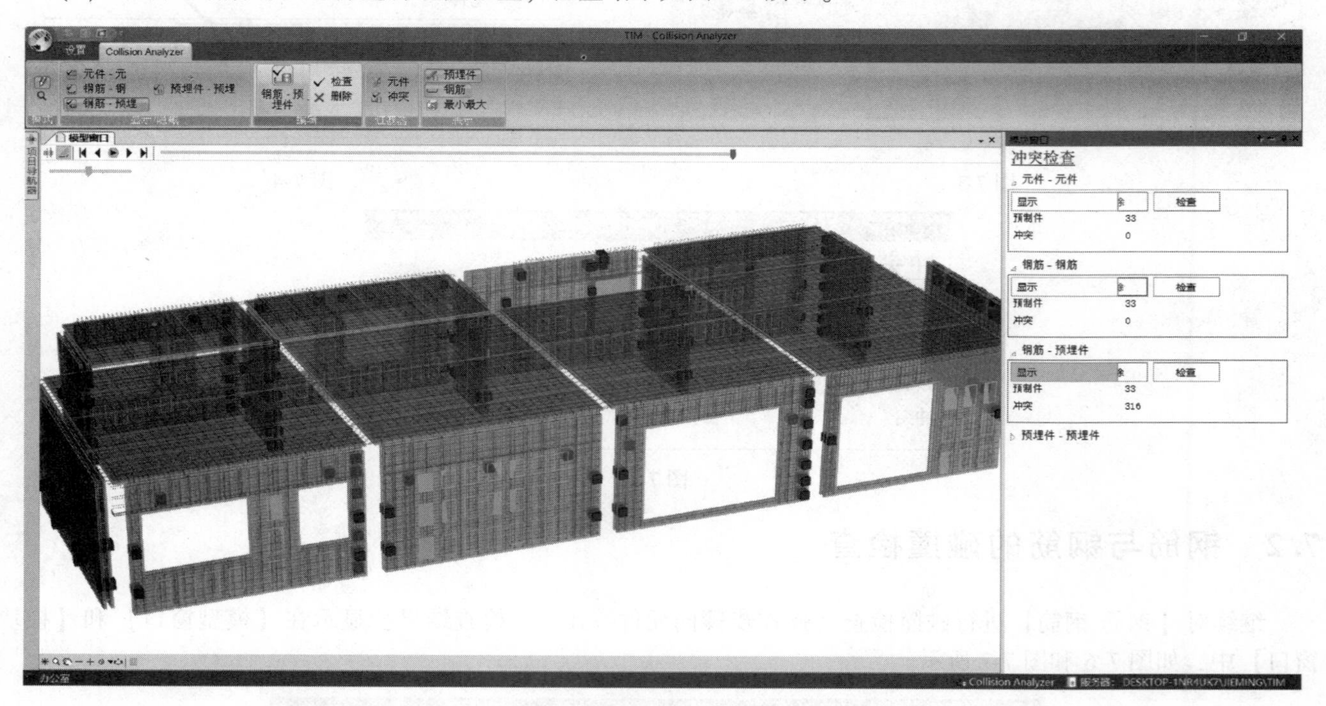

图 7-8

（2）以界面中的一处冲突举例，在【模块窗口】的【钢筋-预埋件】中单击【显示】选项，就可以更直观地看到此处钢筋与预埋件的冲突，如图 7-9 和图 7-10 所示。

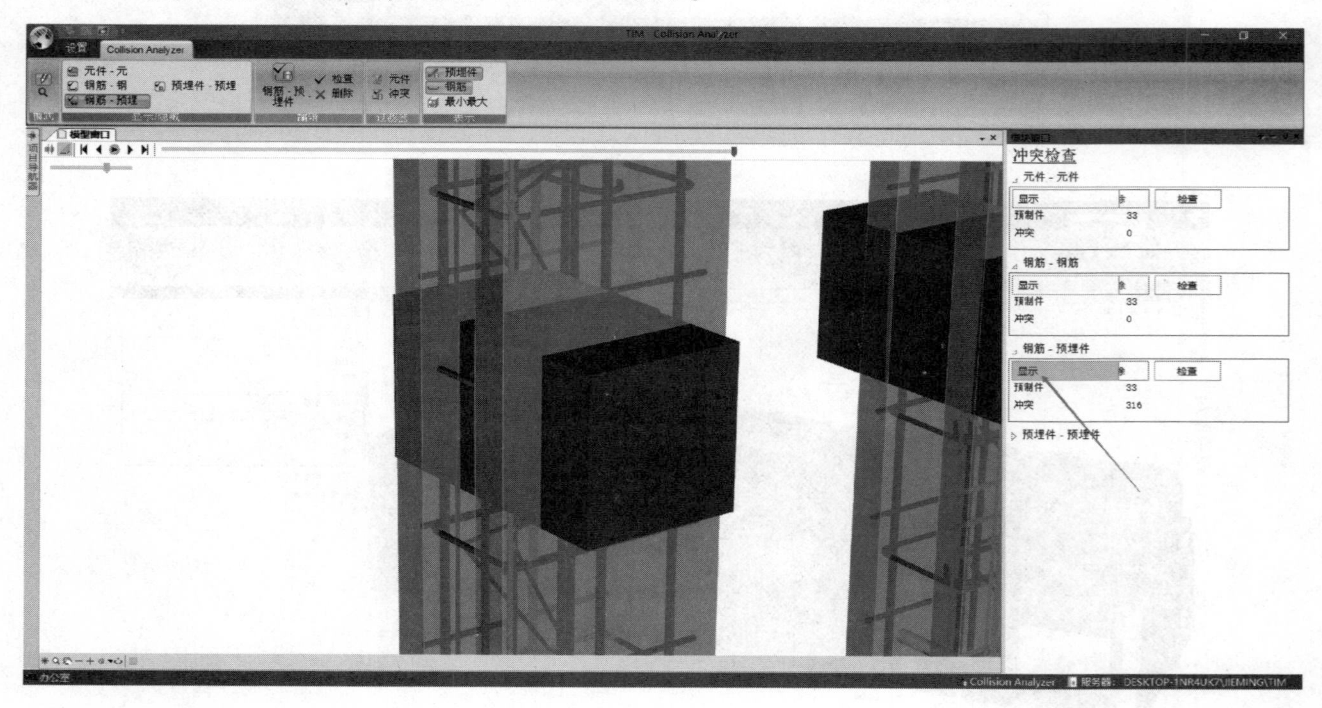

图 7-9

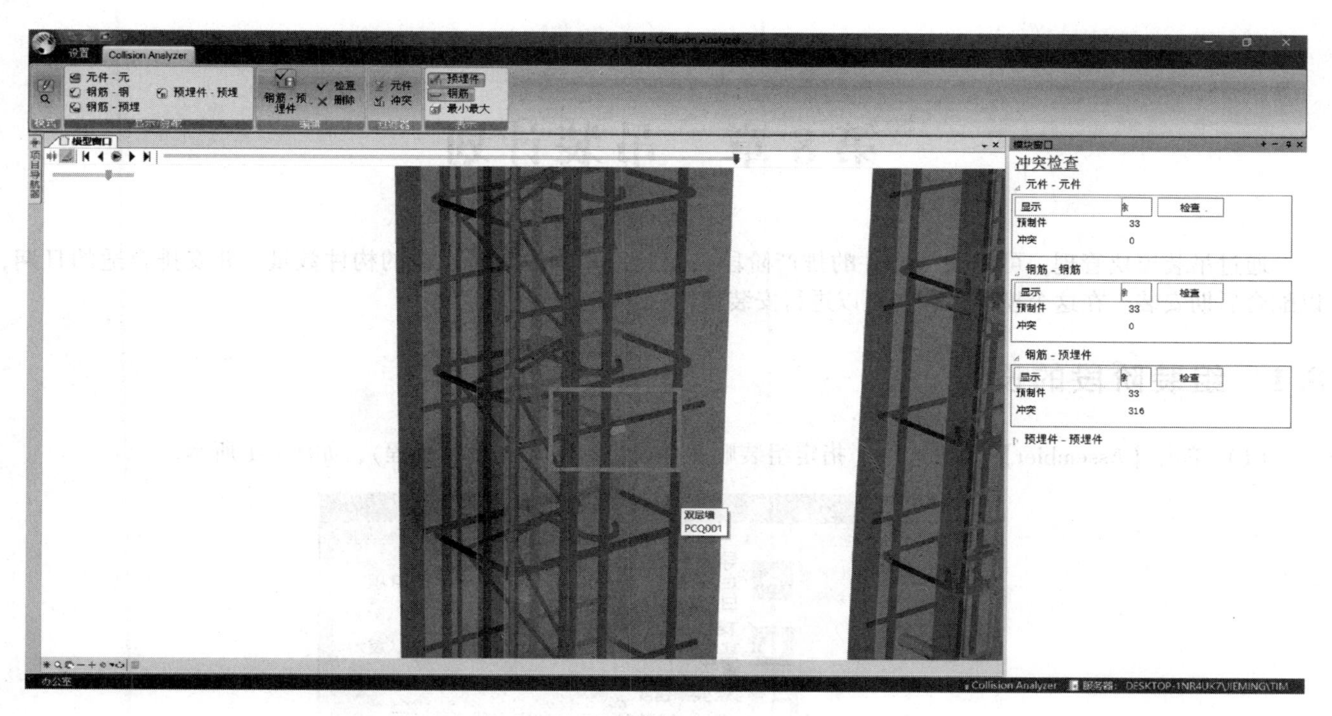
TIM - Collision Analyzer
设置
Collision Analyzer
元件 - 元
钢筋 - 钢
钢筋 - 预埋
预埋件 - 预埋
钢筋 - 预埋件
检查
删除
元件
冲突
预埋件
钢筋
最小最大
模型窗口
双层墙
PCQ001
模块窗口
冲突检查
元件 - 元件
显示
检查
预制件
33
冲突
0
钢筋 - 钢筋
显示
检查
预制件
33
冲突
0
钢筋 - 预埋件
显示
检查
预制件
33
冲突
316
预埋件 - 预埋件
办公室
Collision Analyzer
服务器: DESKTOP-1NR4UK7\JIEMING\TIM

图 7-10

第 8 章　吊装计划

通过吊装模块管理，可以安排构件的排产阶段，以及每个阶段需要生成的构件数量，并安排合适的日期，以配合后期安装。在这个模块下，还可以进行安装模拟。

8.1　组装阶段的设置

(1) 单击【Assembler】模块选项（指定组装顺序并模拟和图形化设计流程），如图 8-1 所示。

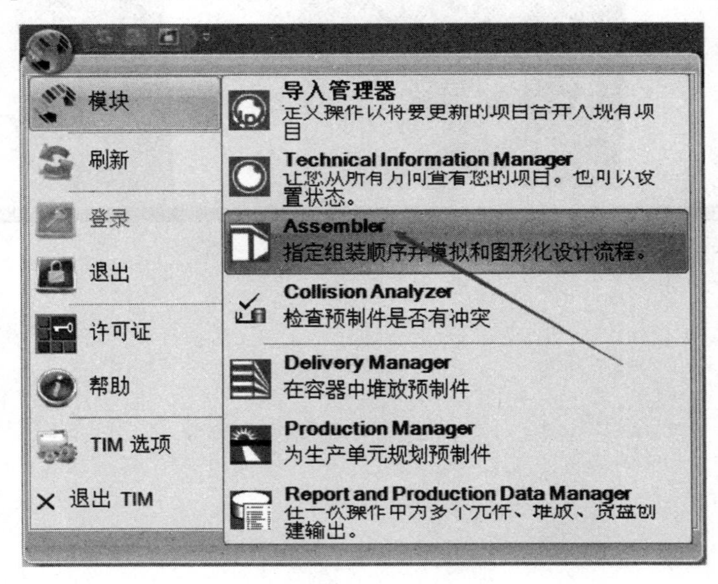

图 8-1

进入组装模块工作界面后，如图 8-2 所示。

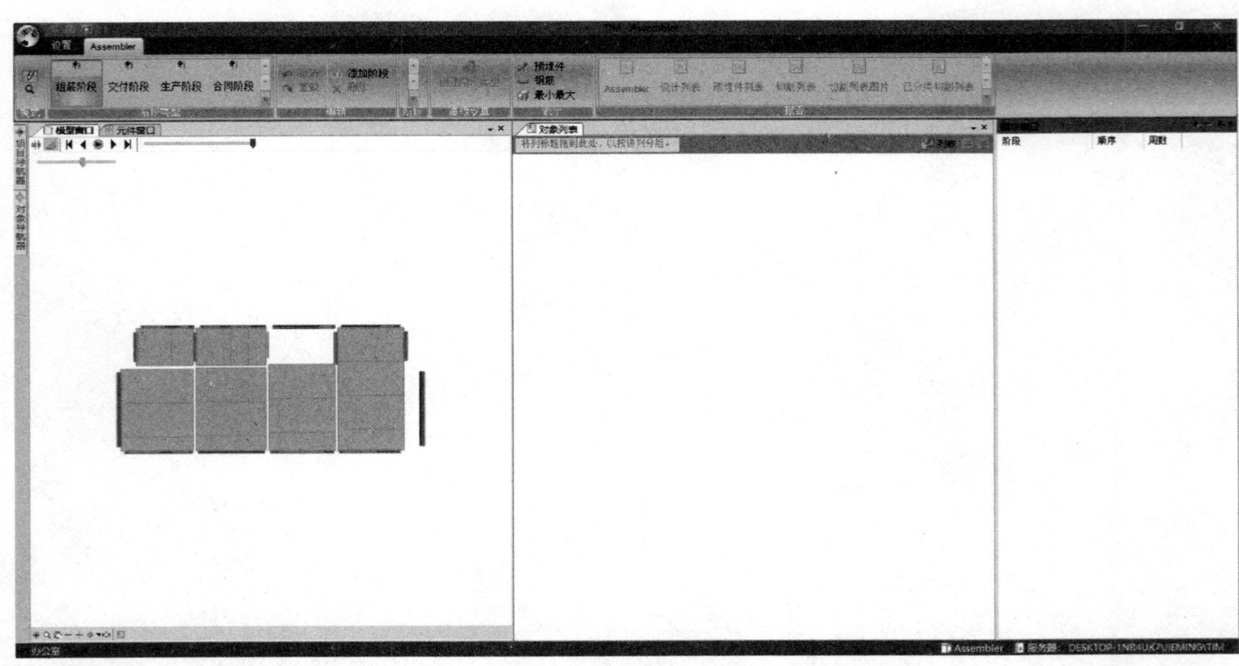

图 8-2

在【项目导航器】的【制图文件】中勾选“预制墙练习（Rev-6）”，如图 8-3 和图 8-4 所示。

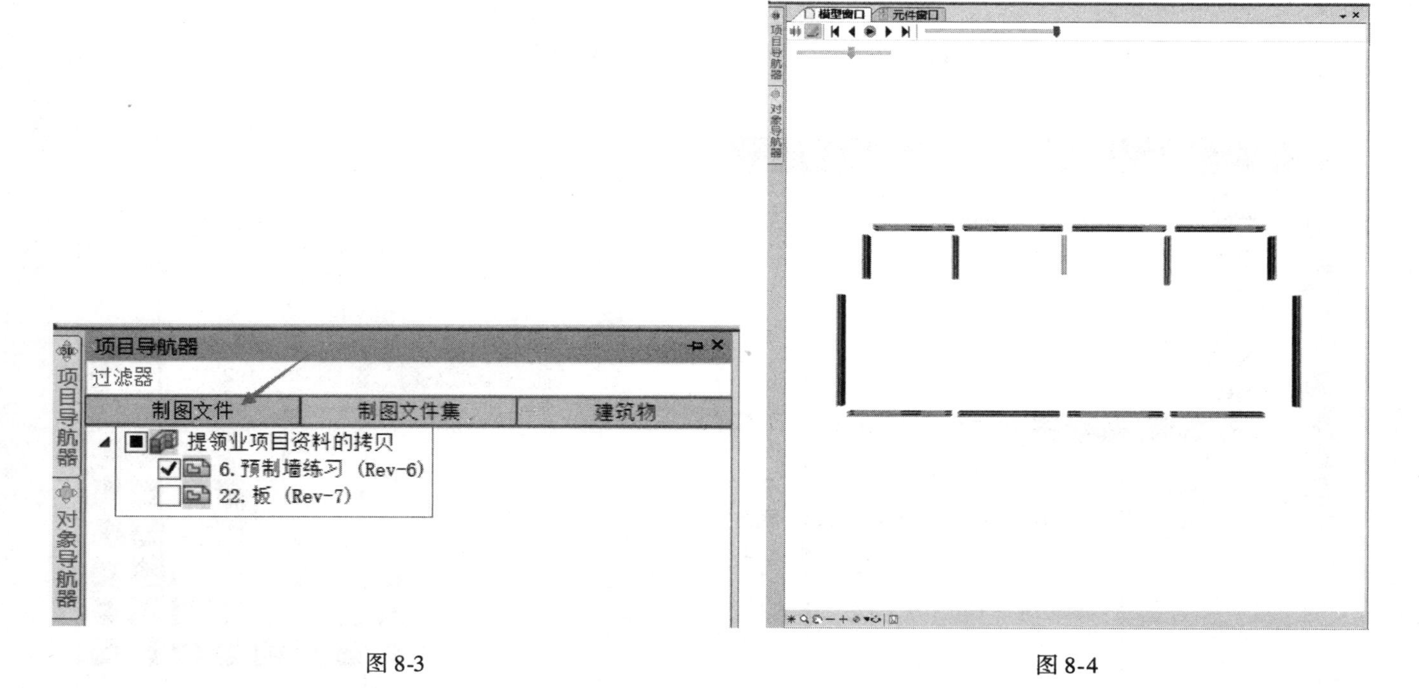

图 8-3　　图 8-4

（2）打开【编辑模式】后，在【阶段类型】选项栏中选择【组装阶段】选项，然后在【编辑】选项栏中单击【添加阶段】选项，如图 8-5 所示。

图 8-5

单击【添加阶段】选项后，将会在【模块窗口】中出现【组装阶段 1】，如图 8-6 所示。

右键单击【组装阶段 1】，然后在弹出的选项面板中单击【属性】选项，如图 8-7 所示。

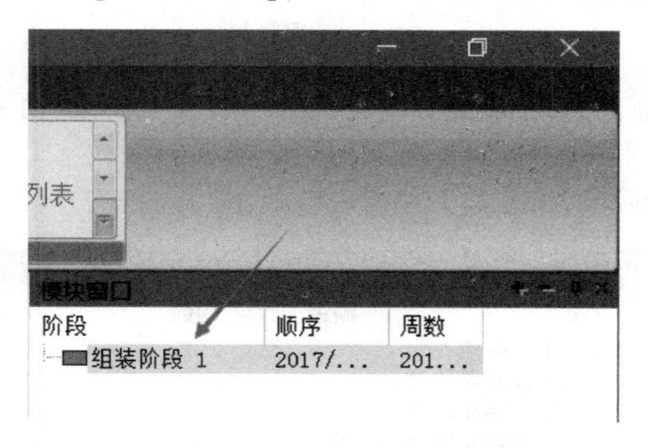

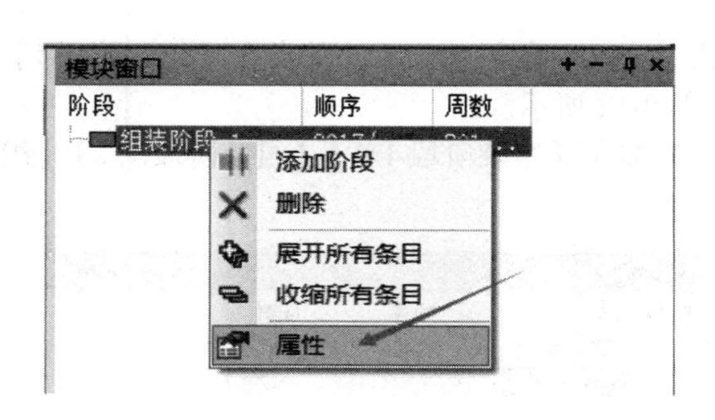

图 8-6　　图 8-7

在弹出的【属性】选项卡中设置名称（这里以组装阶段举例）、颜色和开始时间（这里以开始时间 2017/11/28，8:00 为例），最后单击【关闭】选项完成设置，如图 8-8 和图 8-9 所示。

设置完成后会在【模块窗口】中的【组装阶段 1】同时发生变化，如图 8-10 所示。

在【模块窗口】中再次右键单击【组装阶段 1】，然后在弹出的选项面板中单击【添加阶段】选项，如图 8-11所示。

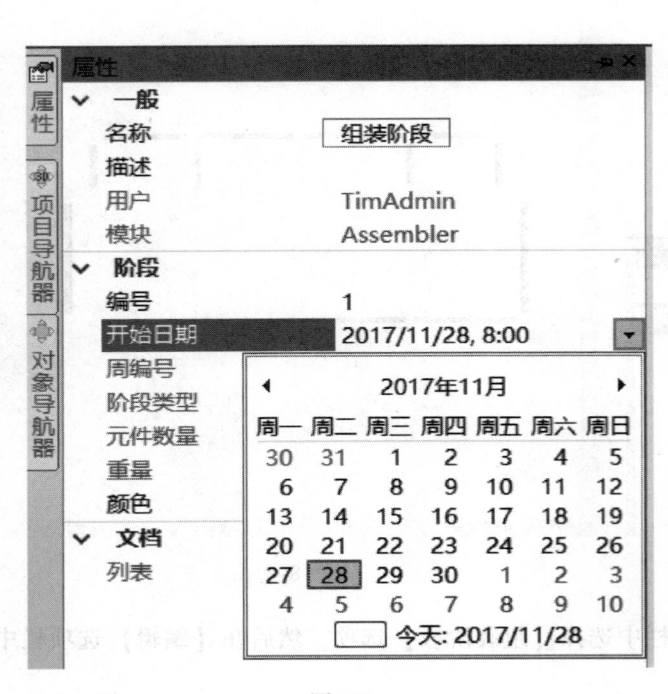

图 8-8

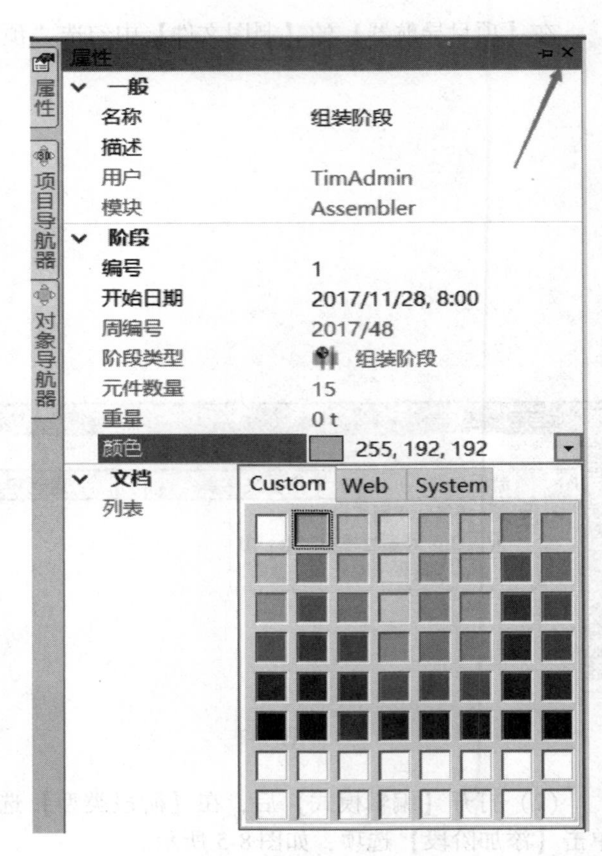

图 8-9

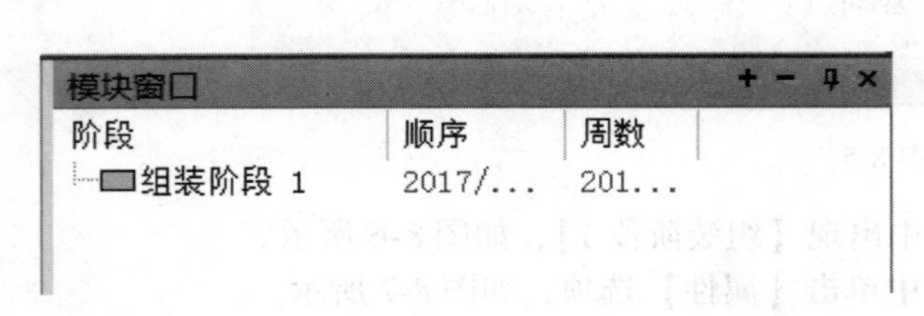

图 8-10

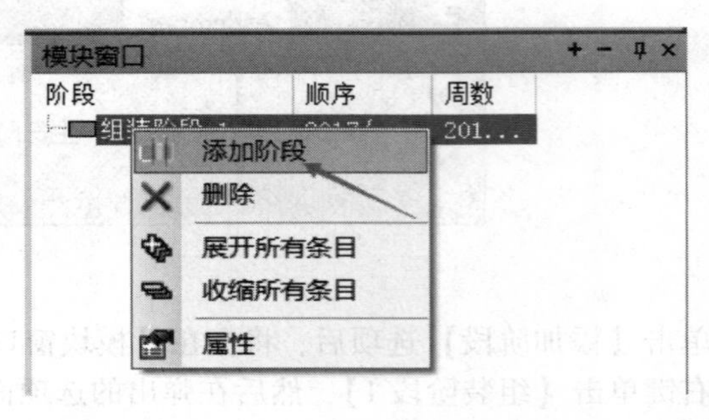

图 8-11

单击【添加阶段】选项后，就会在【组装阶段 1】的下方添加组装阶段 1. 1（即阶段 1 和阶段 1. 1 是从属关系），如图 8-12 所示。

依次添加完【组装阶段 1. 1】【组装阶段 1. 2】【组装阶段 1. 3】后，如图 8-13 所示。

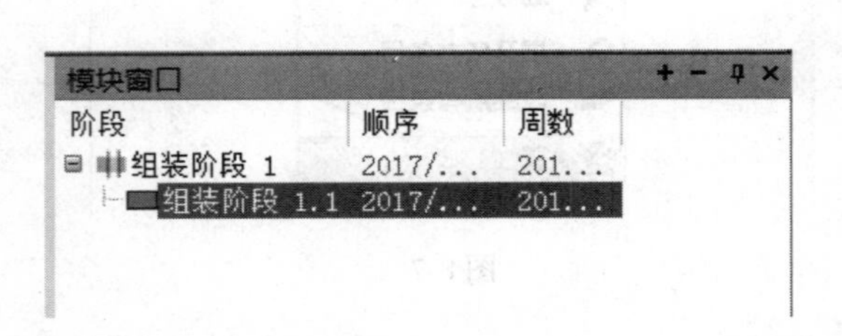

图 8-12

图 8-13

【组装阶段 1. 1】的选项设置如图 8-14 所示。

【组装阶段 1. 2】的选项设置如图 8-15 所示。

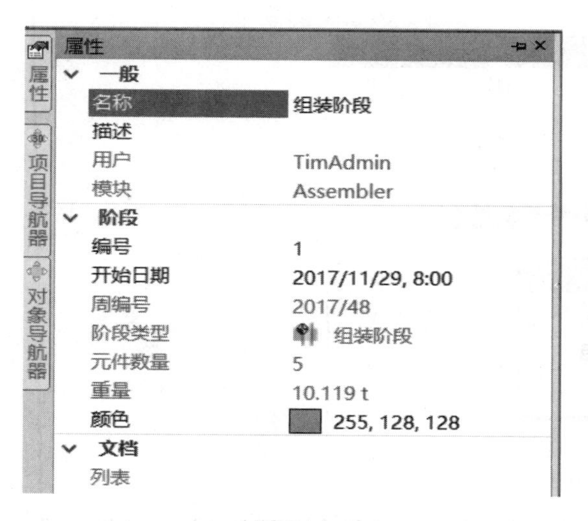

图 8-14

图 8-15

【组装阶段 1.3】的选项设置如图 8-16 所示。

设置完成后如图 8-17 所示。

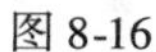

图 8-16

图 8-17

提示：我们在【模块窗口】中的空白处右键单击，然后在弹出的选项面板中单击【添加阶段】选项，此时会出现【组装阶段 2】（即这里的阶段 2 和阶段 1 为同一级别），如图 8-18 和图 8-19 所示。

图 8-18

图 8-19

右键单击【组装阶段 2】，在弹出的选项卡中可以删除该阶段，如图 8-20 所示。

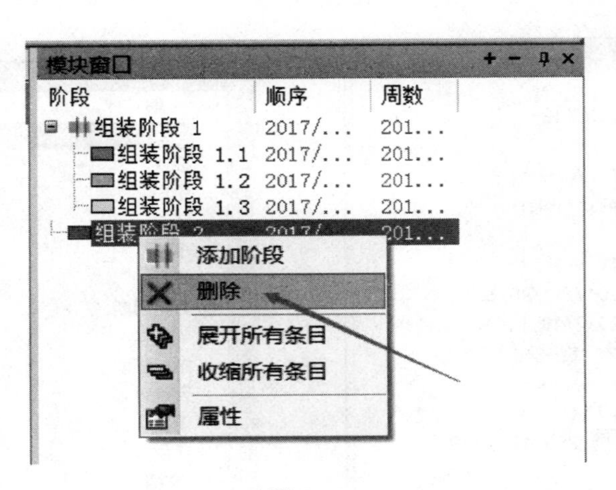

图 8-20

（3）按<shift>键，然后拖动鼠标（或者依次用鼠标单个点击），可以在【模型窗口】中选择阶段 1. 1 中的构件，如图 8-21 所示。

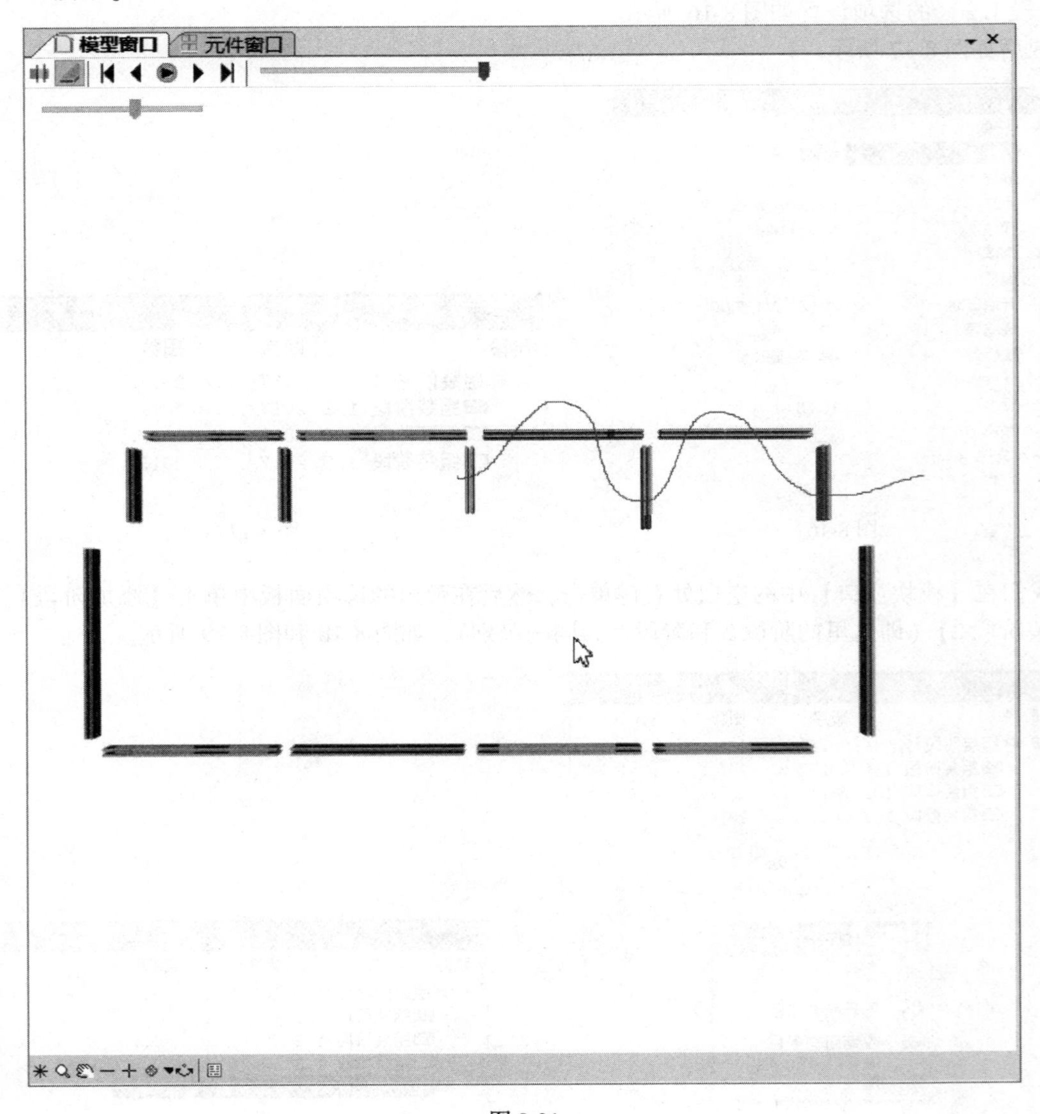

图 8-21

（4）构件选择完成后，在【阶段】选项栏中单击【组装阶段 1. 1】选项，同时将在【模块窗口】中的【组装阶段 1. 1】中显示出这些构件，如图 8-22 所示。

然后分别选择构件设定【组装阶段 1. 2】和【组装阶段 1. 3】，如图 8-23 和 8-24 所示。

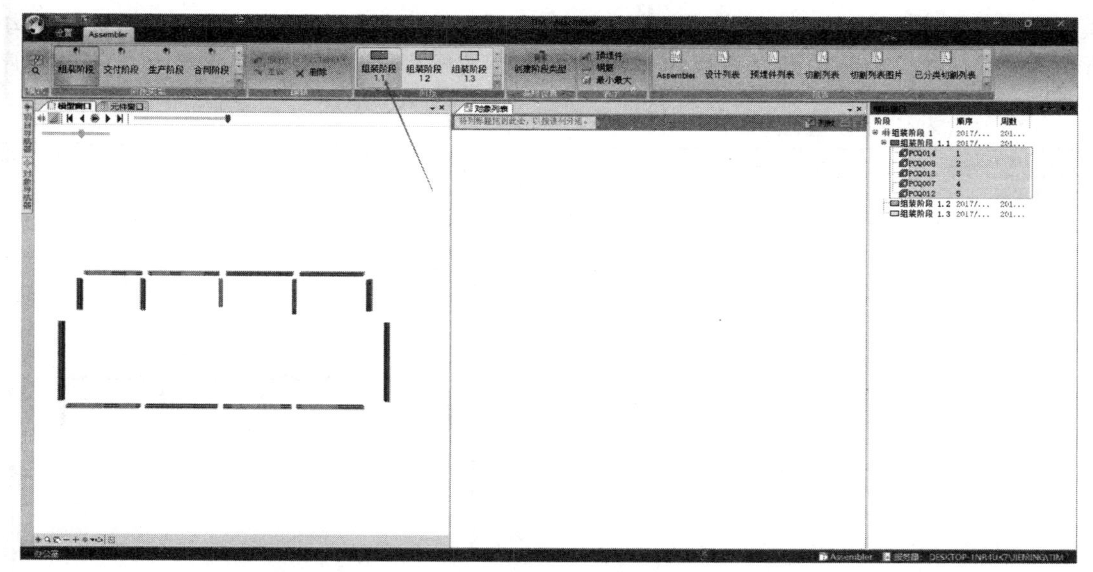

图 8-22

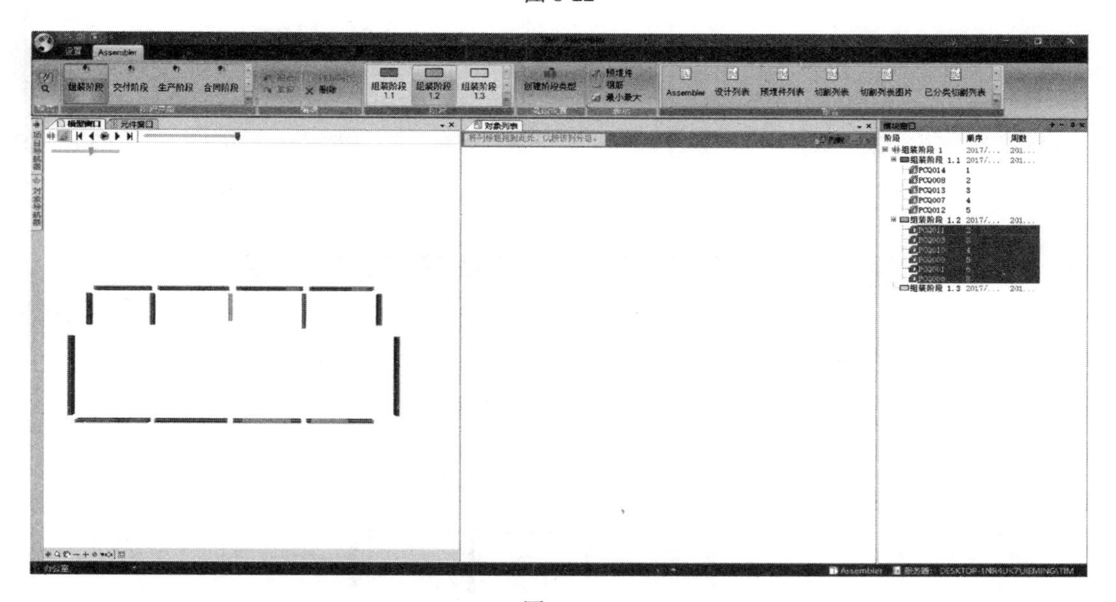

图 8-23

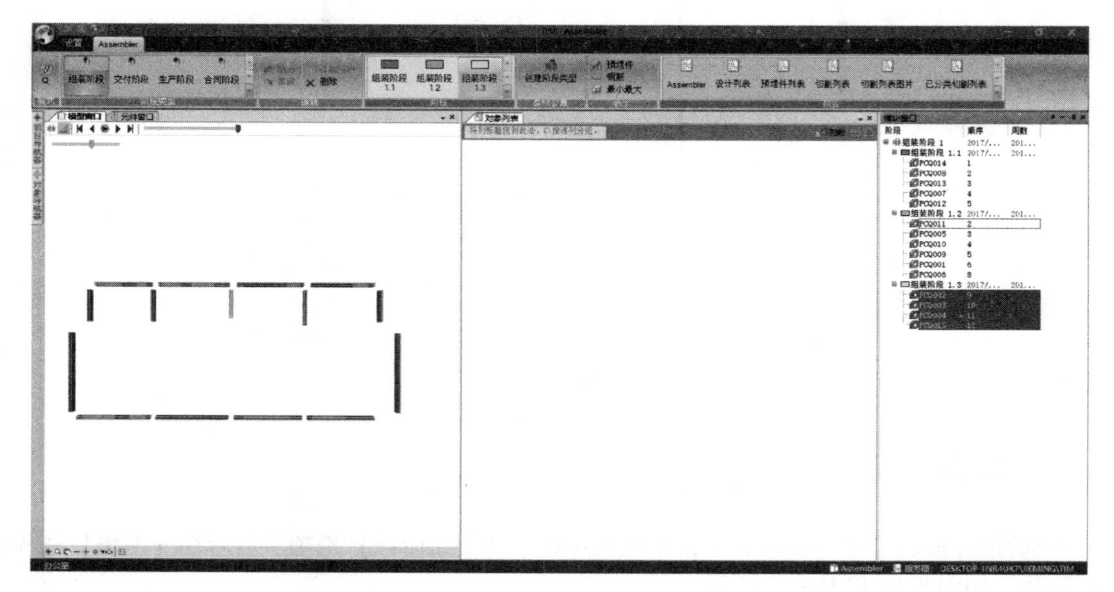

图 8-24

在【模型窗口】中单击【阶段】选项，然后将时间轴初始化，单击【播放】选项可以对选择的构件按照先后顺序进行动画播放（按照组装的顺序可以模拟出构件安装的顺序，从而推导出堆放和生产的顺序），如图 8-25～图 8-27 所示。

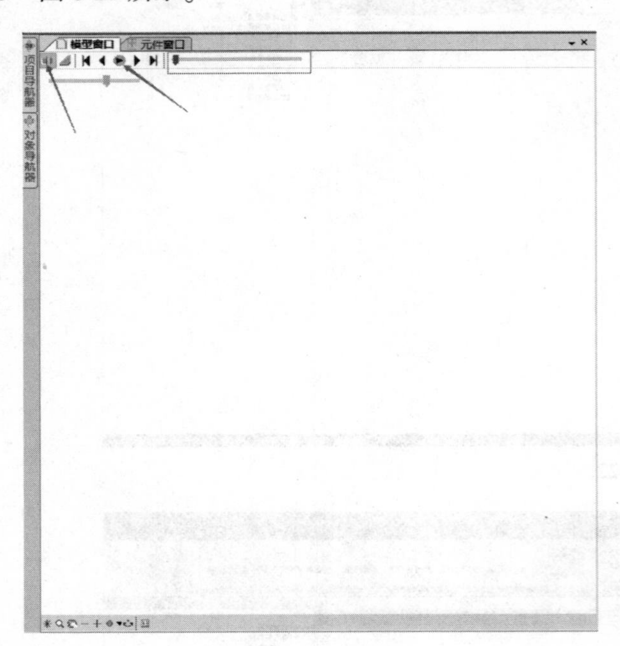

图 8-25

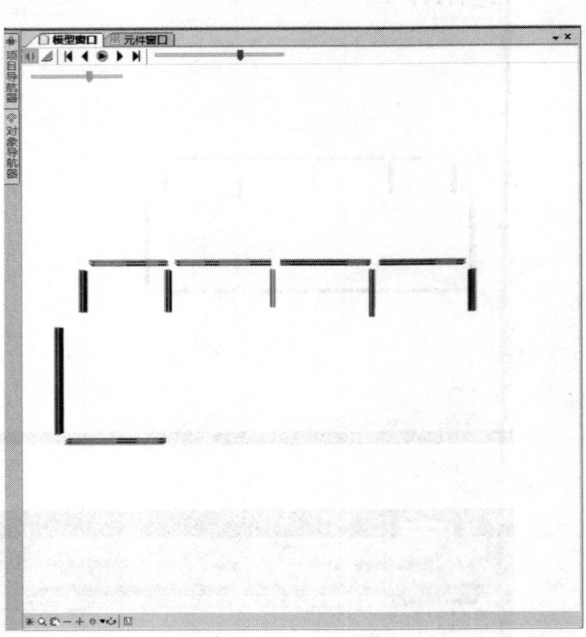

图 8-26

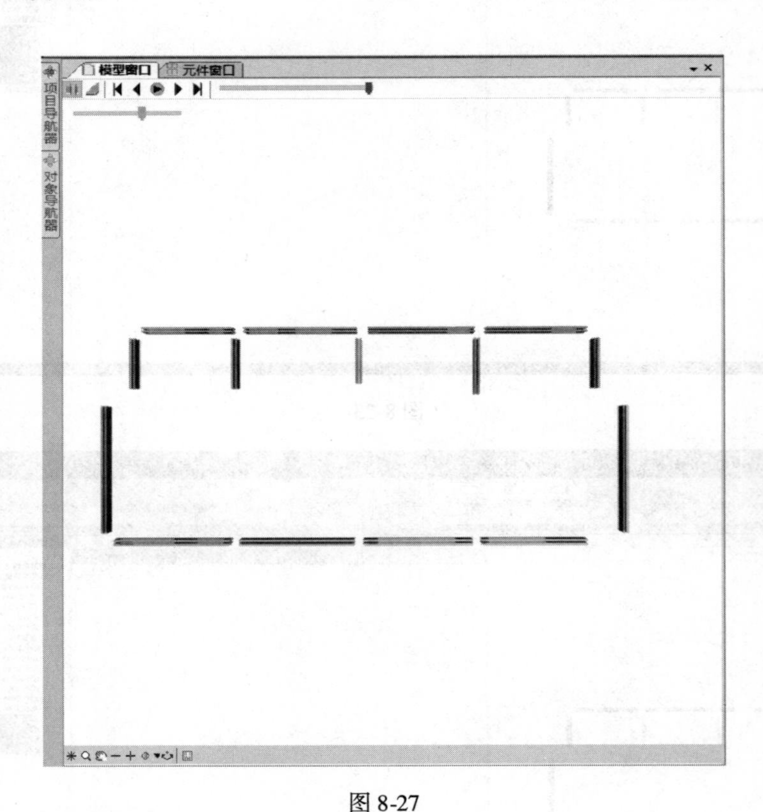

图 8-27

8.2　交付阶段的设置

（1）当组装阶段完成后，在【阶段类型】选项栏中单击【交付阶段】选项，然后在【编辑】选项栏中单击【添加阶段】选项，如图 8-28 和图 8-29 所示。

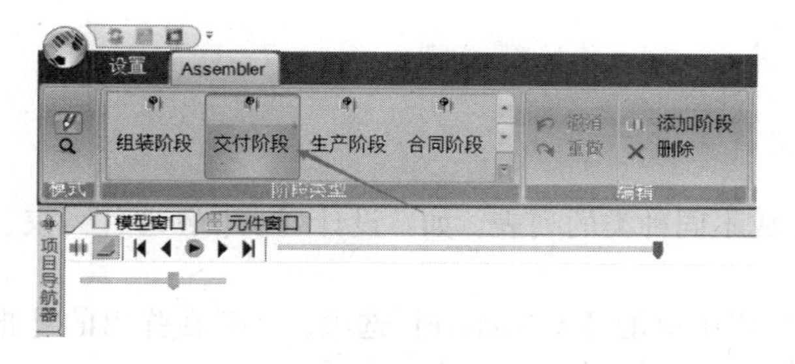

图 8-28

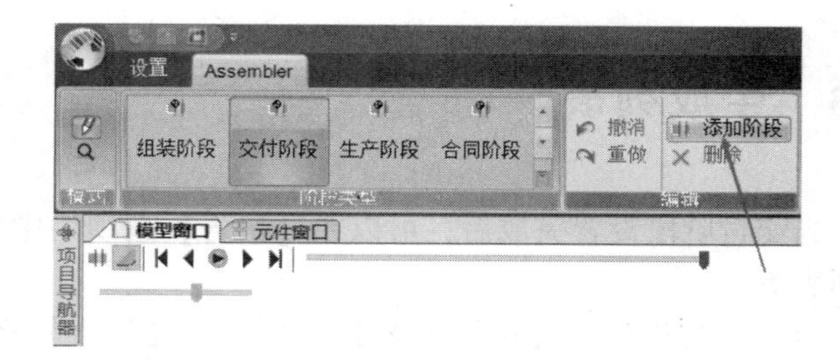

图 8-29

添加阶段完成后，在【阶段】选项栏中会出现【交付阶段 1】，同时在【模块窗口】中也会出现【交付阶段 1】，如图 8-30 和图 8-31 所示。

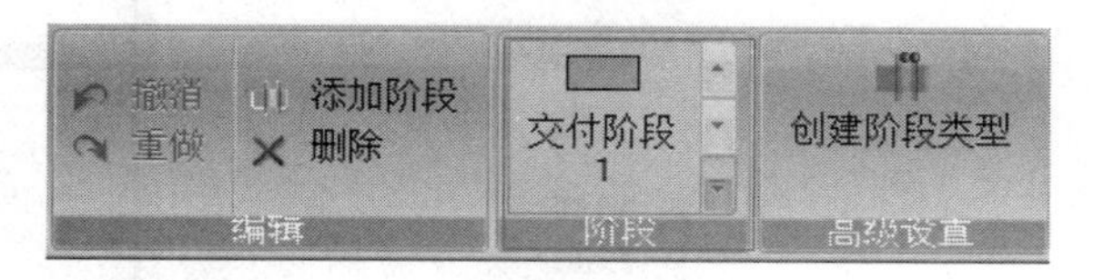

图 8-30

图 8-31

（2）在【模块窗口】中单击右键，可以在出现的选项卡中继续添加阶段，在【模块窗口】中右键单击交付阶段，在弹出的选项卡中可以修改交付阶段的属性（具体操作同组装阶段），如图 8-32 ~ 图 8-34 所示。

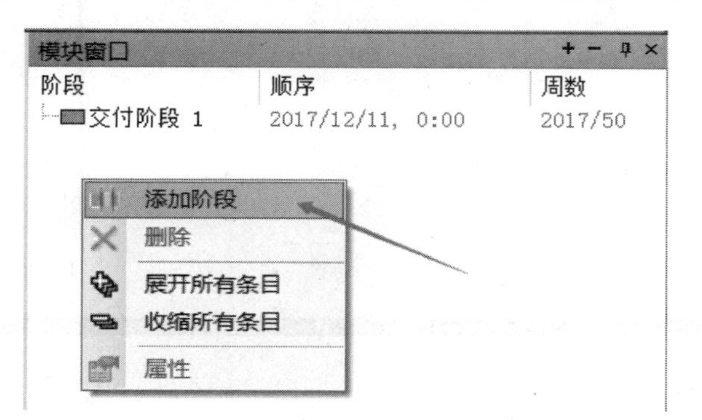

图 8-32

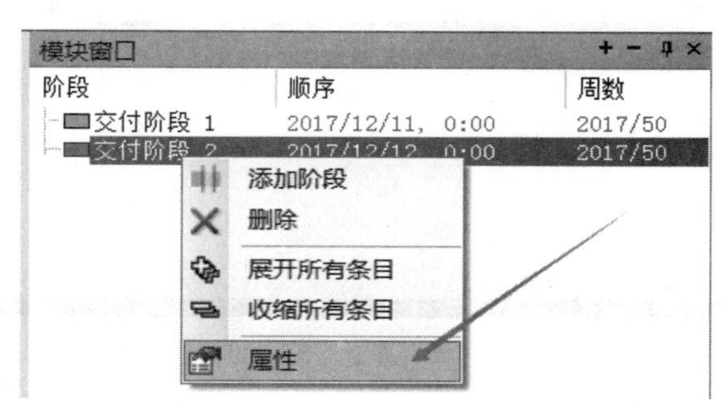

图 8-33

图 8-34

8.3 生成列表

当交付阶段设置完成后，可以在【报告】选项栏中生成不同种类的列表，如：设计列表、预埋件列表、切割列表等。

（1）首先以生成【吊装列表】举例，在【报告】选项栏中单击【Assembler】选项，然后在弹出的【报告设置】对话框中单击【确定】选项，就会自动生成【吊装列表】，如图 8-35～图 8-37 所示。

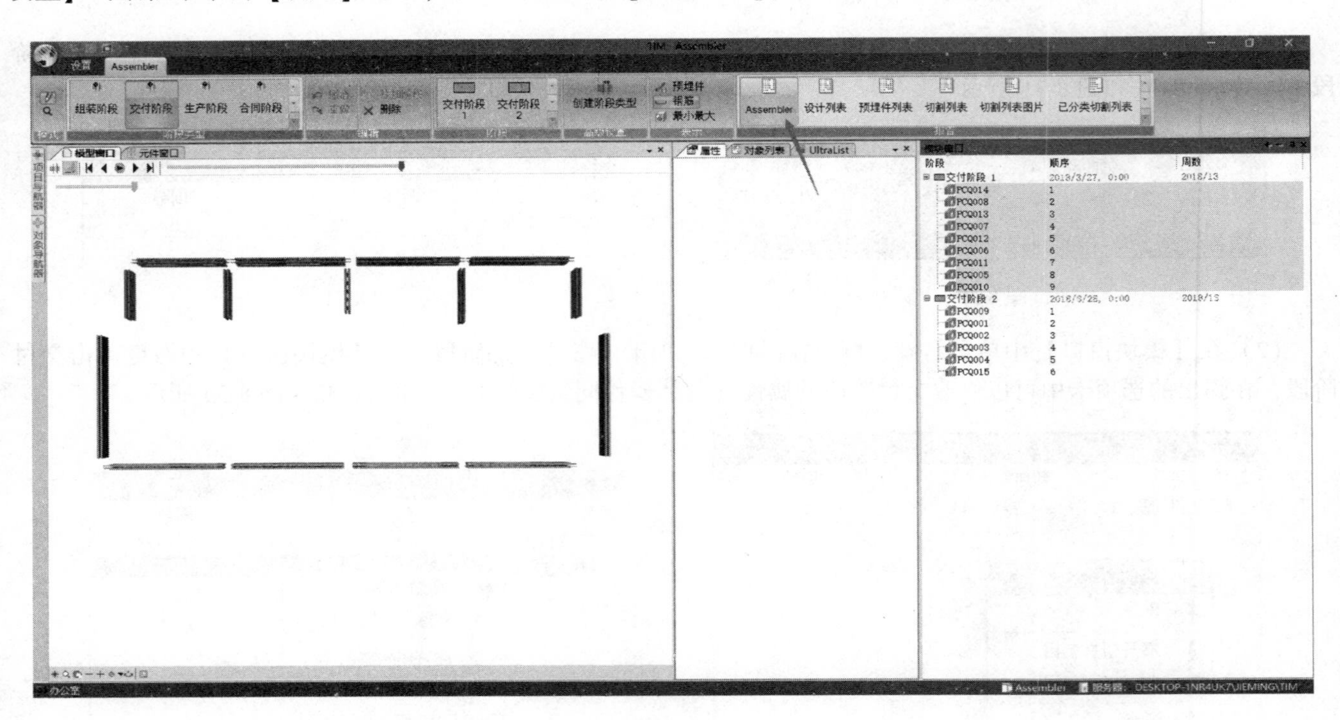

图 8-35

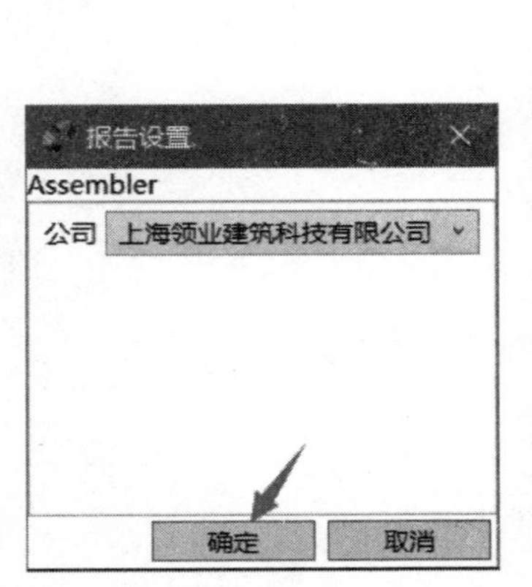

图 8-36

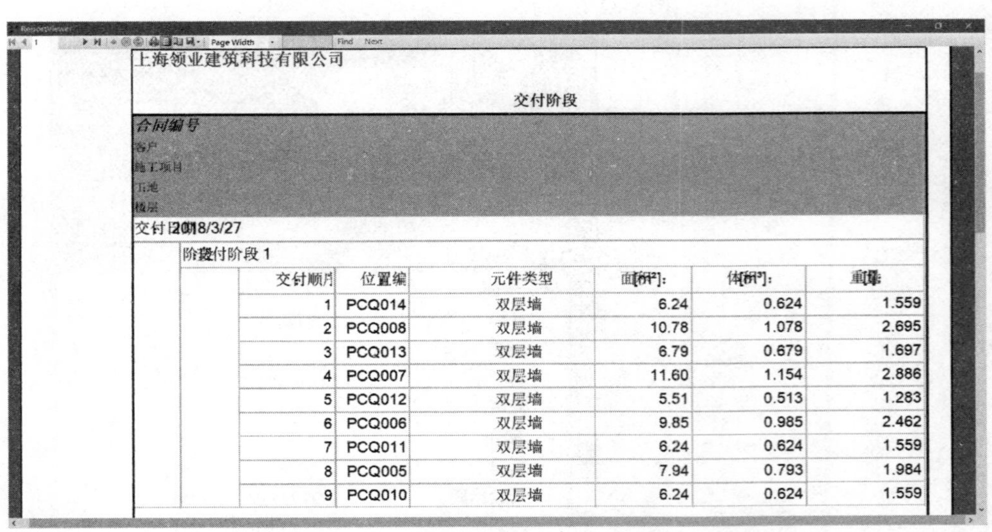

上海领业建筑科技有限公司

交付阶段

合同编号
客户
施工项目
工地
楼层
交付日 2018/3/27
阶段 交付阶段 1

交付顺序	位置编	元件类型	面积[m²]	体积[m³]	重量
1	PCQ014	双层墙	6.24	0.624	1.559
2	PCQ008	双层墙	10.78	1.078	2.695
3	PCQ013	双层墙	6.79	0.679	1.697
4	PCQ007	双层墙	11.60	1.154	2.886
5	PCQ012	双层墙	5.51	0.513	1.283
6	PCQ006	双层墙	9.85	0.985	2.462
7	PCQ011	双层墙	6.24	0.624	1.559
8	PCQ005	双层墙	7.94	0.793	1.984
9	PCQ010	双层墙	6.24	0.624	1.559

图 8-37

（2）生成【设计列表】。在【报告】选项栏中单击【设计列表】选项，然后在弹出的【报告设置】对话框中单击【确定】选项，如图 8-38～图 8-42 所示。

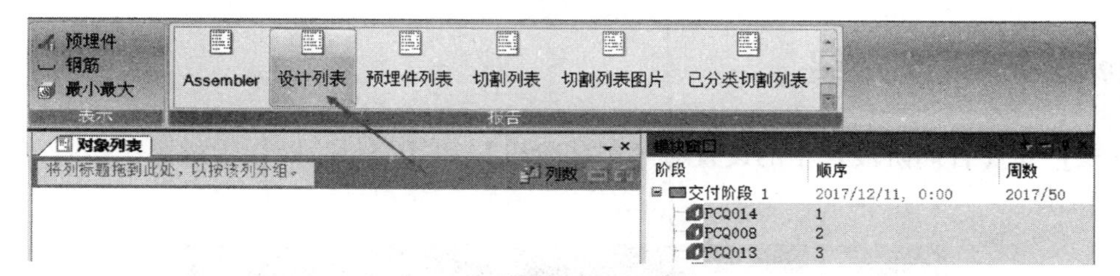

图 8-38

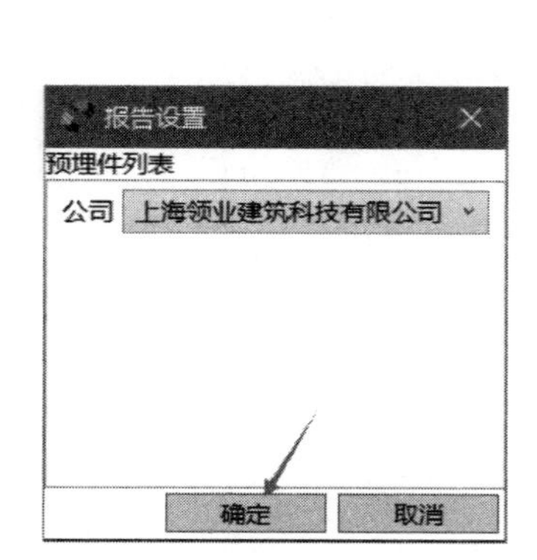

图 8-39

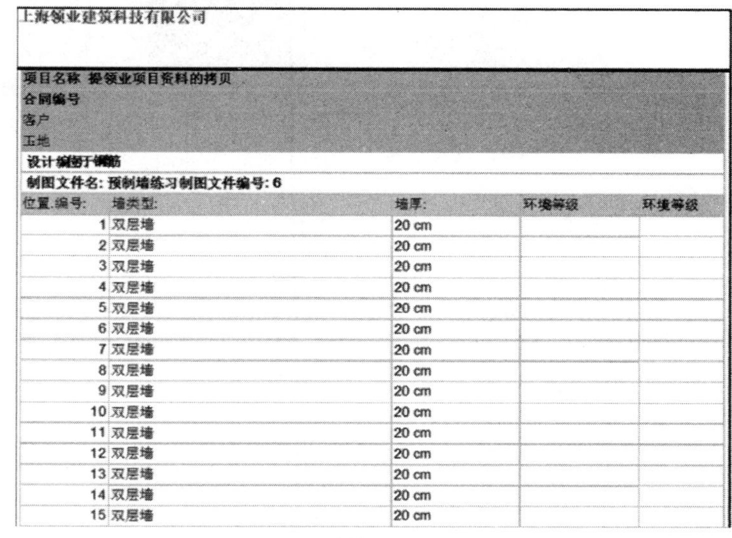

上海领业建筑科技有限公司

项目名称: 操领业项目资料的拷贝
合同编号
客户
工地
设计编筋于钢筋
制图文件名: 预制墙练习制图文件编号: 6

位置.编号:	墙类型:	墙厚:	环境等级	环境等级
1	双层墙	20 cm		
2	双层墙	20 cm		
3	双层墙	20 cm		
4	双层墙	20 cm		
5	双层墙	20 cm		
6	双层墙	20 cm		
7	双层墙	20 cm		
8	双层墙	20 cm		
9	双层墙	20 cm		
10	双层墙	20 cm		
11	双层墙	20 cm		
12	双层墙	20 cm		
13	双层墙	20 cm		
14	双层墙	20 cm		
15	双层墙	20 cm		

图 8-40

位置编号.	层 钢筋.	混凝土等级 混凝土保护层	跨度 设计依据 为-必需 纵向/横向	桁架钢筋的钢等级 为-存在. 纵向/横向	钢筋
1	1 - 不可见面	C35	HRBF 400	HRBF 400	HRBF 400
	不可见	15mm	0.00 / 0.00cm²	3.95 / 3.38cm²	
	L1: 24 d 10 /20				
	C1: 19 d 8 /15				
	3 - 可视面	C35	HRBF 400	HRBF 400	HRBF 400
	可见	15mm	0.00 / 0.00cm²	3.95 / 3.38cm²	
	L1: 24 d 10 /20				

图 8-41

上海领业建筑科技有限公司

3	L1: 23 d 10 /20				
	C1: 19 d 8 /15				
4	1 - 不可见面	C35	HRBF 400	HRBF 400	HRBF 400
	不可见	15mm	0.00 / 0.00cm²	3.95 / 3.38cm²	
	L1: 22 d 10 /20				
	C1: 19 d 8 /15				
	3 - 可视面	C35	HRBF 400	HRBF 400	HRBF 400
	可见	15mm	0.00 / 0.00cm²	3.95 / 3.38cm²	
	L1: 22 d 10 /20				
	C1: 19 d 8 /15				
5	1 - 不可见面	C35	HRBF 400	HRBF 400	HRBF 400
	不可见	15mm	0.00 / 0.00cm²	3.95 / 3.38cm²	
	L1: 19 d 10 /20				
	C1: 19 d 8 /15				
	3 - 可视面	C35	HRBF 400	HRBF 400	HRBF 400
	可见	15mm	0.00 / 0.00cm²	3.95 / 3.38cm²	
	L1: 19 d 10 /20				
	C1: 19 d 8 /15				
6	1 - 不可见面	C35	HRBF 400	HRBF 400	HRBF 400
	不可见	15mm	0.00 / 0.00cm²	3.95 / 3.38cm²	
	L1: 24 d 10 /20				
	C1: 19 d 8 /15				
	3 - 可视面	C35	HRBF 400	HRBF 400	HRBF 400
	可见	15mm	0.00 / 0.00cm²	3.95 / 3.38cm²	
	L1: 24 d 10 /20				
	C1: 19 d 8 /15				
7	1 - 不可见面	C35	HRBF 400	HRBF 400	HRBF 400
	不可见	15mm	0.00 / 0.00cm²	3.95 / 3.38cm²	
	L1: 22 d 10 /20				
	C1: 19 d 8 /15				

图 8-42

8.4　其他阶段的设置介绍

在【生产阶段】和【合同阶段】中的设置与【组装阶段】和【交付阶段】中的操作相同，这里就不再进行举例，如图 8-43 所示。

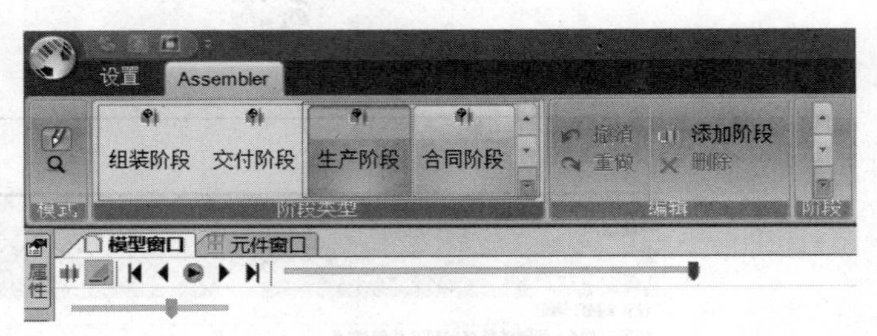

图 8-43

第 9 章　运输计划

在运输管理中，我们可以根据容器和构件的具体情况制定运输计划，这里的“容器”为软件内的翻译，实际名称以生产工厂为准。

9.1　添加容器

（1）在【设置】工具栏中单击【工厂】选项（在工厂选项中可以创建或修改工厂目录），并在【工厂】中设定合适的空间区域，来制定相应的运输计划，如图 9-1 所示。

图 9-1

（2）在弹出的【工厂－［办公室］】对话框中，可以从列表中进行区域选择：公司、工厂、大厅、容器等，如图 9-2 所示。

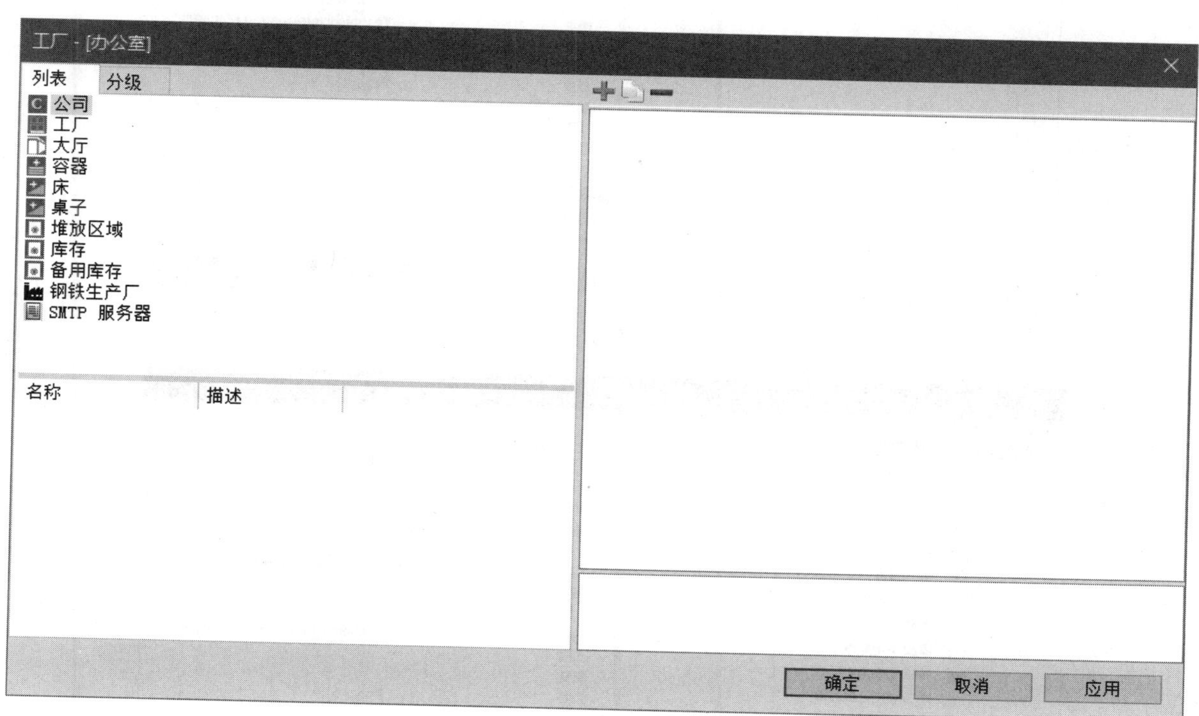

图 9-2

单击【分级】选项，然后单击【添加对象】选项，首先添加一个【公司】对象，如图 9-3 所示。

为了方便举例，对公司名称进行修改（以“上海领业建筑科技有限公司”为例）如图 9-4 所示。

（3）右键单击【公司】（上海领业建筑科技有限公司），在弹出的选项面板中单击【添加工厂】选项，如图 9-5 所示。

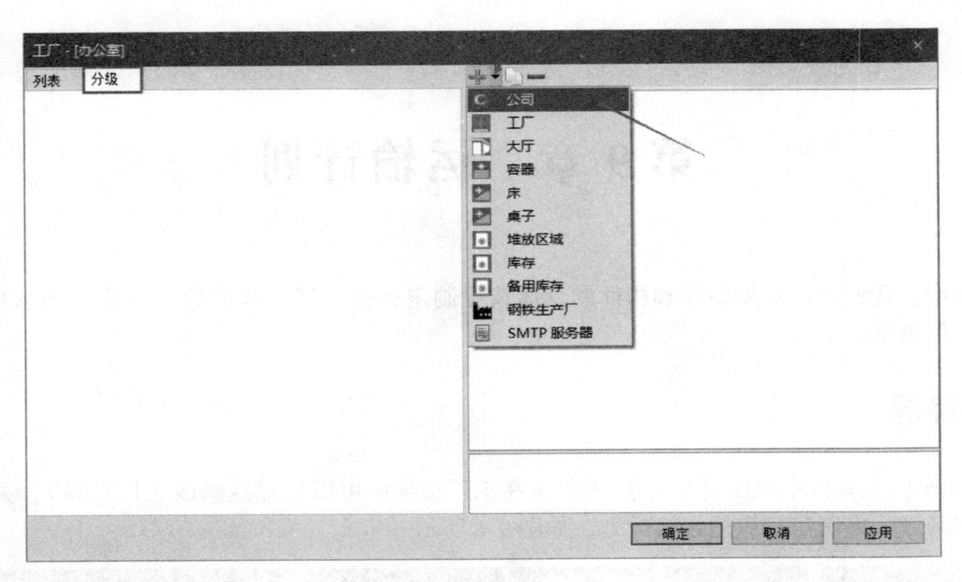
工厂 - [办公室]
列表
分级
公司
工厂
大厅
容器
床
桌子
堆放区域
库存
备用库存
钢铁生产厂
SMTP 服务器
确定
取消
应用

图 9-3

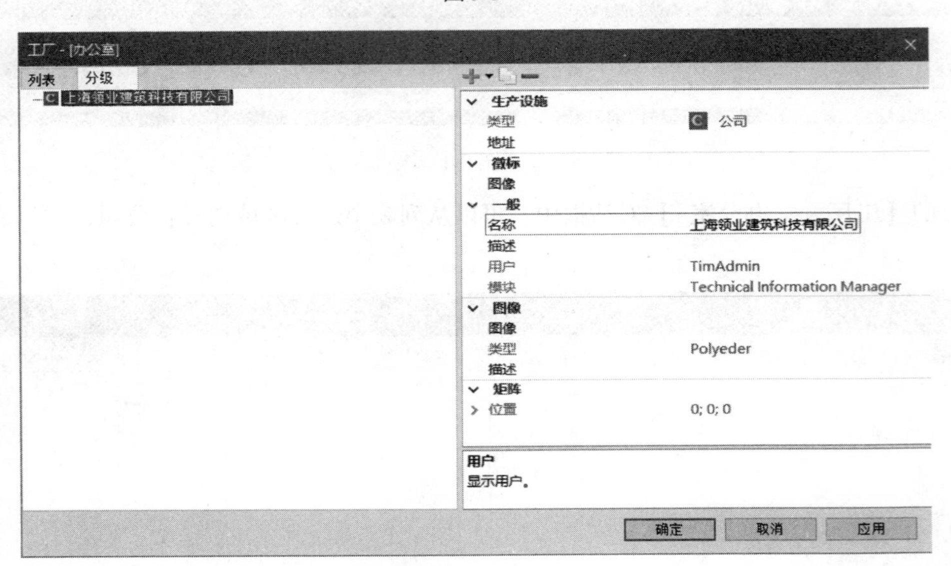
工厂 - [办公室]
列表
分级
上海领业建筑科技有限公司
生产设施
类型
公司
地址
徽标
图像
一般
名称
上海领业建筑科技有限公司
描述
用户
TimAdmin
模块
Technical Information Manager
图像
图像
类型
Polyeder
描述
矩阵
位置
0; 0; 0
用户
显示用户。
确定
取消
应用

图 9-4

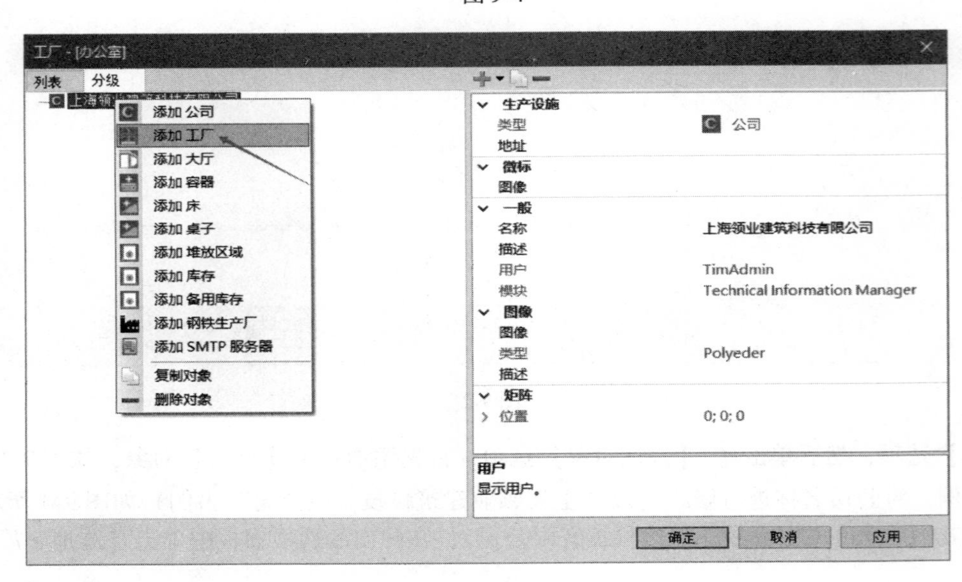
工厂 - [办公室]
列表
分级
添加 公司
添加 工厂
添加 大厅
添加 容器
添加 床
添加 桌子
添加 堆放区域
添加 库存
添加 备用库存
添加 钢铁生产厂
添加 SMTP 服务器
复制对象
删除对象
生产设施
类型
公司
地址
徽标
图像
一般
名称
上海领业建筑科技有限公司
描述
用户
TimAdmin
模块
Technical Information Manager
图像
图像
类型
Polyeder
描述
矩阵
位置
0; 0; 0
用户
显示用户。
确定
取消
应用

图 9-5

这里以工厂的默认名称（工厂 1）举例，如图 9-6 所示。

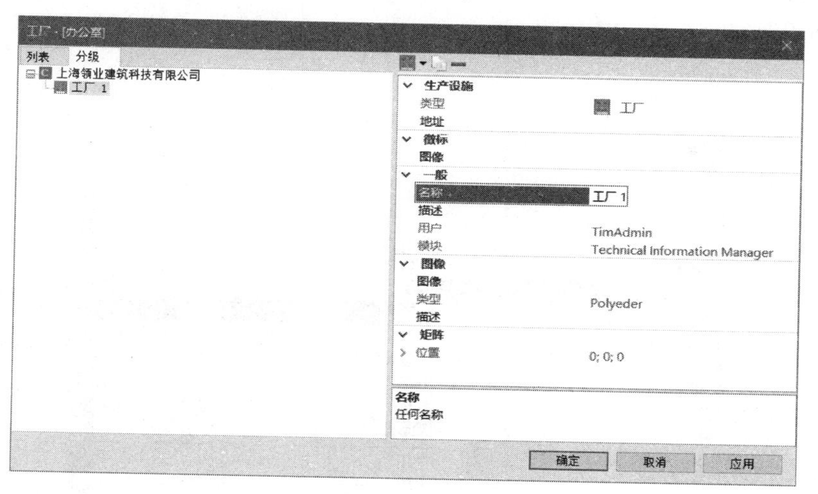

图 9-6

（4）添加【工厂】后可以暂时不添加【大厅】而直接添加【容器】。容器就是存放构件的器具（具体名称以工厂为准），然后在容器里必须添加【堆放区域】。

右键单击【工厂】（工厂 1），然后在弹出的选项面板中单击【添加容器】选项，如图 9-7 所示。

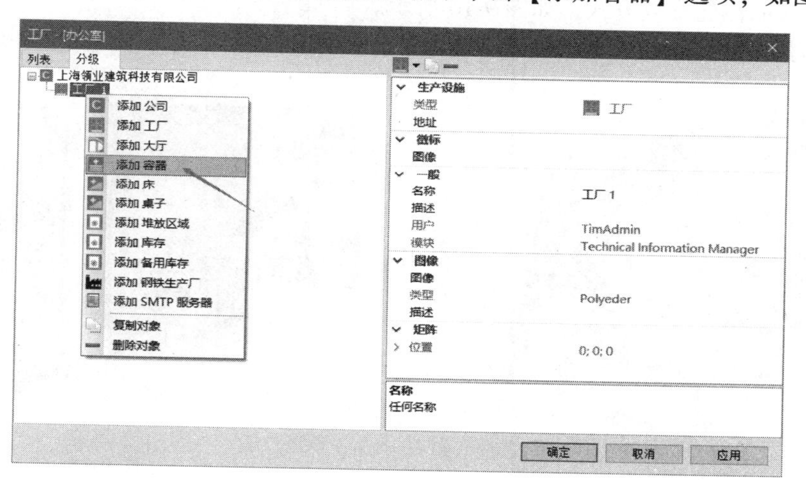

图 9-7

将容器的名称修改为【叠合楼板】，用来放置叠合楼板构件。容器体积的长、宽、高等其他选项的设置以默认值举例，最大重量设为 10t，如图 9-8 所示。

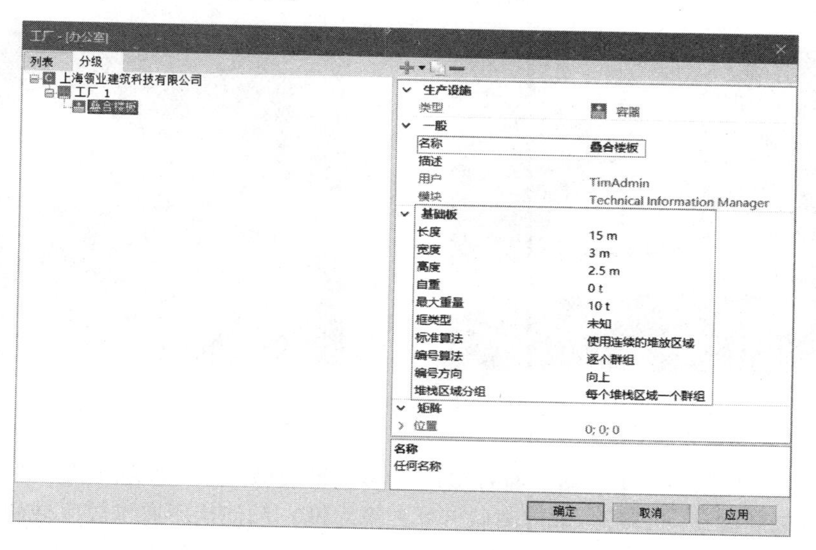

图 9-8

（5）【框类型】是指显示容器的类型，这里有 A 框、内部装载机、货盘、U 框、矩形这五种类型（这里以【货盘】举例），如图 9-9 所示。

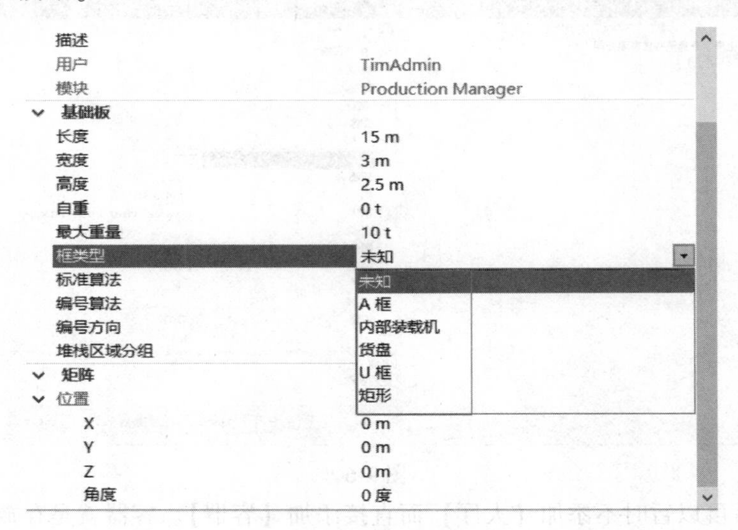

图 9-9

A 框：一般是指竖放墙体的堆放方式，如图 9-10 所示。

内部装载机：就是指非常大和长的那种装载运输方式，也是以放置墙板居多，如图 9-11 所示。

图 9-10

图 9-11

货盘：一般用来放置楼板，如图 9-12 所示。

U 框：是指 3 边框有栏杆，1 边开放式的那种货盘，如图 9-13 所示。

图 9-12

图 9-13

（6）【标准算法】表示如果一个集装箱里面有多堆（多个堆放区域），则先堆满一堆还是多堆同时堆起来。这里分为：使用连续的堆放区域（表示一堆堆满后再处理第二堆）和使用所有堆放区域两种，如图 9-14 所示。

（7）【编号算法】是定义元件在群组中的编号顺序，这里分为：逐个群组和切换群组，如图 9-15 所示。

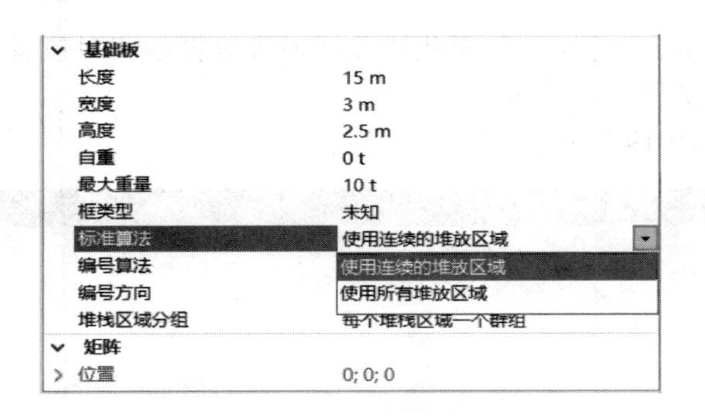

图 9-14

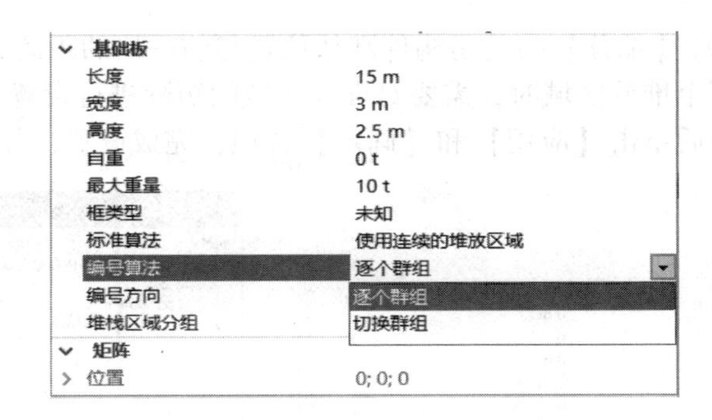

图 9-15

（8）然后右键单击【容器】（叠合楼板），在弹出的选项面板中单击【添加堆放区域】选项，如图 9-16 所示。

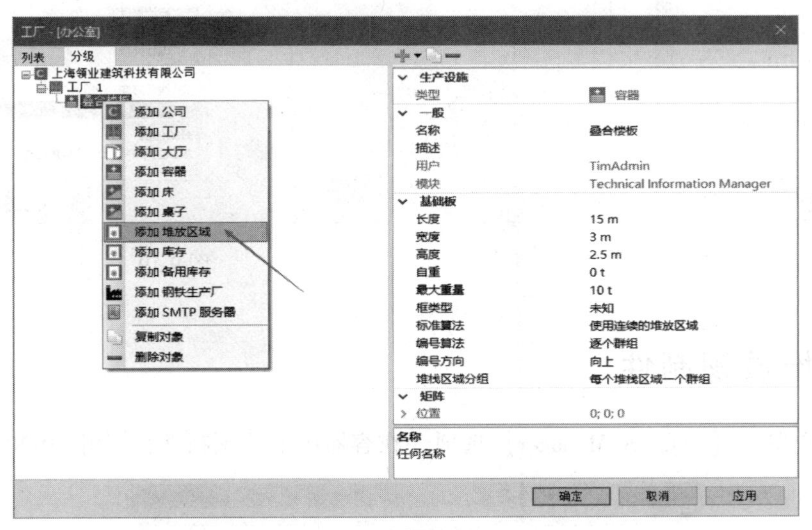

图 9-16

这里以堆放区域默认名称举例（堆放区域 1），【堆放区域】的基本长、宽、高应该小于【容器】的大小，“前后搭接”和“左右悬挂”表示允许超出轮廓的限度，货运卡车在不同国家有不同的超出轮廓规则。【堆放类型】指的是堆放方式是平放还是竖放。【放置方向】是指下一块构件相对于第一块放置的位置。此区域中只设置一个堆放，所以将【开始位置】设置为中间，如图 9-17 所示。

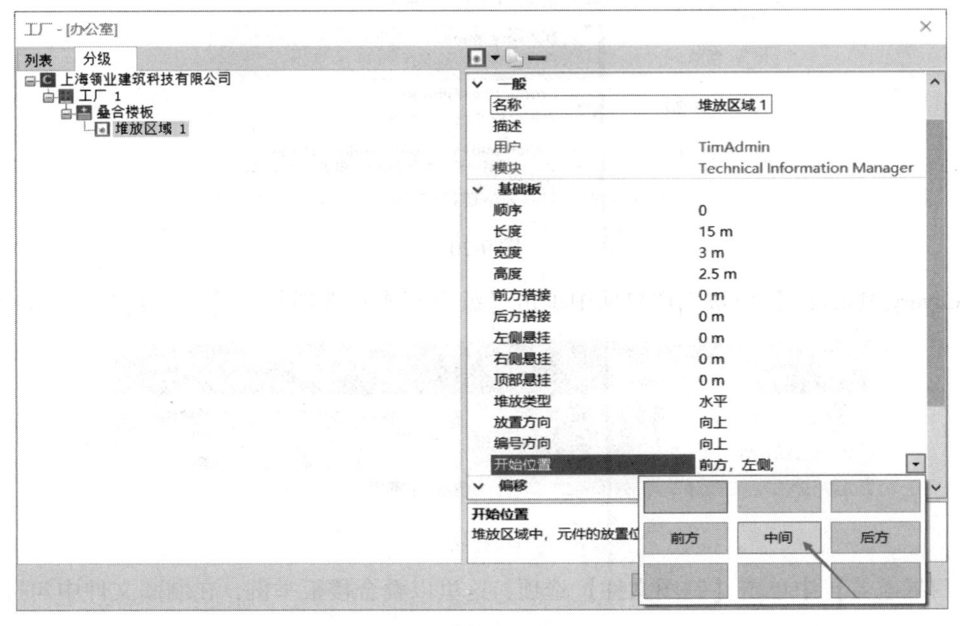

图 9-17

（9）【偏移】指的是构件默认位置与前一块的距离为多少，【矩阵】是指堆放区域和容器的相对位置关系，当有两个堆放区域时，需要对堆放区域的矩阵进行设置，如图 9-18 所示。

最后单击【应用】和【确定】选项，完成设置，如图 9-19 所示。

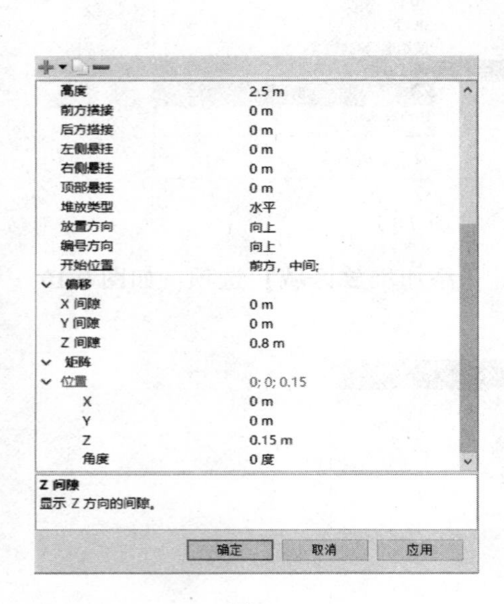

图 9-18

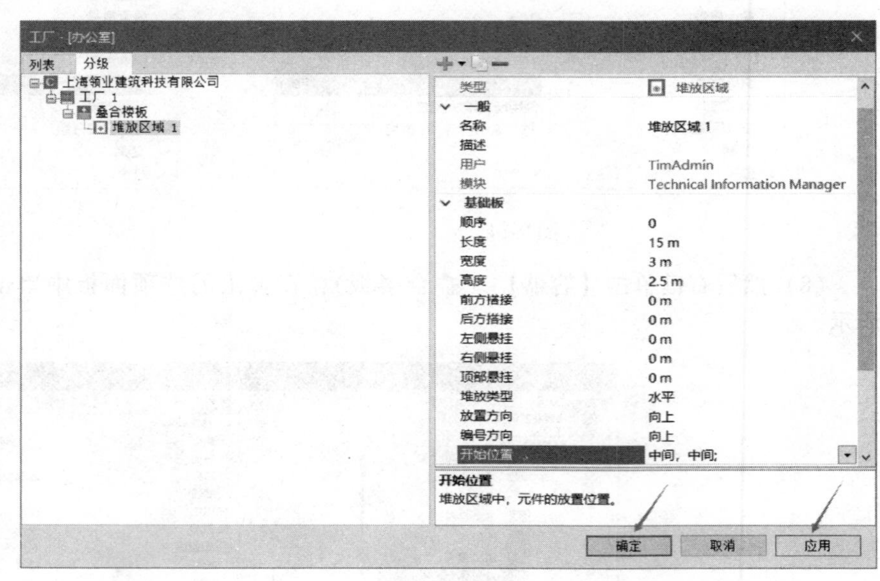

图 9-19

9.2　在容器中堆放预制件

（1）在【模块】中单击【Delivery Manager】选项（在容器中堆放预制件），如图 9-20 所示。

图 9-20

（2）在【Delivery Manager】模块工作界面中单击【编辑模式】选项并将【钢筋】打开，如图 9-21 所示。

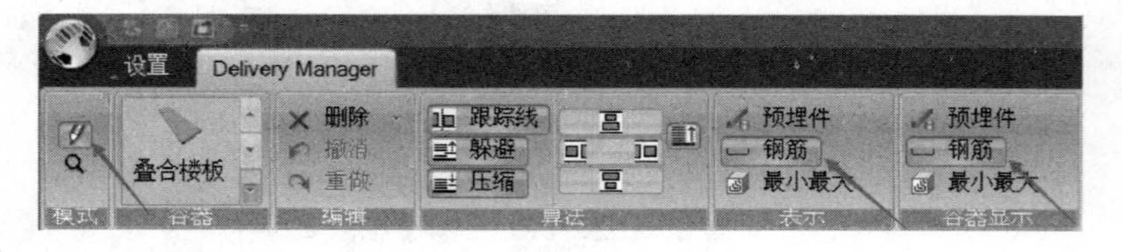

图 9-21

（3）在【项目导航器】中单击【制图文件】选项，这里以叠合楼板举例，在制图文件中勾选“板(Rev-7)”，如图 9-22 所示。

图 9-22

此时在【模型窗口】中只显示出了叠合楼板，如图 9-23 所示。

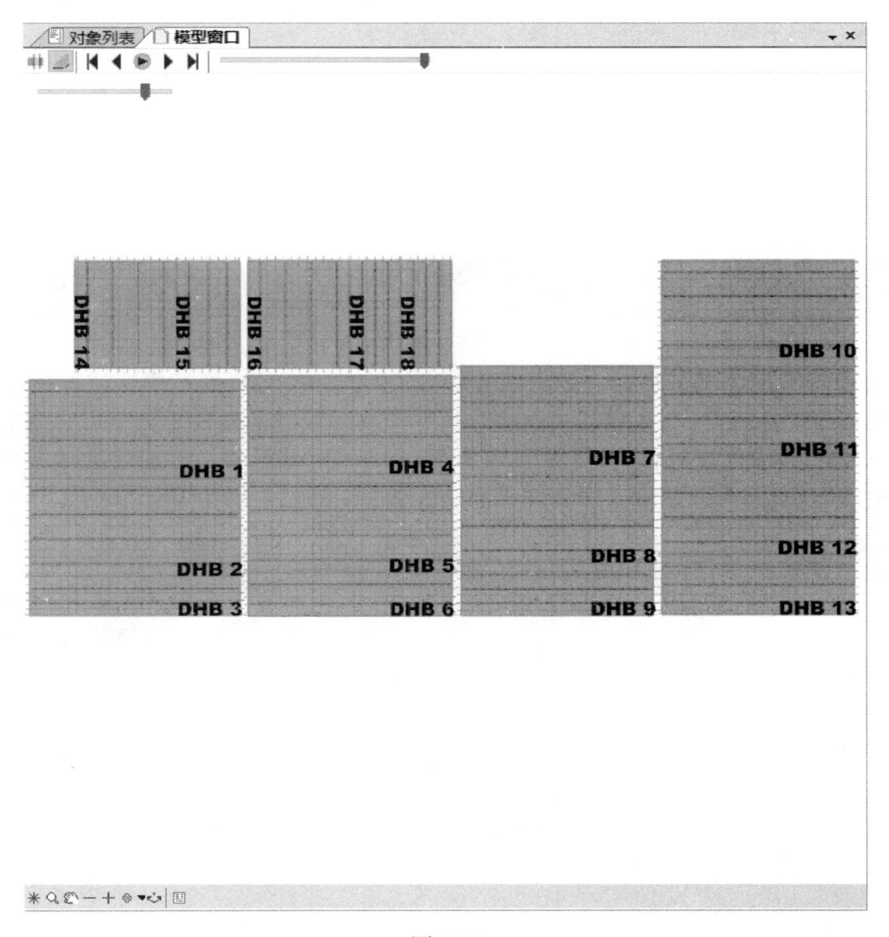

图 9-23

（4）在【树状结构】窗口中右键单击【板】，然后在弹出的选项面板中单击【新建容器】选项，如图 9-24 所示。

在弹出的【容器】窗口中单击前面已经设置好的【叠合楼板】容器，最后单击【确定】选项，如图9-25 所示。

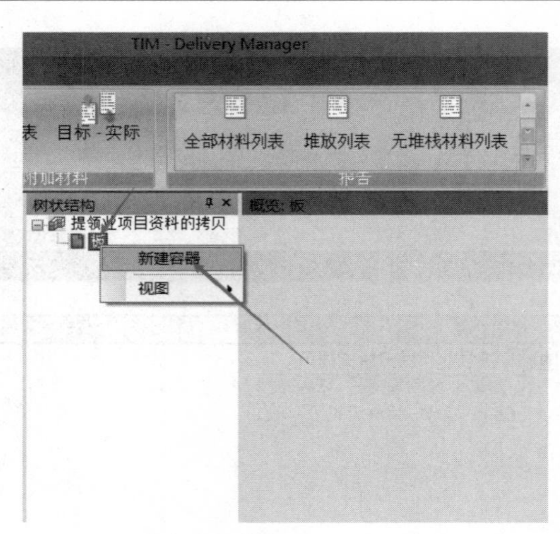

图 9-24

图 9-25

（5）此时界面被分为几个不同的窗口，分别是：概览：板窗口（可以通过模型或者列表中的信息了解堆栈1中构件的堆放情况）、正视图窗口（从容器的正前方观察堆放区域中的构件堆放情况）、侧视图窗口（从容器的侧方向观察堆放区域中的构件堆放情况）、楼面平面图窗口（从容器的上方观察堆放区域的构件堆放情况）和3D窗口（通过3D模型观察堆放区域中构件堆放的总体情况），如图9-26所示。

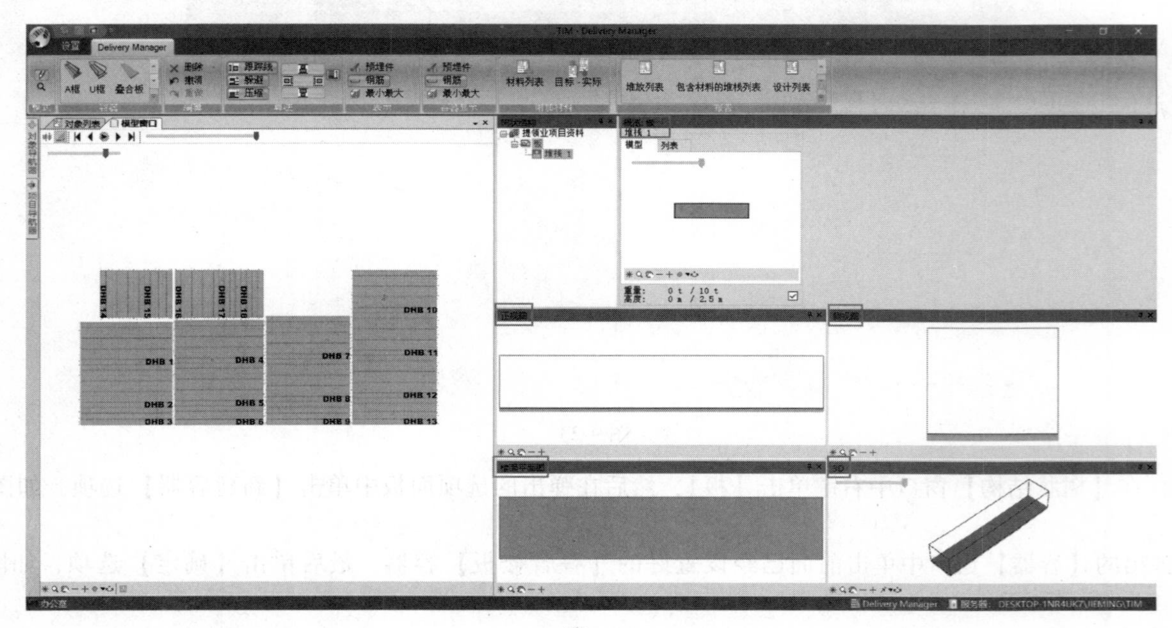

图 9-26

在【概览：板】窗口中包含【模型】和【列表】两个选项（模型中可以对容器进行旋转、放大、缩小等操作，列表中可以获取到堆放区域中构件的详细信息），如图 9-27 和图 9-28 所示。

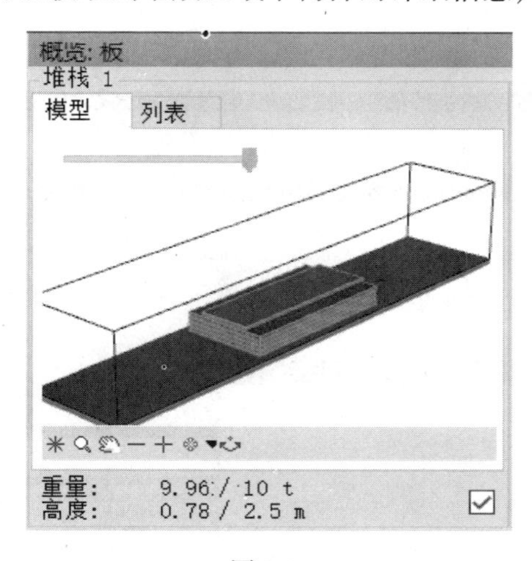

图 9-27

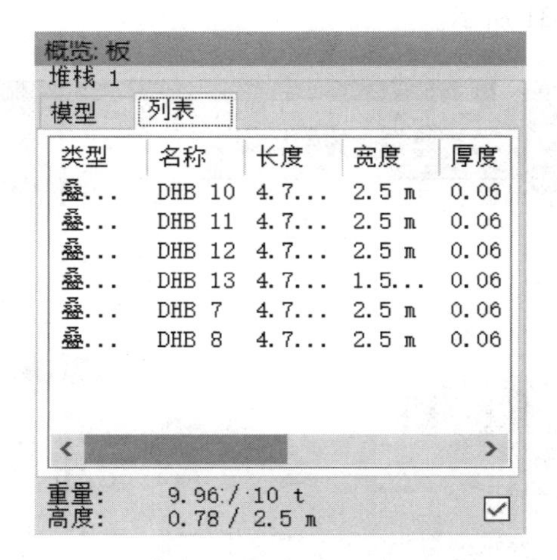

图 9-28

（6）这里以简单堆放的几块板作为实例，依次单击要堆放的板，同时在其他视图窗口中会显示我们选择的这些板，如图 9-29 和图 9-30 所示。

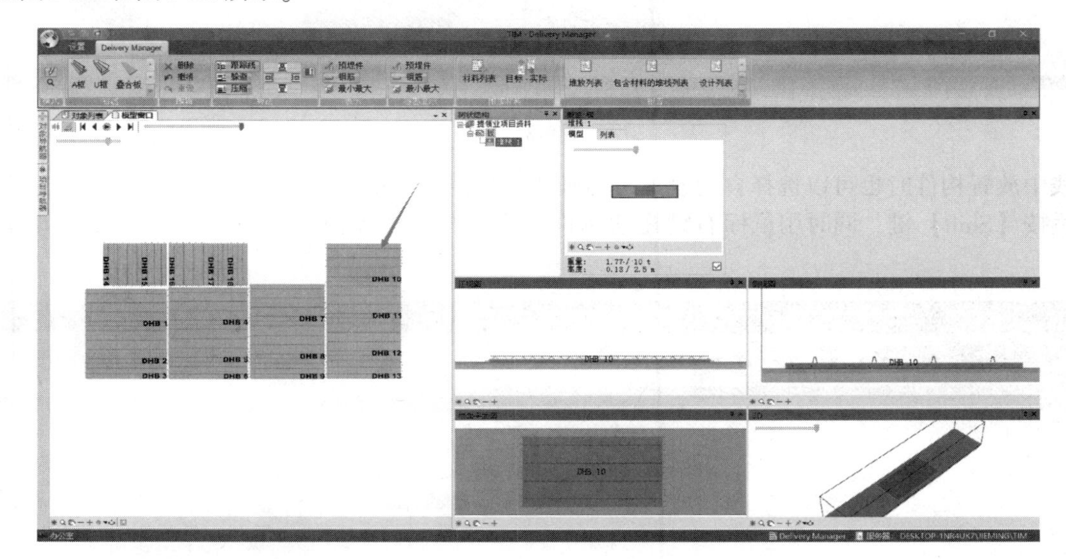

图 9-29

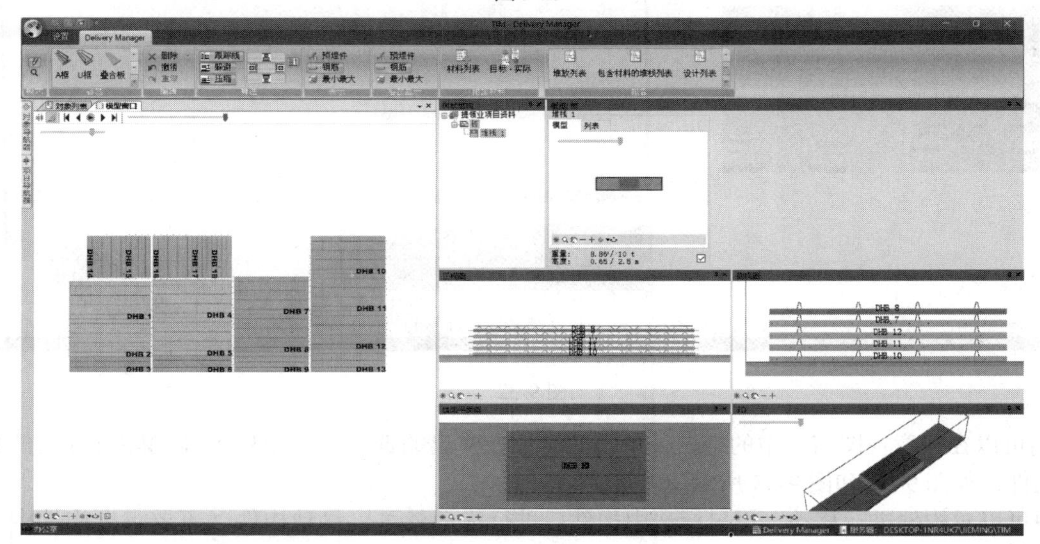

图 9-30

由于在前面已经设定容器的最大重量为 10t，所以堆放的板的总重量超过 10t 时就会出现【超过了最大重量】提示对话框，我们可以关闭窗口，取消最后一块板的选择（也可以通过调整容器的最大重量来放置更多的板），如图 9-31 所示。

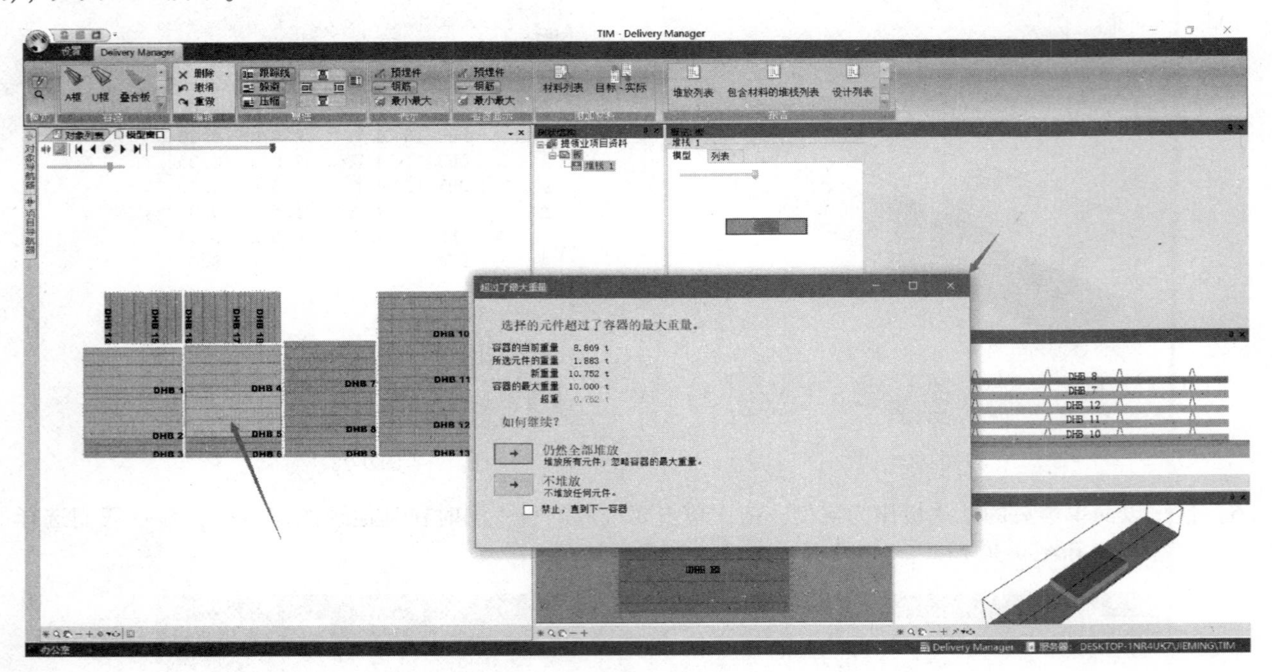

图 9-31

在向堆栈中放置构件时也可以选择自动放置，即画线，按照画线的先后顺序进行堆放。我们选择将要堆放的构件，然后按【Shift】键，同时用鼠标右键拖动构件，便可画线选择构件自动按顺序堆放，如图 9-32 和图 9-33所示。

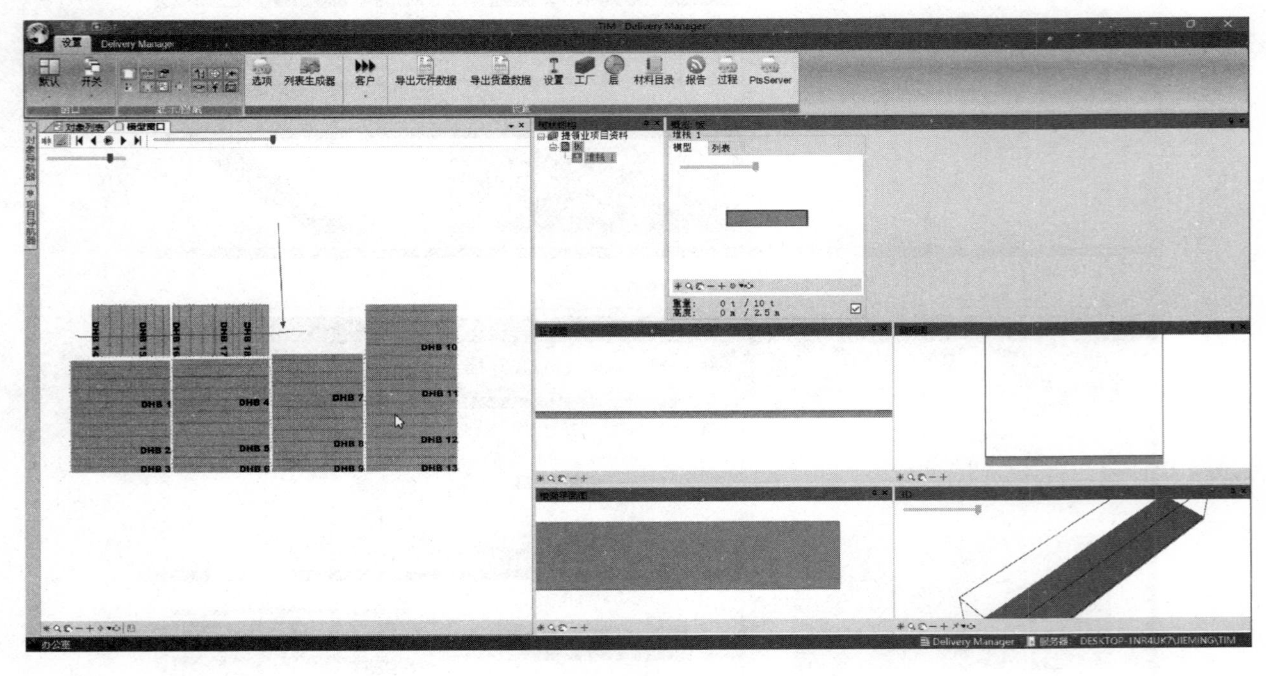

图 9-32

（7）我们可以在任意视图窗口中的空白处单击右键，在弹出的选项面板中单击【删除所有元件】选项，清除容器内的元件，如图 9-34 和图 9-35 所示。

在堆栈中可以对构件进行移动，用鼠标选中构件后进行拖动就可以移动构件（不要点击构件中绿色区域进行拖动），如图 9-36 和图 9-37 所示。

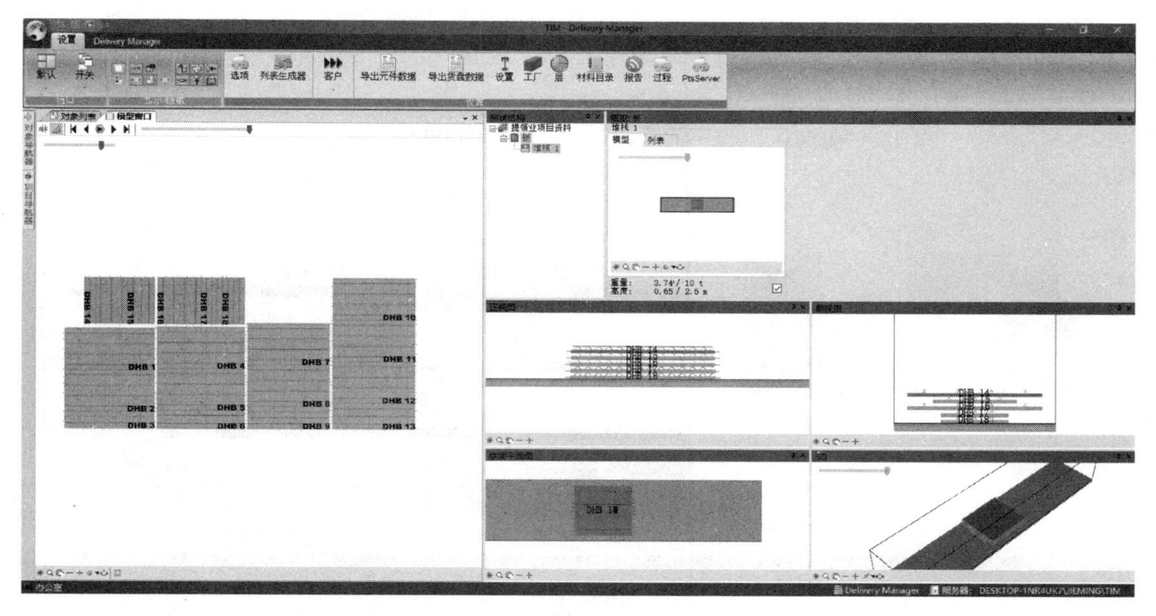

图 9-33

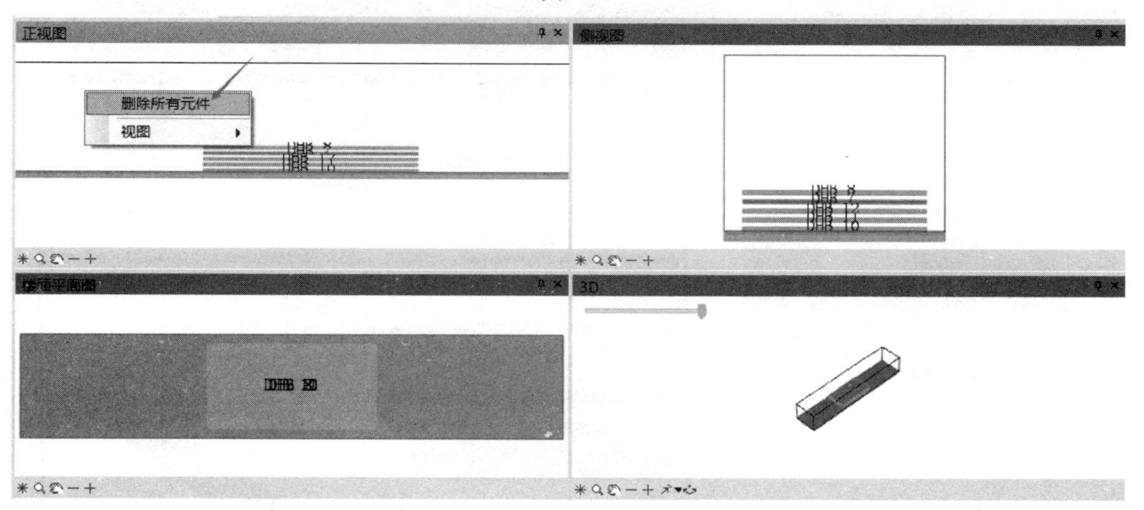

图 9-34

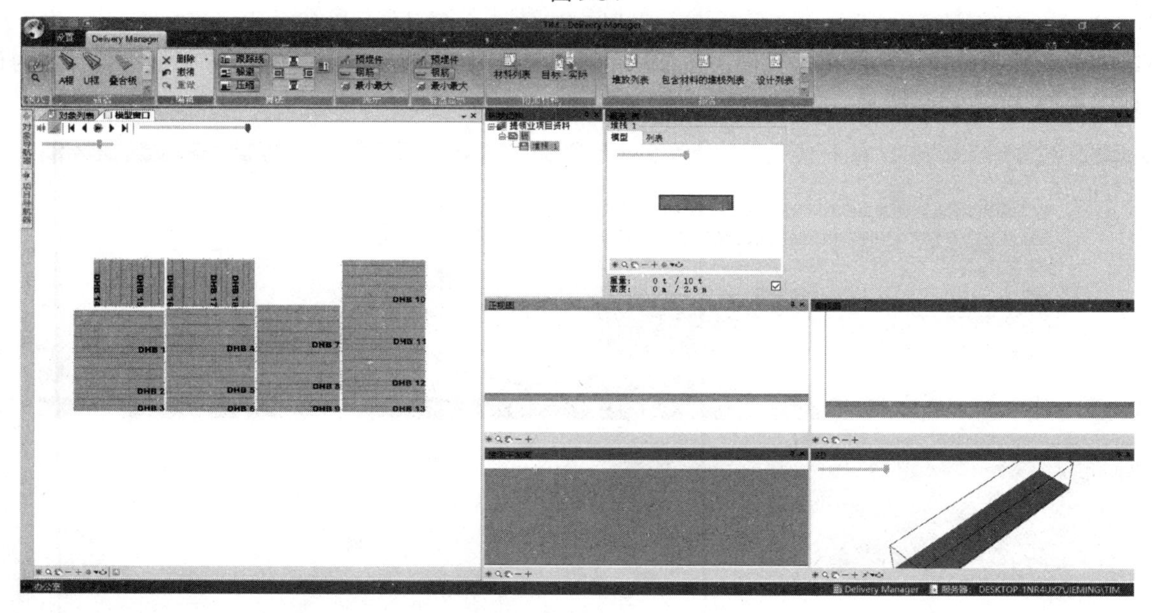

图 9-35

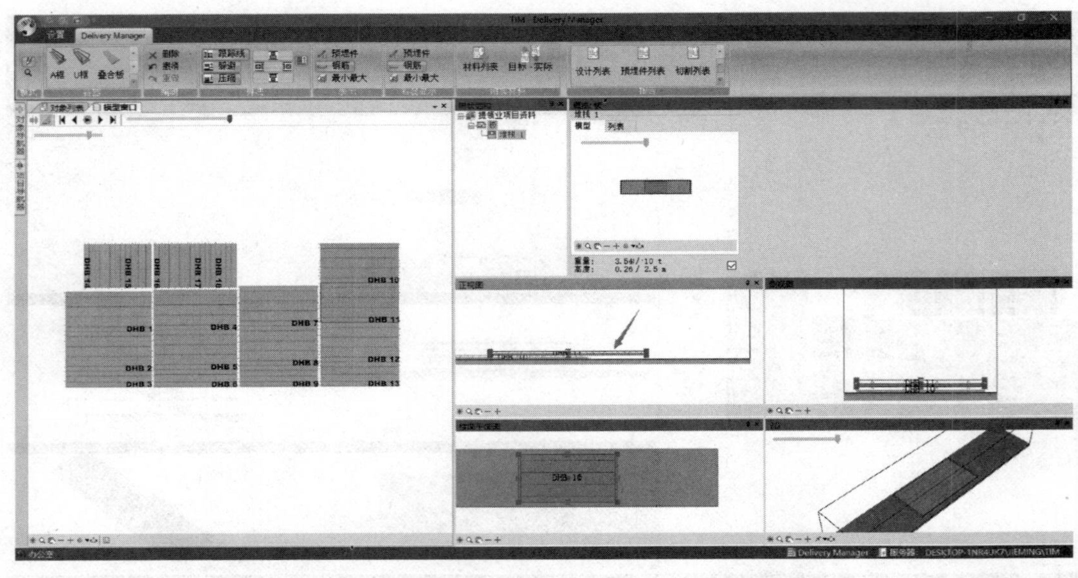

图 9-36

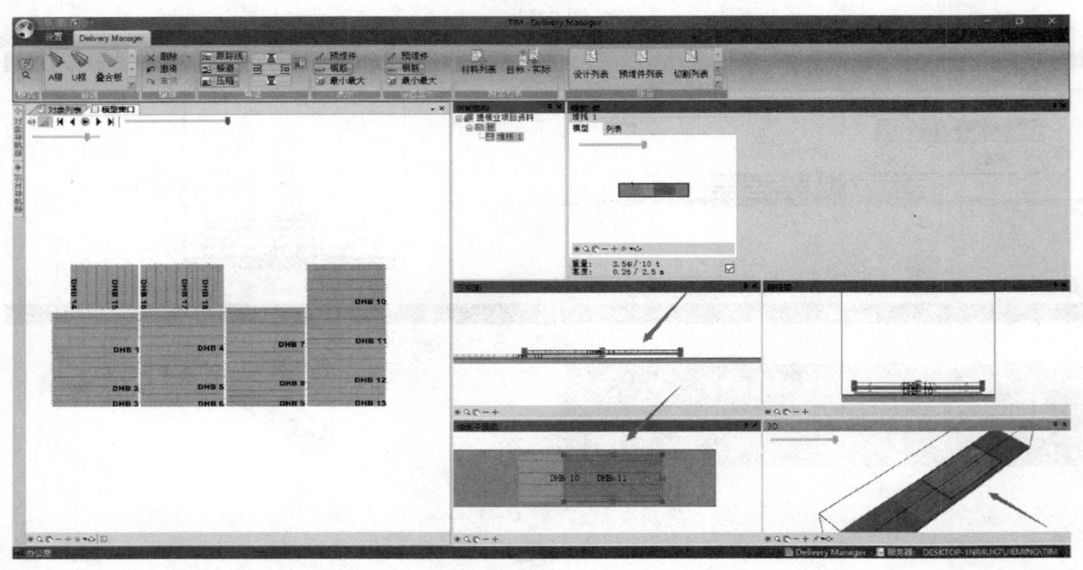

图 9-37

也可以在任意视图窗口中右键单击元件，在弹出的选项面板中单击【删除元件】选项，完成容器内该元件的删除，如图 9-38 和图 9-39 所示。

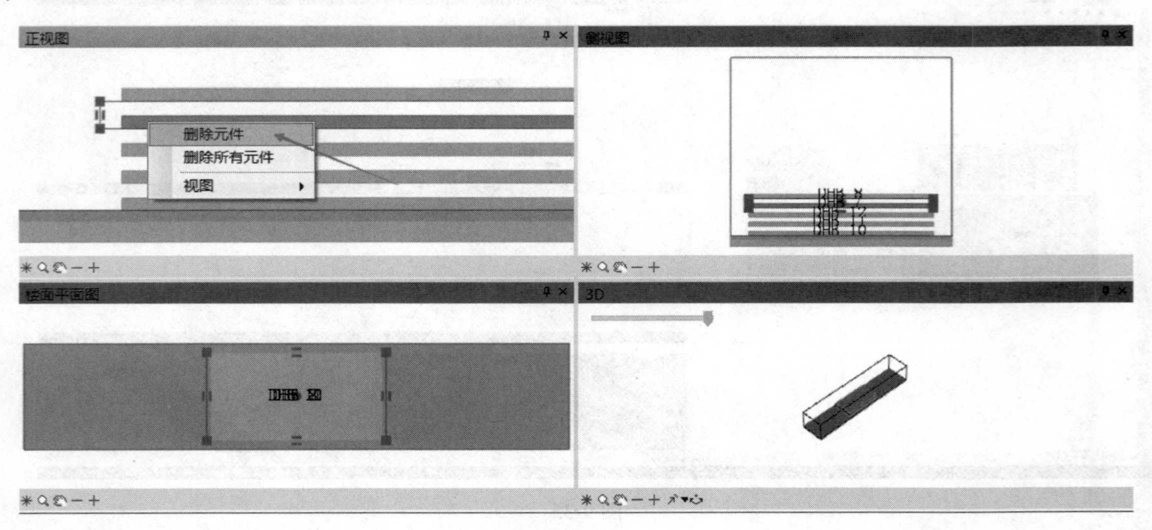

图 9-38

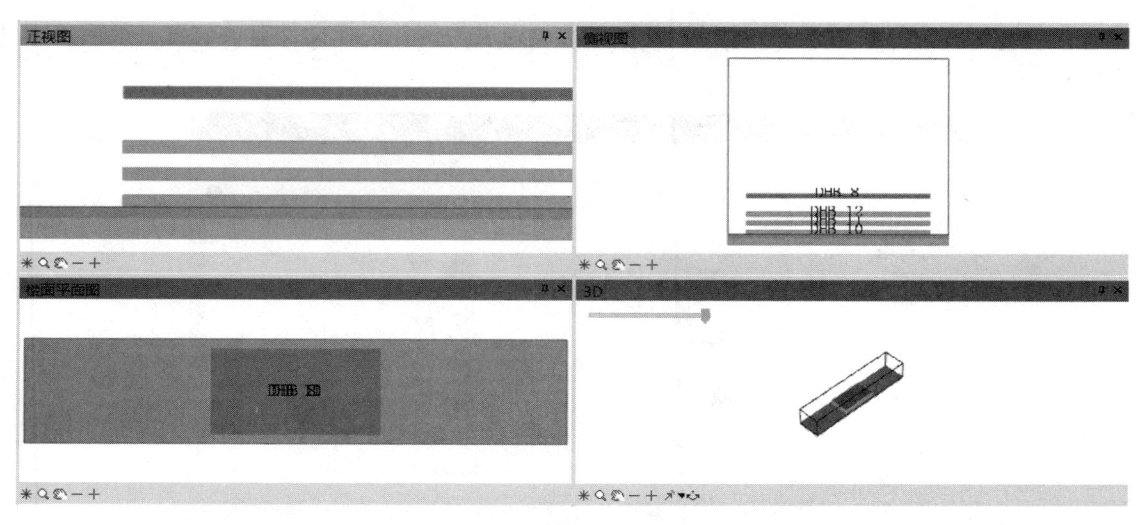

图 9-39

9.3　生成堆放报告

堆放报告中包含构件尺寸、重量、混凝土等级以及堆放顺序等信息，堆放报告中的信息可以给工厂的构件生产、堆放提供参考。

（1）当板堆放完成后，可以生成堆放区域中这些叠合楼板的堆放列表。在【Delivery Manager】选项栏中单击【报告】中的【堆放列表】选项，如图 9-40 所示。

图 9-40

（2）在弹出的【报告设置】对话框中可以设置【堆栈字体大小】和【公司】，最后单击【确定】选项，如图 9-41 所示。

（3）在弹出的【Report Viewer】对话框中，我们可以选择堆放列表输出的文件格式，以 Excel 文件为例（图中【位置】一列中的数字表示构件在 Planbar 软件中预制的编号，【高度】一列的数字表示在堆放区域中由下而上的堆放顺序），如图9-42所示。

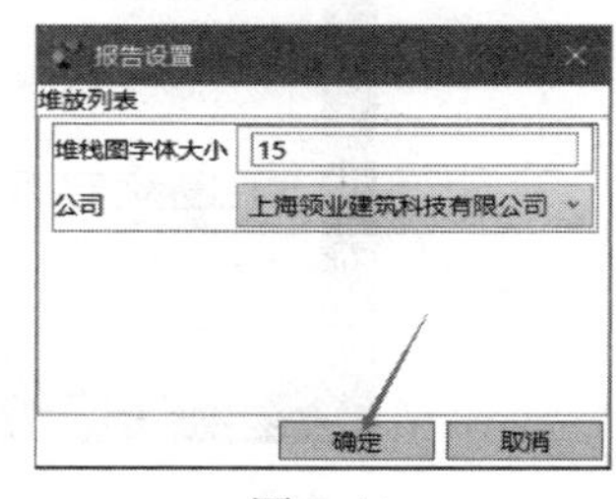

图 9-41

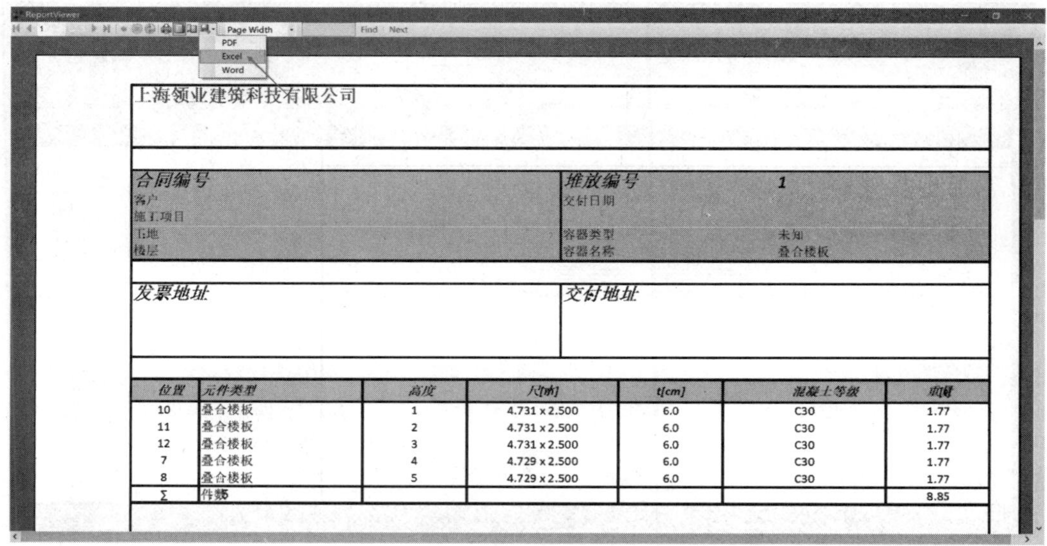

位置	元件类型	高度	尺寸[m]	t[cm]	混凝土等级	重量
10	叠合楼板	1	4.731 x 2.500	6.0	C30	1.77
11	叠合楼板	2	4.731 x 2.500	6.0	C30	1.77
12	叠合楼板	3	4.731 x 2.500	6.0	C30	1.77
7	叠合楼板	4	4.729 x 2.500	6.0	C30	1.77
8	叠合楼板	5	4.729 x 2.500	6.0	C30	1.77
Σ	件数5					8.85

图 9-42

（4）在弹出的【另存为】对话框中，【文件名】以堆放列表为例并选择文件存放位置，最后单击【保存】选项，如图 9-43 所示。

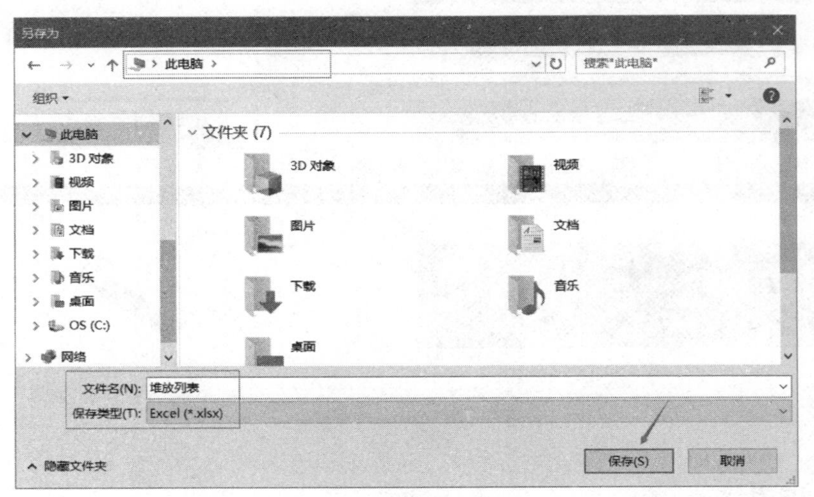

图 9-43

打开 Excel 文件后，如图 9-44 和图 9-45 所示，堆放列表生成完成。

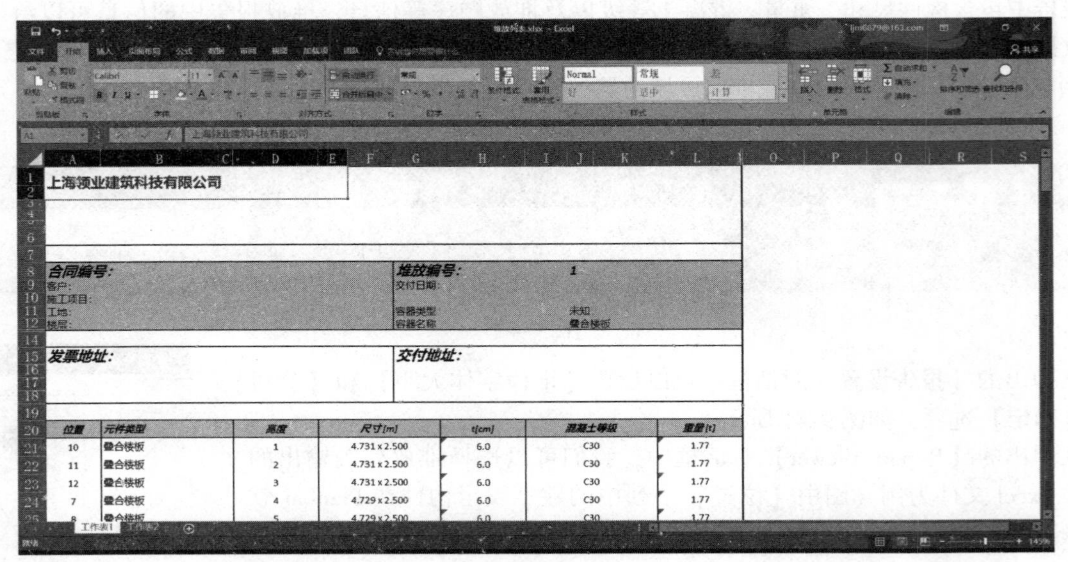

图 9-44

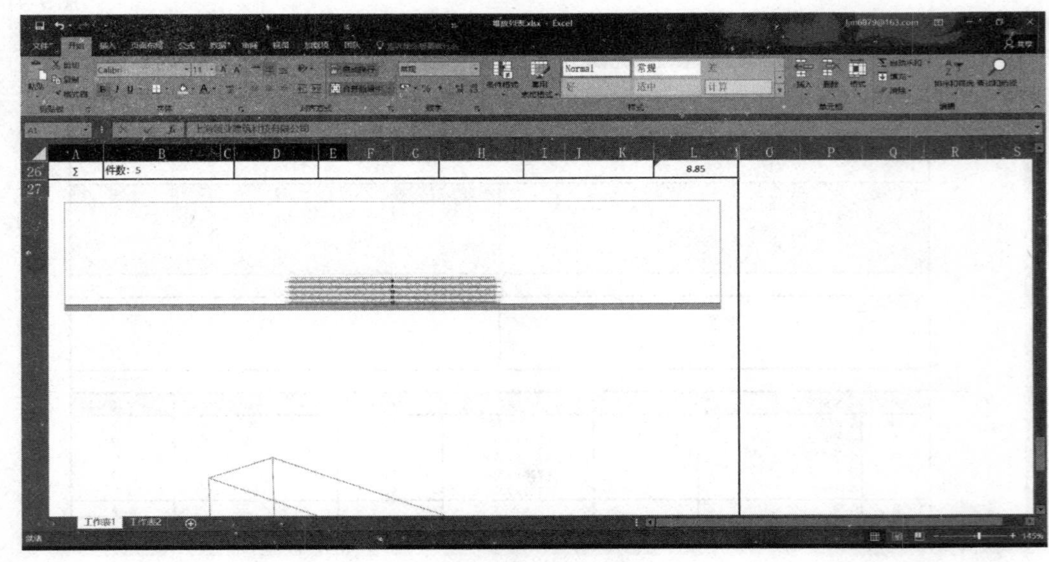

图 9-45

9.4　在堆栈中对构件进行调整

（1）以容器中的单个叠合楼板举例，如图 9-46 所示。

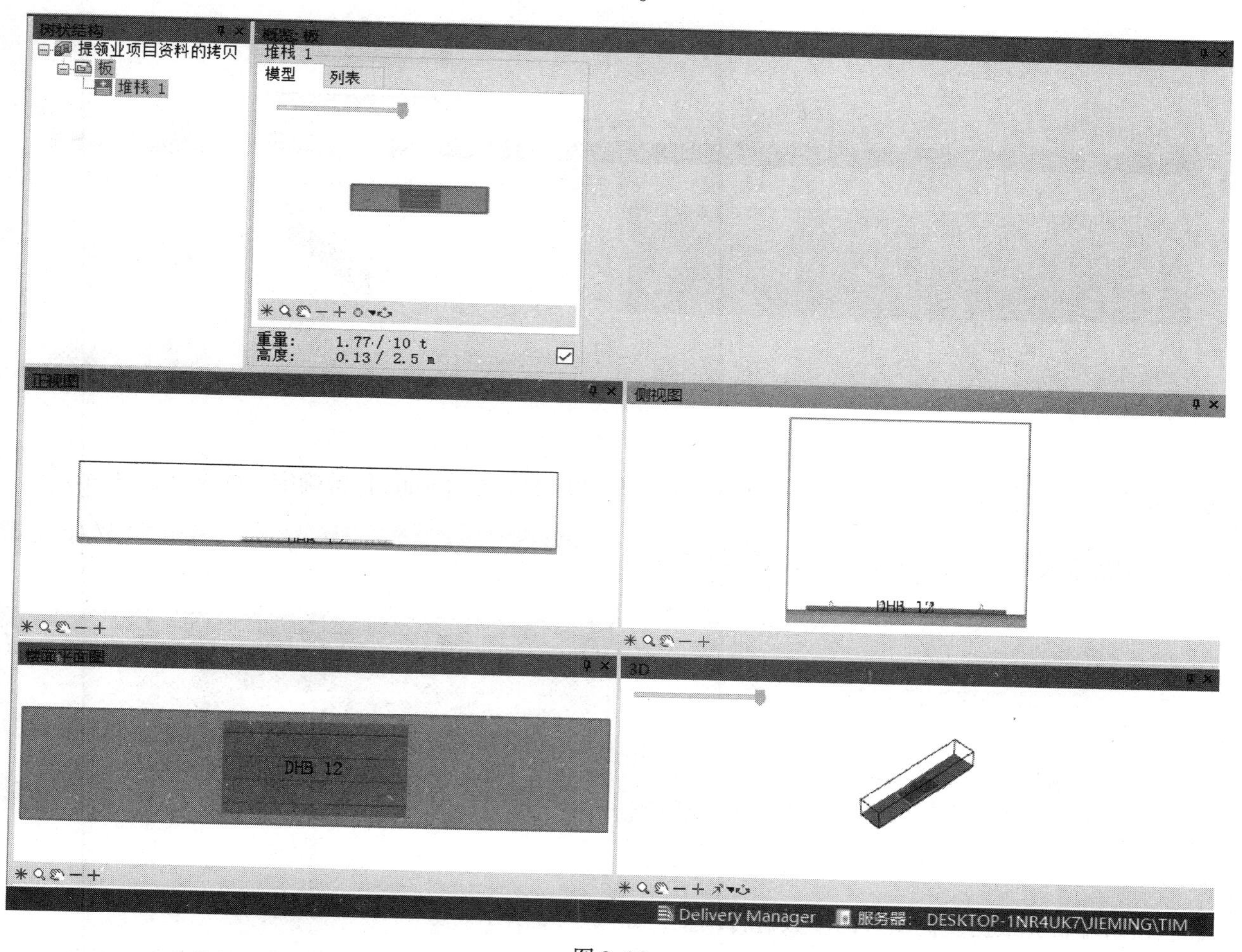

图 9-46

以正视图举例，在视图中单击叠合板同时在叠合板的四边出现绿色图标。用鼠标向下垂直拖动叠合板下方的图标，如图 9-47 所示。

拖动后，在板的下方出现一个输入框，在框内输入调整的数值并按【Enter】键确定（此输入框也可以通过点击绿色区域显示出来，单击不同的绿色区域，输入框的功能也不相同），如图 9-48 所示。

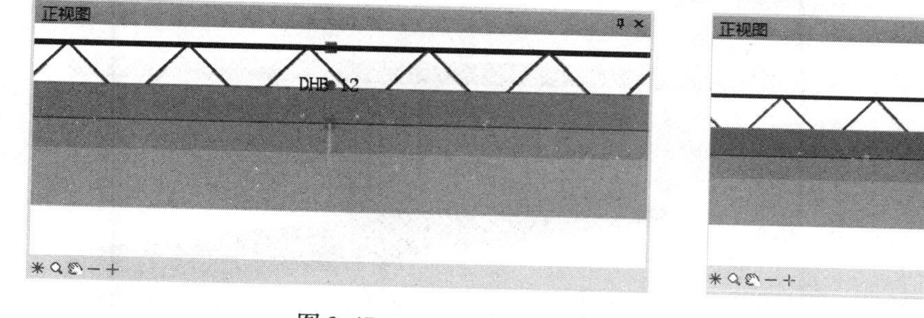

图 9-47

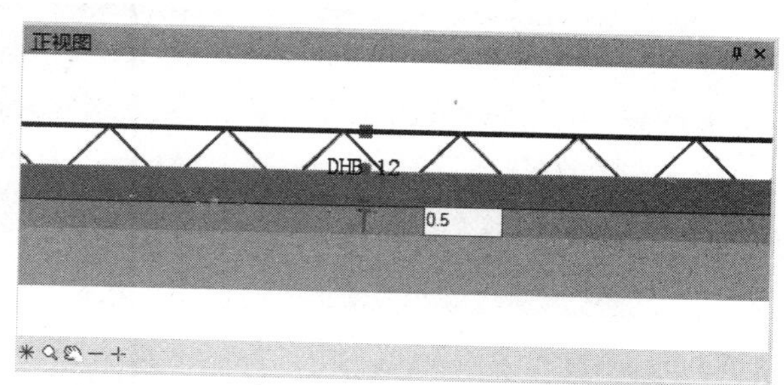

图 9-48

最后叠合板就会根据我们输入的值进行垂直调整（同理也可以对叠合板进行水平方向调整），如图 9-49 所示。

（2）堆栈中对构件进行旋转调整。以预制墙举例，选中容器中的预制墙元件，同时在元件中间位置出现一个绿点，如图 9-50 所示。

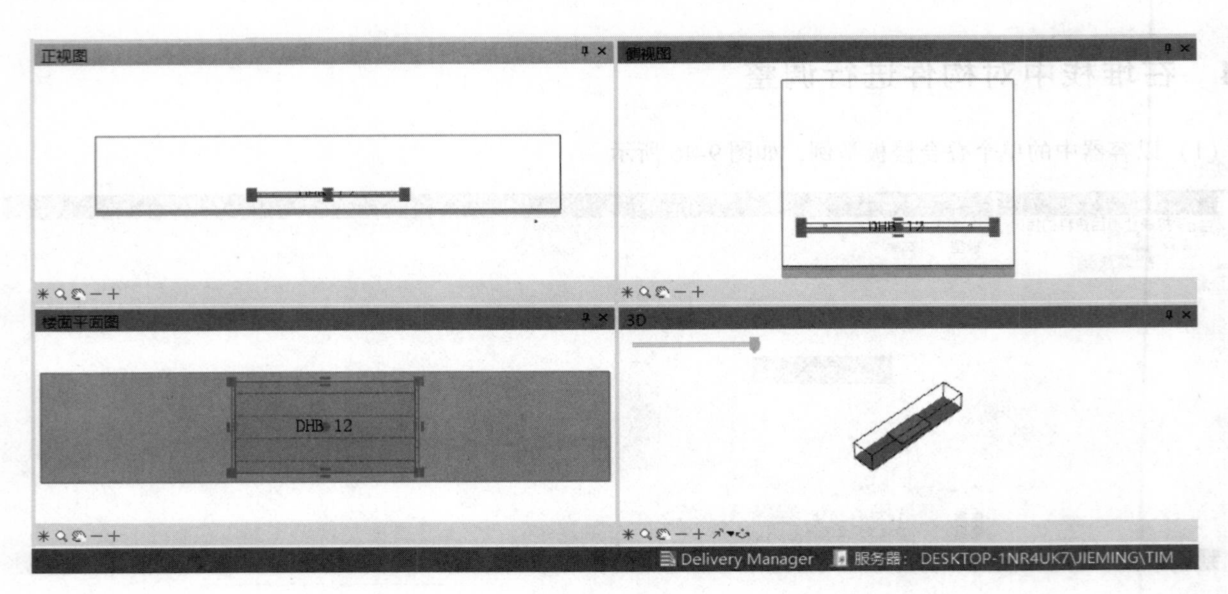

图 9-49

单击绿点并出现一个输入框，在输入框中输入要旋转的度数并按【Enter】键确定，如图 9-51 所示。

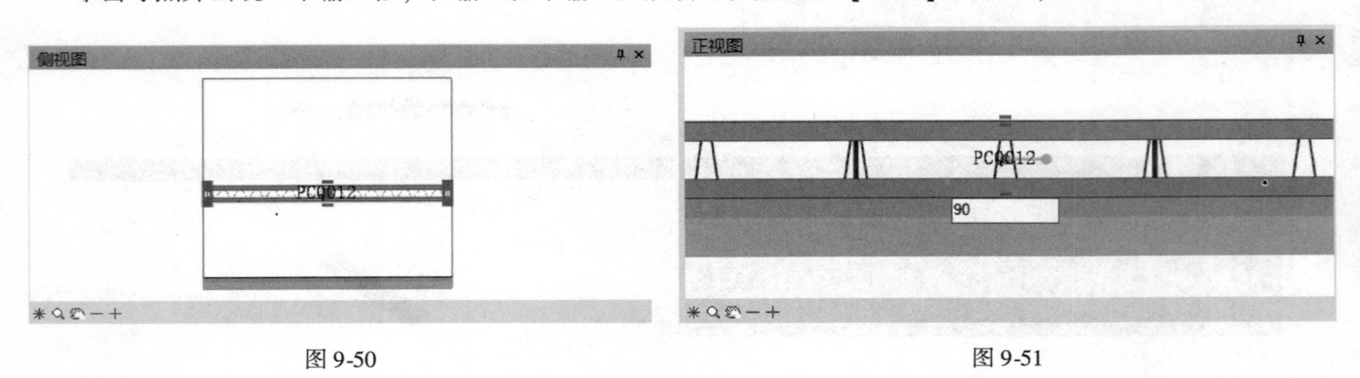

图 9-50　　图 9-51

最后预制墙就会根据我们输入的度数进行调整，如图 9-52 所示。

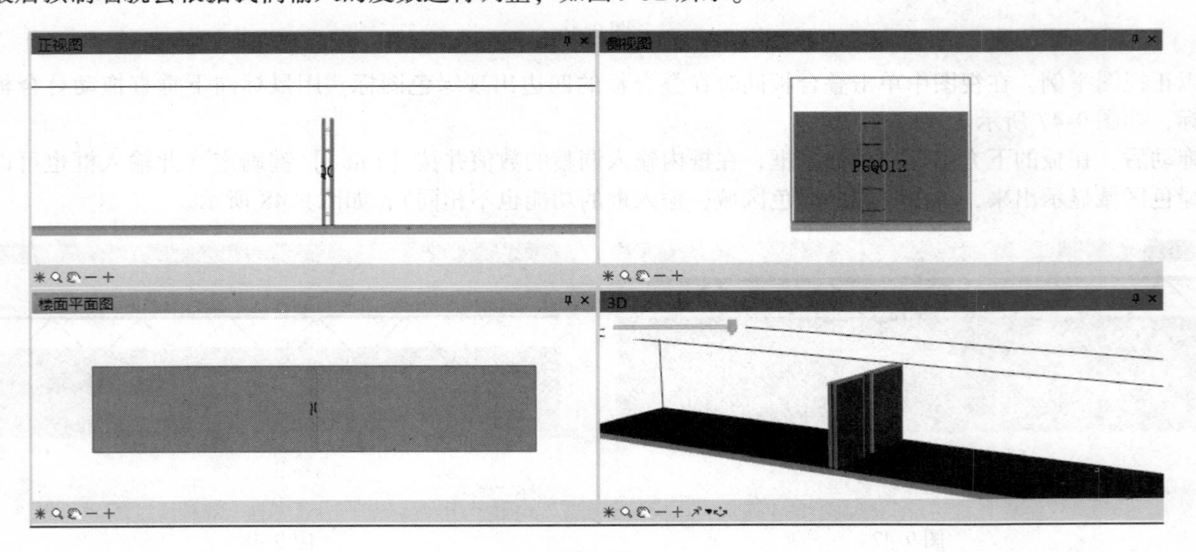

图 9-52

9.5　如何设置两个堆放区域

（1）在【容器】（叠合楼板）中添加【堆放区域】，以默认名为例，设置堆放区域 2 的【顺序】为 2（因为有两个堆放区域，所以堆放区域 1 的顺序为 1)，【长度】设置为 7.5m（在同一个容器中，堆放区域长度之和要小于容器长度)，如图 9-53 所示。

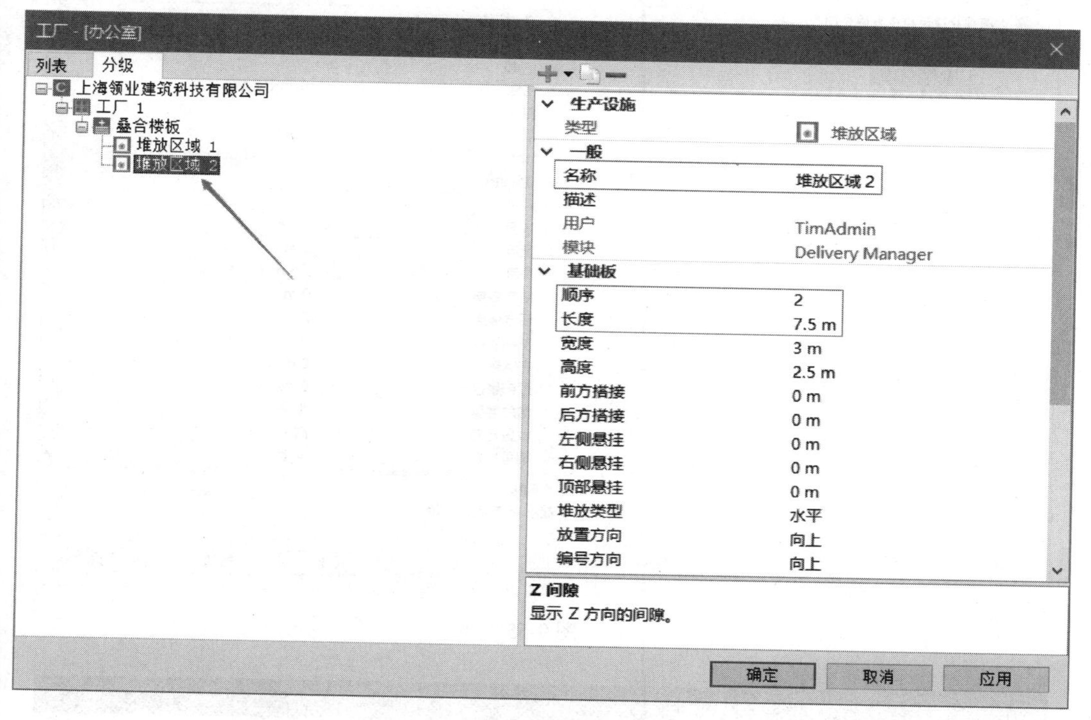

图 9-53

堆放区域 2 的【开始位置】设为“后方，中间”；【矩阵】中将 X 的值以 7.5m 举例，最后单击【应用】选项，如图 9-54 所示。

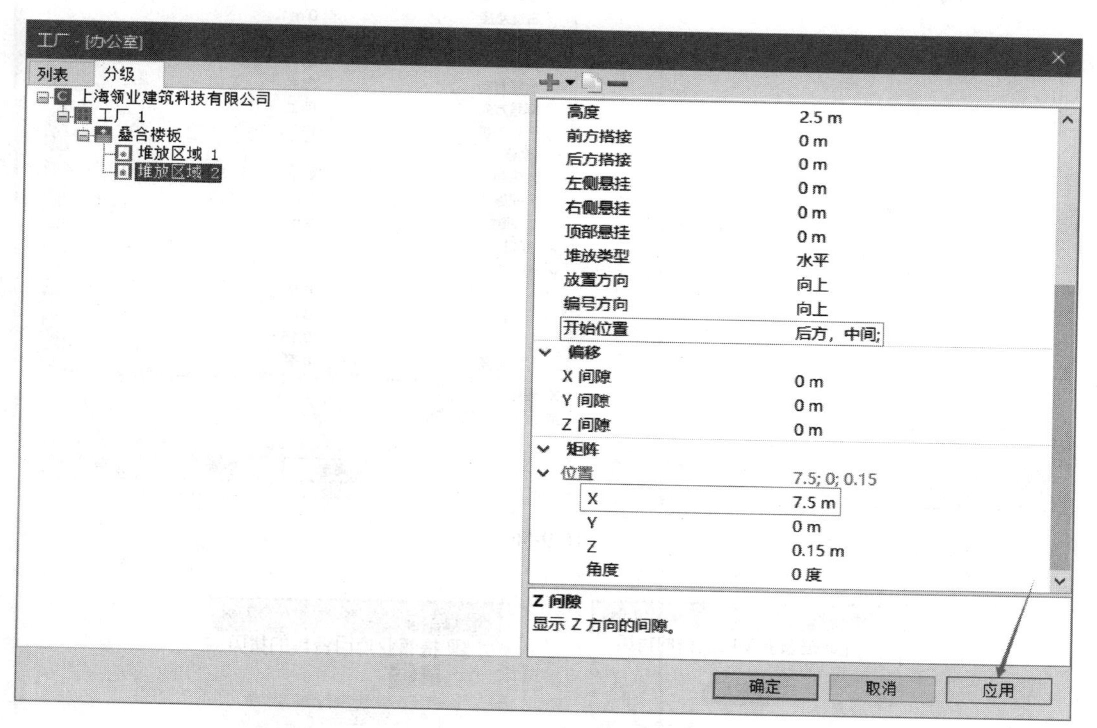

图 9-54

(2) 由于新增了一个堆放区域，所以堆放区域 1 的对应设置也要调整，最后单击【应用】和【确定】选项，如图 9-55 和图 9-56 所示。

(3) 将【树状结构】中原有的【堆栈 1】删除后重新添加，如图 9-57 和图 9-58 所示。

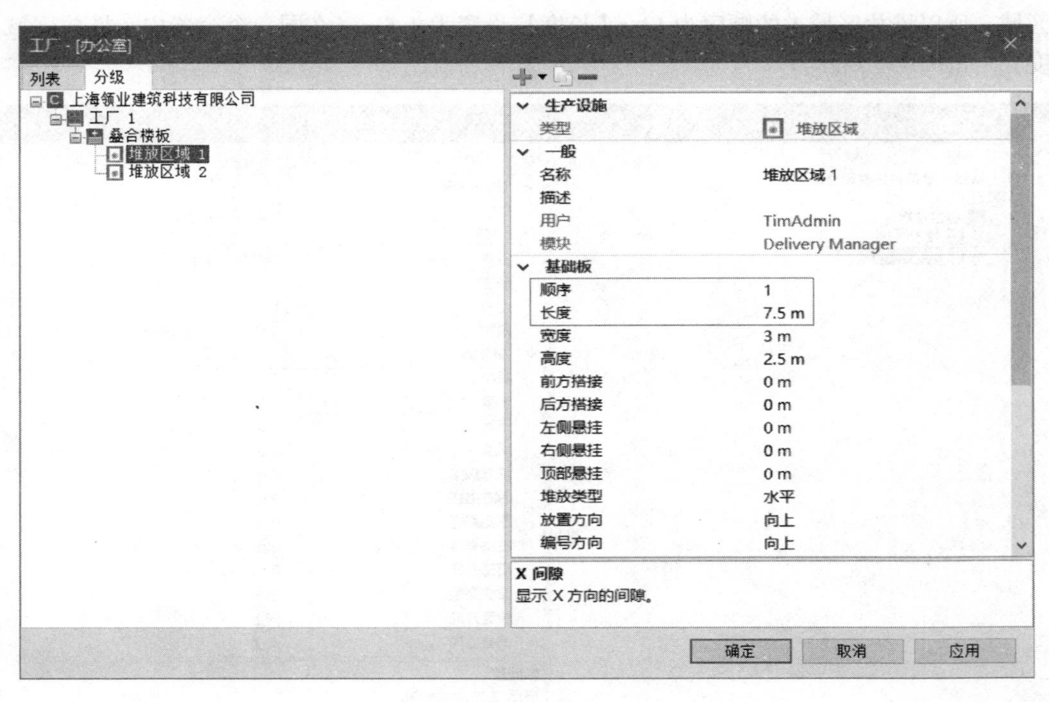

图 9-55

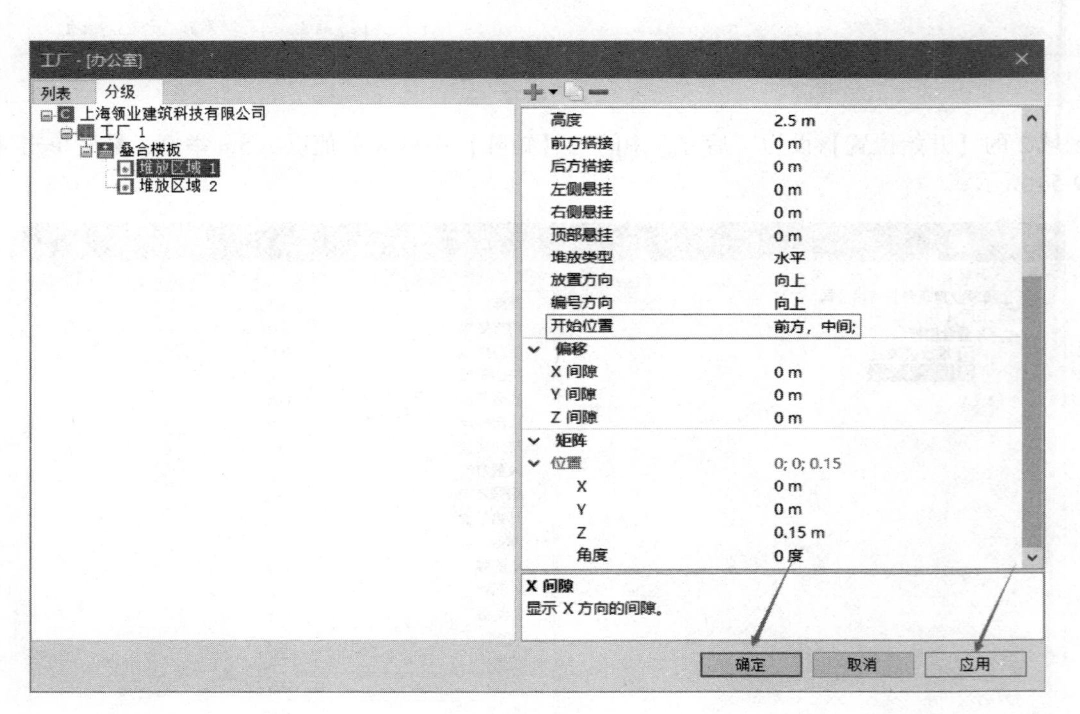

图 9-56

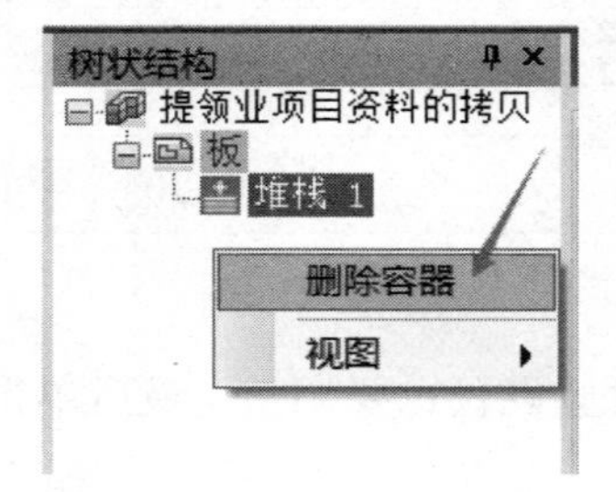

图 9-57

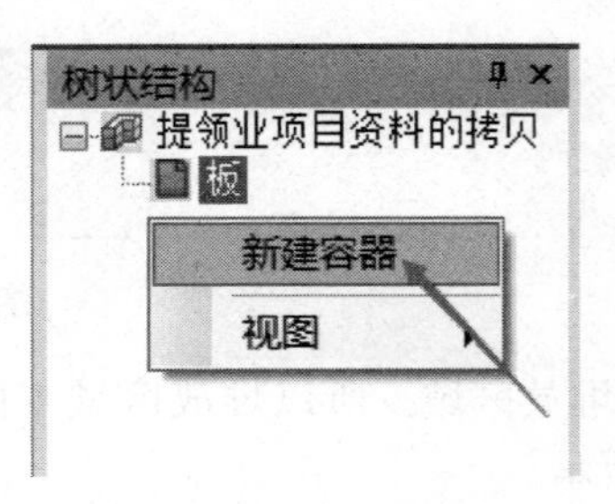

图 9-58

在【容器】对话框中选择【容器】(叠合楼板) 然后单击【确定】选项，如图 9-59 所示。

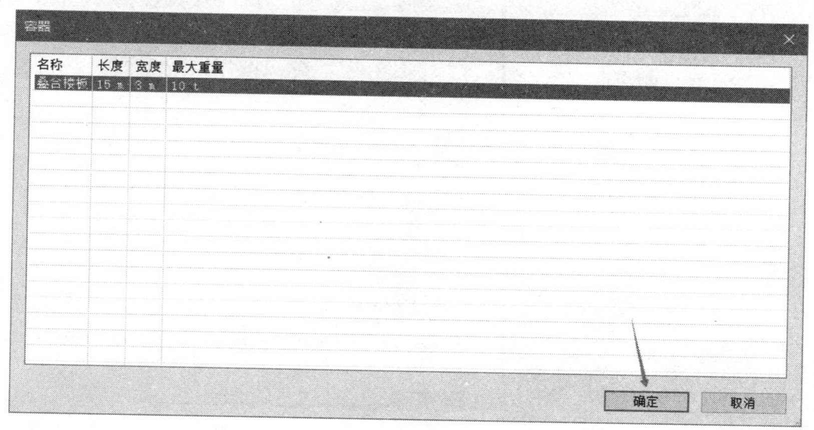

图 9-59

【视图】中【容器】被分为两个【堆放区域】，如图 9-60 所示。

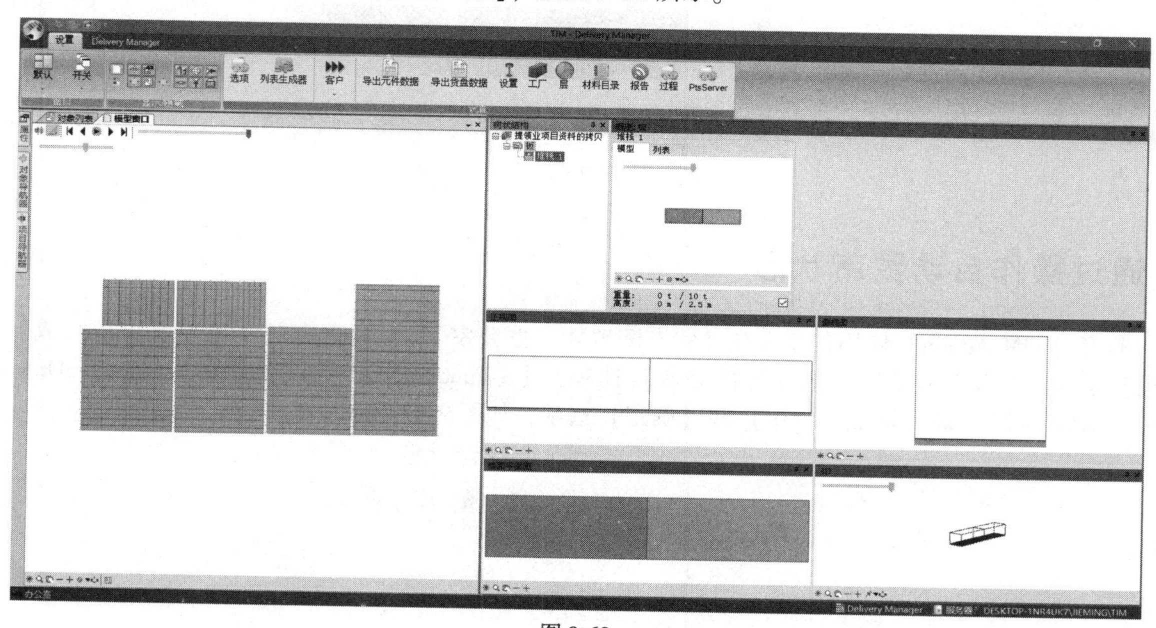

图 9-60

提示：【堆放区域】的堆放按照堆放顺序进行，当【容器】中的第一个【堆放区域】堆满且重量不超过【容器】设定的重量时，就会堆放在第二个堆放区域。由于我们堆放区域 1 的高度为 2.5m，所以楼板堆放难以在不超重的情况下堆满，此时需要对容器高度及堆放高度进行一些调整，如图 9-61 和图 9-62 所示。

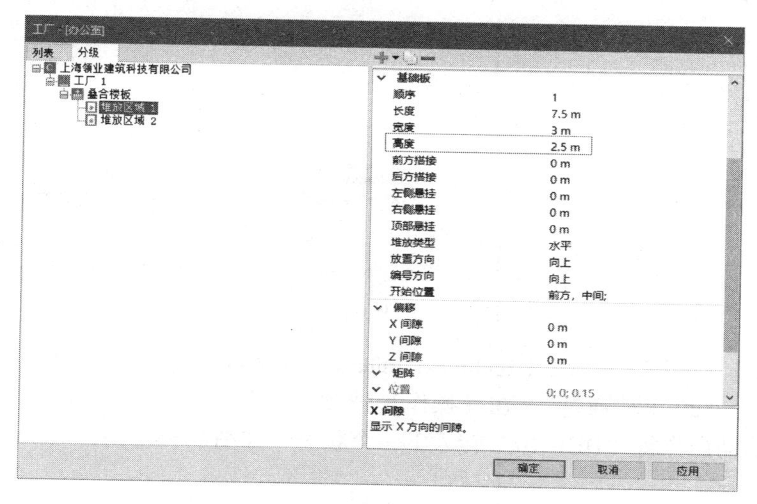

图 9-61

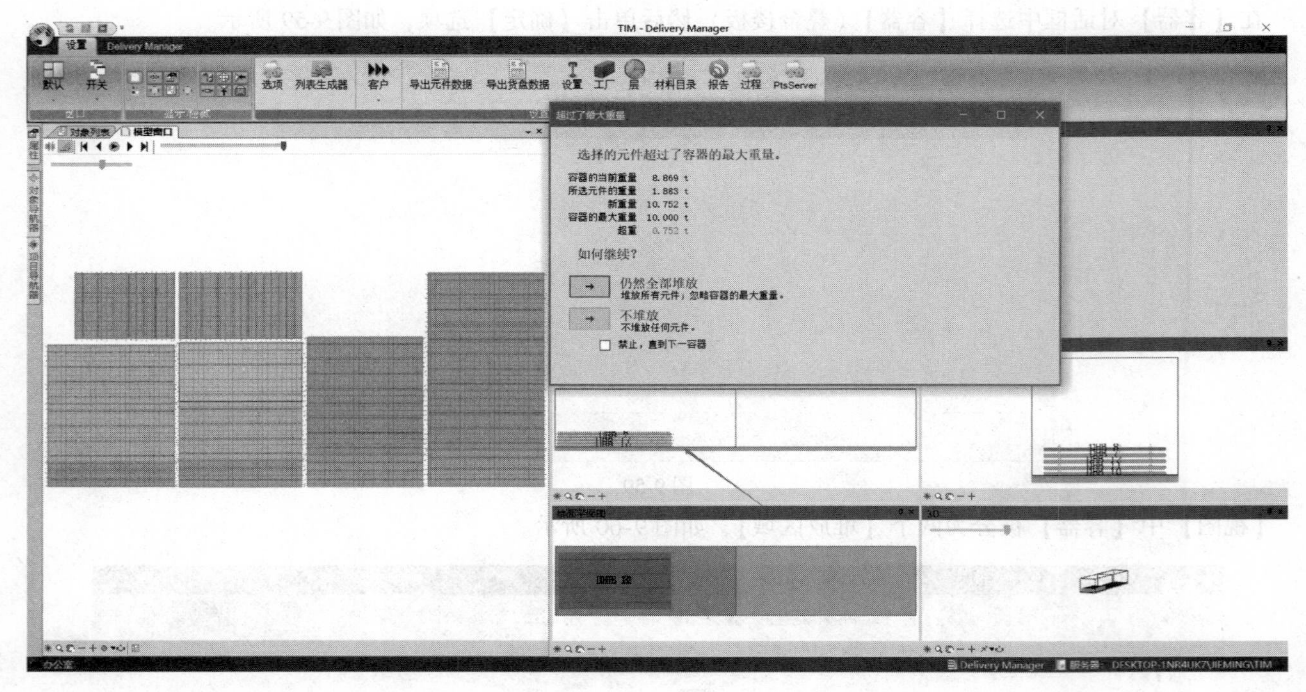

图 9-62

9.6 通过操作自动更新状态

（1）打开【TIM Admin】应用程序。在【状态配置 - ［办公室］】对话框中对【30 安装堆放完成】和【31 撤销堆放】进行【操作】设置，勾选【外部完成】选项，【S-Function】中的设置分别是“F-PlanOnStack”和“F-Undo-PlanOnStack”，最后单击【应用】和【确定】选项，如图 9-63 和图 9-64 所示。

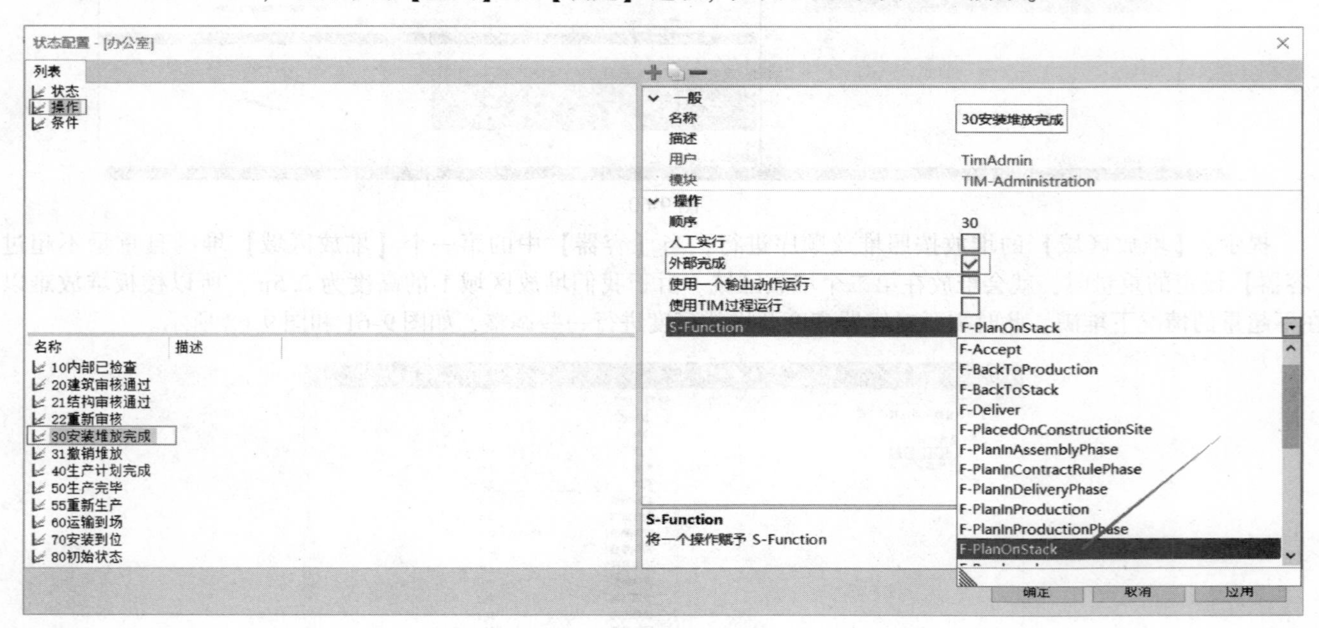

图 9-63

（2）再次打开【TIM】应用软件，在【Technical Information Manager】模块中我们以“DHB 10”为例。此时的“DHB 10”的状态为“20 审核通过”，在【操作】选项栏中只有“21 重新审核”这一个状态。因为此时是自动操作，所以无法手动操作将“DHB 10”转入下一个状态，如图 9-65 所示。

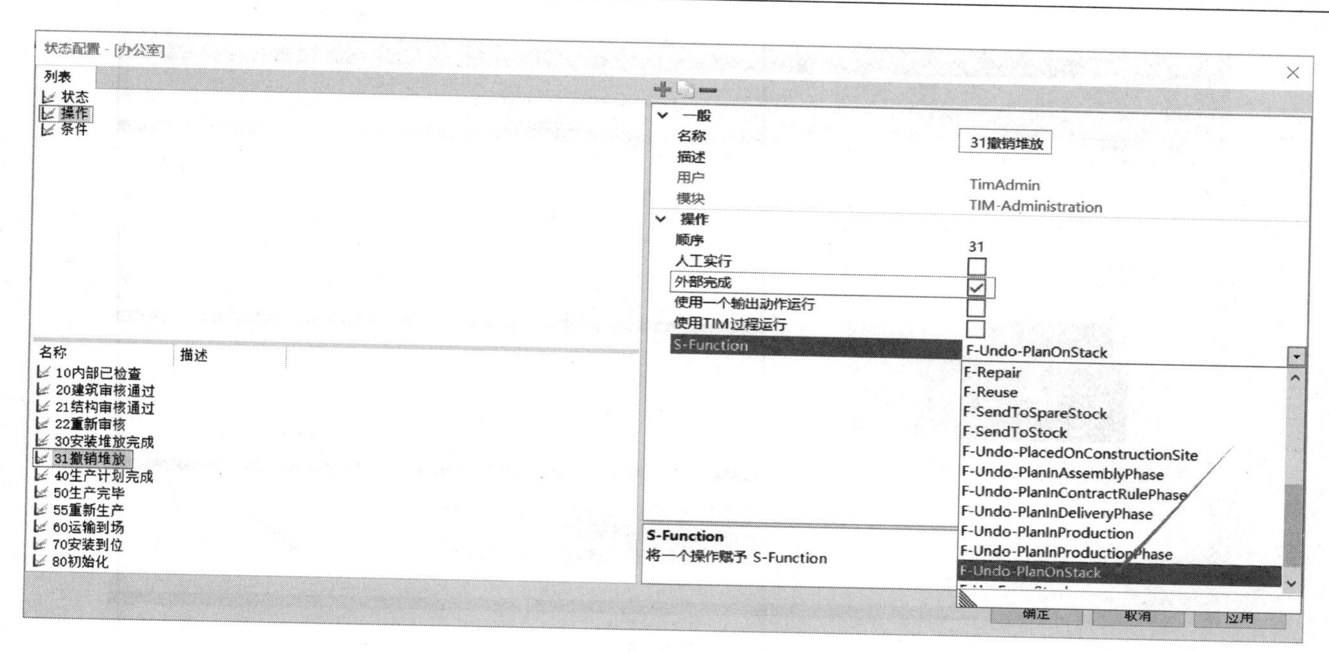

图 9-64

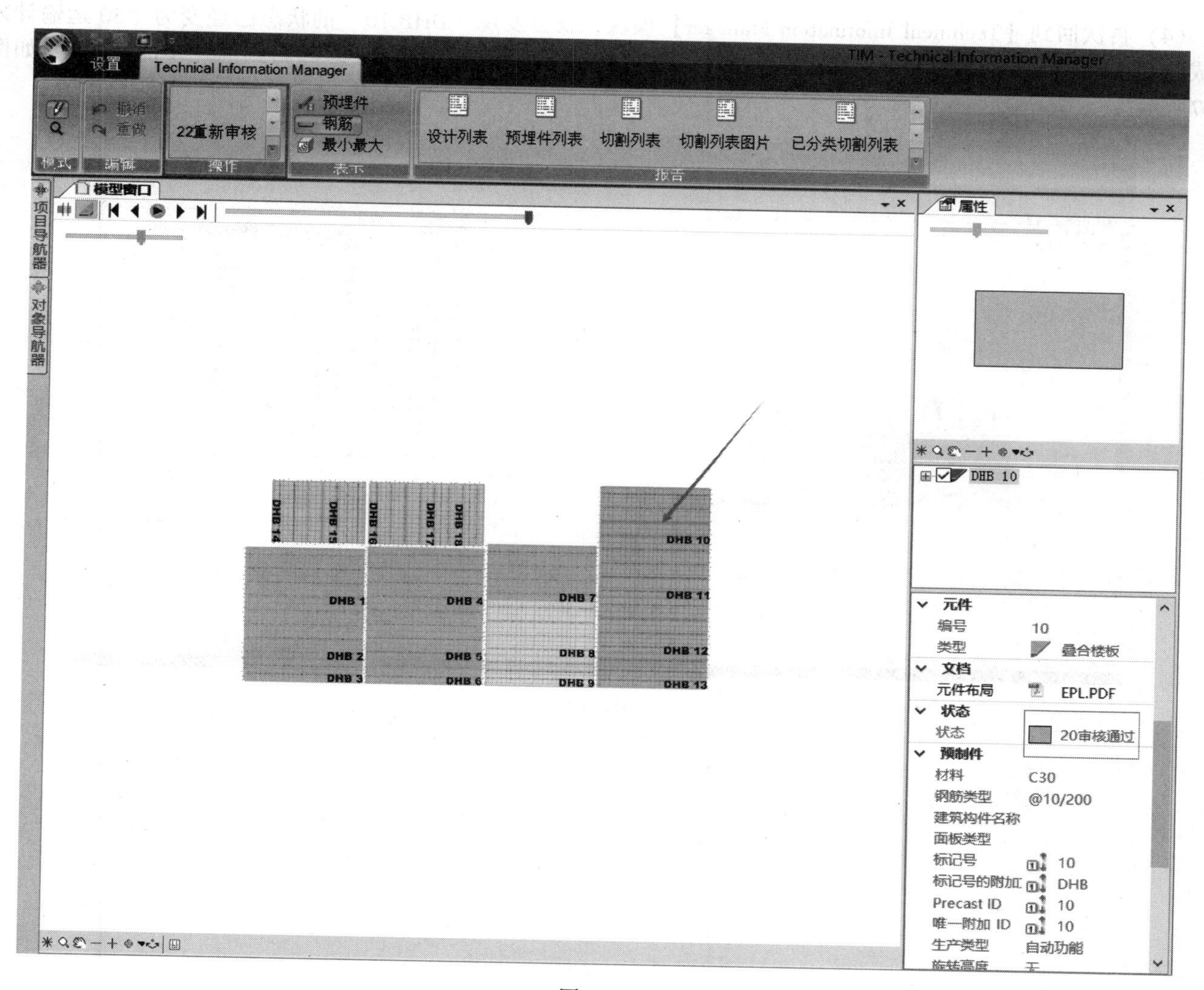

图 9-65

（3）打开【Delivery Manager】模块，将“DHB 10”放入堆放区域（图中部分元件红色显示的原因是该元件的状态没有达到堆放的要求，红色显示表示不能放入堆放区域），如图 9-66 所示。

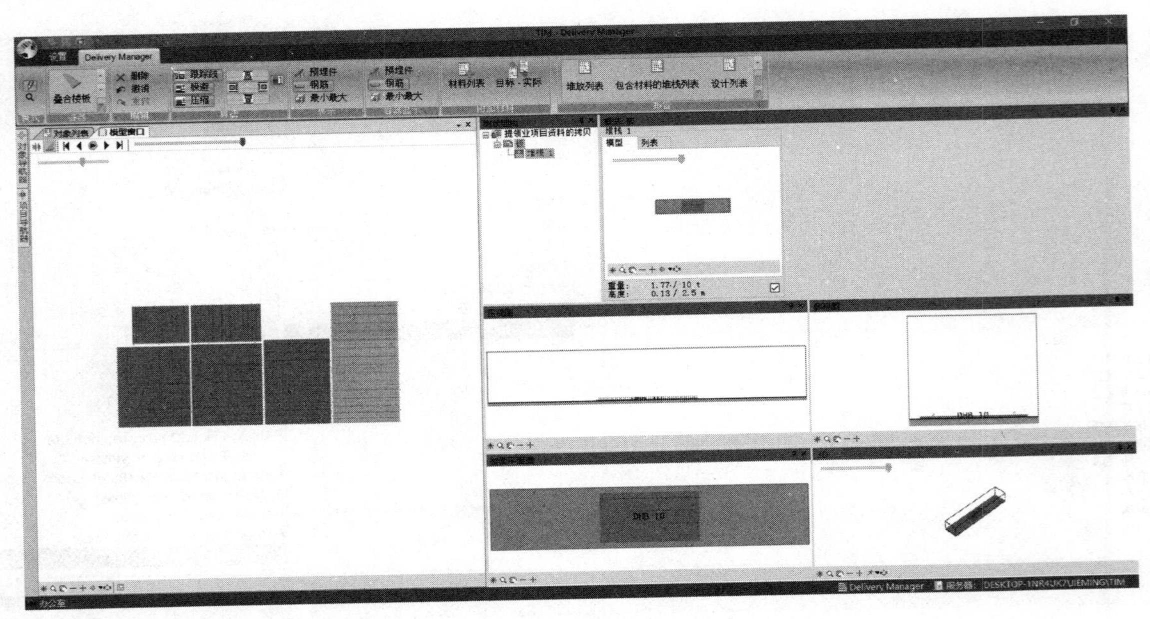

图 9-66

（4）再次回到【Technical Information Manager】模块，就会发现“DHB 10”的状态已经变为“30 运输计划完成”（同理，当我们删除已经堆放的构件后，其对应的状态也会发生变化，即回归到前一步的状态），如图 9-67所示。

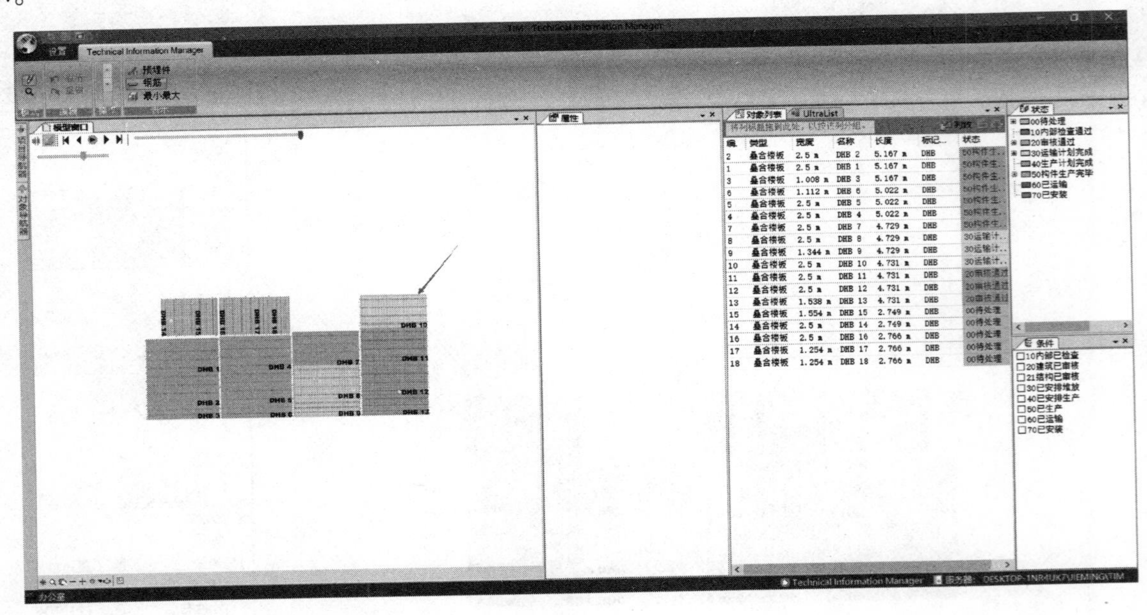

图 9-67

第10章　生　　产

生产模块的主要作用是进行预制件的生产规划，在这里我们可以选择工厂的模台及班次，对构件的生产日期、排班等状况进行设定。依据工厂的实际情况，对整个生产流程进行安排，以符合项目中预制构件生产阶段的设置。

在进入生产模块前需要先确定其他模块的相关设定。

10.1　生产前确认

10.1.1　确定运输管理模块中容器设置

（1）单击进入【Delivery Manager】模块，在【设置】工具栏中单击【工厂】选项，如图10-1和图10-2所示。

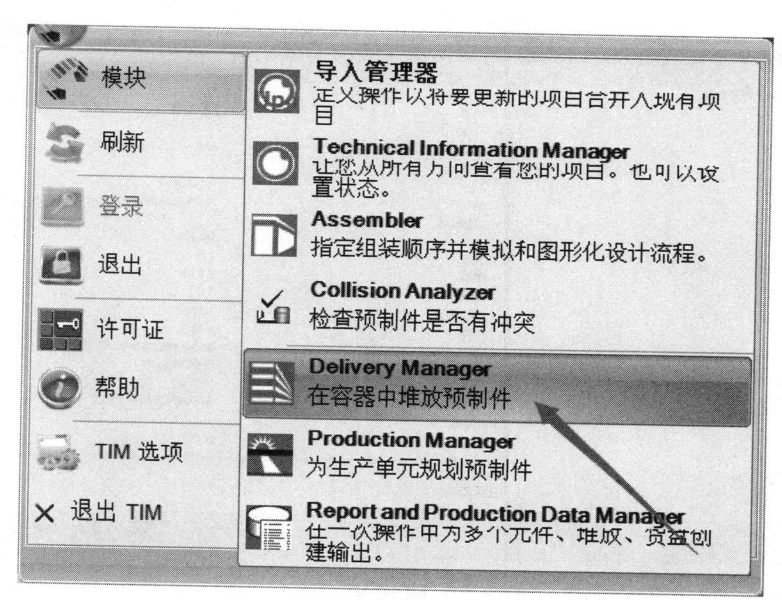

图10-1

图10-2

（2）在工厂1的下方添加3个容器。将第一个容器的名称修改为【A框】，长度、宽度、高度、自重、最大重量分别为：15m、3m、2.5m、0t、10t。框类型设为：A框，标准算法设为：使用连续的堆放区域，编号算法设为：逐个群组，编号方向设为：向上，堆栈区域分组设为：每个堆栈区域一个群组。设置完成后单击【应用】选项，如图10-3和图10-4所示。

右键单击【A框】，然后在弹出的选项卡中单击【添加　堆放区域】选项，如图10-5所示。

堆放区域名称以【堆放区域1】为例，顺序、长度、高度、宽度分别为：1、15m、3m、2.5m，如图10-6所示。

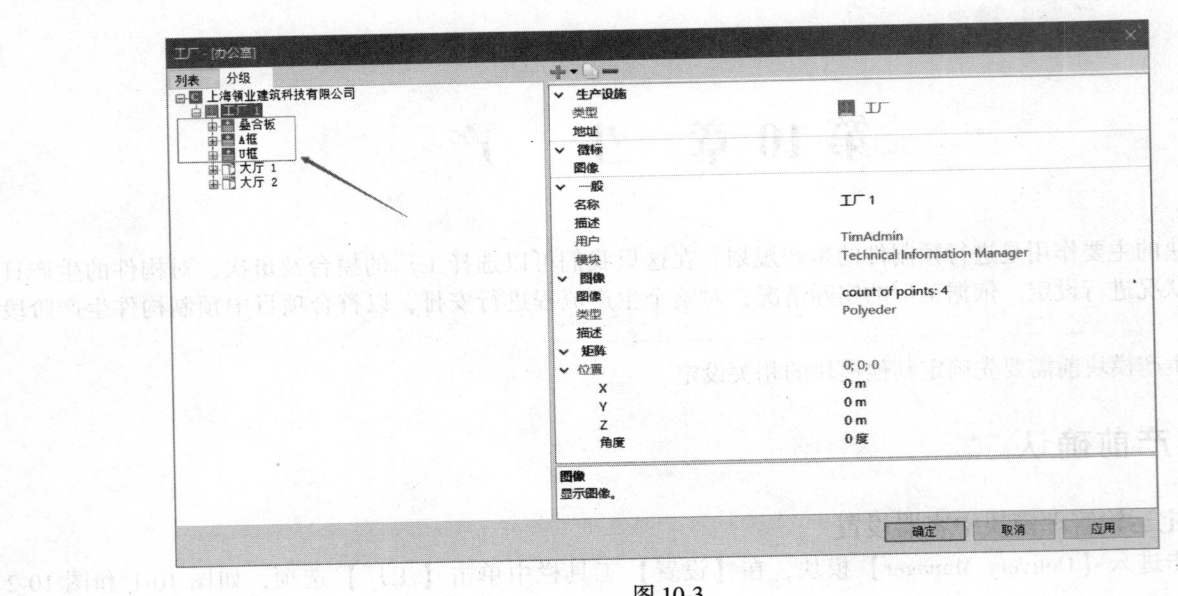

图 10-3

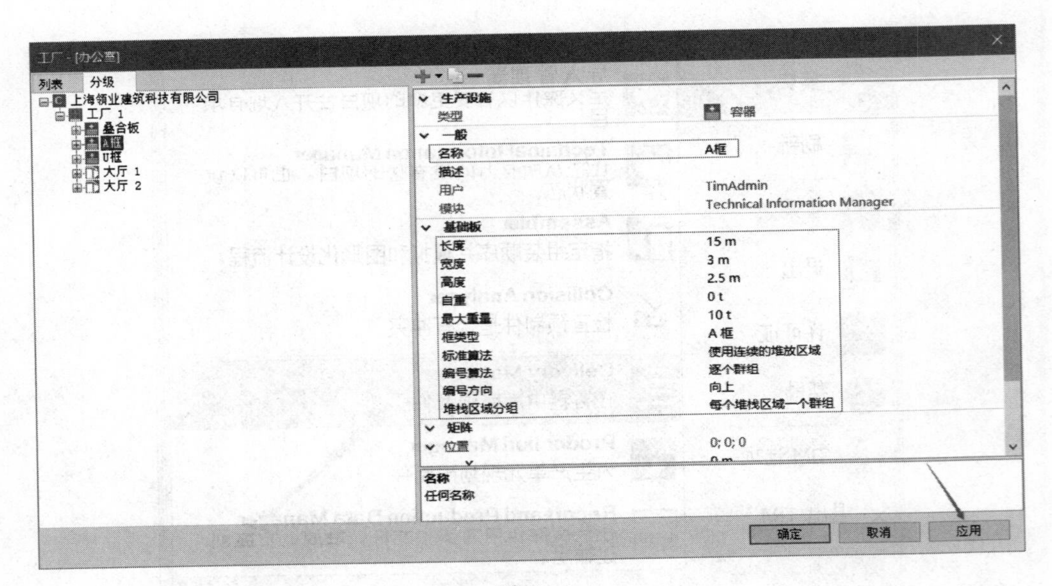

图 10-4

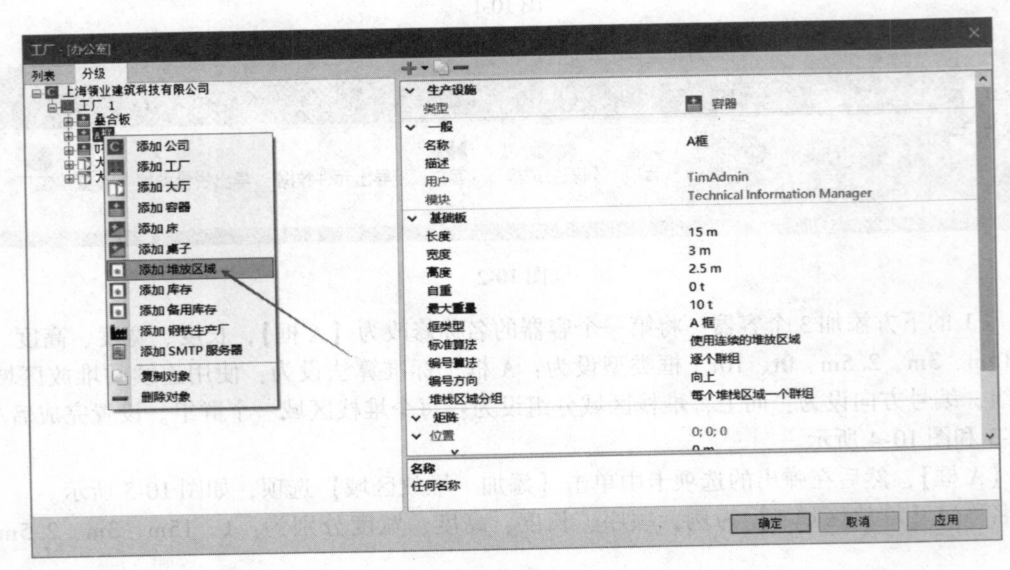

图 10-5

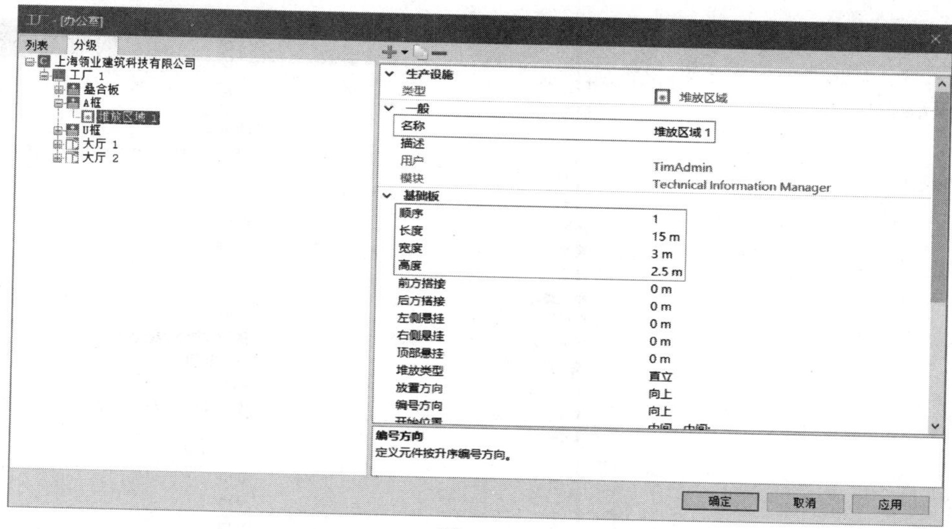

图 10-6

堆放类型设为：直立。放置方向设为：到右侧。编号方向设为：向上。开始位置设为：中间，中间；在【矩阵】选项下 Z 为 0.15m。单击【应用】选项完成【堆放区域 1】的设定，如图 10-7 所示。

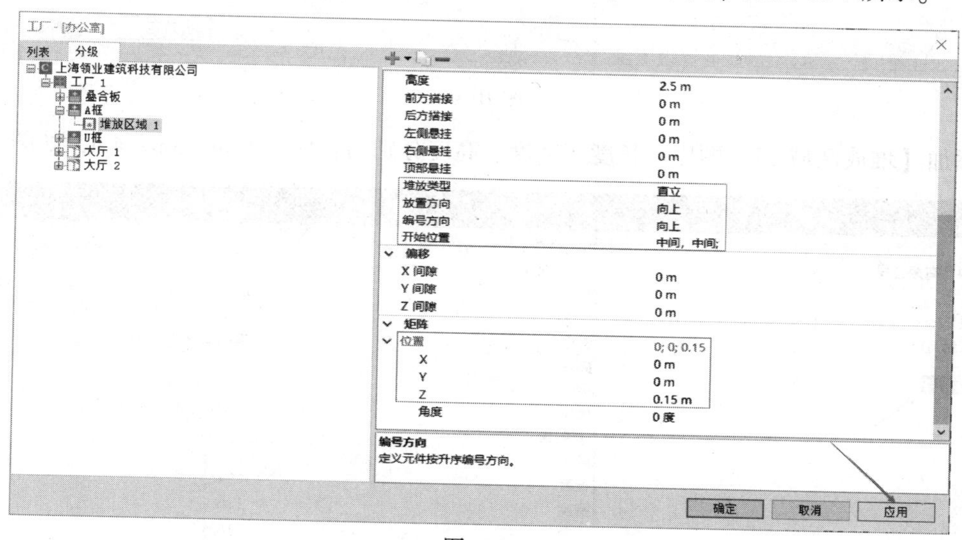

图 10-7

（3）将第二个容器名称设为【U 框】。框类型设为：U 框，其他设定与 A 框相同，最后单击【应用】选项完成对【U 框】的设定，如图 10-8 和图 10-9 所示。

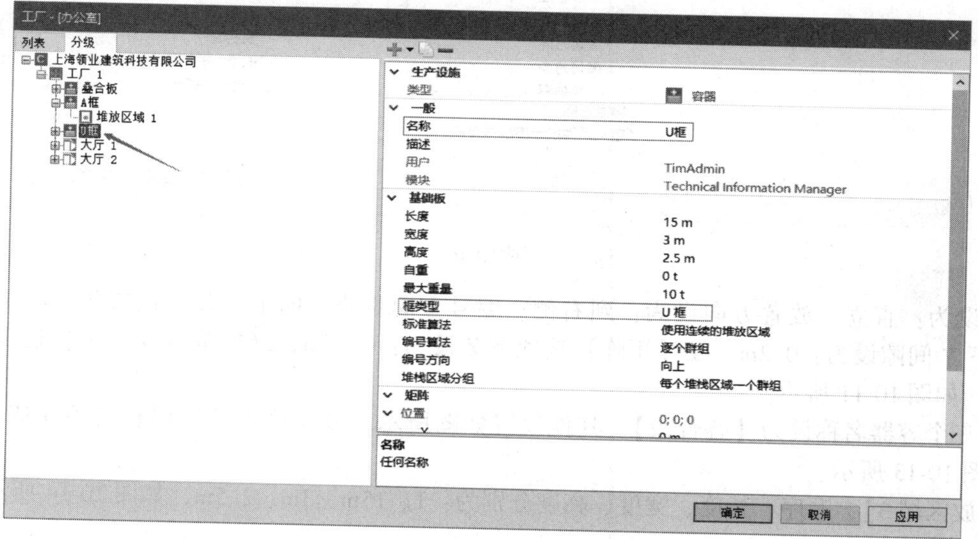

图 10-8

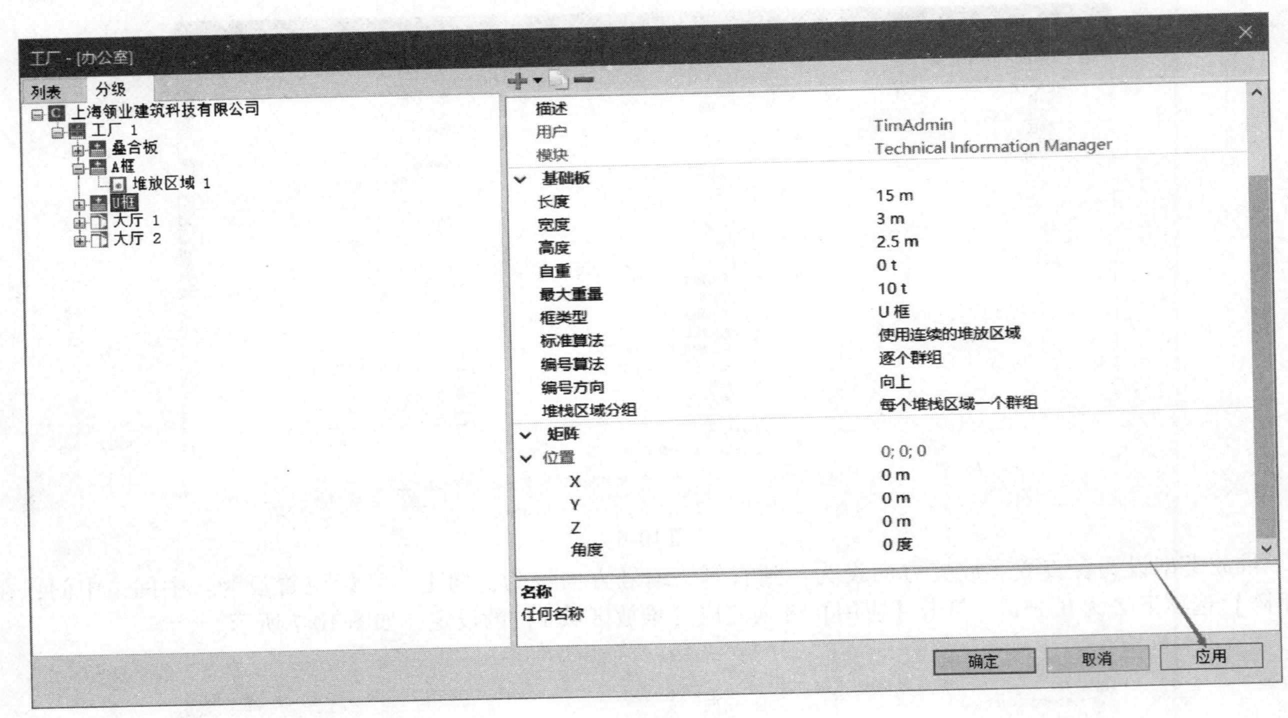

图 10-9

在 U 框下添加【堆放区域 2】，顺序、长度、宽度、高度分别为：1m、15m、3m、4m，如图 10-10 所示。

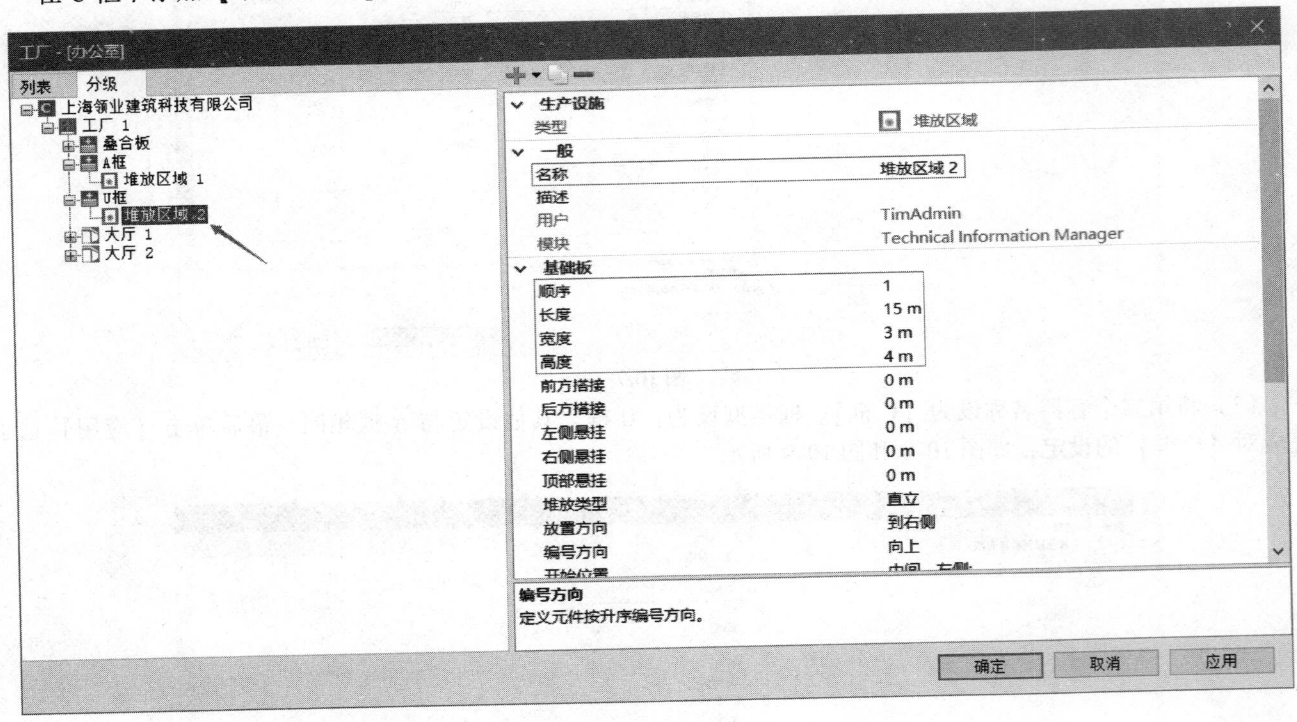

图 10-10

堆放类型设为：直立。放置方向设为：到右侧。编号方向设为：向上。开始位置设为：中间，左侧；在【偏移】选项下 Y 间隙设为：0.2m。在【矩阵】选项下 Z 设为：0.15m，最后单击【应用】选项完成【堆放区域 2】的设定，如图 10-11 所示。

（4）将第三个容器名称设为【叠合板】。其他设置如图所示，最后单击【应用】选项完成叠合板的设置，如图 10-12 和图 10-13 所示。

添加【堆放区域 3】，顺序、长度、宽度、高度分别为：1、15m、3m、2.5m，如图 10-14 所示。

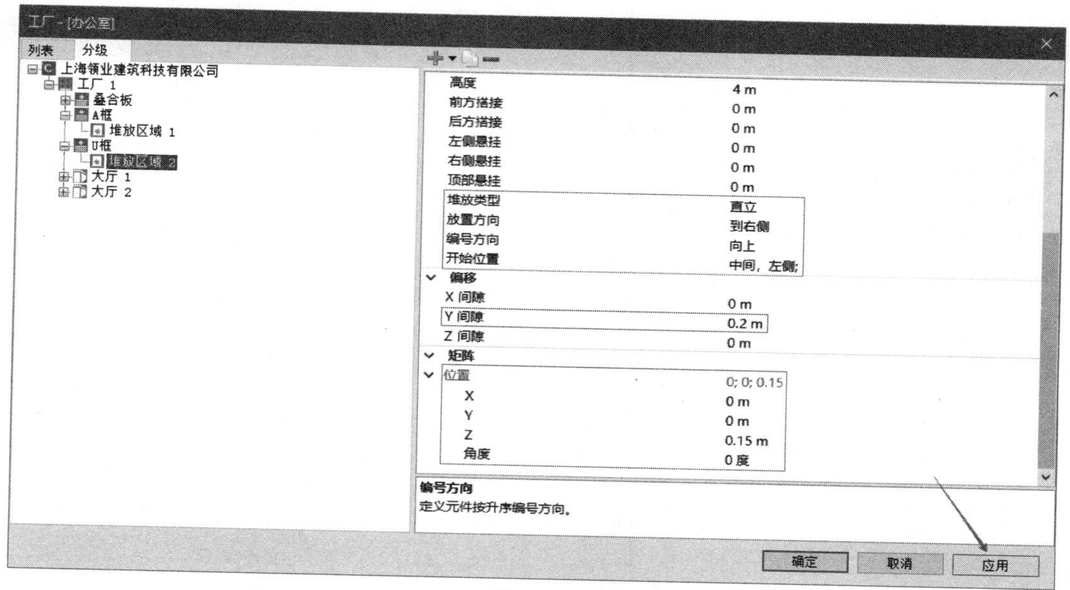

图 10-11

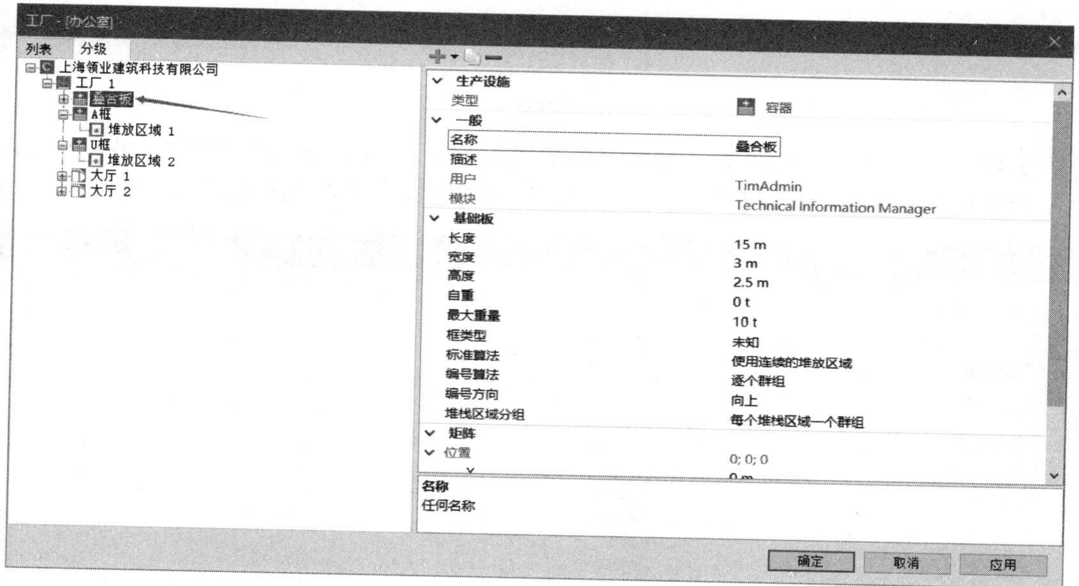

图 10-12

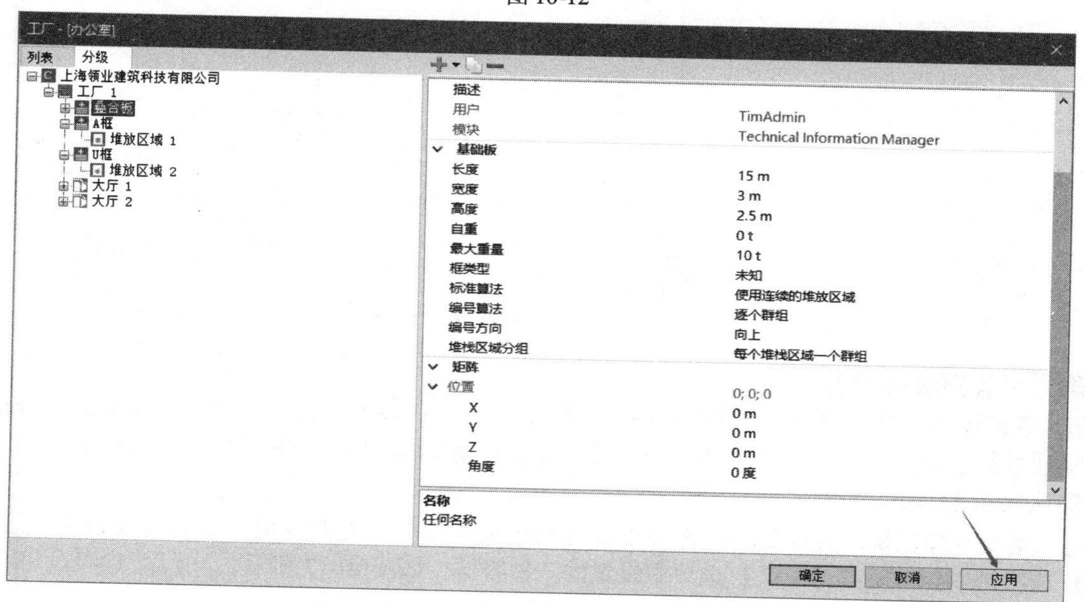

图 10-13

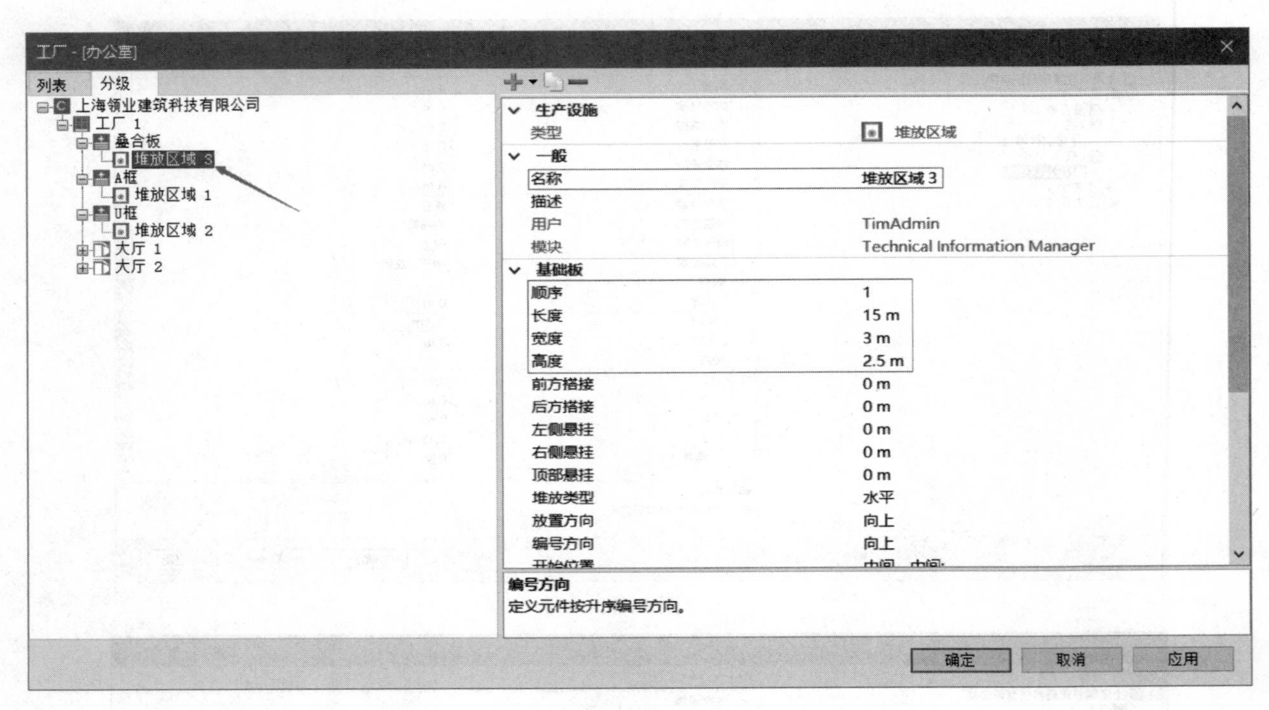

图 10-14

堆放类型设为：水平；放置方向设为：向上；编号方向设为：向上；开始位置设为：中间，中间；在【矩阵】选项中 Y 设为 0. 15m；最后单击【应用】和【确定】选项完成对【堆放区域 3】的设定，如图 10-15 所示。

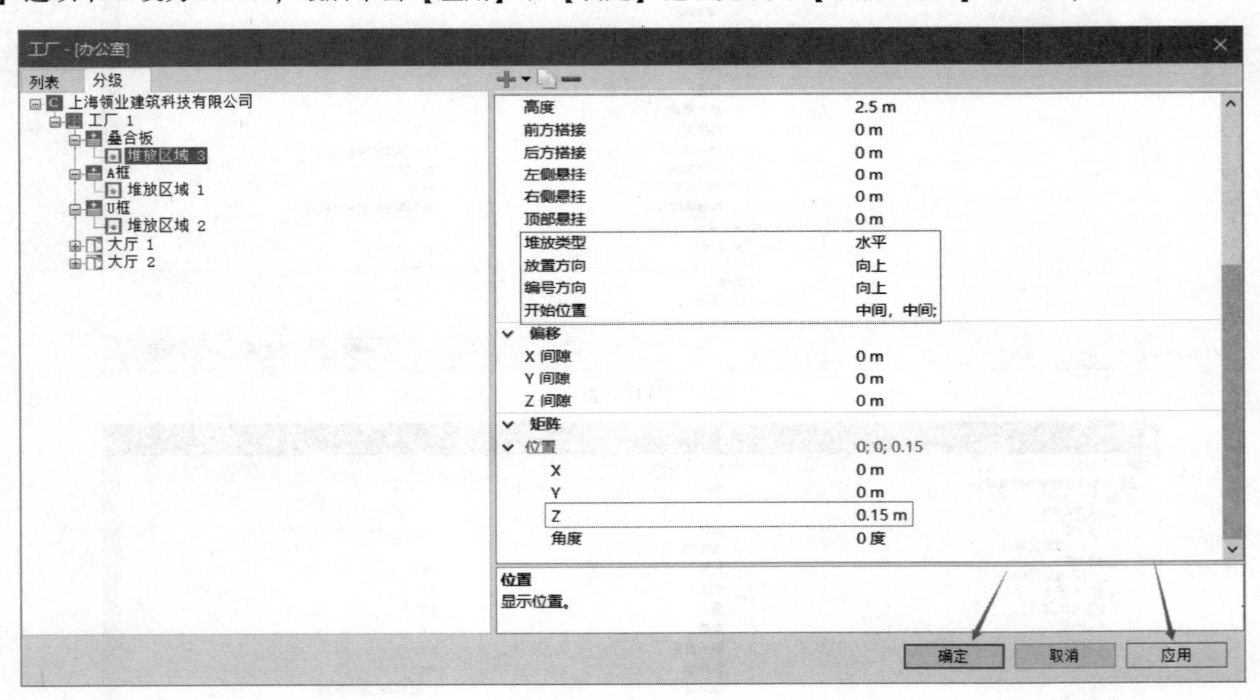

图 10-15

10. 1. 2　确定吊装模块的设置

进入吊装管理模块，对双层墙和叠合楼板的【组装阶段】进行设置（这里所有的双层墙和叠合楼板的状态为【20 审核通过】)，将双层墙的组装分为两个阶段；将叠合楼板的组装分为三个阶段，如图 10-16 所示。

10. 1. 3　确认构件的运输设置

（1）进入运输管理模块，对双层墙和叠合楼板进行运输设置。首先对双层墙进行运输设置，进入模块后，在【容器】选项栏中会出现在【工厂】选项中设置的三种容器，如图 10-17 所示。

在【项目导航器】中先选择“预制墙练习（Rev-7)”，如图 10-18 所示

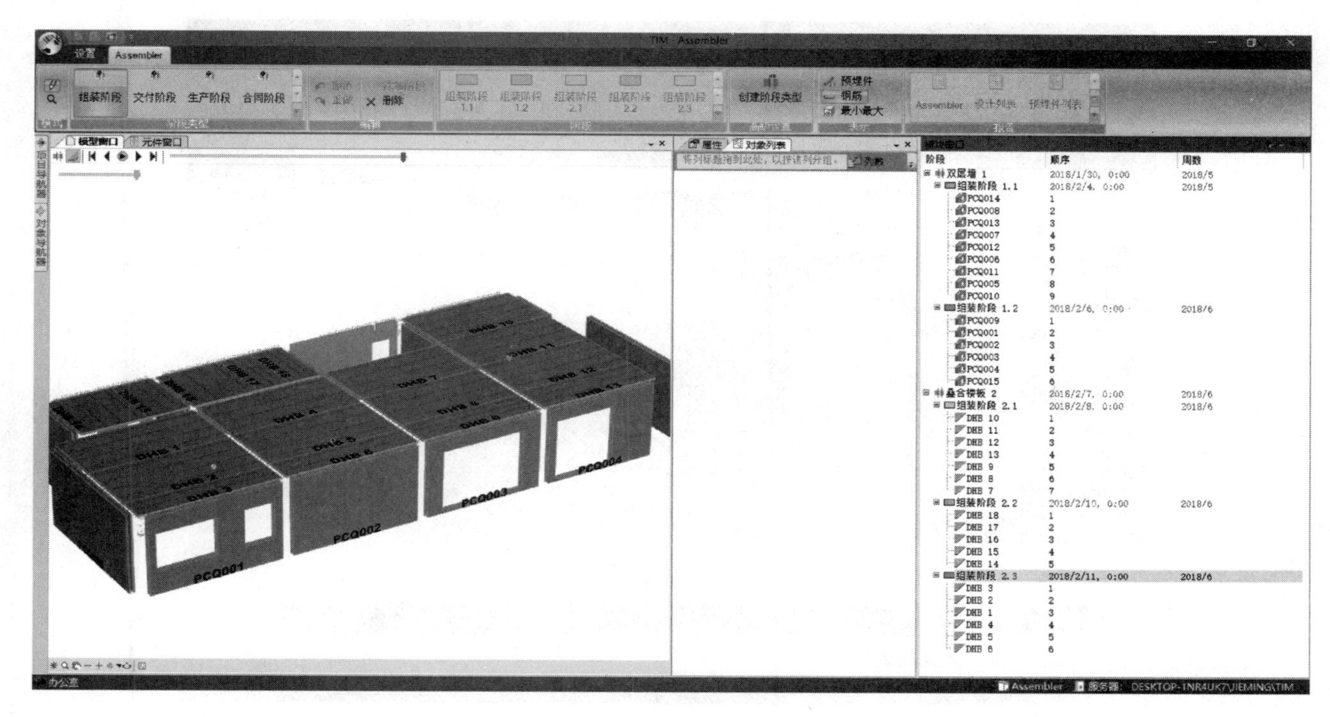

图 10-16

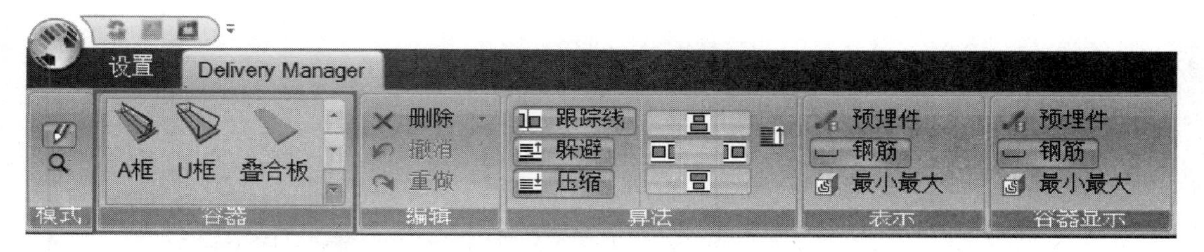

图 10-17

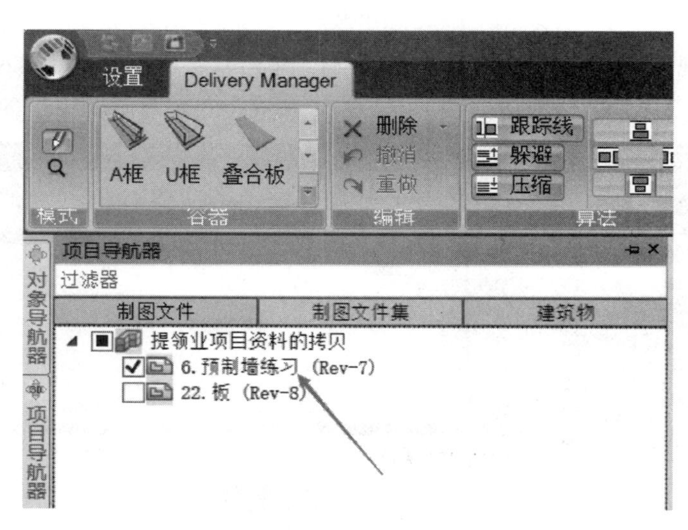

图 10-18

（2）在【树状结构】窗口中右键单击【预制墙】，然后在弹出的选项卡中单击【新建容器】选项，如图10-19所示。

在弹出的【容器】对话框中选择【U 框】，然后单击【确定】选项（这里放置双层墙，以 U 框举例），如图10-20所示。

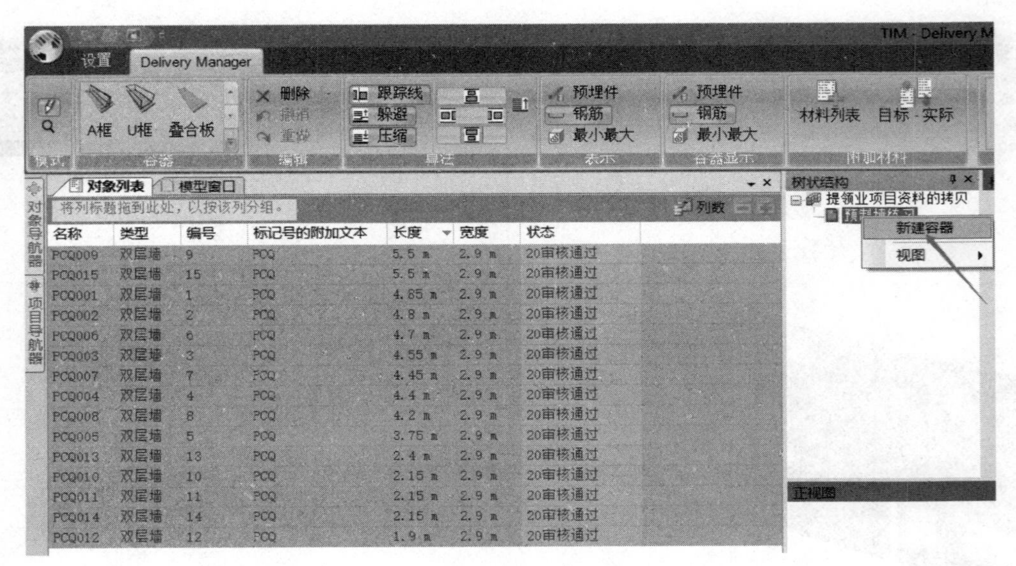

图 10-19

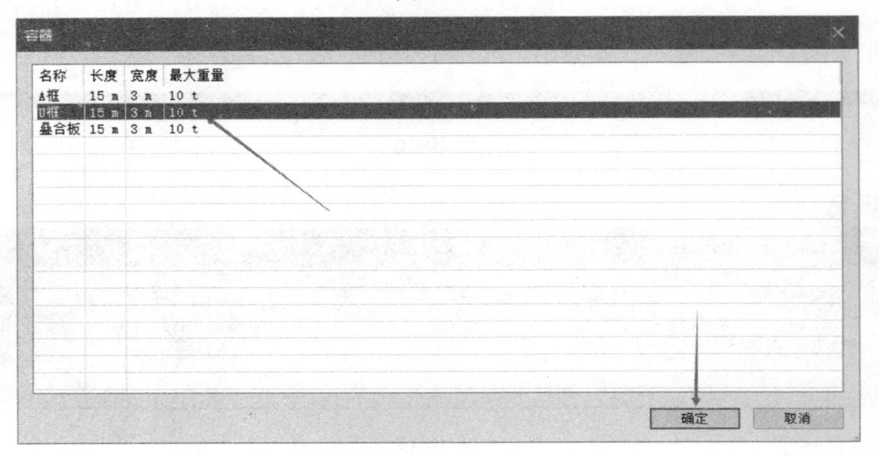

图 10-20

在【树状结构】中出现【堆栈 1】，选择【堆栈 1】后，单击双层墙构件便可放入【堆栈 1】中，如图 10-21 所示。

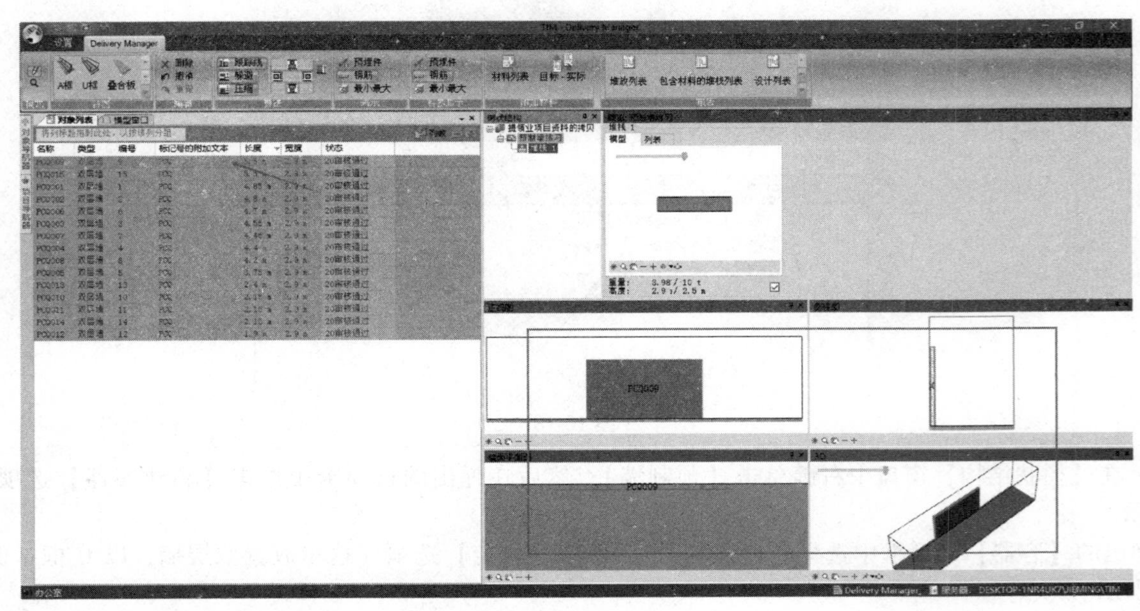

图 10-21

当堆栈 1 堆满后可以添加堆栈 2，直到所有双层墙构件堆放完毕（这里放入所有的双层墙构件需要 4 个堆栈），如图 10-22 所示。

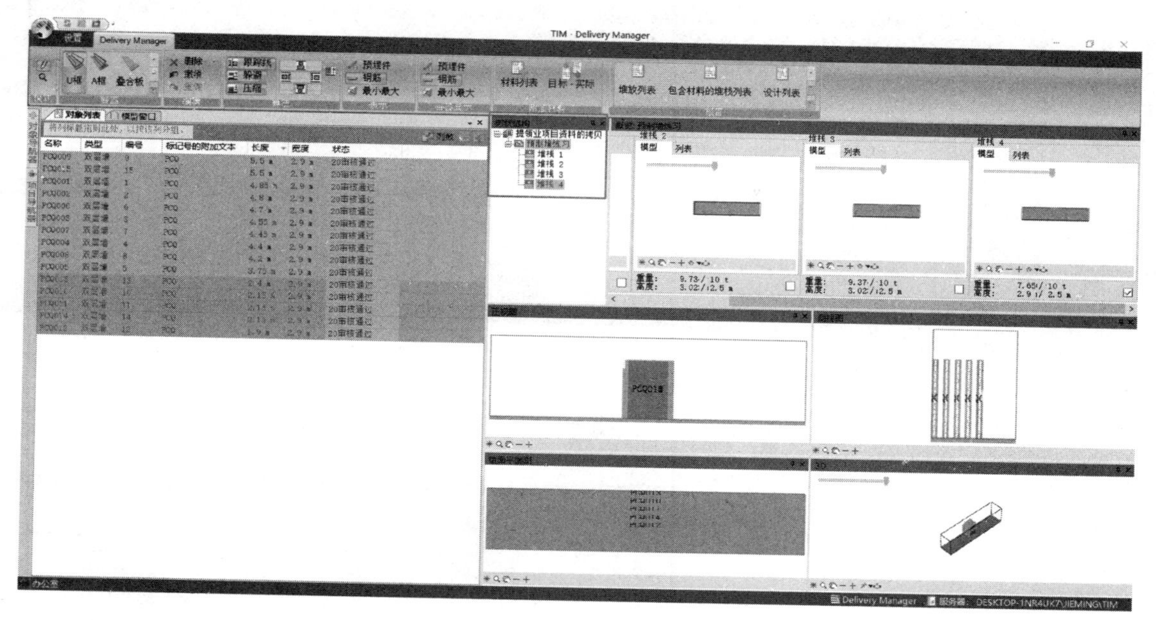

图 10-22

（3）下面将所有的叠合板构件放入容器内，在【项目导航器】中选择“板（Rev-8）”，如图 10-23 所示。

在【树状结构】中右键单击【板】中的“新建容器”，在弹出的【容器】对话框中单击叠合板，最后单击【确定】选项完成容器添加，如图 10-24 和图 10-25 所示。

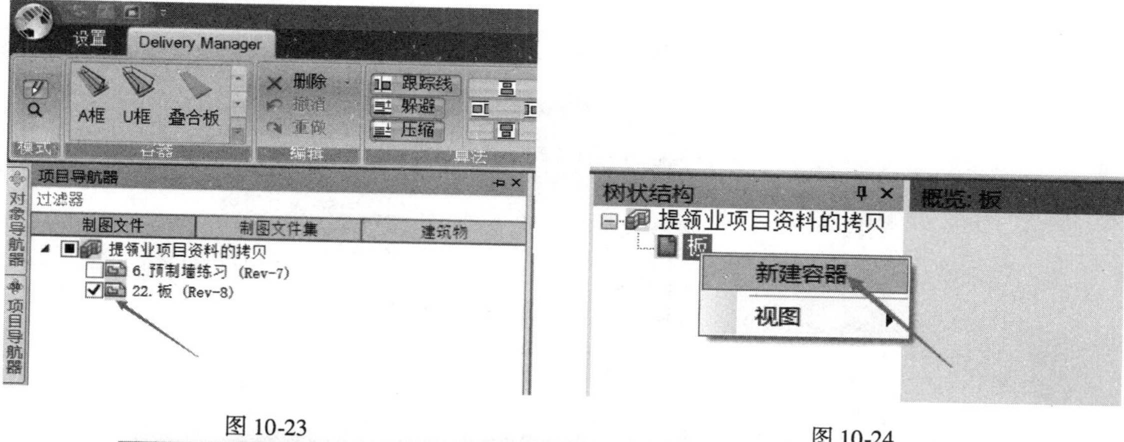

图 10-23　图 10-24

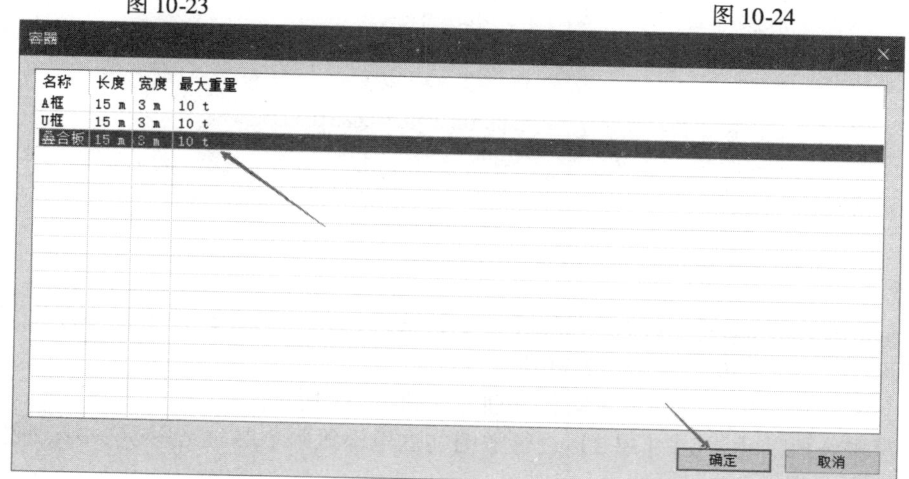

图 10-25

依次将叠合板构件放入容器中（这里需要 3 个堆栈），操作完成后如图 10-26 所示。

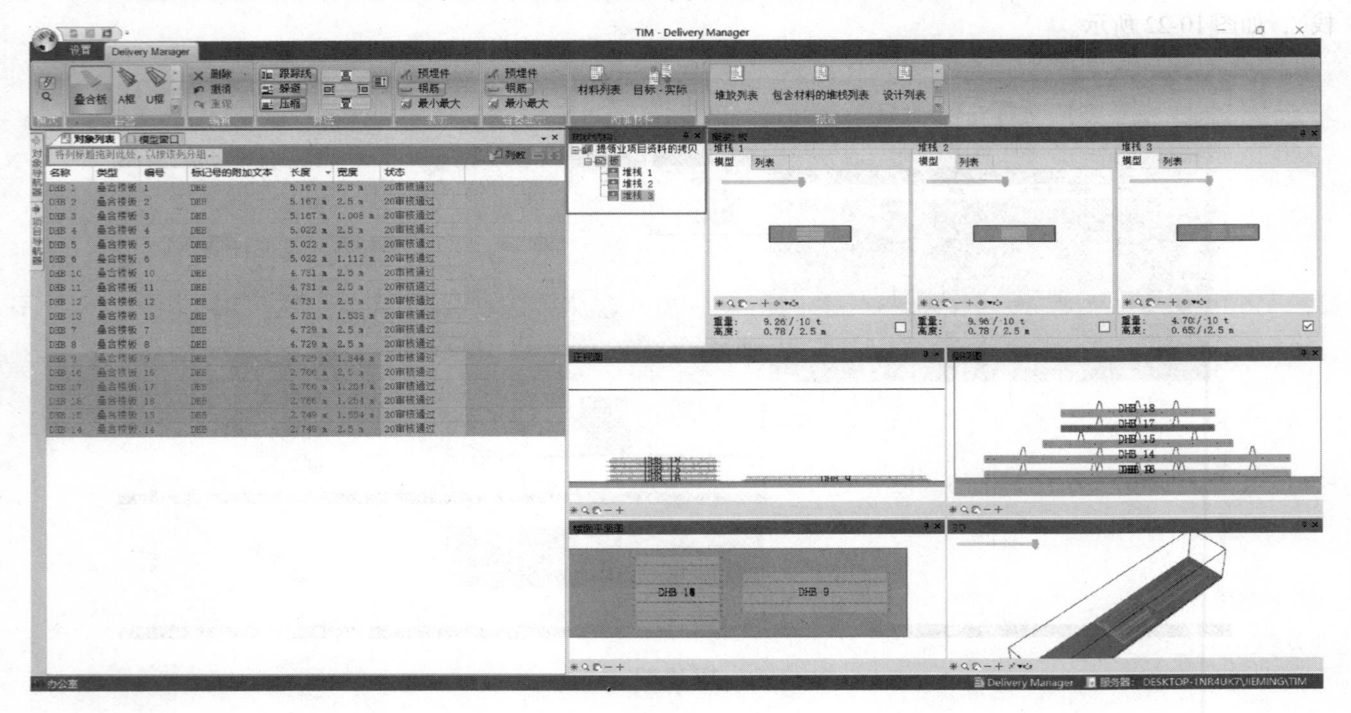

图 10-26

10.2　进入生产模块

打开【Production Manager】模块并进入生产模块界面，如图 10-27 和图 10-28 所示。

图 10-27

10.2.1　层的设置

（1）进入【Production Manager】模块后单击【设置】选项，在【工具】选项栏中单击【层】选项（这里的层表示工厂中的班次），如图 10-29 和图 10-30 所示。

在弹出的【层】对话框中单击【添加对象】选项，如图 10-31 所示。

这里添加两个对象分别以【层 1】【层 2】进行举例（这里设置两个层只是用于举例，现实需要几个层还需以工厂实际情况为准），如图 10-32 所示。

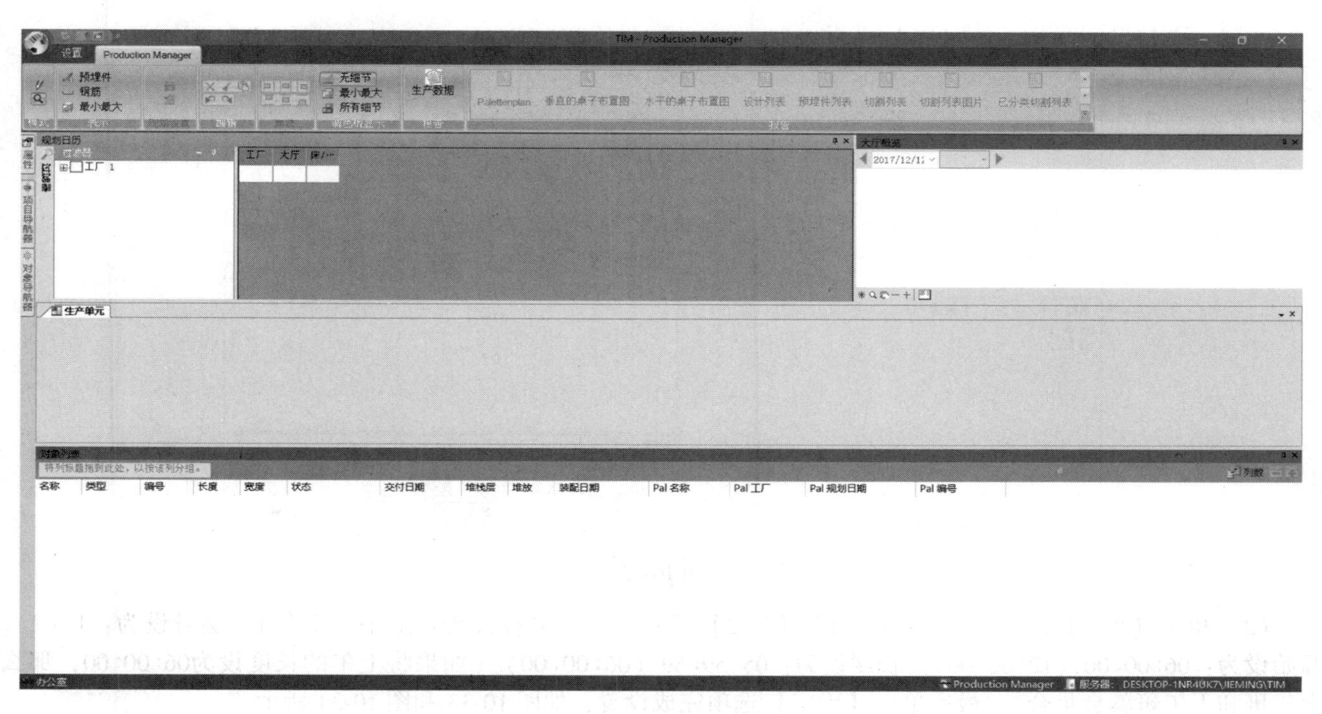

图 10-28

图 10-29

图 10-30

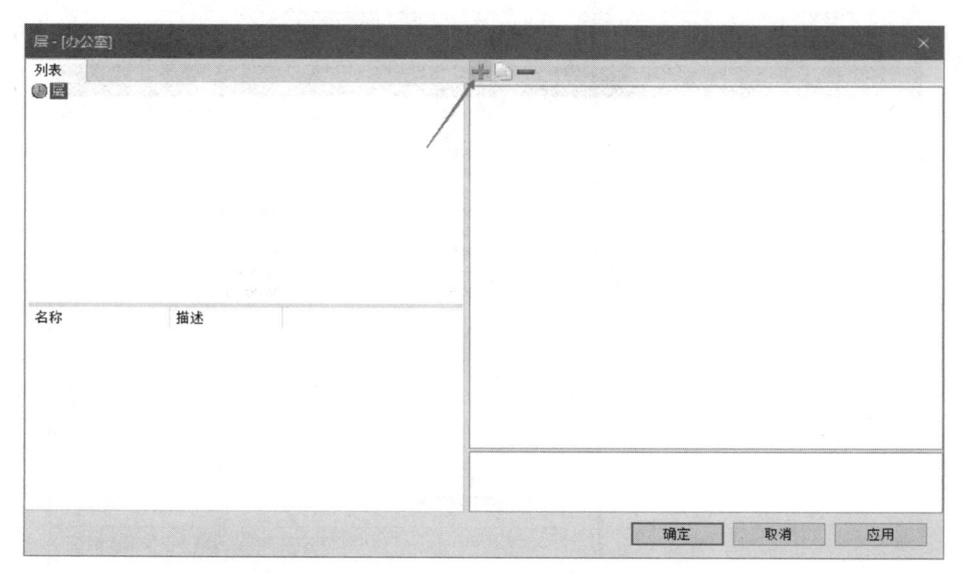

图 10-31

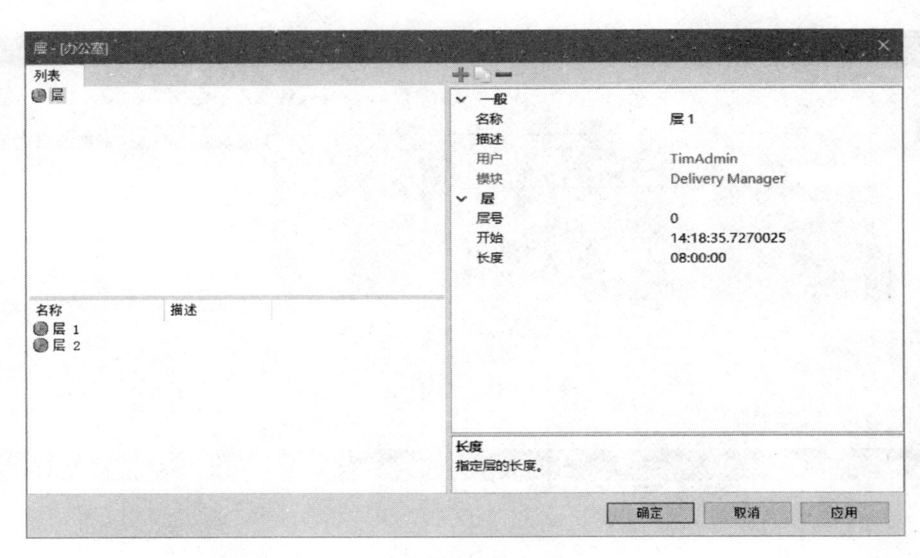

图 10-32

（2）单击【层 1】【层 2】并对【层 1】【层 2】进行设置，名称设为：上午（下午）。层号设为：1（2）。开始设为：06:00:00（12:00:00）。长度设为：05:59:59（06:00:00）（如果将上午的长度设为06:00:00，那么上午班和下午班就会重合）。最后单击【确定】选项完成设置，如图 10-33 和图 10-34 所示。

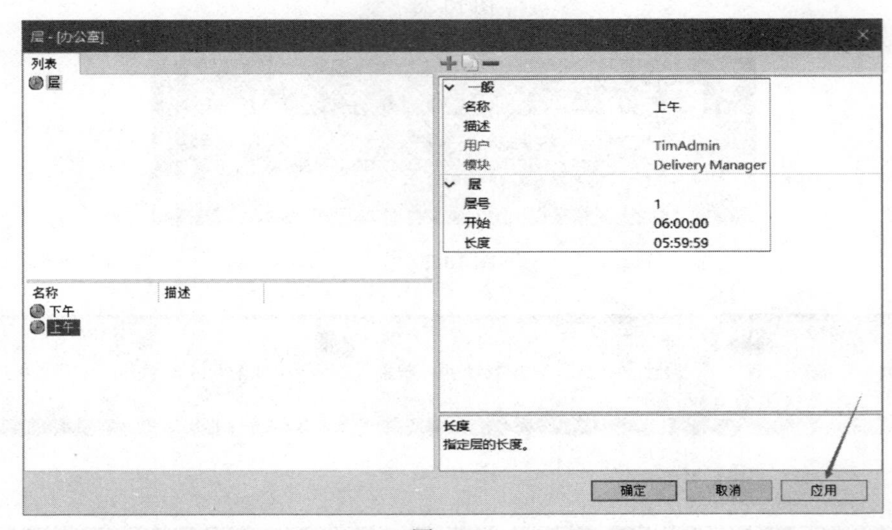

图 10-33

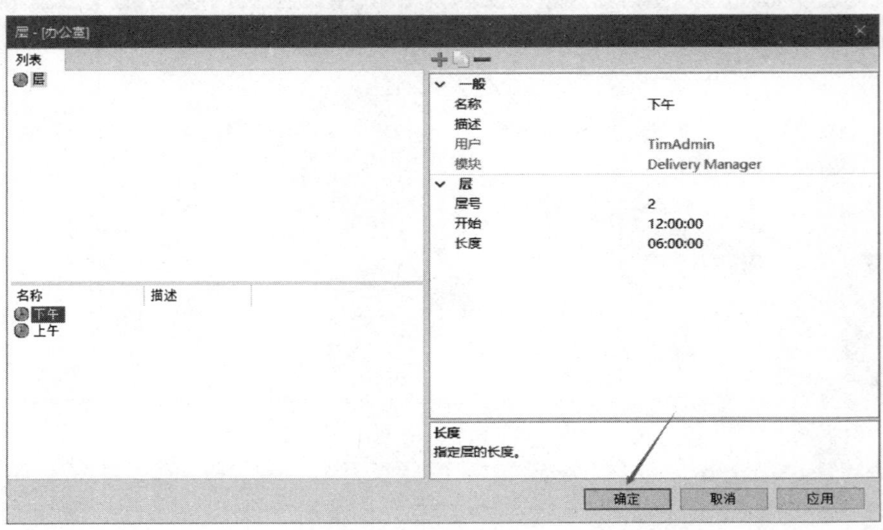

图 10-34

10.2.2 添加工厂、大厅与模台

（1）在【设置】选项栏中单击【工厂】选项，弹出【工厂】对话框并右键单击已有的【公司】（上海领业建筑科技有限公司）。在弹出的选项卡中单击【添加工厂】选项，如图10-35和图10-36所示。

图10-35

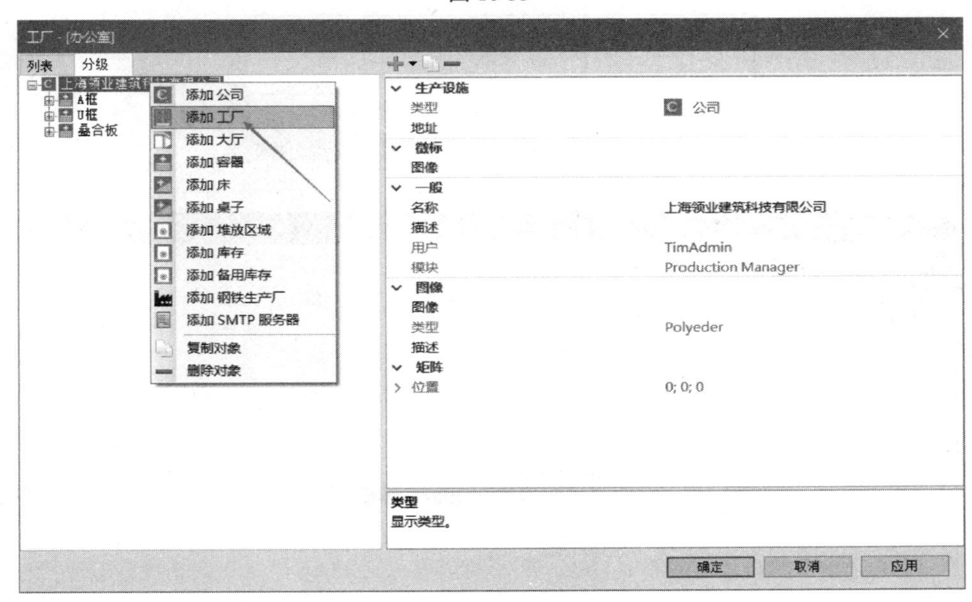

图10-36

将工厂名称修改为【工厂1】，然后单击【图像】选项并出现新的选项，再次单击新选项，如图10-37所示。

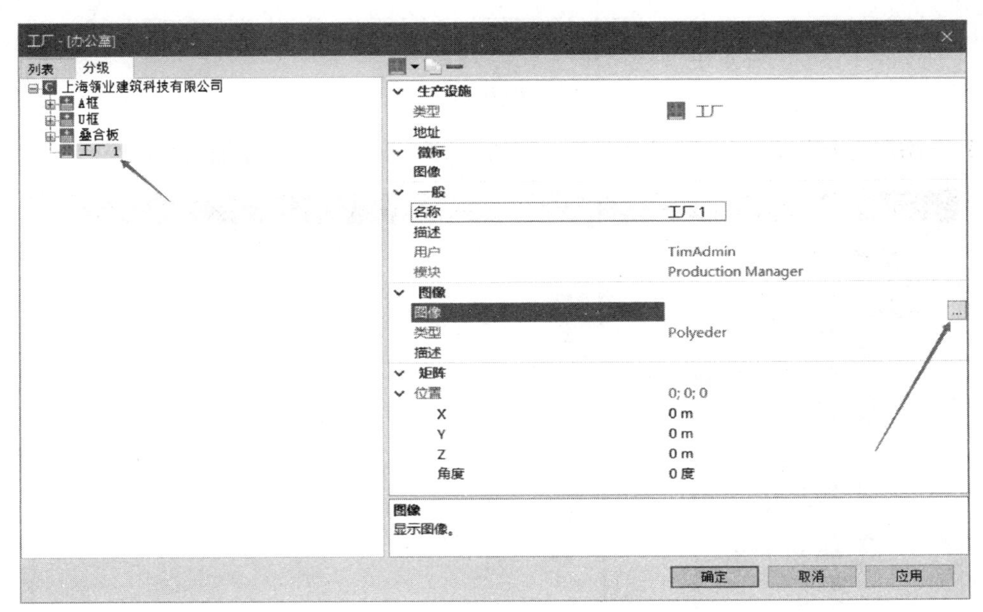

图10-37

（2）在弹出的【Polyeder point（s）】对话框中，我们需要对【工厂1】的空间范围进行设定，这里设定工厂1为边长50m的正方形，在对话框中输入正方形四个角的坐标来确定工厂1的大小，四个角的坐标分别为：（0，0）、（50，0）、（50，50）、（0，50），最后单击【OK】选项完成【图像】设定并返回到【工厂1】，然后单击【应用】选项，如图10-38和图10-39所示。

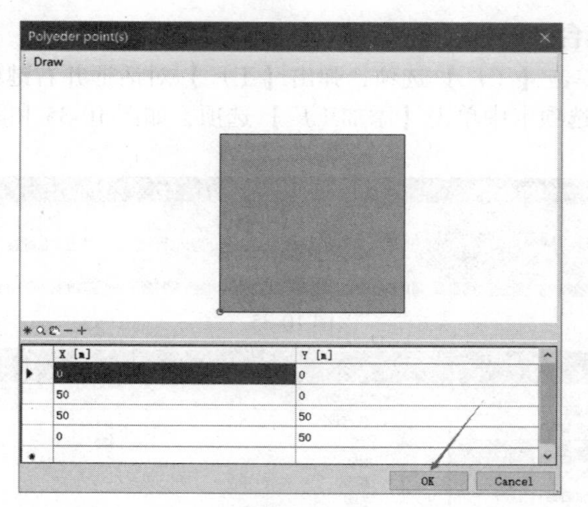

图 10-38

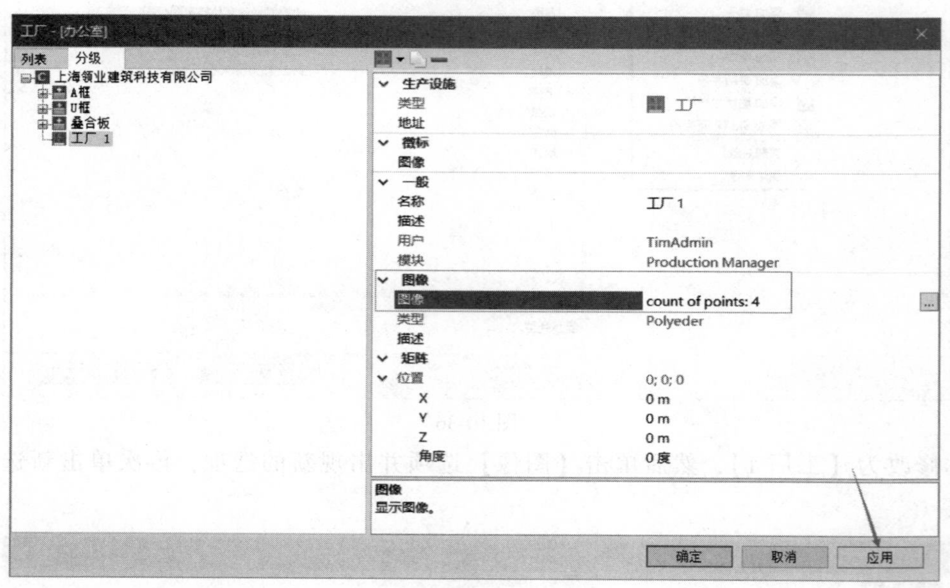

图 10-39

在【工厂 1】下添加两个大厅（右键单击工厂 1，在弹出的选项卡中单击【添加大厅】选项），如图 10-40 所示。

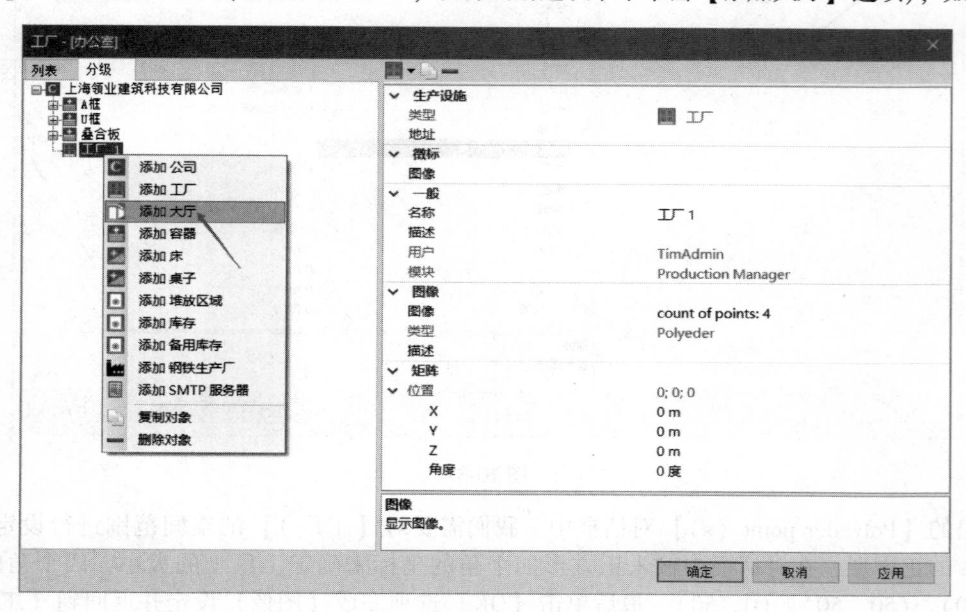

图 10-40

将第一个大厅名称改为【大厅 1】，然后单击【图像】选项和其后的新选项，如图 10-41 所示。

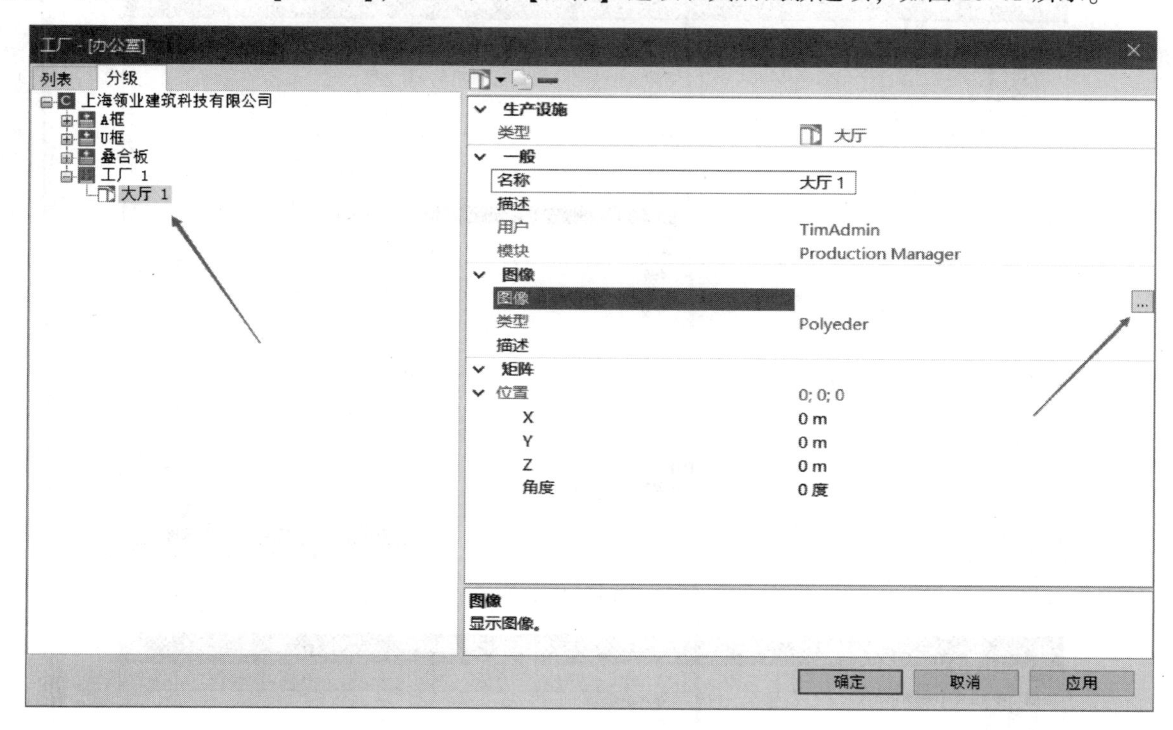

图 10-41

（3）在弹出的【Polyeder point（s）】对话框中输入四个角的坐标：（0，0）、（50，0）、（50，25）、（0，25），设定大厅位置后，单击【OK】选项完成图像的设定，返回【工厂】对话框并单击【应用】选项，如图 10-42 和图 10-43 所示。

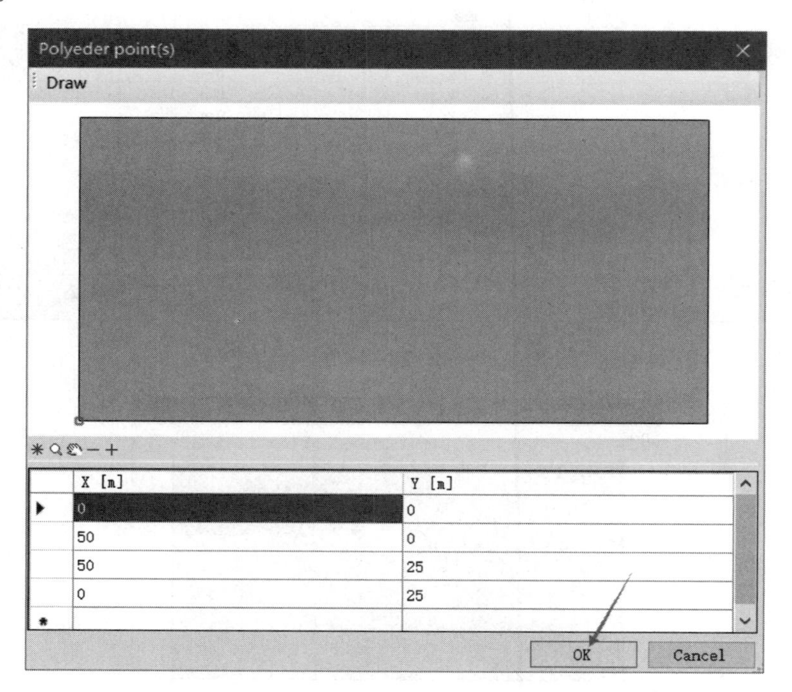

图 10-42

同样添加【大厅 2】后，单击【图像】后的选项，设置大厅 2 在工厂 1 中的位置和大小，如图 10-44 所示。

在弹出的【Polyeder point（s）】对话框中输入四个角的坐标（0，25）、（50，25）、（50，50）、（0，50），然后单击【OK】选项完成图像的设定并返回【工厂】对话框，最后单击【应用】选项，如图 10-45 和图 10-46 所示。

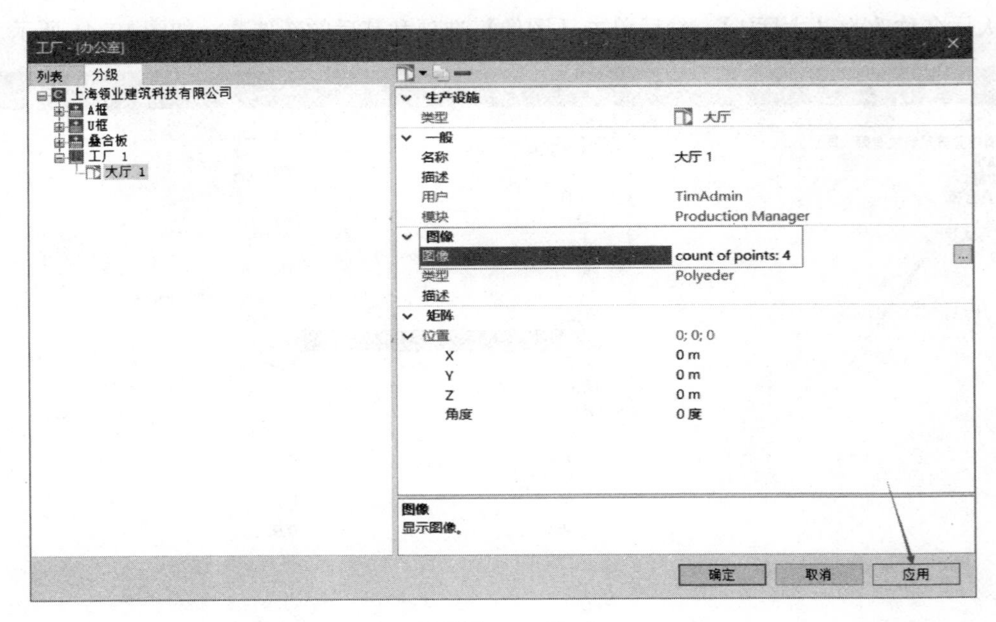

图 10-43

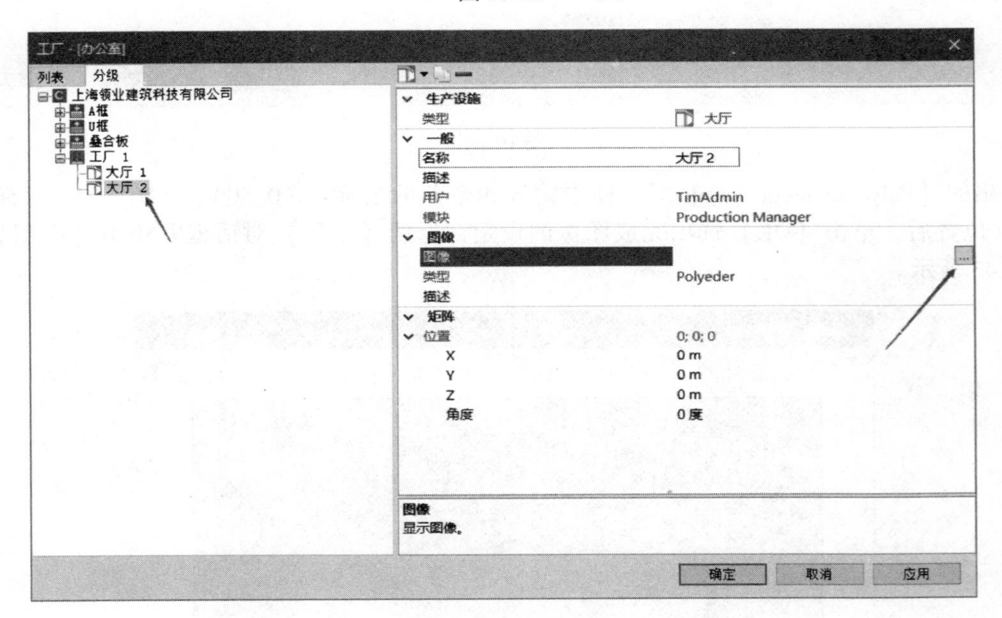

图 10-44

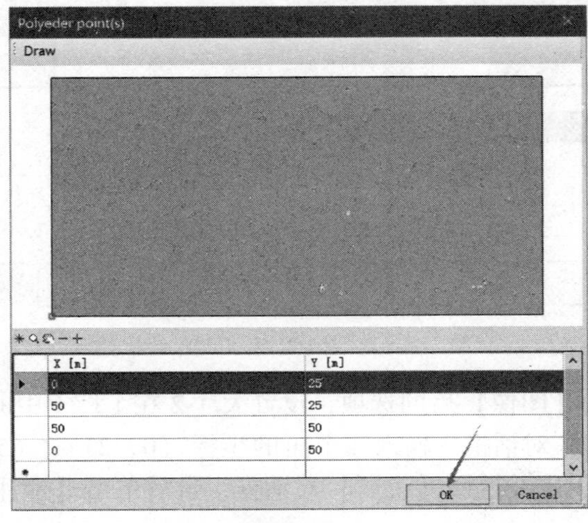

图 10-45

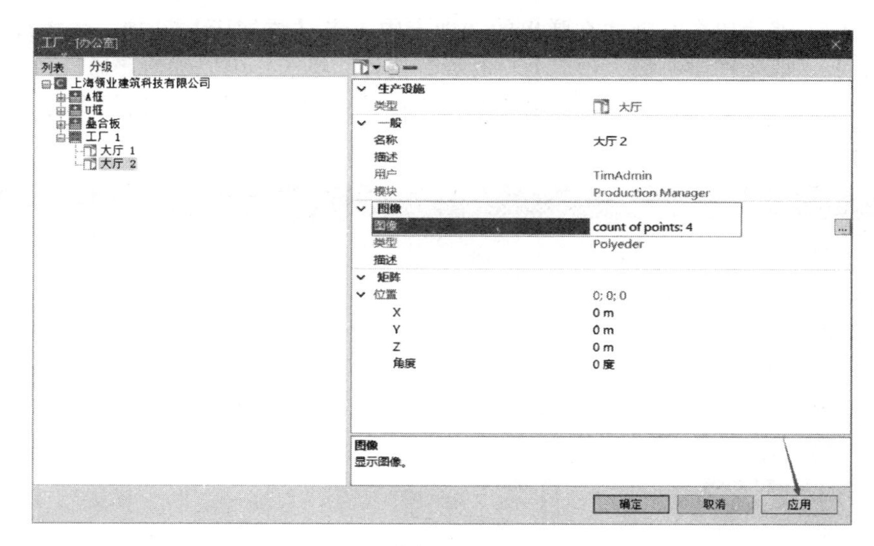

图 10-46

选定工厂 1 并在【图像】中查看大厅 1 和大厅 2 在工厂 1 中的分布，如图 10-47 和 10-48 所示。

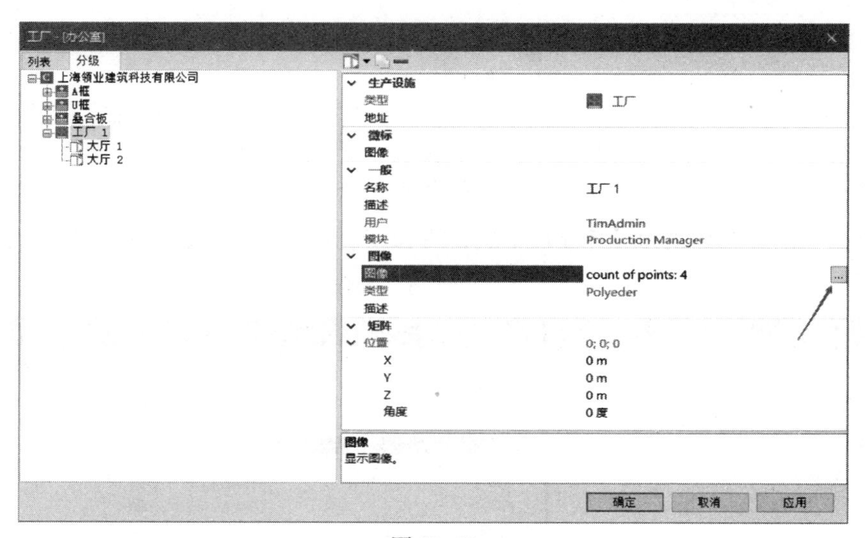

图 10-47

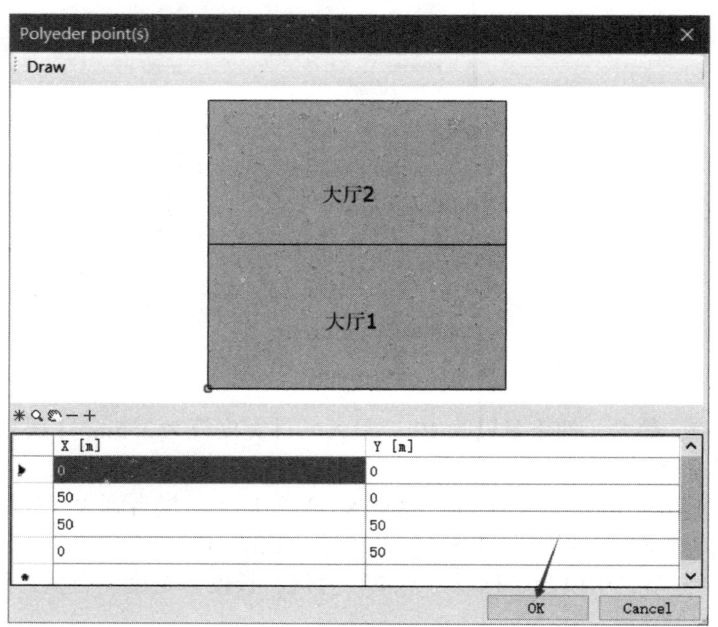

图 10-48

（4）选定【大厅 1】，然后单击右键并在弹出的选项卡中单击【添加床】选项，为大厅 1 中添加两个模台（床，可以称为长模台，一般生产空心板、预应力空心板等构件。桌子，可以称为普通模台，在市场上有不同的尺寸。一般生产复杂楼板、墙板等无法在自动化流水线上生产构件。以上内容仅供参考，具体表达以工厂为准），如图 10-49 所示。

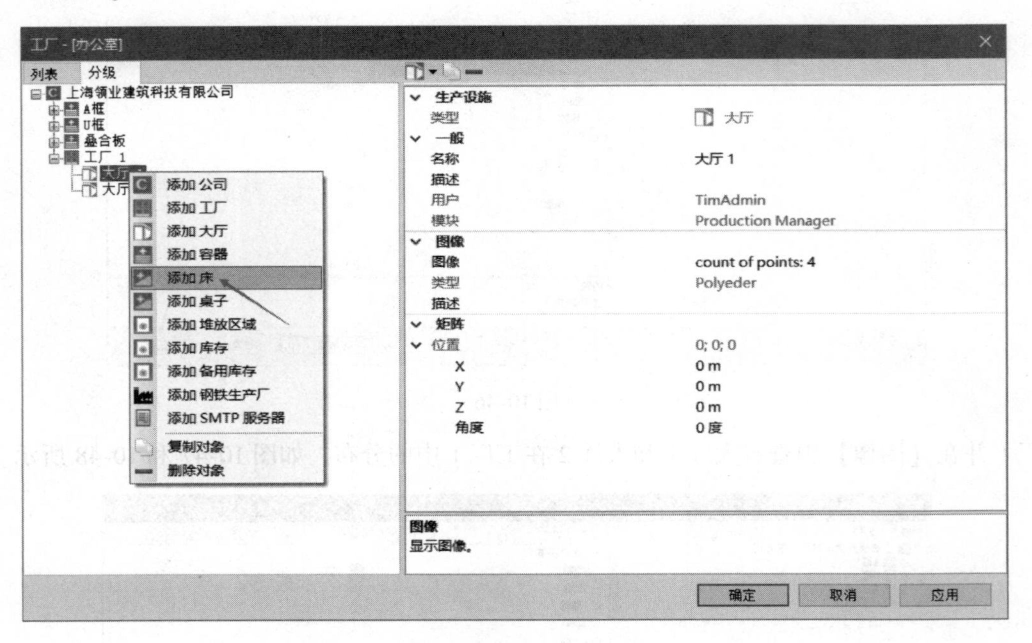

图 10-49

将大厅 1 中的第一个模台名称改为【床 1】举例，将长度、宽度、自重、最大重量分别设为 20m、4m、0t、30t，如图 10-50 所示。

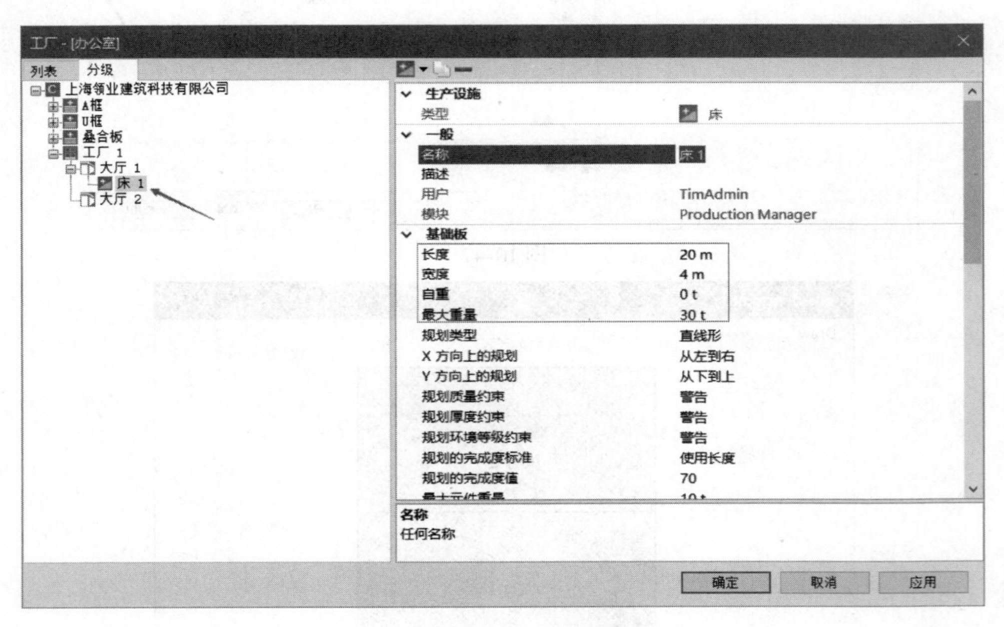

图 10-50

规划的完成度值设为 70、最大元件重量设为 10t、最大元件宽度设为 3. 5m。【层】设为“上午”，表示模台【床 1】在上午工作，如图 10-51 所示。

在【矩阵】选项中将 X 设为 3m、Y 设为 3m（这里 X、Y 的值表示模台到大厅的距离）、Z 设为 0m、角度设为 0 度，最后单击【应用】选项完成对模台【床 1】的设定，如图 10-52 所示。

继续为大厅 1 添加模台，第二个模台名称以［床 2］为例，长度、宽度、自重、最大重量的设定与［床 1］相同，如图 10-53 所示。

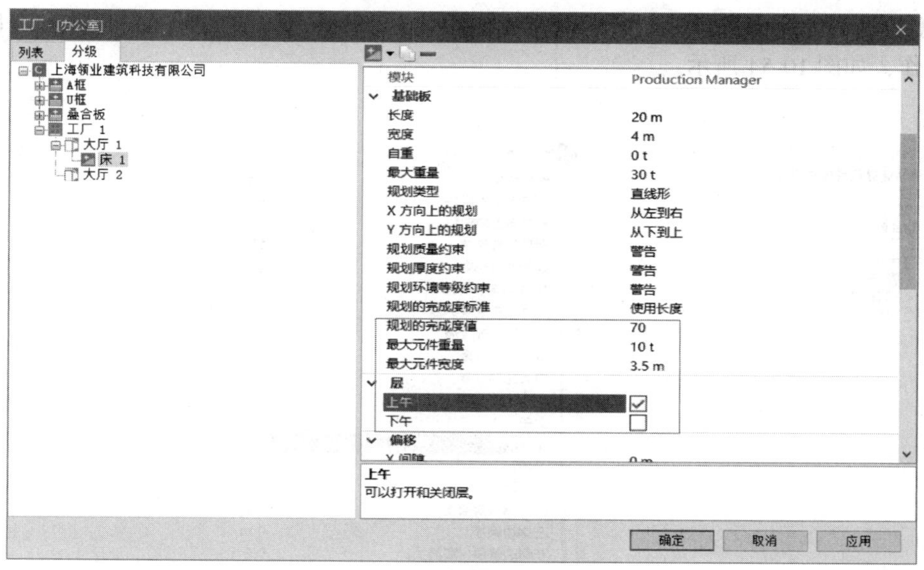

图 10-51

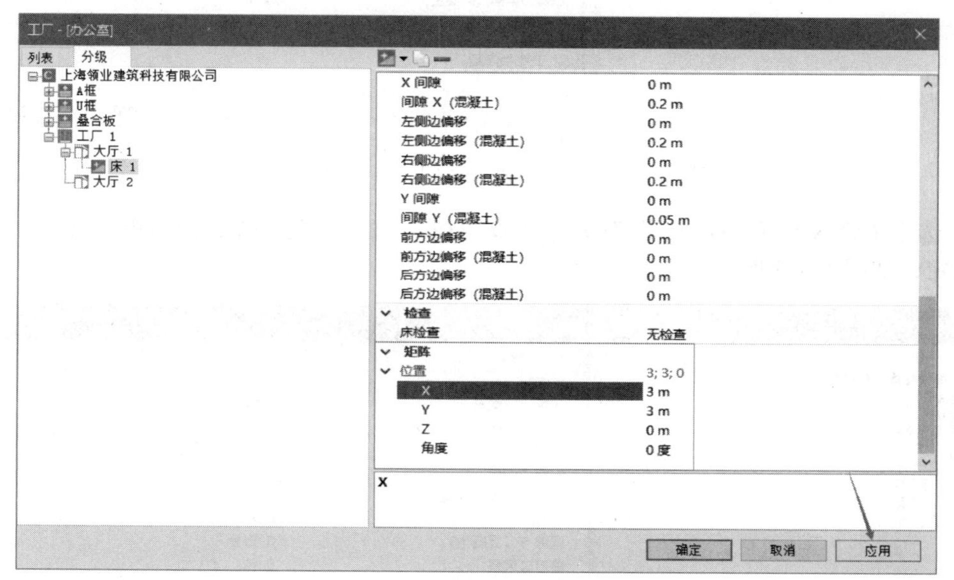

图 10-52

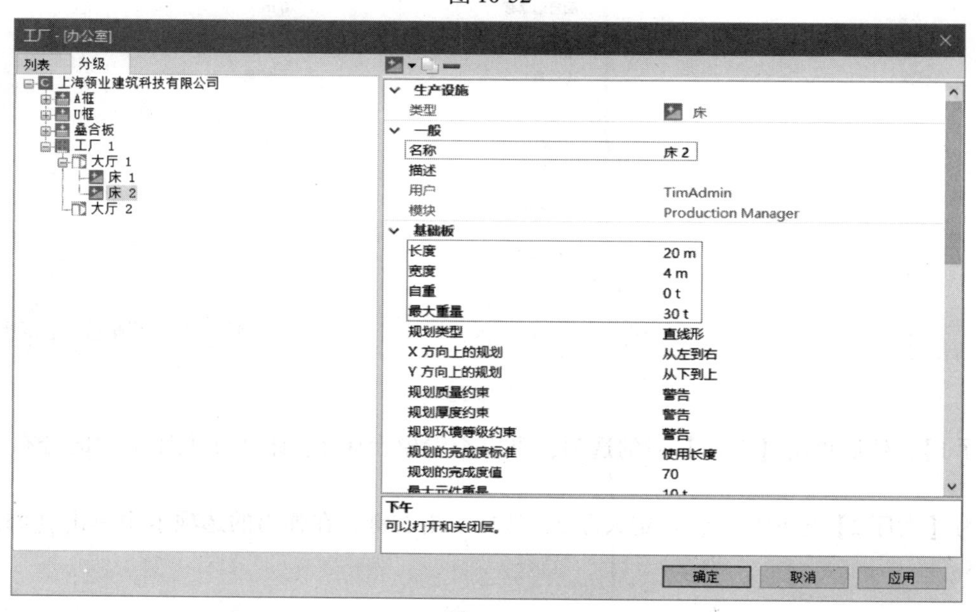

图 10-53

规划的完成度值、最大元件重量、最大元件宽度的设定与［床 1］相同，【层】设为“下午”，表示模台【床 2】在下午工作，如图 10-54 所示。

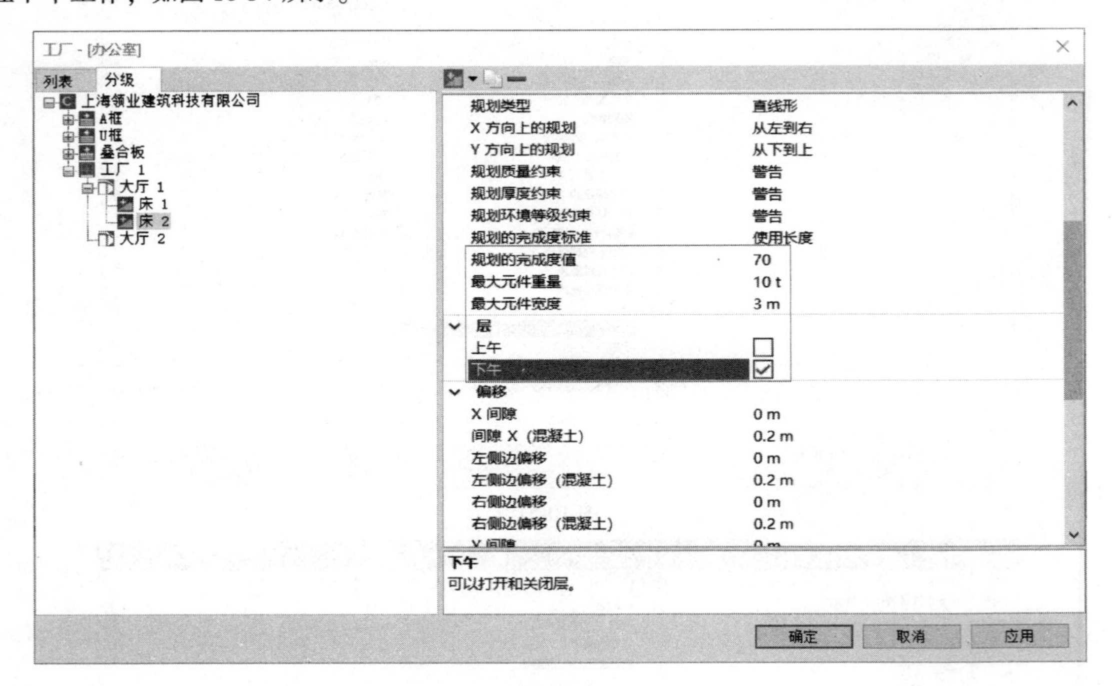

图 10-54

在【矩阵】选项中将 X 设为 3m、Y 设为 9m、Z 设为 0m、角度设为 0 度，最后单击【应用】选项完成对模台【床 2】的设定，如图 10-55 所示。

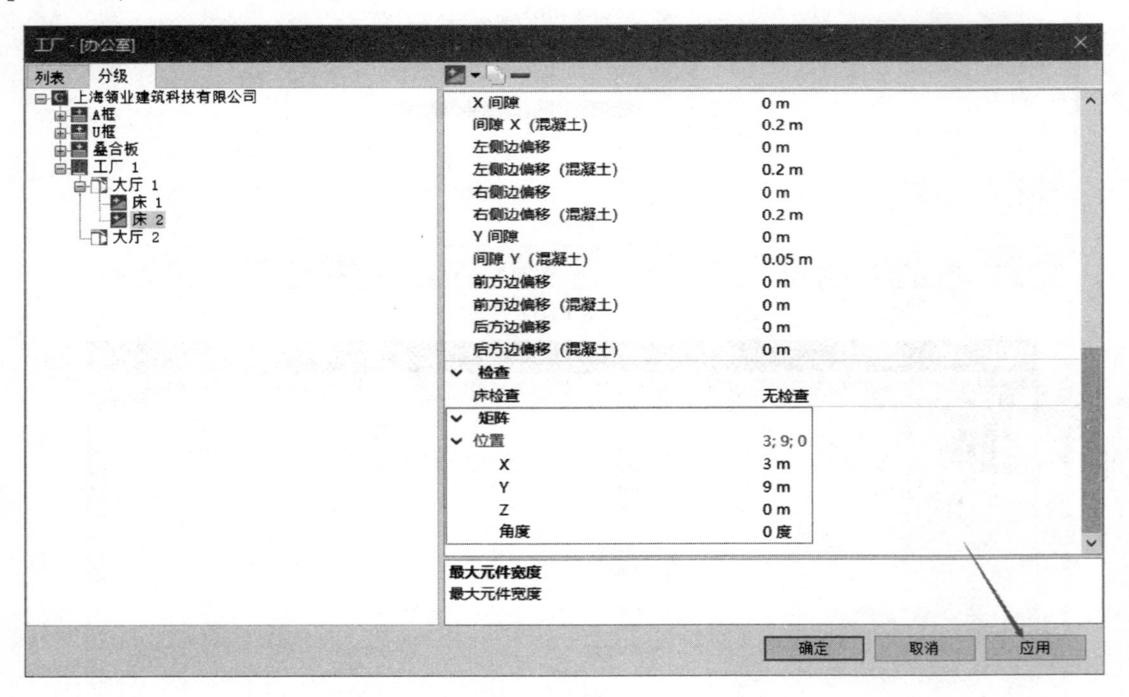

图 10-55

回到【大厅 1】，然后单击【图像】后的选项，可以查看模台床 1、床 2 在大厅 1 中的分布，如图 10-56 和图10-57所示。

（5）继续为【大厅 2】添加模台，选定大厅 2，然后单击右键，在弹出的选项卡中单击【添加桌子】选项，如图 10-58 所示。

图 10-56

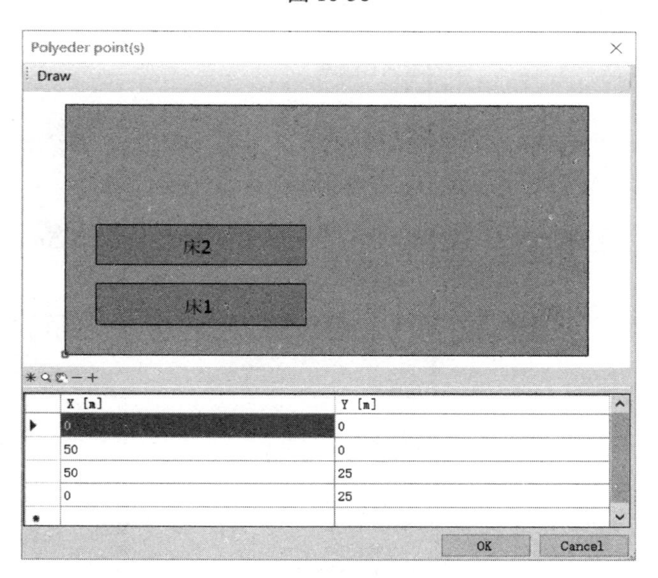

图 10-57

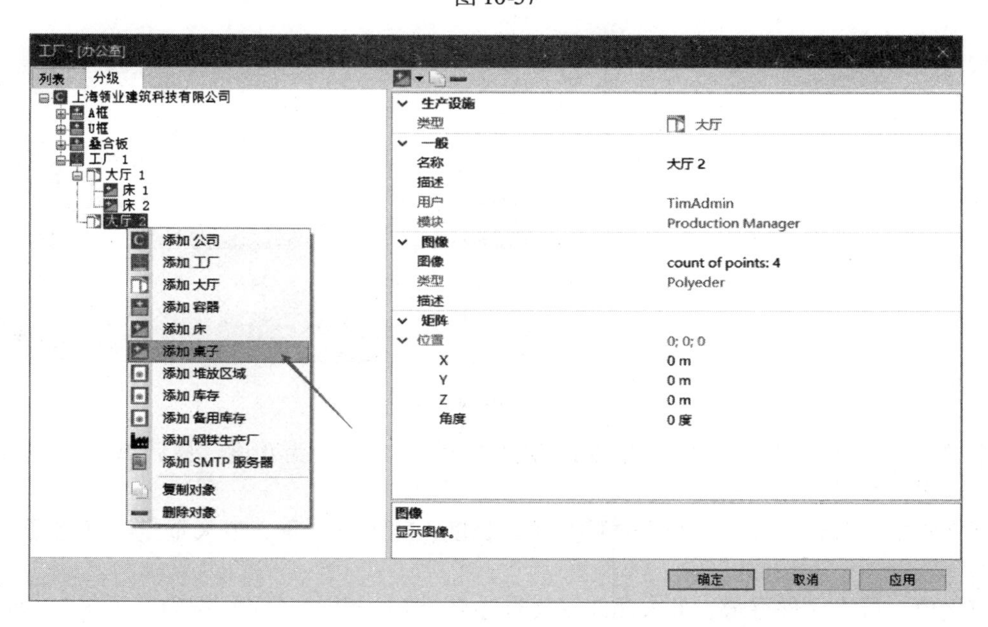

图 10-58

大厅 2 中的第一个模台名称以【桌子 1】为例，长度、宽度、自重、最大重量分别为 15m、4m、0t、10t 为例，如图 10-59 所示。

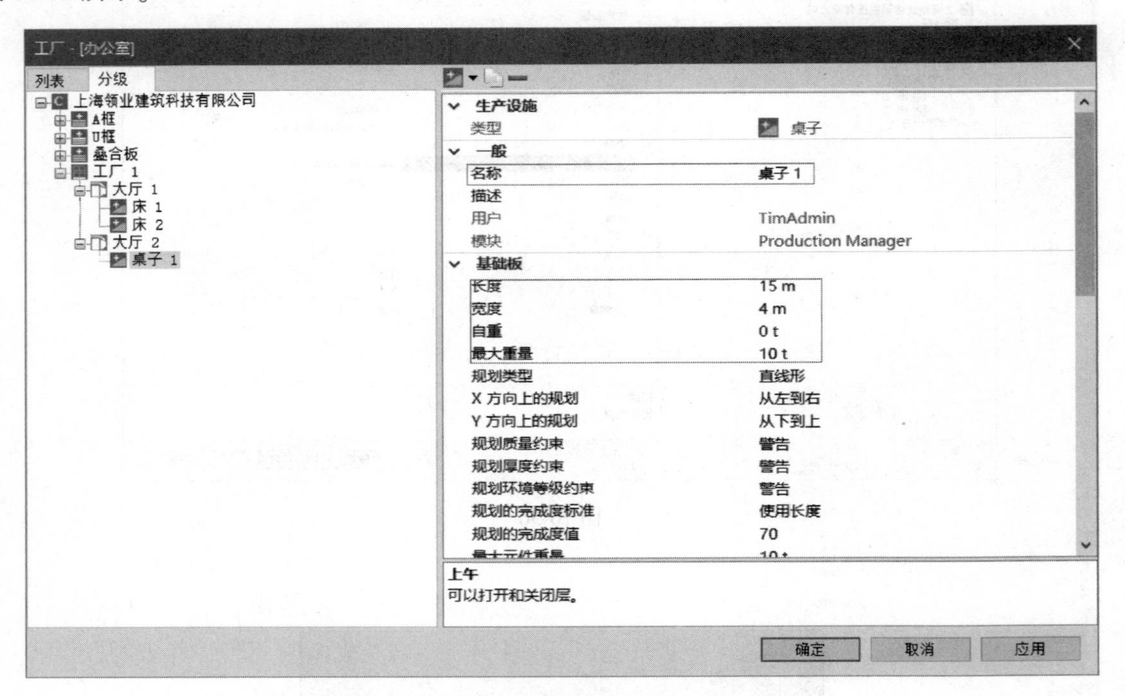

图 10-59

规划的完成度值设为 70、最大元件重量设为 10t、最大元件宽度设为 3.5m，【层】设为“上午”，如图 10-60所示。

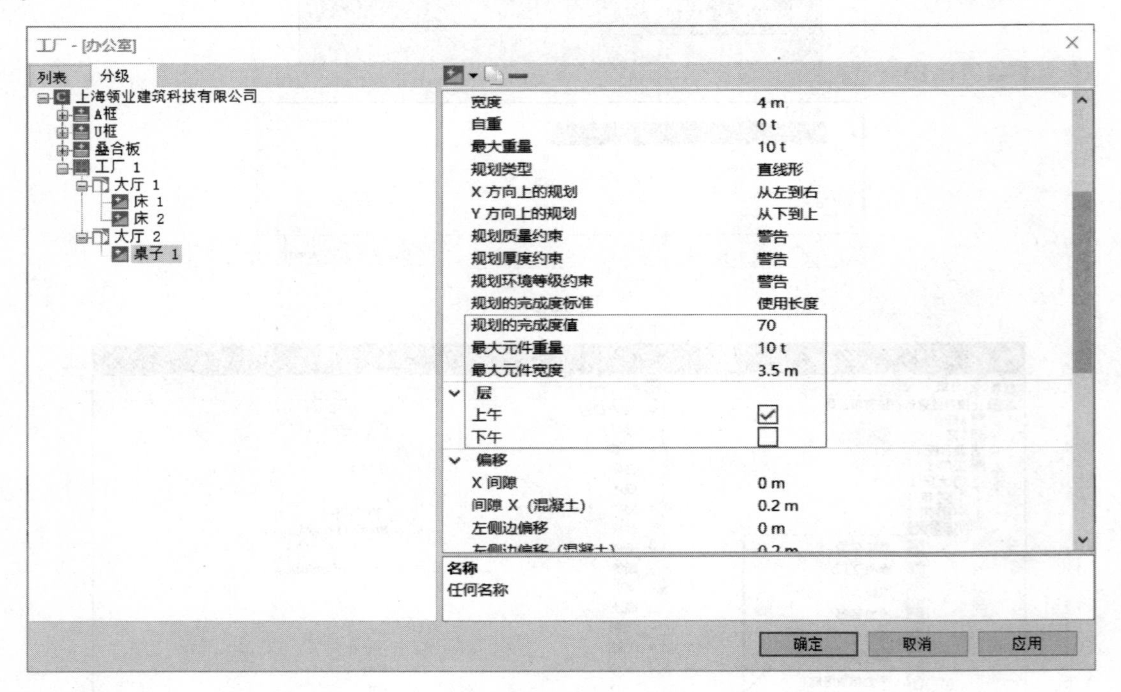

图 10-60

在【矩阵】选项中将 X 设为 3m、Y 设为 28m、Z 设为 0m、角度设为 0 度，最后单击【应用】选项完成模台【桌子 1】的设定，如图 10-61 所示。

继续为大厅 2 添加模台，名称以【桌子 2】为例，长度、宽度、自重、最大重量与【桌子 1】相同，如图 10-62 所示。

规划的完成度值、最大元件重量、最大元件宽度与【桌子 1】相同，【层】设为“下午”，如图 10-63 所示。

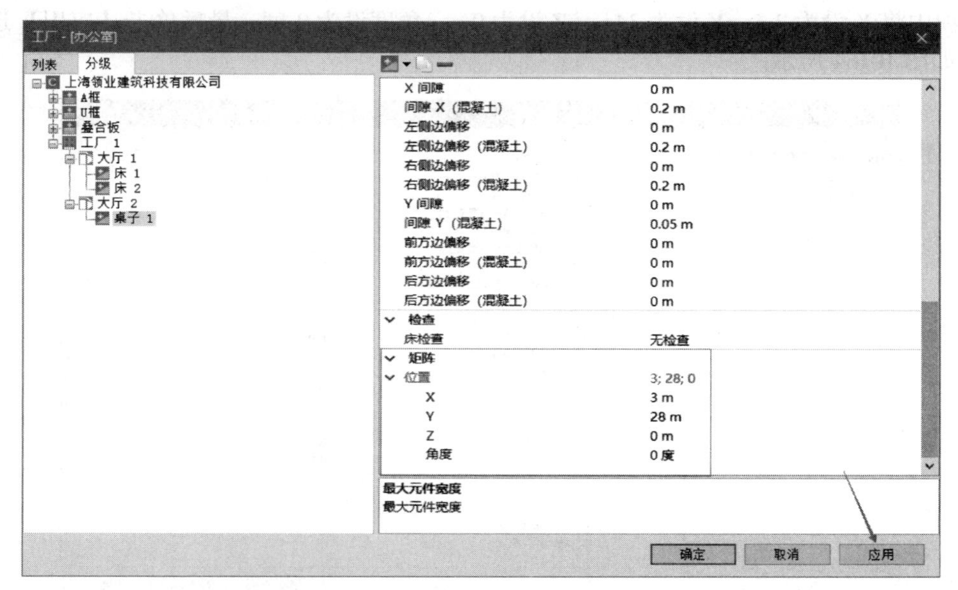

图 10-61

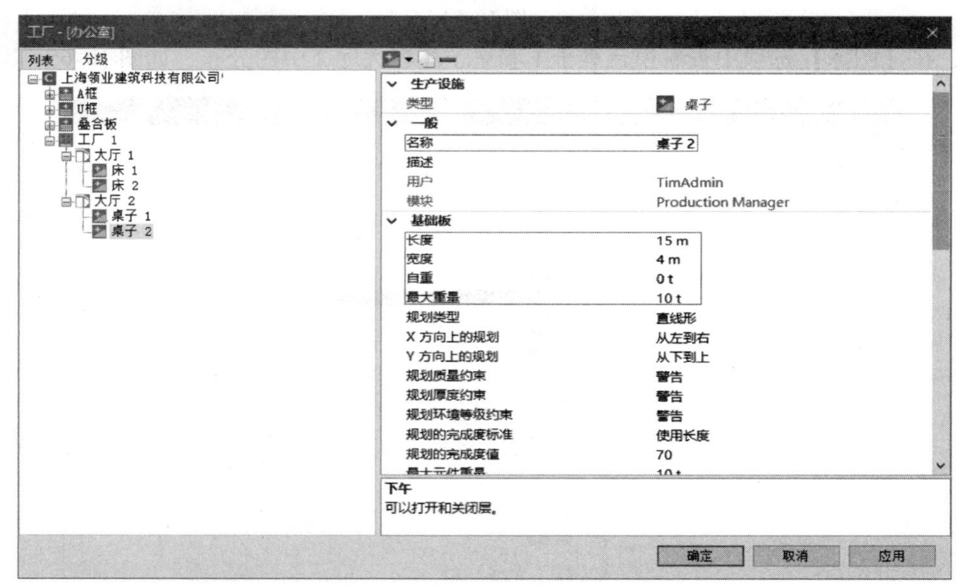

图 10-62

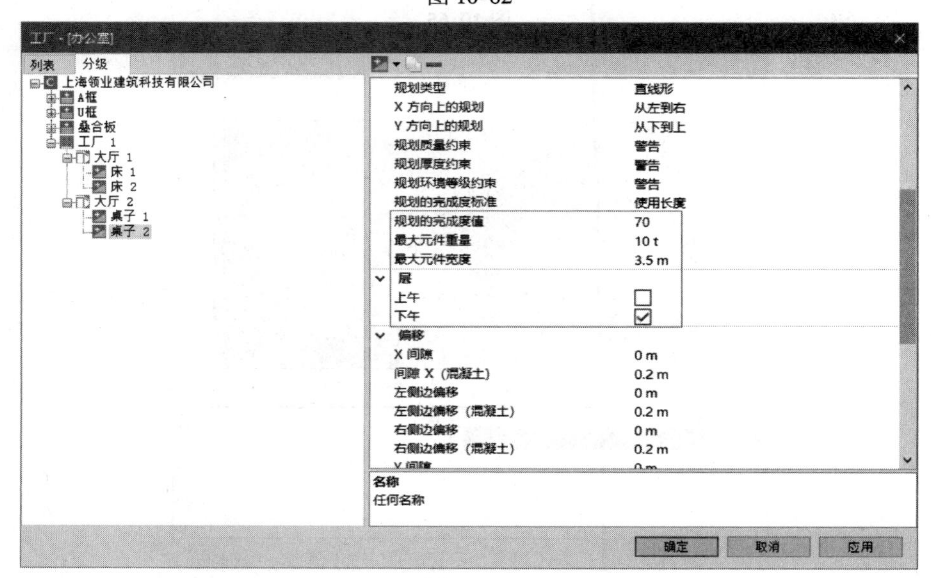

图 10-63

【矩阵】选项中将 X 设为 3m、Y 设为 34m、Z 设为 0m、角度设为 0 度，最后单击【应用】选项完成对【桌子 2】的设定，如图 10-64 所示。

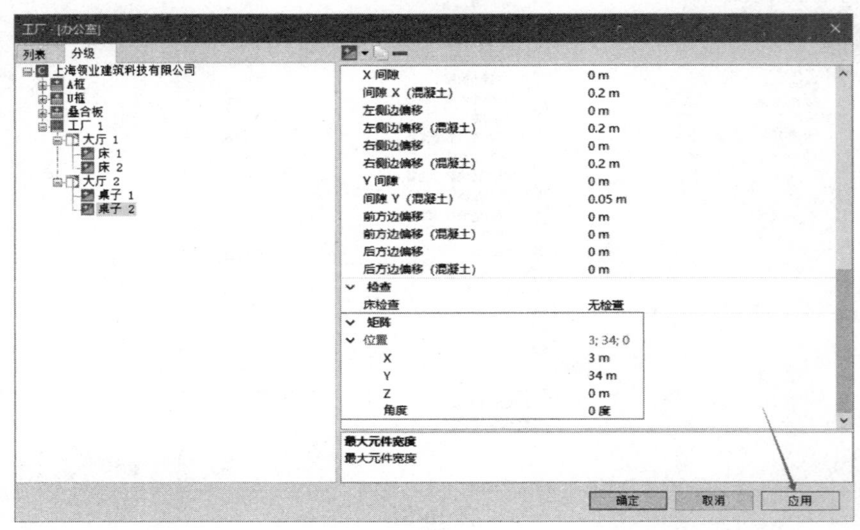

图 10-64

返回大厅 2，在【图像】选项中查看模台桌子 1 和桌子 2 在大厅 2 中的分布，如图 10-65 和图 10-66 所示。

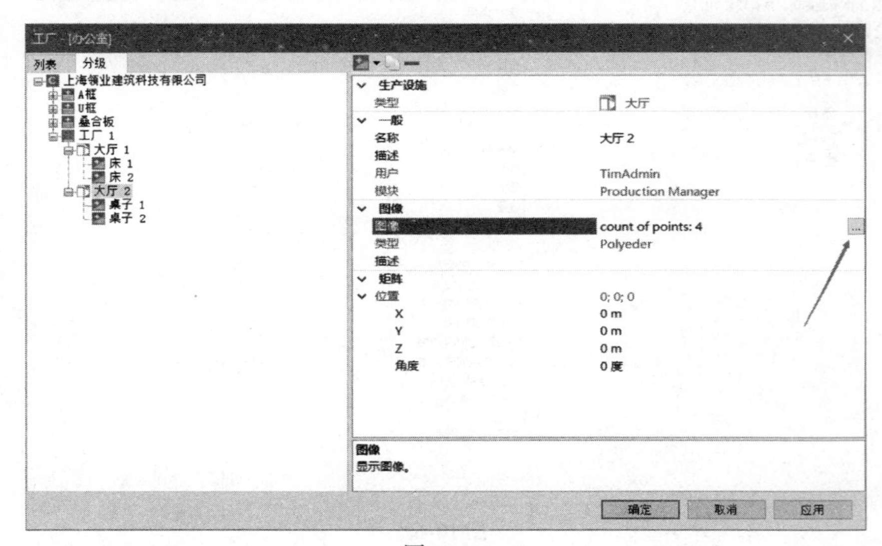

图 10-65

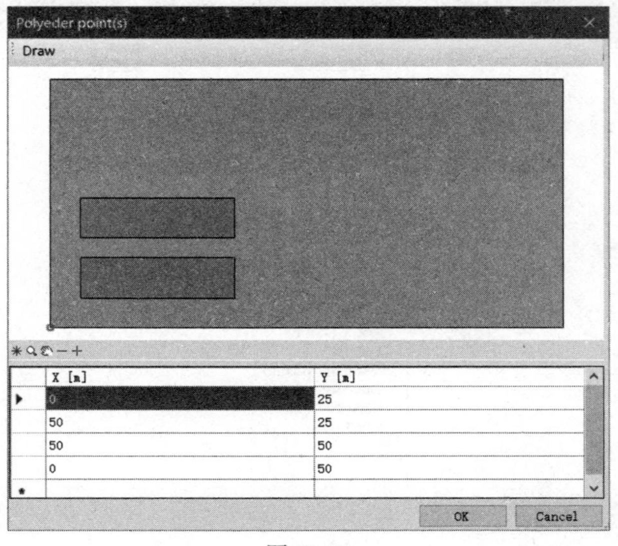

图 10-66

10.2.3 激活日期回顾

（1）单击打开模块选项，选择并进入【TIM】选项，如图 10-67 所示。

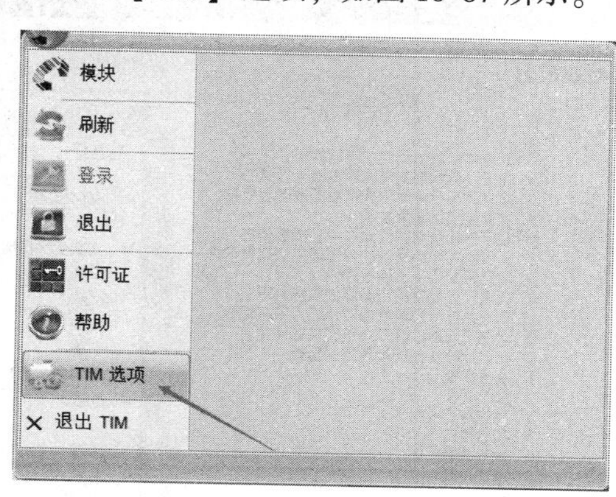

图 10-67

（2）在弹出的【TIM】对话框中单击【回顾日期】选项，然后在【更改配置】中选择【预制】→【板】→【叠合楼板】（由于我们项目中用到的有：叠合楼板、双层墙两种构件，所以需要分别对叠合楼板和双层墙进行回顾日期设置）；最后单击【Create】选项对【叠合楼板】进行回顾日期设置，如图 10-68 和图 10-69 所示。

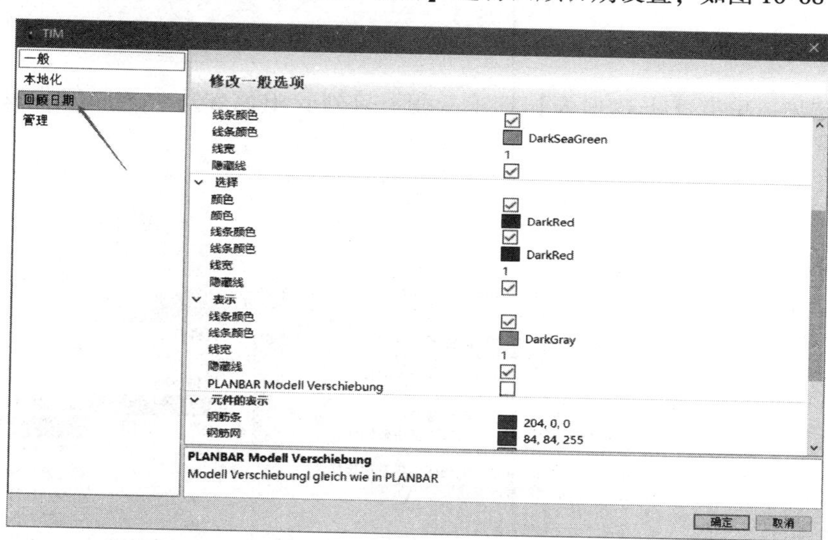

图 10-68

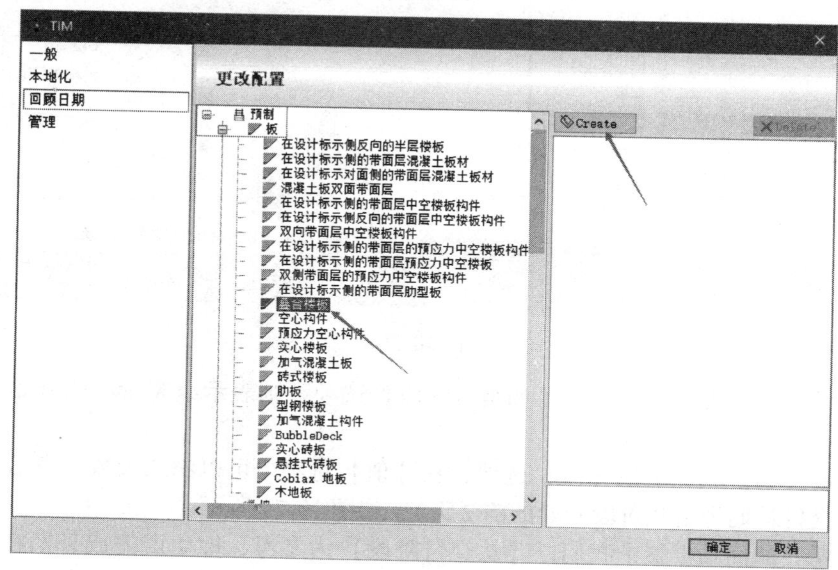

图 10-69

在“回顾日期”设置窗口中有：元件、交付日期、上次生产日期、设计的发布日期，如图 10-70 所示。

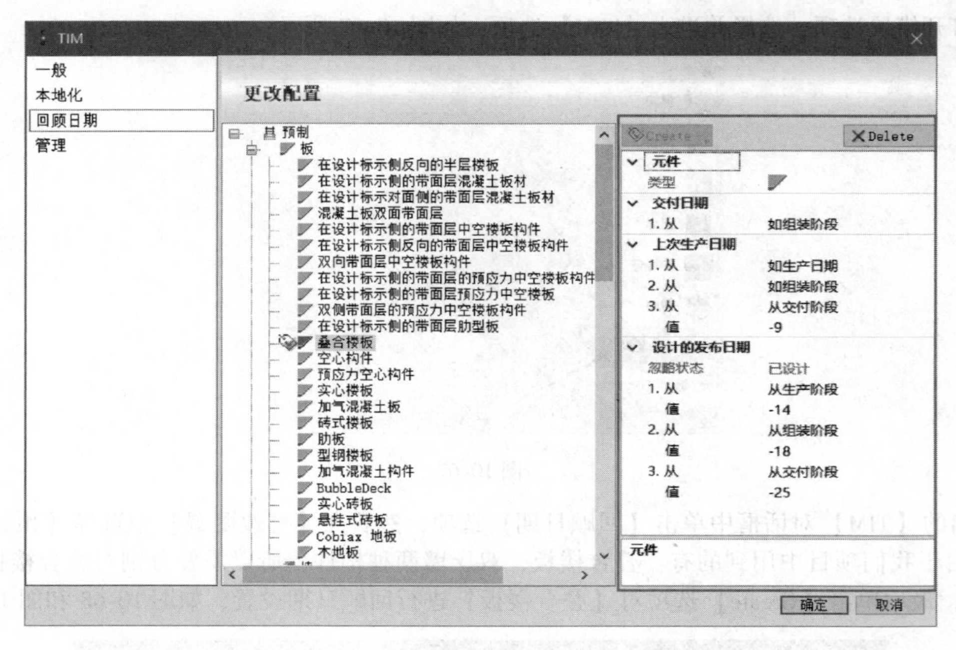

图 10-70

在“交付日期”选项下单击【下拉列表】选项，在下拉列表中包含几个不同的阶段和日期，如图 10-71 所示。

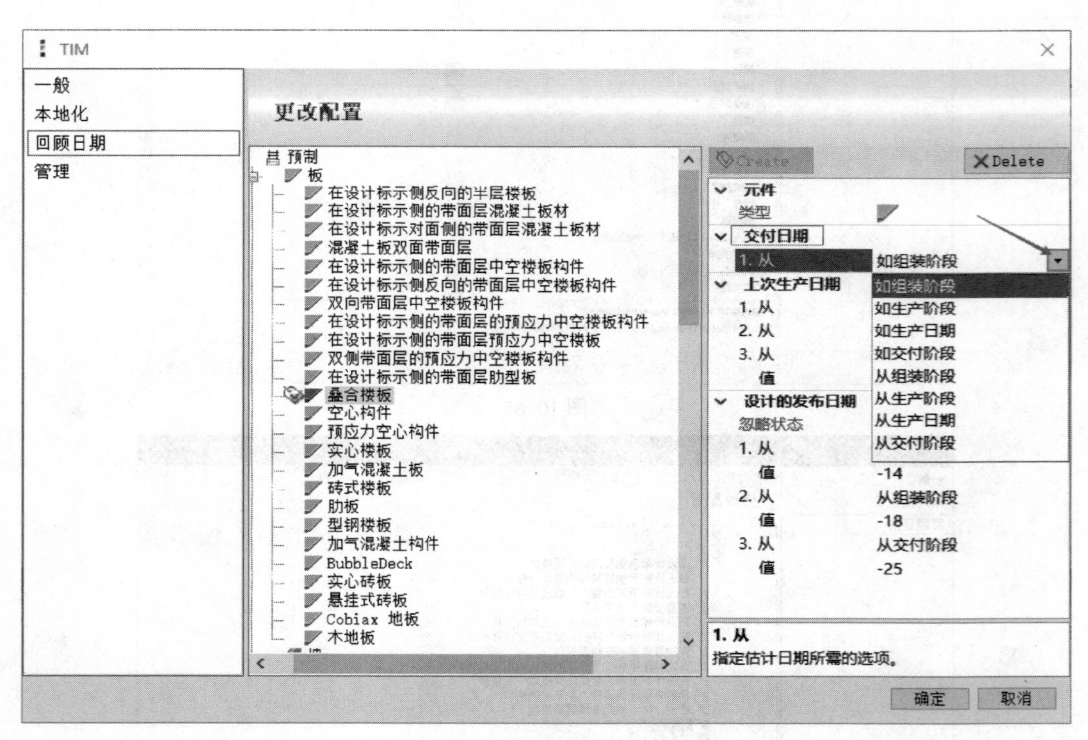

图 10-71

在“交付日期”的下拉列表中如果单击【如组装阶段】选项，则表示组装阶段的开始就是交付日期，如图 10-72 所示。

如果单击【从组装阶段】就会出现【值】选项，在【值】选项中可以添加天数，表示交付日期距离组装阶段的天数（图中表示交付日期为组装阶段开始的前 2 天），如图 10-73 所示。

在“上次生产日期”的回顾设置中我们以【从交付阶段】为参考，即生产完成日期在交付阶段开始的前 9 天（也可以根据其他阶段设置回顾日期），如图 10-74 所示。

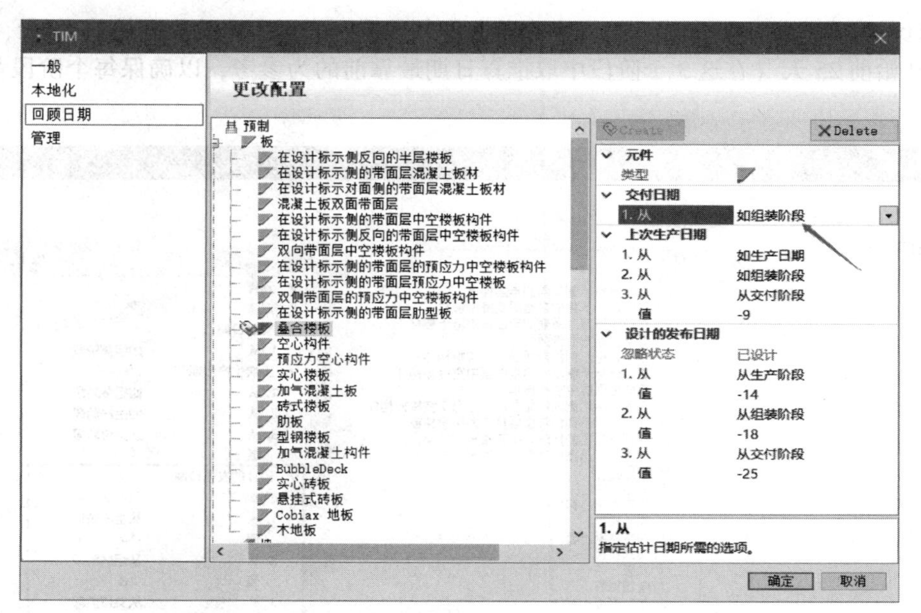

图 10-72

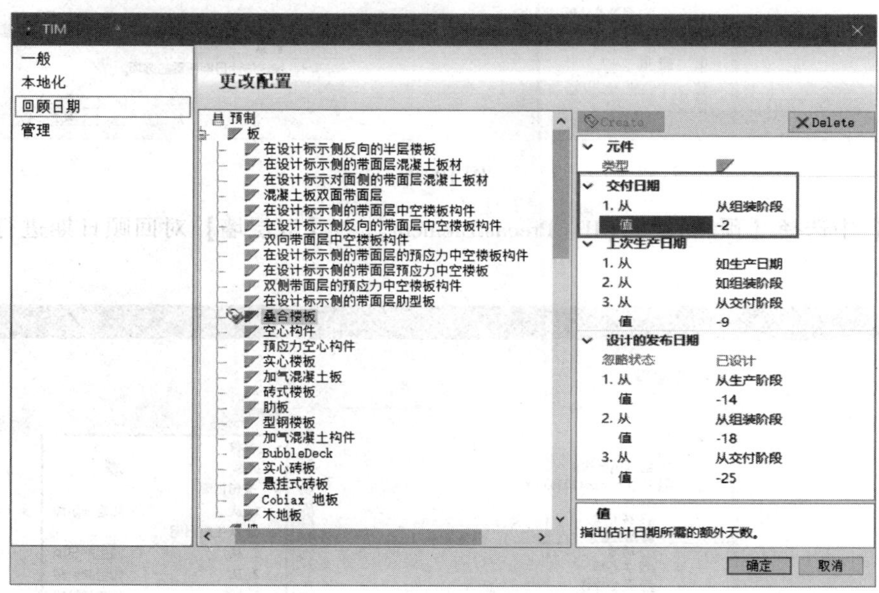

图 10-73

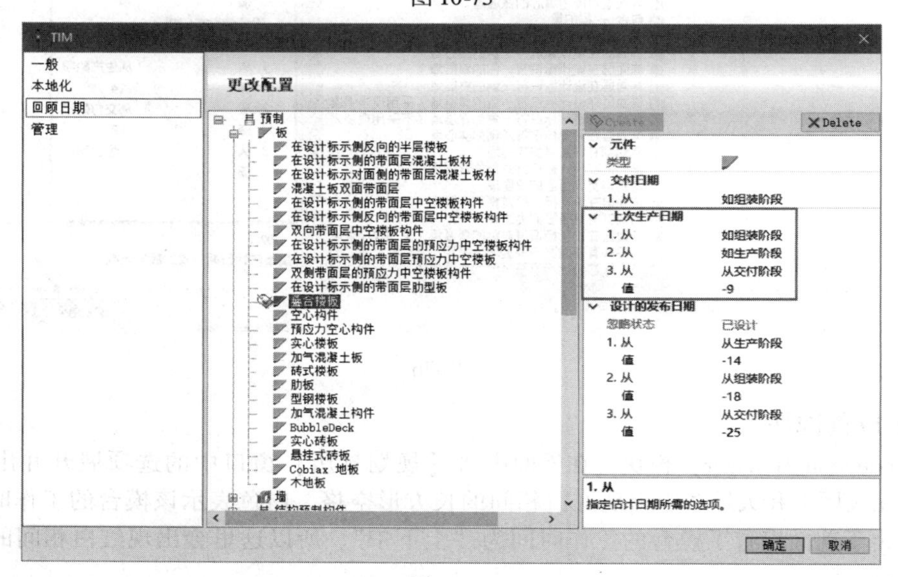

图 10-74

（3）在“设计的发布日期”回顾设置中以3个阶段举例，分别表示生产阶段开始前14天、组装阶段开始前18天、交付阶段开始前25天（在这3个阶段中取推算日期最靠前的为参考，以确保每个阶段都可以完成），如图10-75所示。

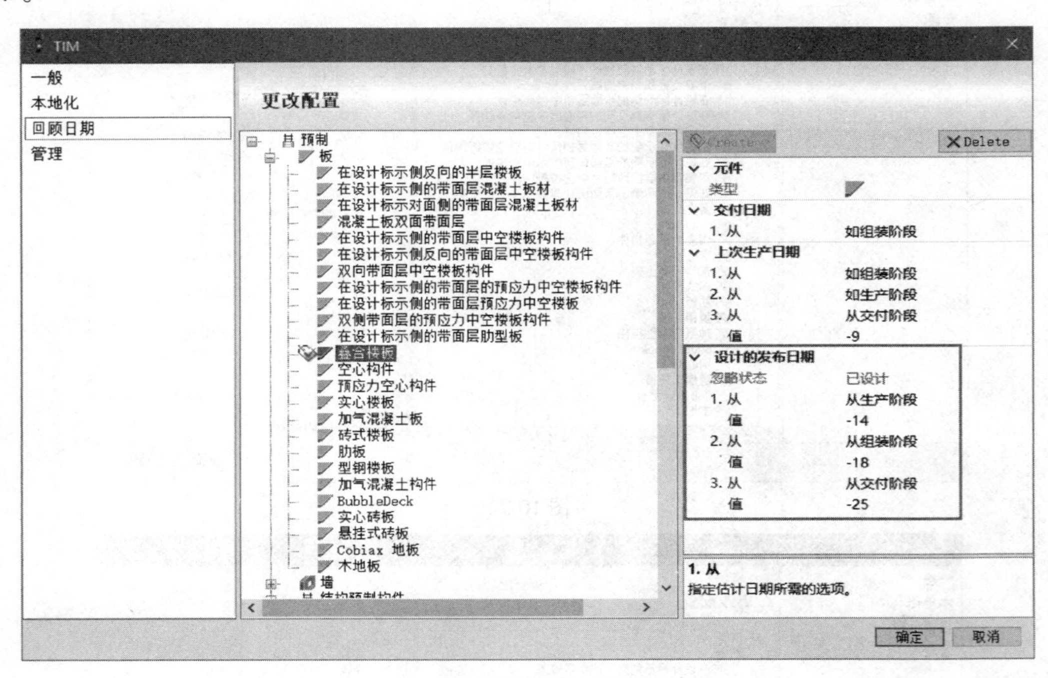

图 10-75

在【更改配置】中选择【预制】→【ID_PrecastElement】→【双层墙】对回顾日期进行设置，如图10-76所示。

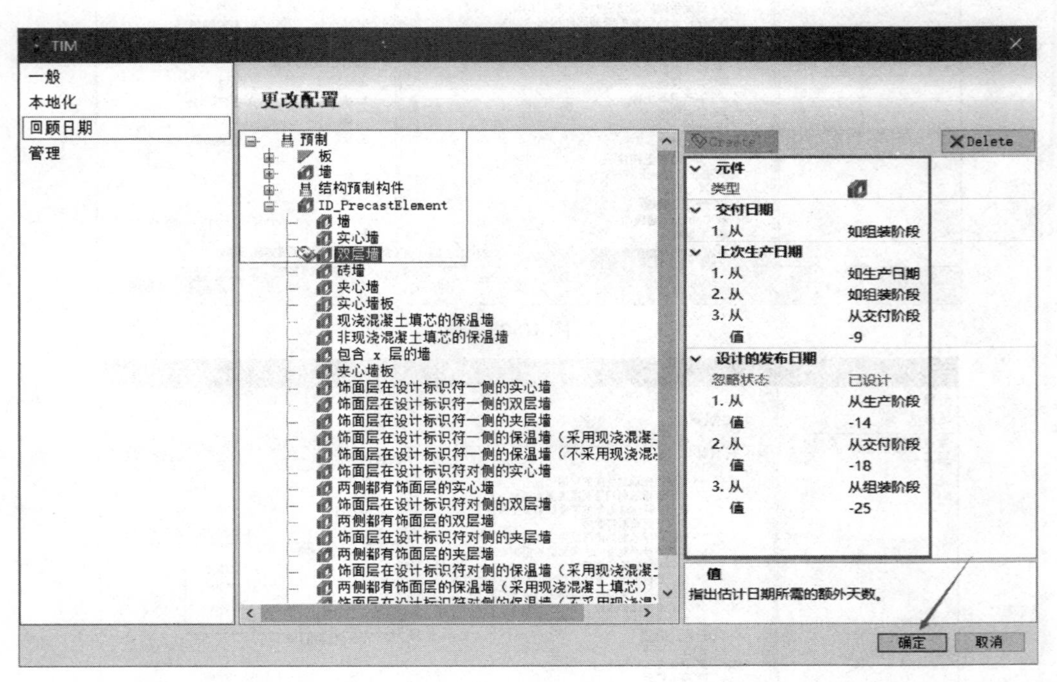

图 10-76

10.2.4　在模台上放置构件

（1）打开【Production Manager】模块，在界面中将【规划日历】窗口中的选项展开并出现前面设置的工厂、大厅、模台。在大厅1和大厅2中出现红白相间的长方形空格，白色表示该模台的工作时间，红色表示该模台的休息时间（由于前面设置了模台的工作时间为“上下午”，所以这里会出现红白相间的工作时间和休息时间），如图10-77所示。

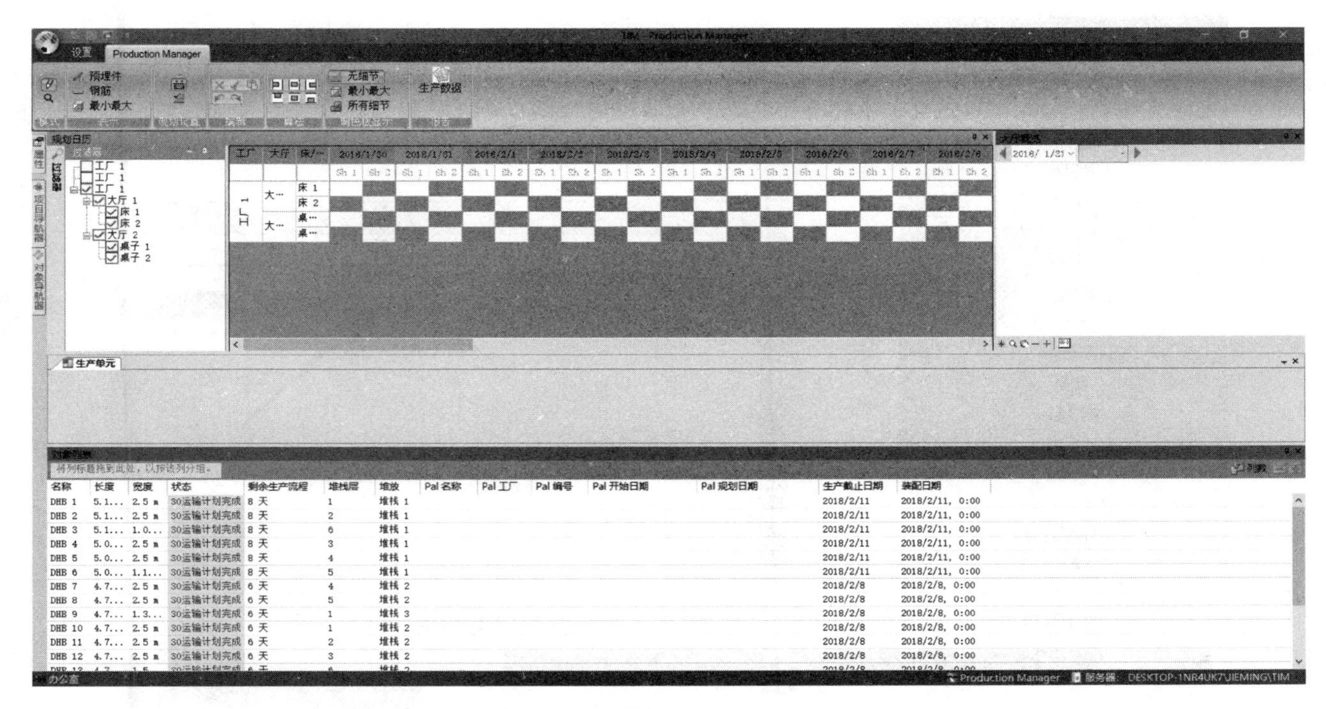

图 10-77

（2）在【对象列表】中的【列】，可以通过【列表】选项进行添加和移除，单击【列数】选项，在弹出的选项卡中包含不同类型的列，如图 10-78 和图 10-79 所示。

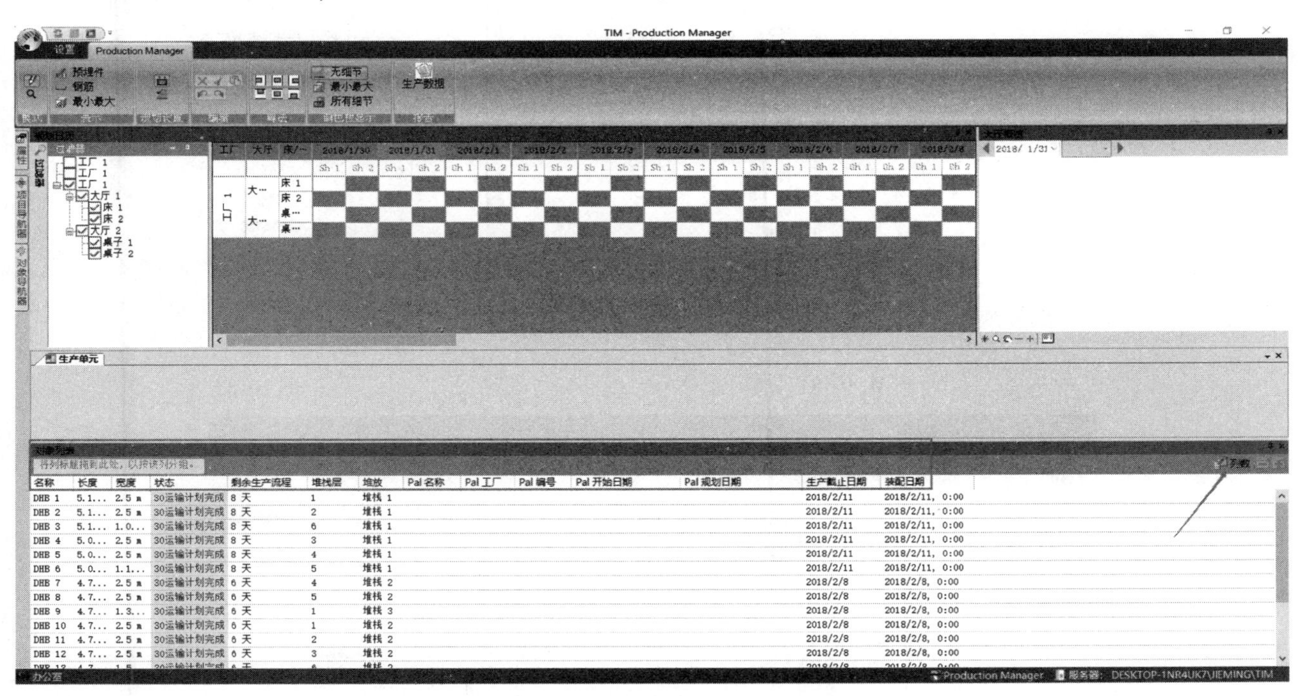

图 10-78

10.2.5　如何添加【列数】中的【列】

在【对象导航器】中单击【编辑】选项，然后在弹出的【分级编辑器】对话框中单击【元件】选项，在出现的不同类型的列中添加需要的列，然后单击【确定】选项完成添加，最后回到【列的选择】选项卡中就会出现新添加的列，如图 10-80～10-82 所示。

10.2.6　生产日期的计算

（1）在【回顾日期】的设定中，双层墙的交付日期为组装阶段的开始时间，上次生产日期为交付日期的前 9 天，所以生产日期为组装阶段开始日期前 9 天，如图 10-83 所示。

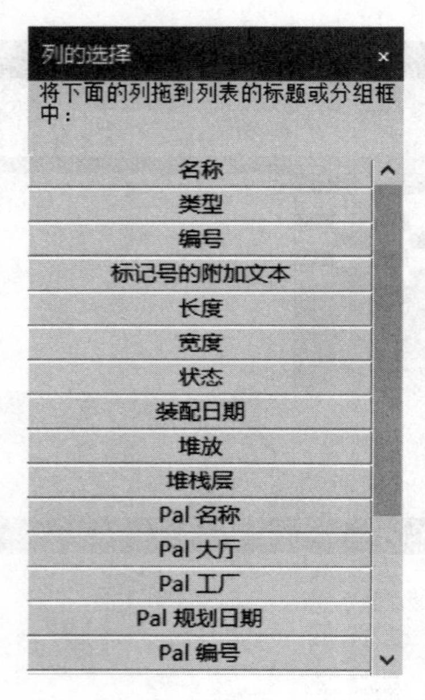

图 10-79

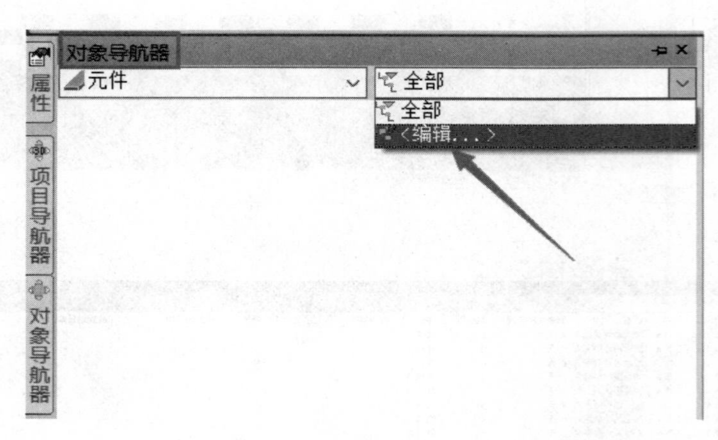

图 10-80

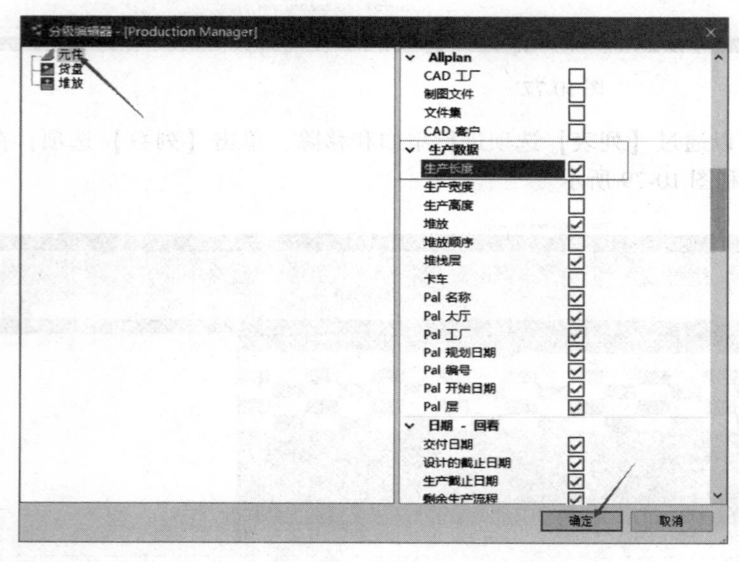

图 10-81

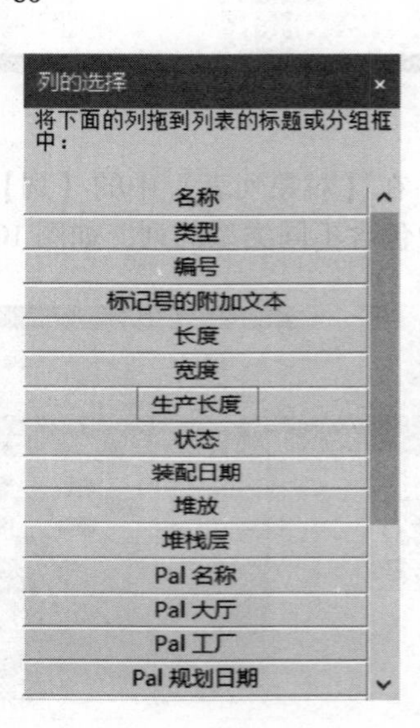

图 10-82

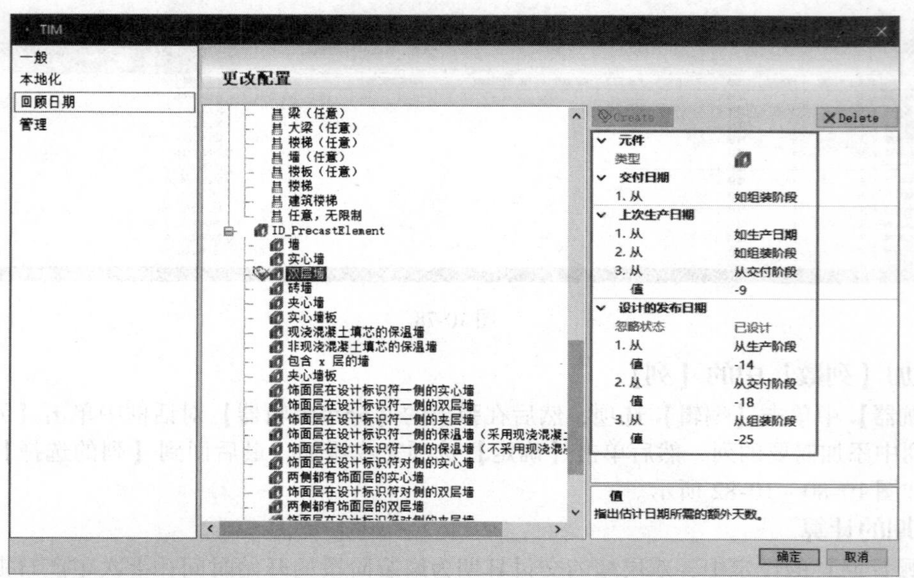

图 10-83

（2）在双层墙的组装中设定了两个阶段，分别是 2 月 4 日、2 月 6 日，我们根据不同的日期分别算出生产日期。“阶段 1.1”的生产日期为 1 月 27 日，“阶段 1.2”的生产日期为 1 月 29 日。首先将“阶段 1.1”的构件放入大厅 1 的对应位置，在大厅 1 的“2018/1/27”中单击白色（上午、下午）部分放入对应的构件，如图 10-84 所示。

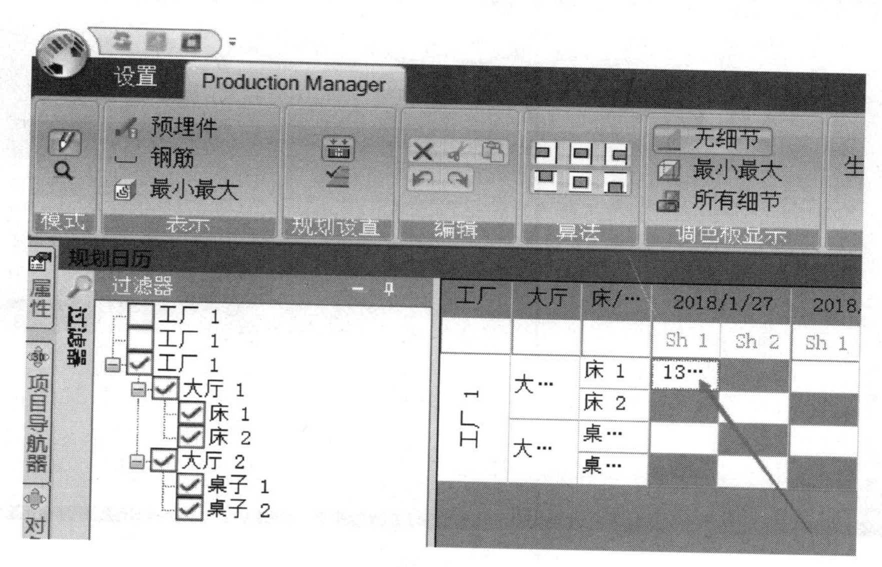

图 10-84

（3）依次选择“阶段 1.1”的构件（PCQ14、PCQ08、PCQ13、PCQ07、PCQ12、PCQ06、PCQ11、PCQ05、PCQ10），便可以放入先前设置的模台内，如图 10-85 所示。

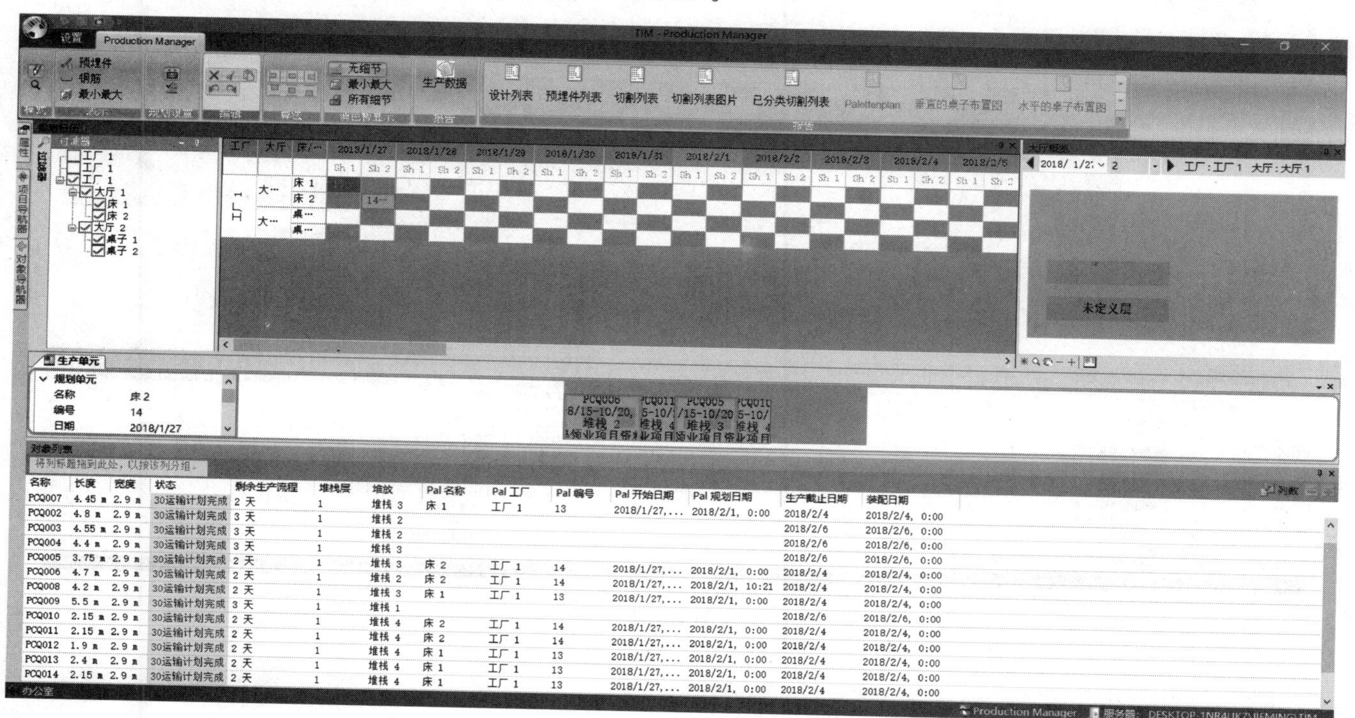

图 10-85

双层墙的“阶段 1.1”和“阶段 1.2”最终生产计划完成后如图 10-86 所示。

（4）板的各个阶段生产计划的设定与双层墙相同，完成后如图 10-87 所示。

当天模台如果不能满足当天生产计划，可以增加模台或者将计划向后一天延伸，当然这些都是根据生产实际情况决定，这里只是举例展示设定计划的方法。

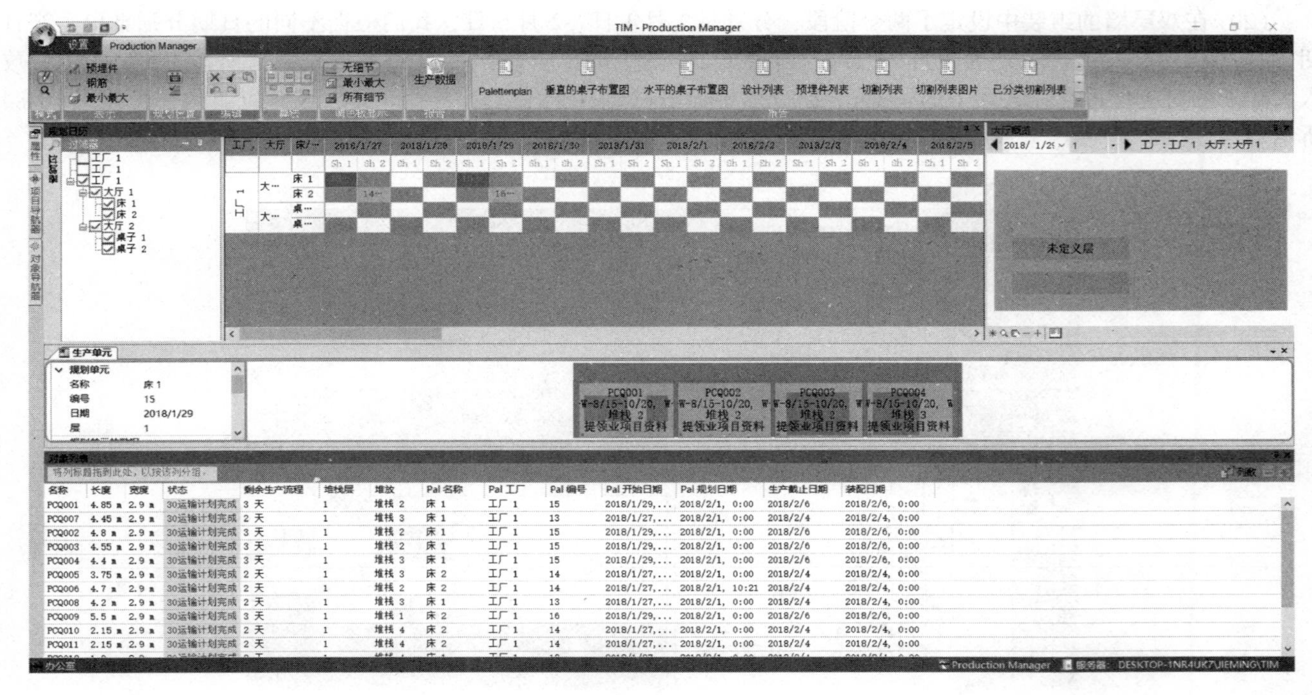
TIM - Production Manager
设置
Production Manager
预埋件
钢筋
最小最大
无细节
最小最大
所有细节
生产数据
Palettenplan
垂直的桌子布置图
水平的桌子布置图
设计列表
预埋件列表
切割列表
切割列表图片
已分类切割列表
未定义层
生产单元
规划单元
对象列表
Production Manager
DESKTOP-1NR4UK7\JIEMING\TIM

图 10-86

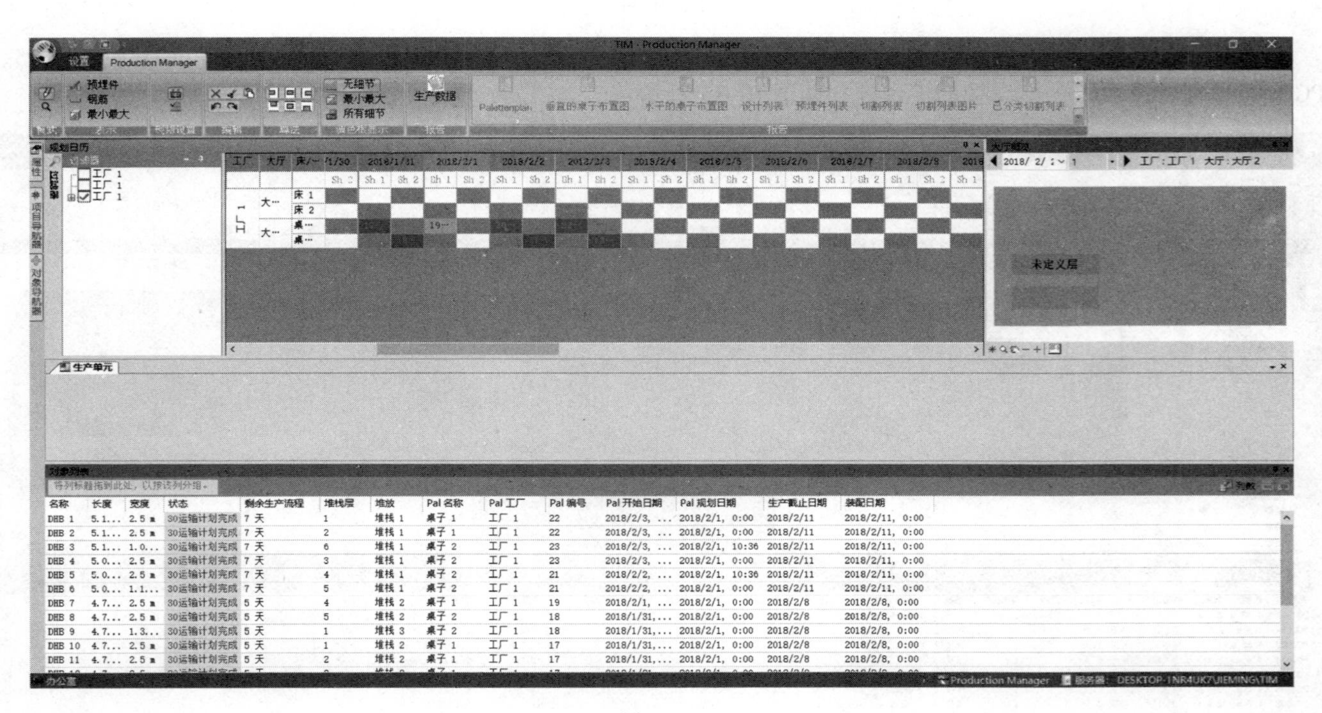
TIM - Production Manager
设置
Production Manager
预埋件
钢筋
最小最大
无细节
最小最大
所有细节
生产数据
未定义层
生产单元
对象列表
Production Manager
DESKTOP-1NR4UK7\JIEMING\TIM

图 10-87

第 11 章　报　表

11.1　生成报表

（1）进入【Report and Production Data Manager】，如图 11-1 所示。

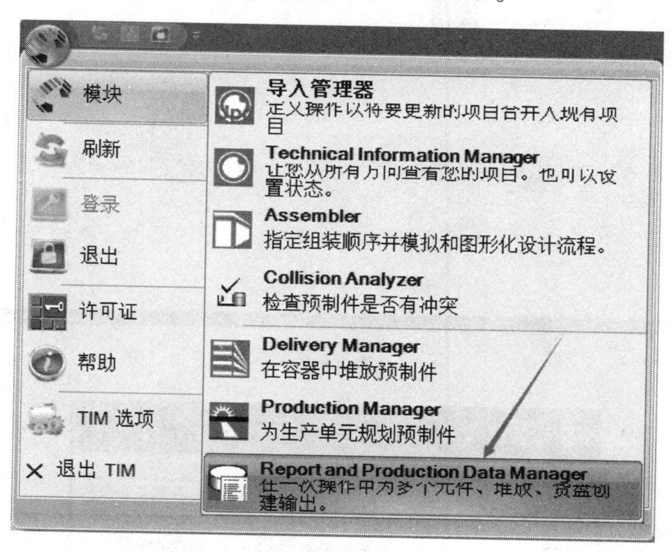

图 11-1

进入界面后在【项目导航器】中选择“预制墙练习（Rev-7）”举例，在【对象导航器】中以“元件”举例，如图 11-2 所示。

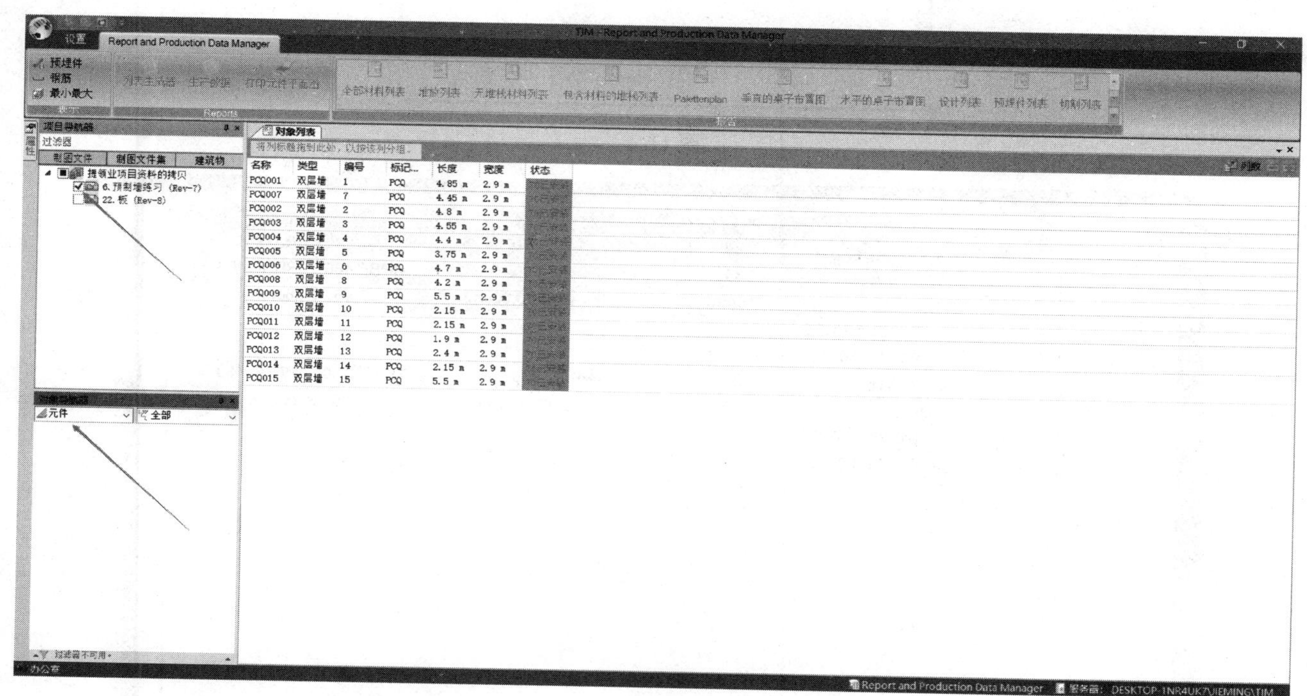

图 11-2

单击任意预制墙构件可以在【报告】选项栏中生成对应的报告，如图 11-3 ~ 图 11-5 所示。

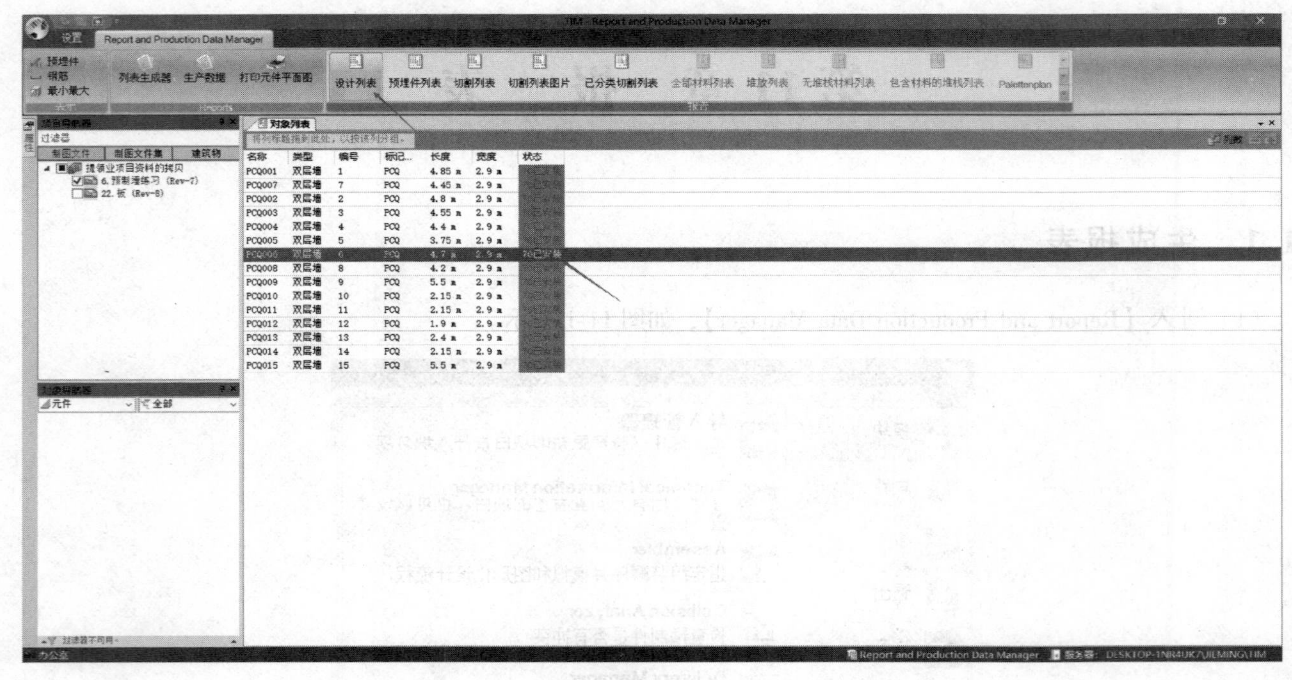

图 11-3

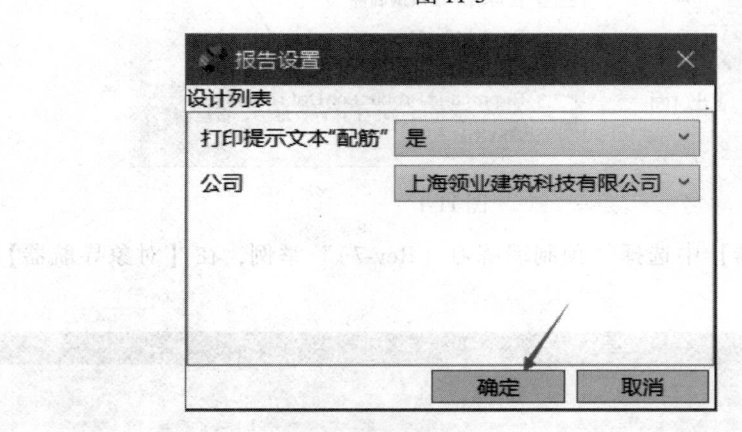

图 11-4

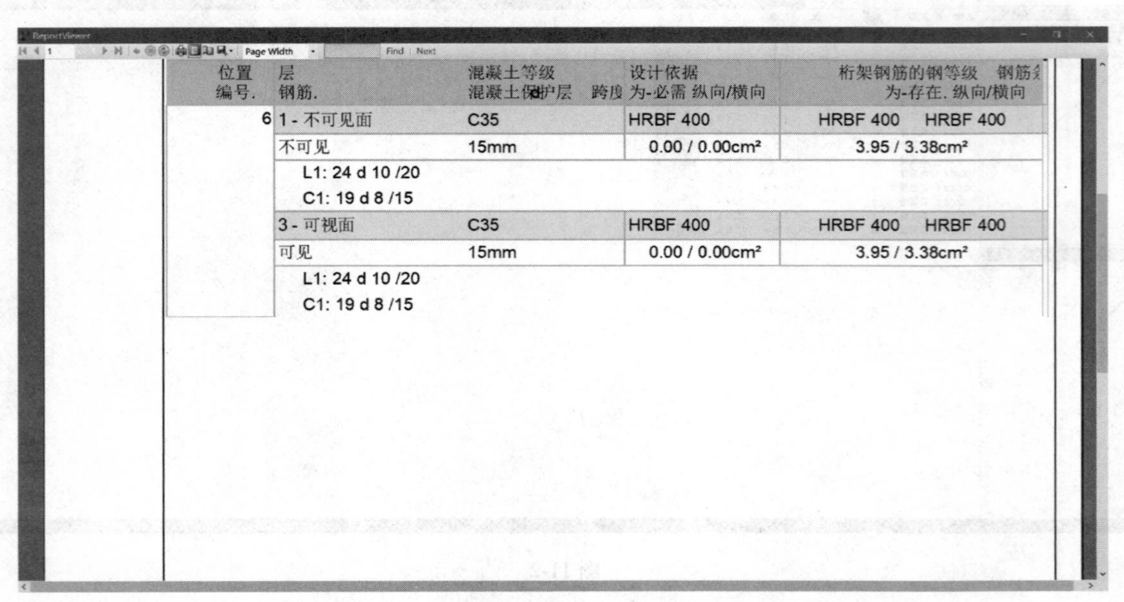

图 11-5

（2）也可以根据货盘生成报告，在【对象导航器】中选择【货盘】【全部】选项，如图 11-6 所示。

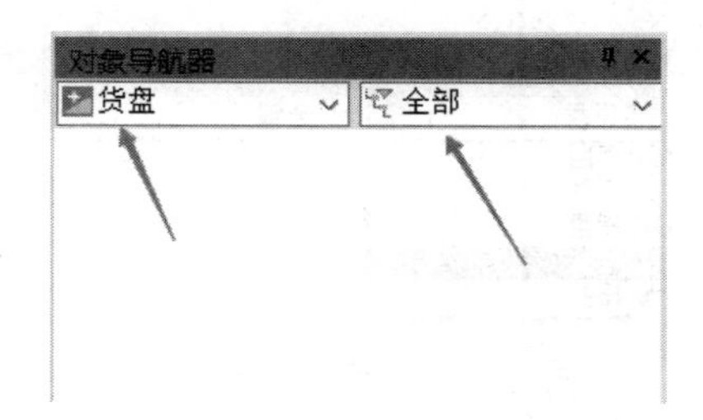

图 11-6

在【对象列表】中选择一个货盘，然后生成报告，这里以【水平的桌子布置图】报告为例，如图 11-7 所示。

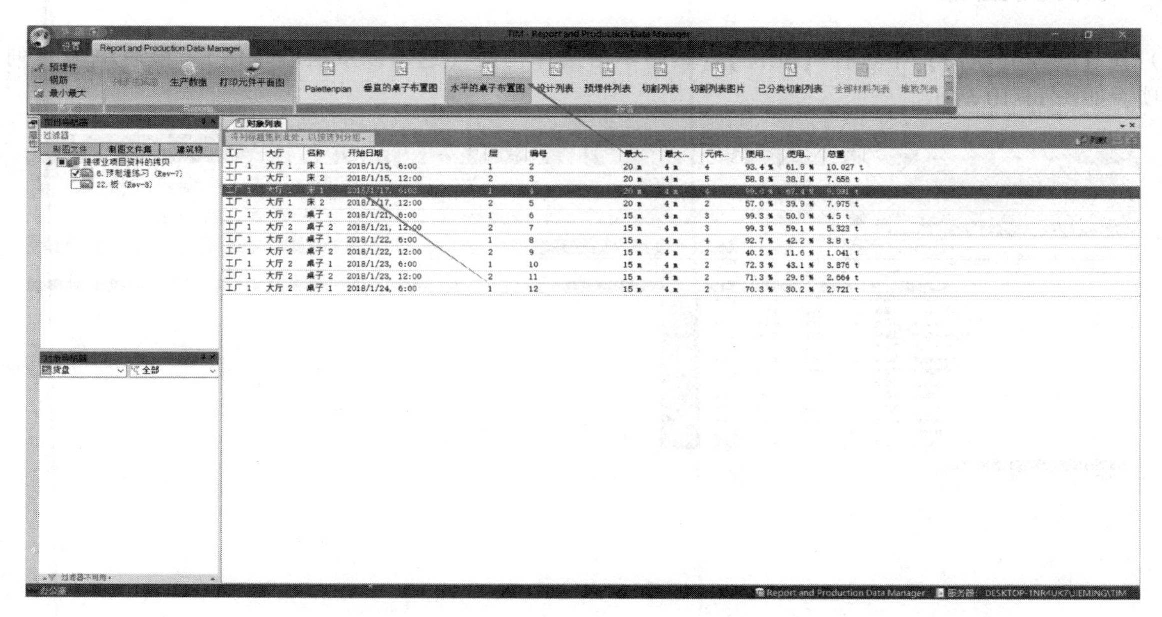

图 11-7

生成的报告中显示出该构件上的所有预埋件，如图 11-8 所示。

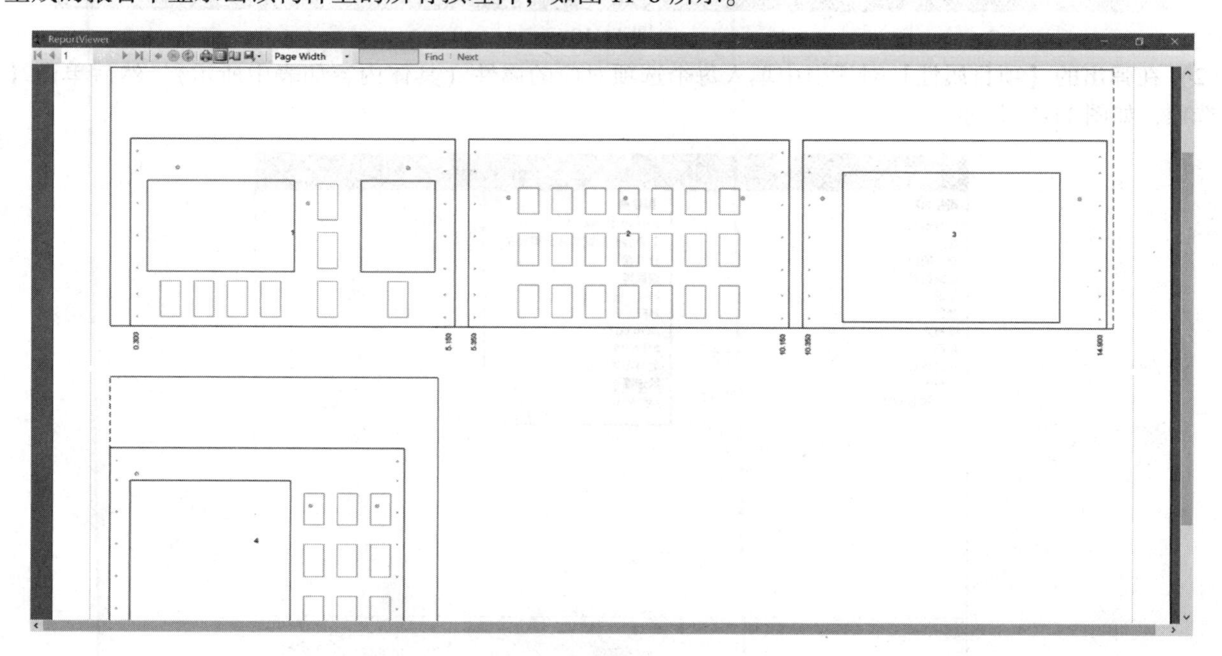

图 11-8

（3）也可以根据其他分类生成报告，这里就不一一列举，如图 11-9 所示。

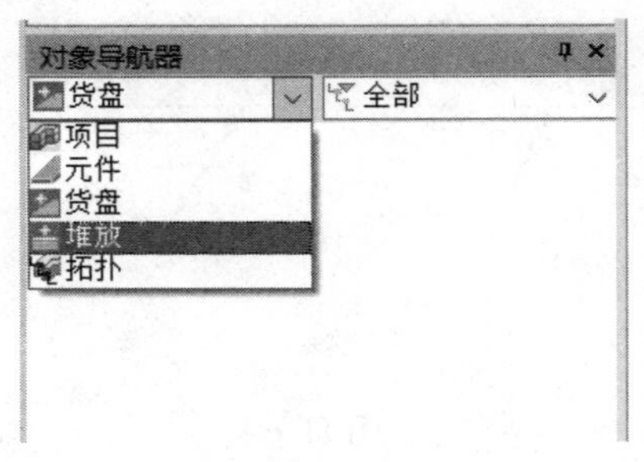

图 11-9

11.2　列表发生器

（1）在【对象导航器】中选择【元件】，然后单击选择构件（这里以双层墙举例），最后单击【列表生成器】选项，如图 11-10 所示。

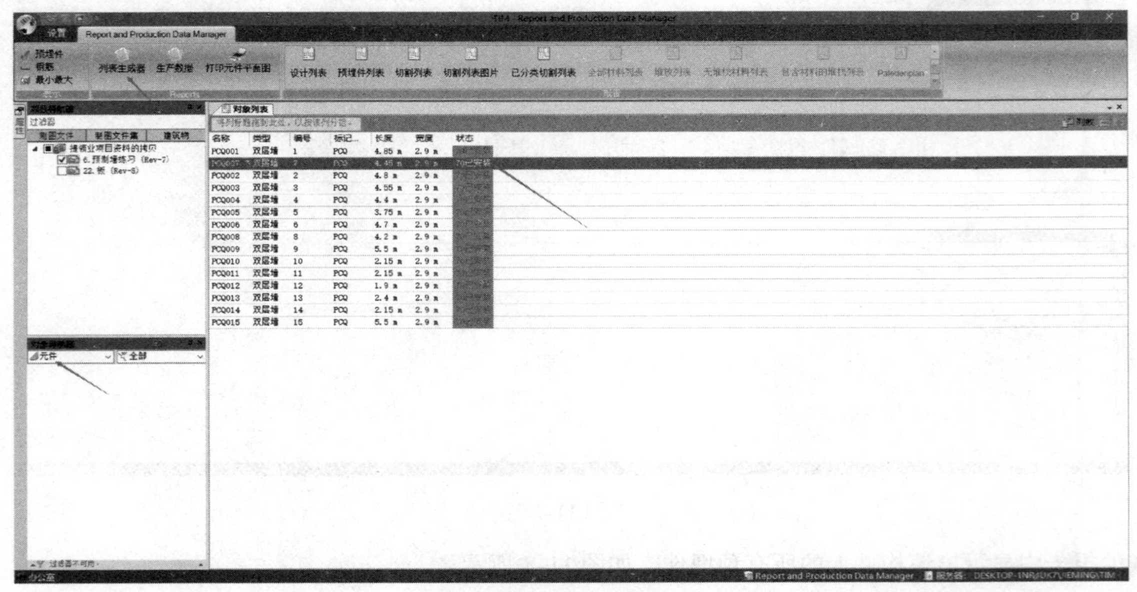

图 11-10

（2）在弹出的【项目属性】对话框中填入每个选项对应的属性（具体内容如表中所示），然后单击【下一个】选项，如图 11-11 所示。

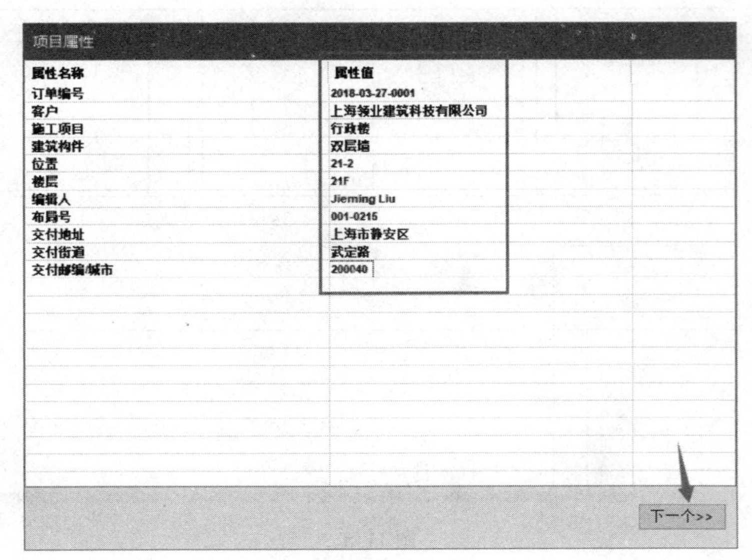

图 11-11

（3）在弹出的【预制件生成程序-列示选择】对话框的【默认文件目录列表】中可以生成“单层墙体面板列表”“墙板尺寸表”“设计列表”等（这里以单层墙体面板列表举例），如图 11-12 所示。

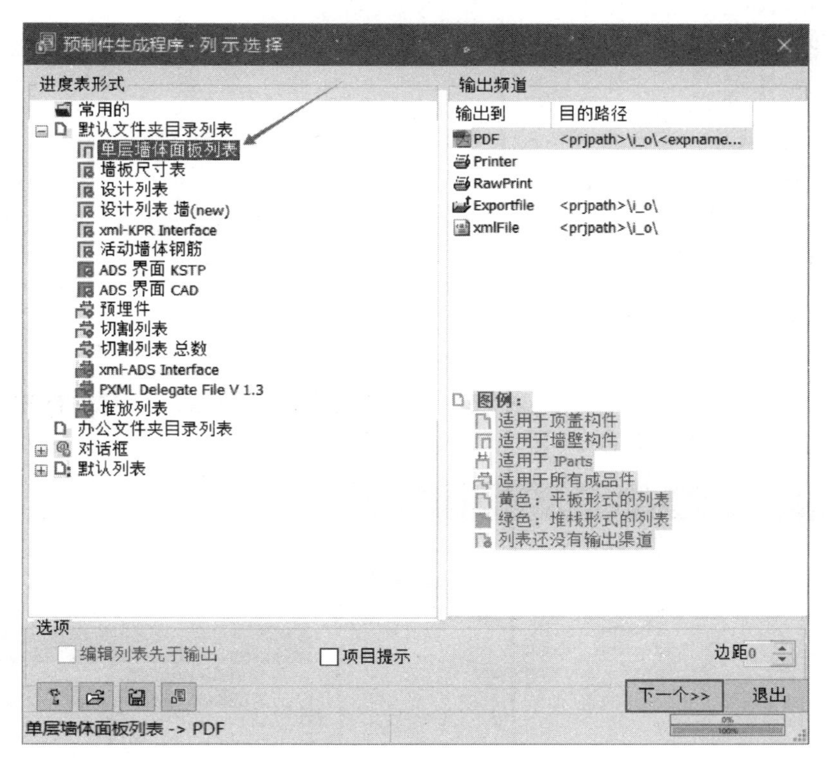

图 11-12

选择［单层墙体面板列表］后，在【输出频道】下右键单击【PDF】文件并在弹出的选项卡中单击【编辑】选项，如图 11-13 所示。

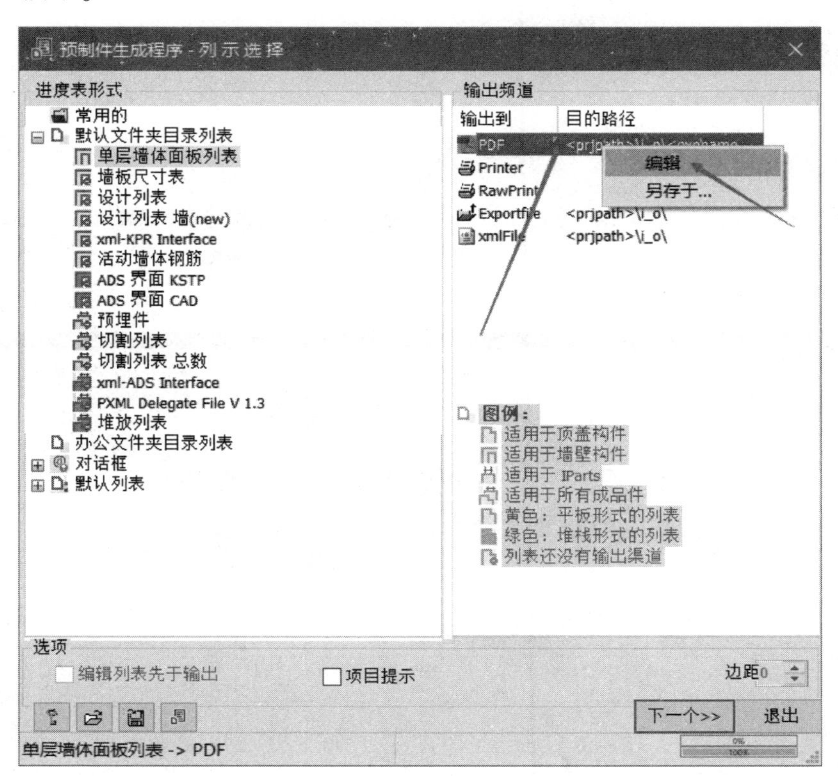

图 11-13

将字体改为“宋体”，如图 11-14 所示。

```
DATA LstTrgt      TEXT 128 "<prjpath>\i_o\<expname>.<lstname>.PDF"
DATA LstTrgtTyp   GANZ 1
DATA LstSizeX     REAL 210.0
DATA LstSizeY     REAL 297.0
DATA LstPosX      REAL 30.0
DATA LstPosY      REAL 10.0
DATA LstFontName TEXT 32 "宋体"
DATA LstFontCode TEXT 32 ""
DATA LstFontSize REAL 9.0
DATA LstZeil      GANZ 75
DATA LstSpal      GANZ 80
DATA LstInit  TEXT 32 0
DATA LstClose TEXT 32 0
DATA LsttoUSA TEXT 32 0
DATA LsttoGER TEXT 32 0
DATA LstTgSet TEXT 32 0
DATA LstTgCls TEXT 32 0
DATA FormF    TEXT 2  12 0
```

图 11-14

字体设置完成后单击【下一个】选项，并在弹出的【列表生成器输出】对话框中单击文件，最后单击【OK】选项完成输出，如图 11-15 ~ 图 11-17 所示。

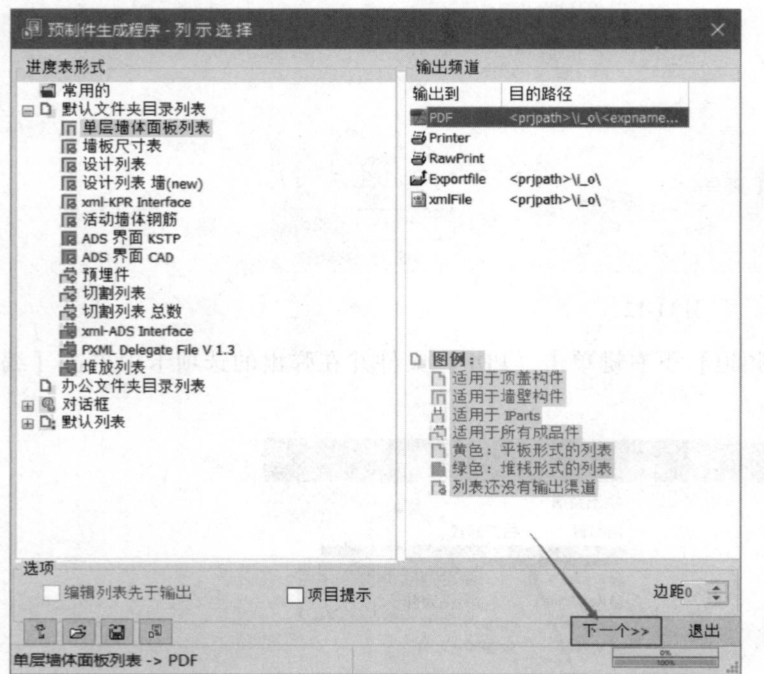

图 11-15

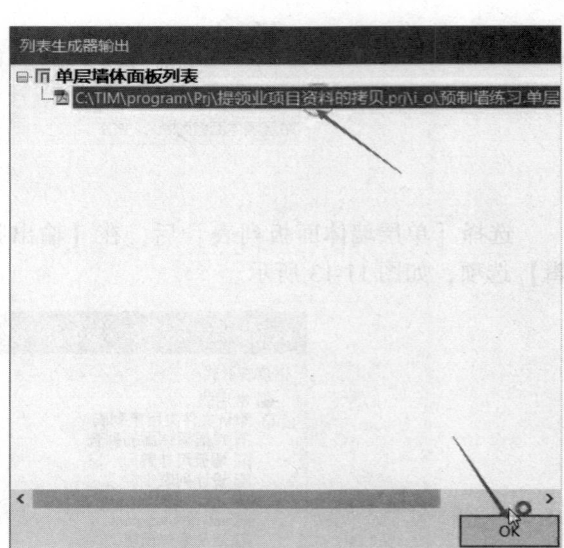

图 11-16

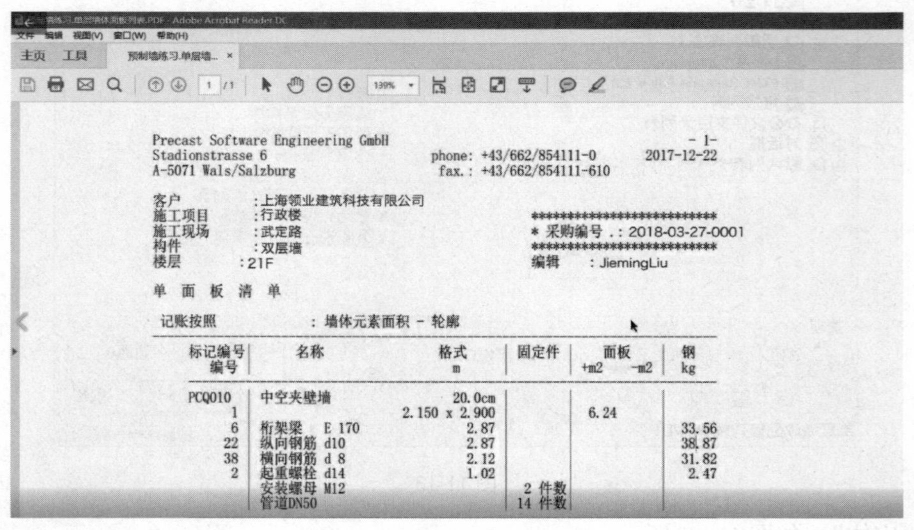

Precast Software Engineering GmbH　　　　　　　　　　　　- 1-
Stadionstrasse 6　　　　phone: +43/662/854111-0　　2017-12-22
A-5071 Wals/Salzburg　　fax.: +43/662/854111-610

客户　　　：上海领业建筑科技有限公司
施工项目　：行政楼
施工现场　：武定路　　　　　　* 采购编号 .: 2018-03-27-0001
构件　　　：双层墙
楼层　　　：21F　　　　　　　编辑　：JiemingLiu

单 面 板 清 单

记账按照　　　：墙体元素面积 - 轮廓

标记编号 编号	名称	格式 m	固定件	面板 +m2 -m2	钢 kg
PCQ010	中空夹壁墙	20.0cm			
1		2.150 x 2.900		6.24	
6	桁架梁　E 170	2.87			33.56
22	纵向钢筋 d10	2.87			38.87
38	横向钢筋 d 8	2.12			31.82
2	起重螺栓 d14	1.02			2.47
	安装螺母 M12		2 件数		
	管道DN50		14 件数		

图 11-17

11.3　导出生产数据

在这里强调一下，生产数据是需要调试的，任何设置的修改都需要生产设备确认。

（1）在导出数据前需要进行一些设定，首先在【Report and Production Data Manager】模块中单击【设置】选项，这里可以选择【导出元件数据】和【导出货盘数据】，我们以［导出元件数据］为例，如图 11-18 和图 11-19 所示。

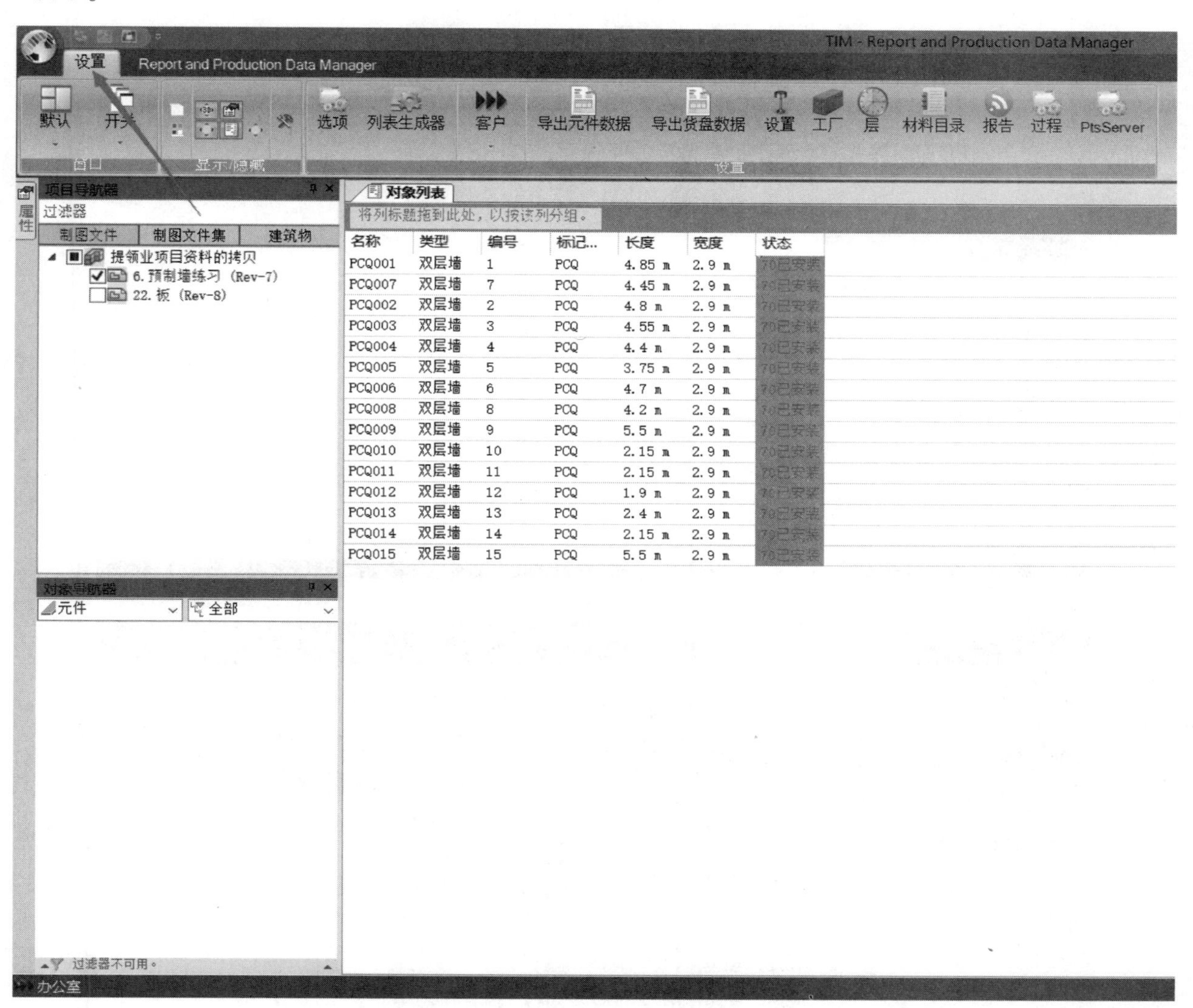

名称	类型	编号	标记...	长度	宽度	状态
PCQ001	双层墙	1	PCQ	4.85 m	2.9 m	70已安装
PCQ007	双层墙	7	PCQ	4.45 m	2.9 m	70已安装
PCQ002	双层墙	2	PCQ	4.8 m	2.9 m	70已安装
PCQ003	双层墙	3	PCQ	4.55 m	2.9 m	70已安装
PCQ004	双层墙	4	PCQ	4.4 m	2.9 m	70已安装
PCQ005	双层墙	5	PCQ	3.75 m	2.9 m	70已安装
PCQ006	双层墙	6	PCQ	4.7 m	2.9 m	70已安装
PCQ008	双层墙	8	PCQ	4.2 m	2.9 m	70已安装
PCQ009	双层墙	9	PCQ	5.5 m	2.9 m	70已安装
PCQ010	双层墙	10	PCQ	2.15 m	2.9 m	70已安装
PCQ011	双层墙	11	PCQ	2.15 m	2.9 m	70已安装
PCQ012	双层墙	12	PCQ	1.9 m	2.9 m	70已安装
PCQ013	双层墙	13	PCQ	2.4 m	2.9 m	70已安装
PCQ014	双层墙	14	PCQ	2.15 m	2.9 m	70已安装
PCQ015	双层墙	15	PCQ	5.5 m	2.9 m	70已安装

图 11-18

（2）在【对象导航器】中设定完成后单击【工具栏】中的【导出元件数据】选项，如图 11-20 所示。

弹出【导出元件数据】对话框，如图 11-21 所示。

在对话框中我们可以自行添加和删除导出数据（这里以“导出数据 1”为例），如图 11-22 所示。

这里“Uni”表示“Unitechnik”，如图 11-23 所示。

（3）单击【分级】选项，如图 11-24 所示。

右键单击【导出数据 1】，添加要导出的数据，这里以［添加生产数据］为例，如图 11-25 所示。

将名称修改为“Uni”，描述修改为“Unitechnik 6.1.0”，如图 11-26 所示。

设定数据输出文件夹，单击【文件夹】后的按钮，如图 11-27 所示。

在桌面创建一个【exchange】文件夹和一个子文件夹【UNI】（也可以在其他位置创建）。完成后单击【确定】按钮，如图 11-28 和图 11-29 所示。

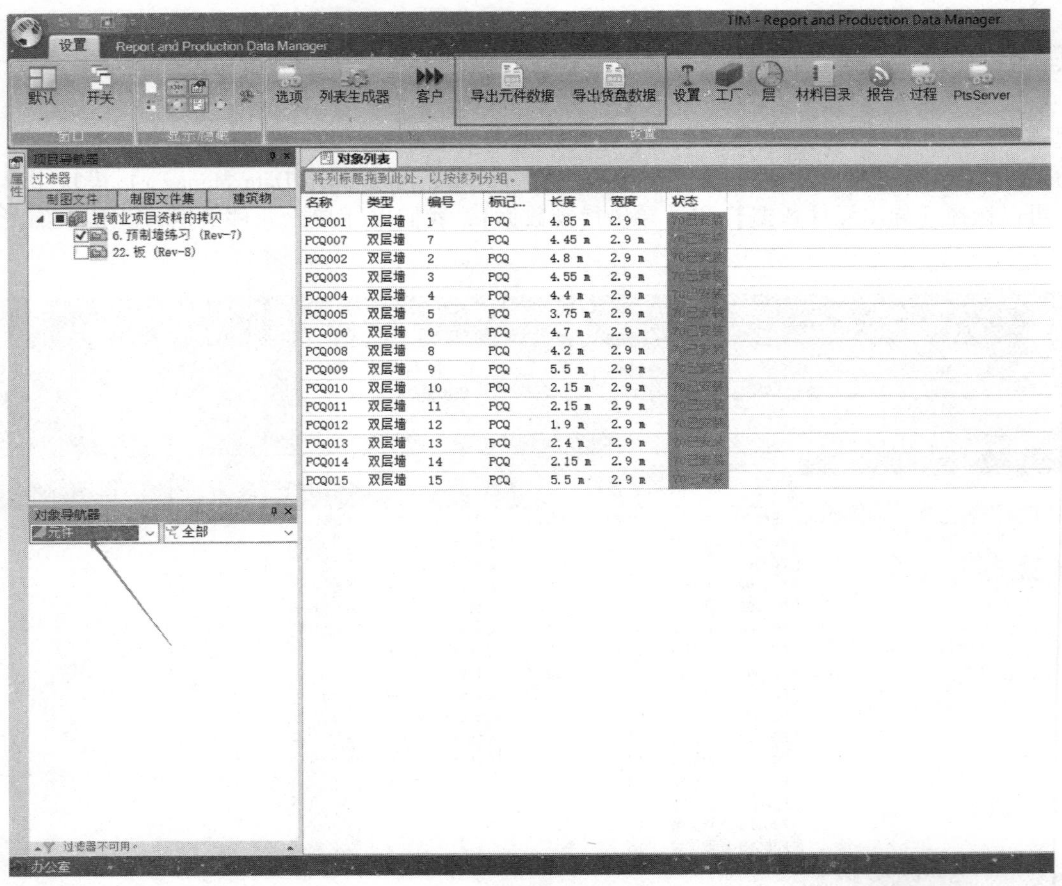

图 11-19

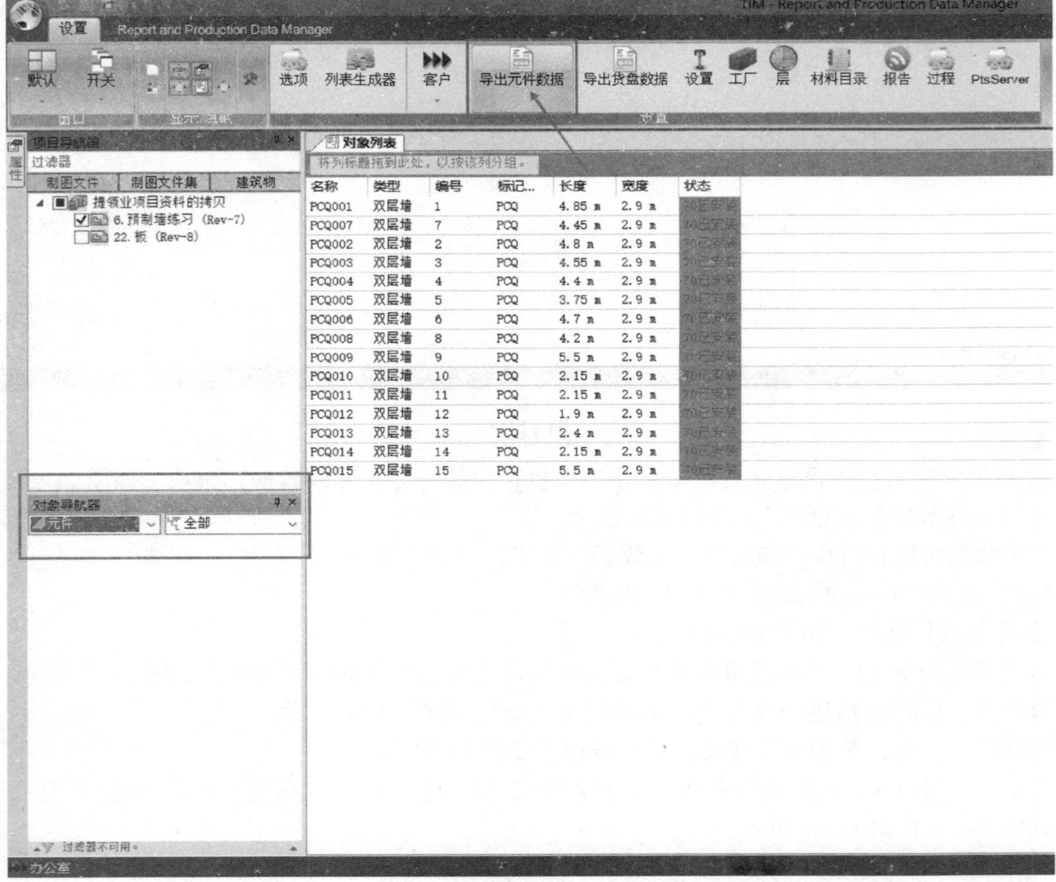

图 11-20

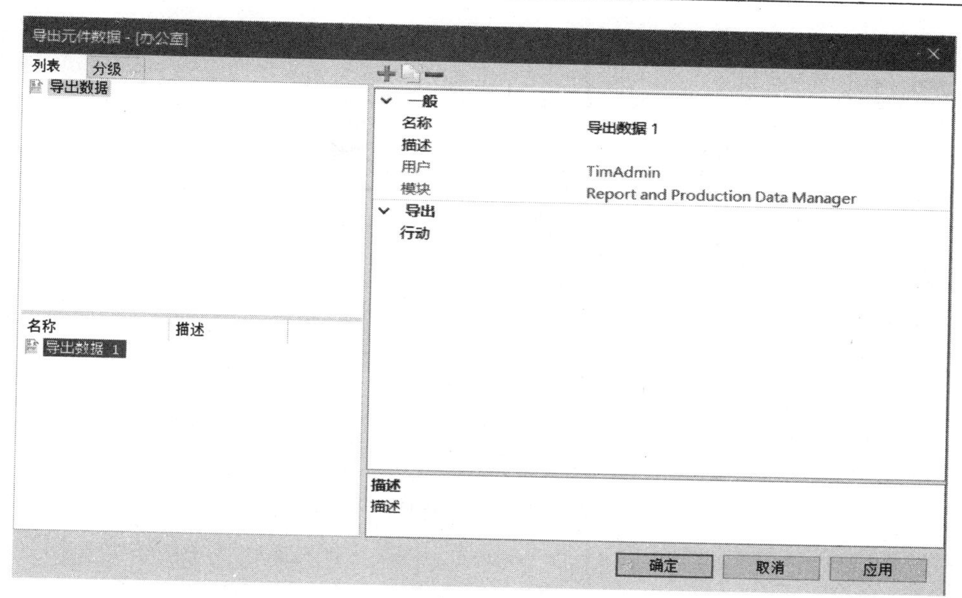

图 11-21

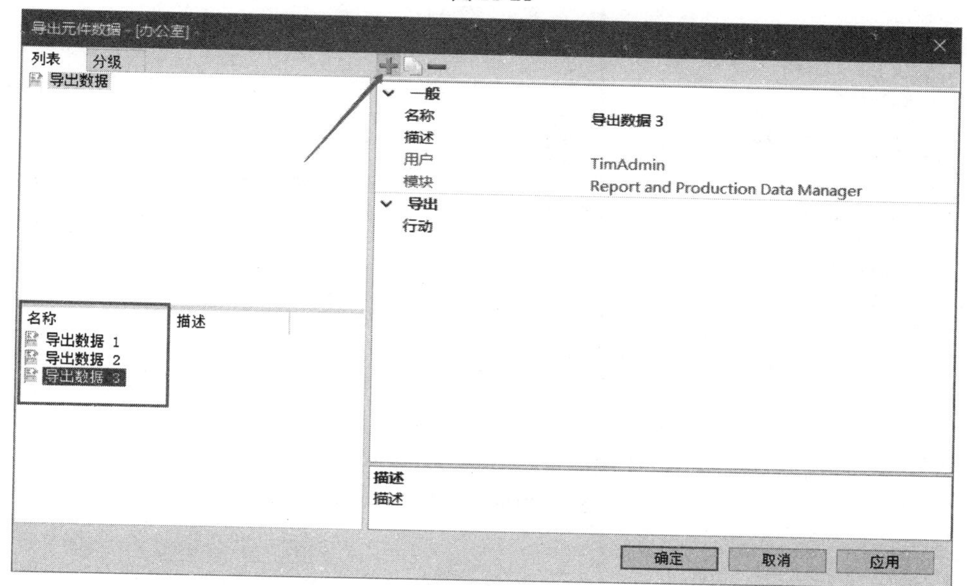

图 11-22

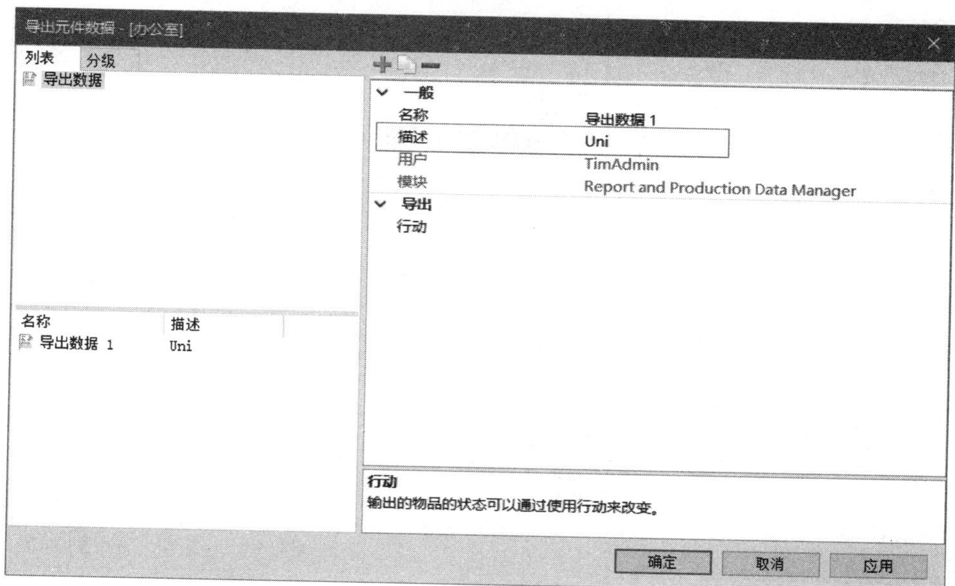

图 11-23

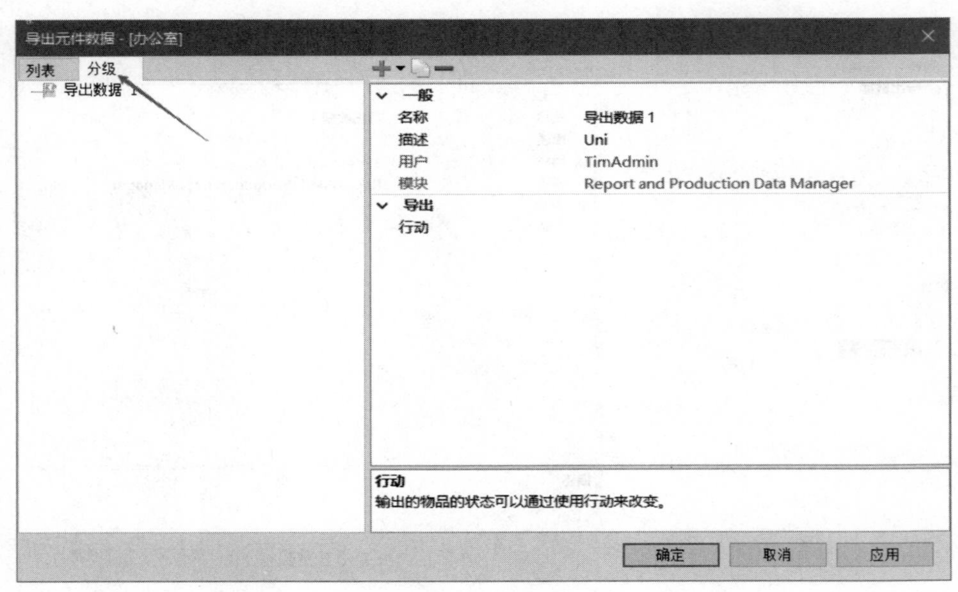

图 11-24

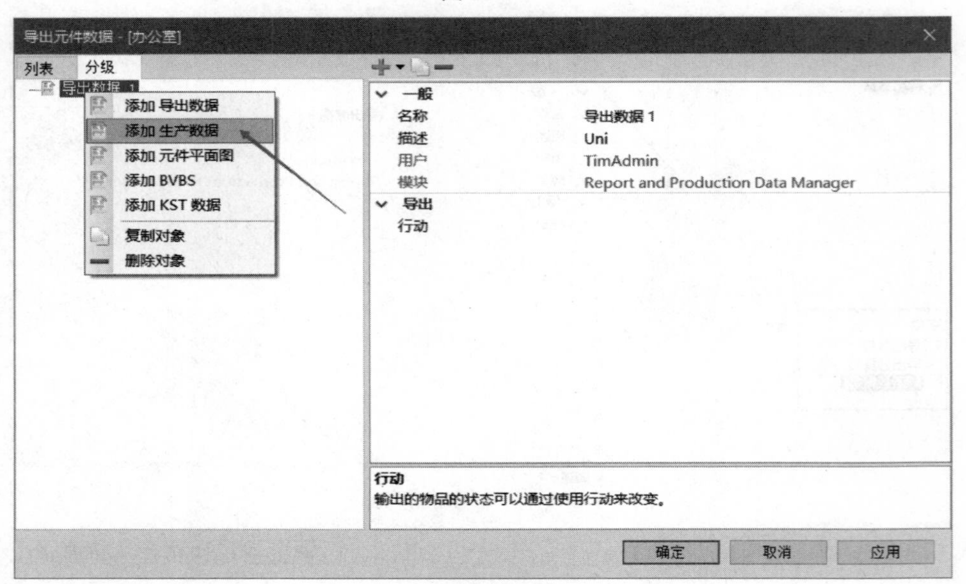

图 11-25

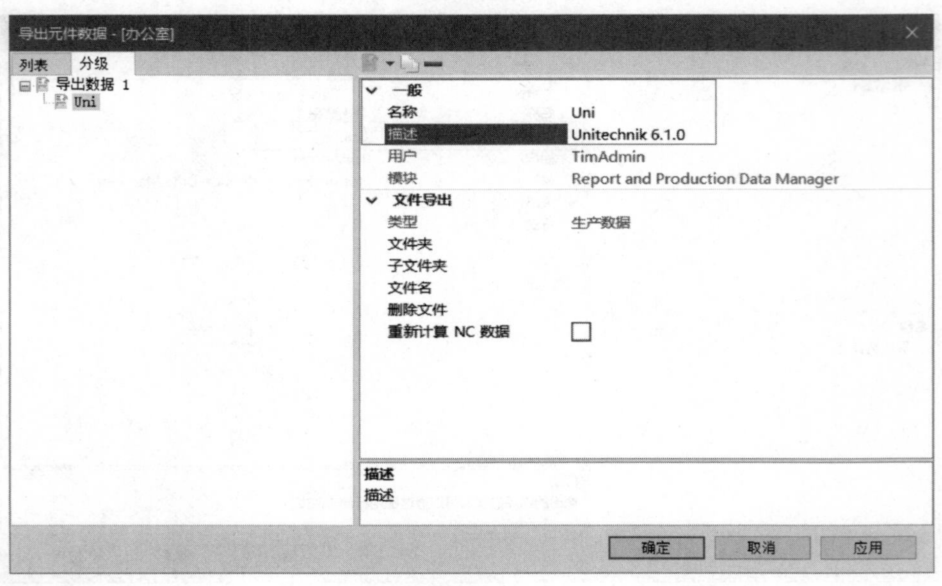

图 11-26

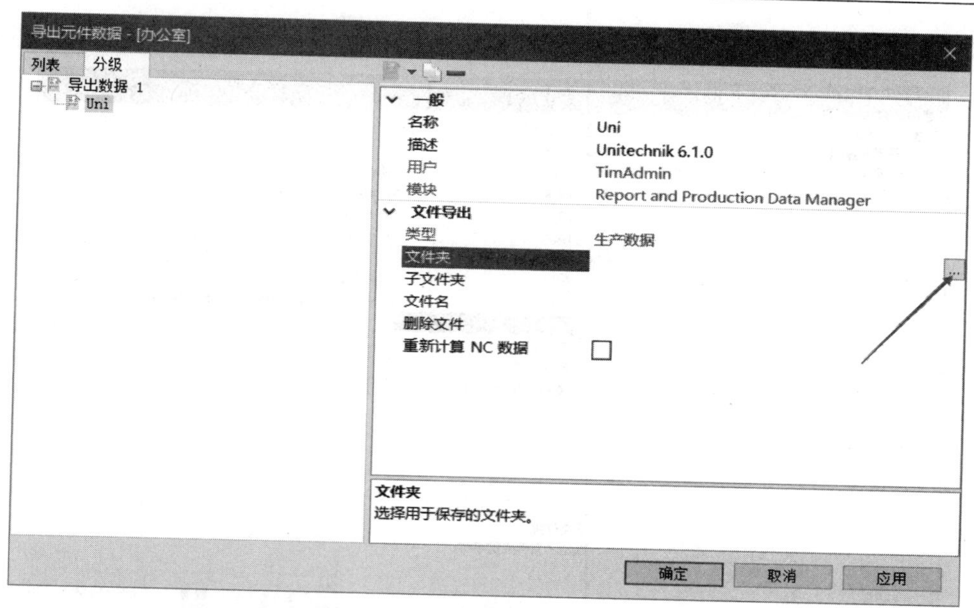

图 11-27

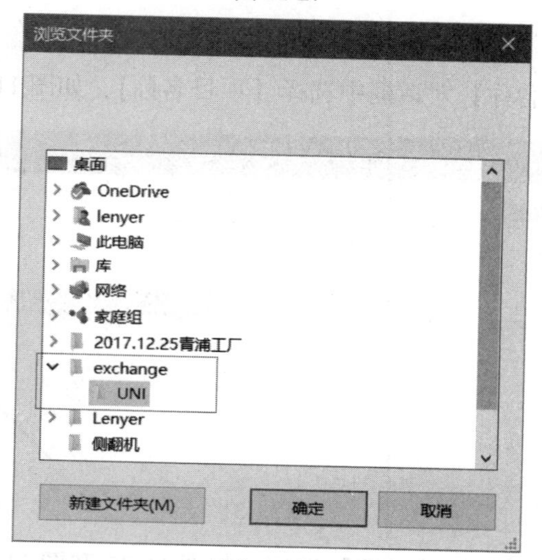

图 11-28

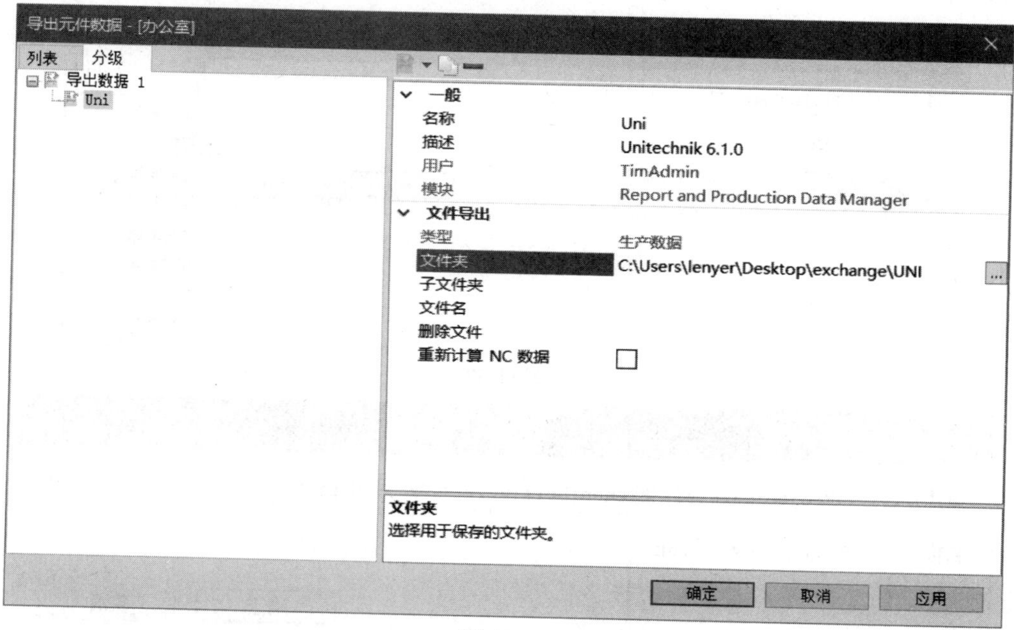

图 11-29

单击【子文件夹】后的按钮，设定子文件夹的名称格式，如图 11-30 所示。

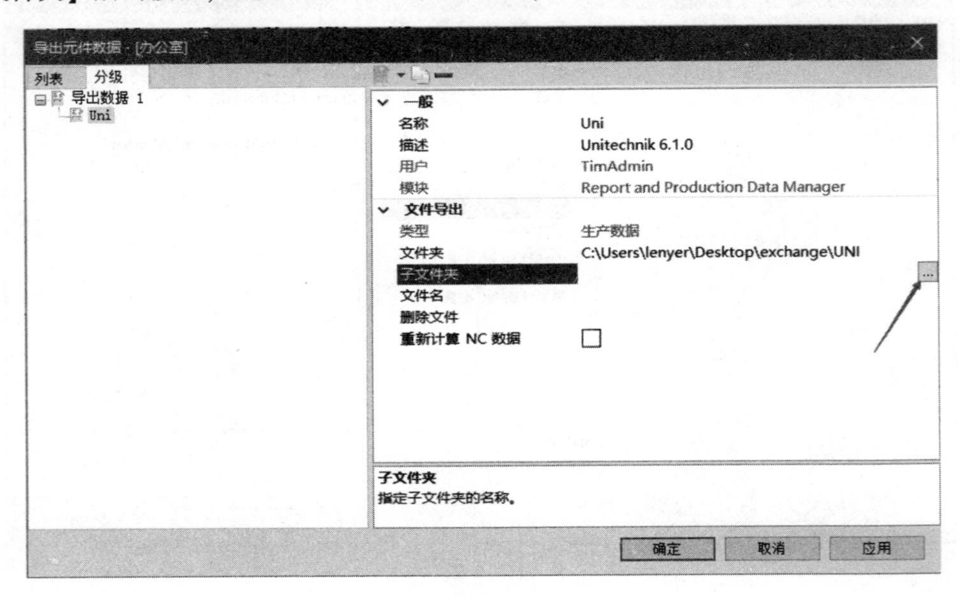

图 11-30

在弹出的【元件的子文件夹的名称】对话框中选择【项目名称】，如图 11-31 所示。

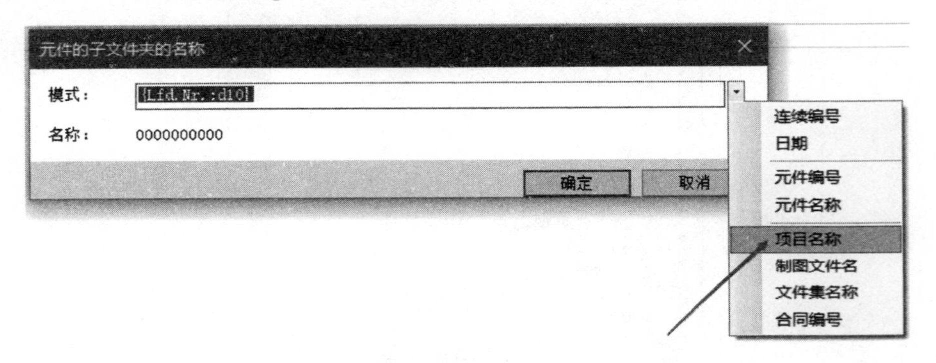

图 11-31

选择【项目名称】后，可以继续添加【日期】选项，如图 11-32 和图 11-33 所示。

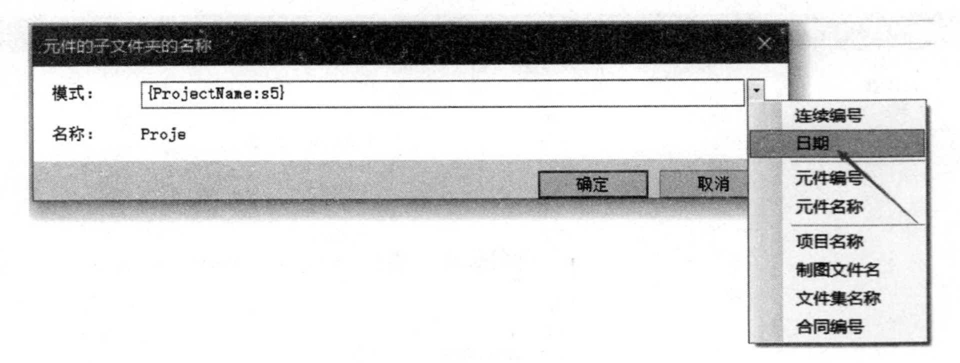

图 11-32

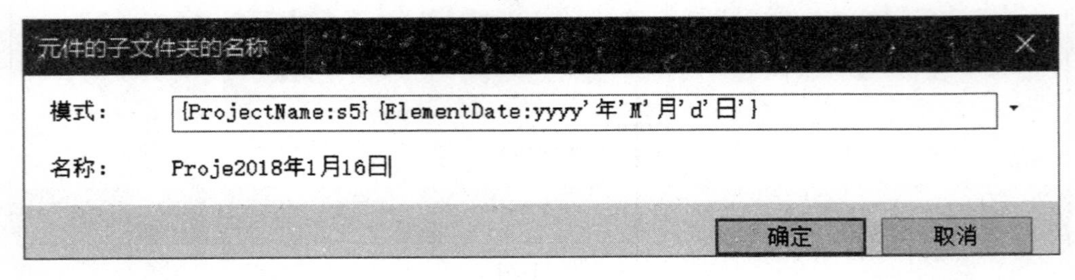

图 11-33

单击【文件名】后的选项按钮设定文件夹名称格式，如图 11-34 所示。

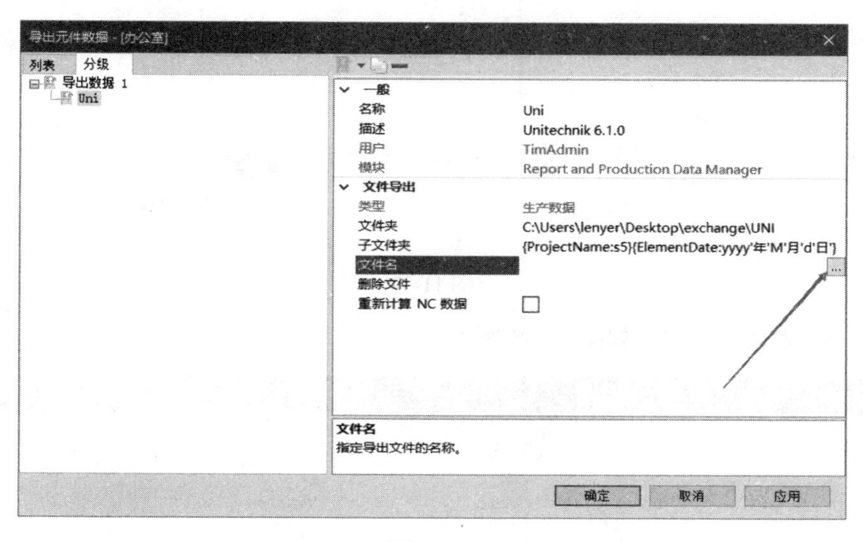

图 11-34

在弹出的【元件的文件名】对话框中选择【元件名称】，然后单击【确定】按钮完成设定，如图 11-35 所示。

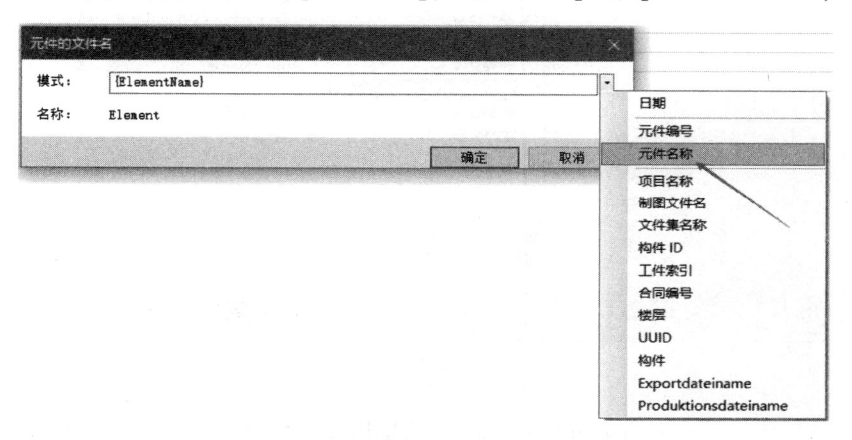

图 11-35

单击【删除文件】后的选项按钮，如图 11-36 所示。

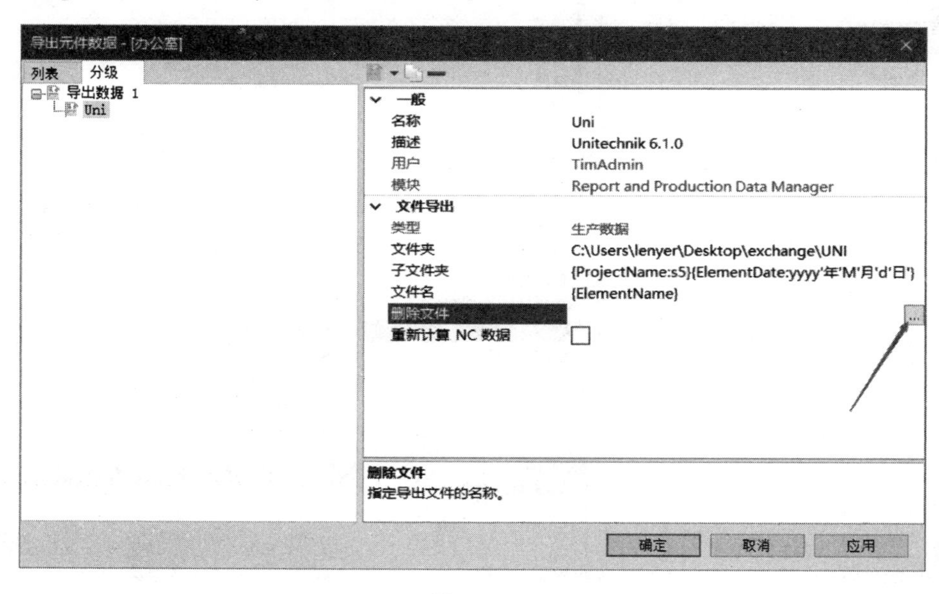

图 11-36

在弹出的【删除文件，搜索模式】对话框中选择【元件名称】，最后单击【确定】按钮，如图 11-37 所示。

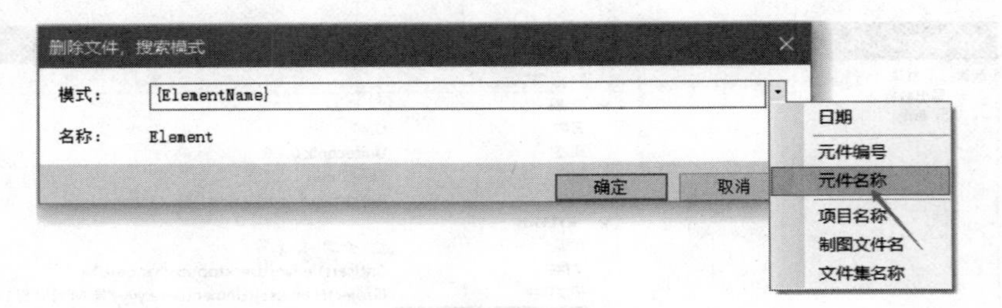

图 11-37

勾选【重新计算 NC 数据】选项，如图 11-38 所示。

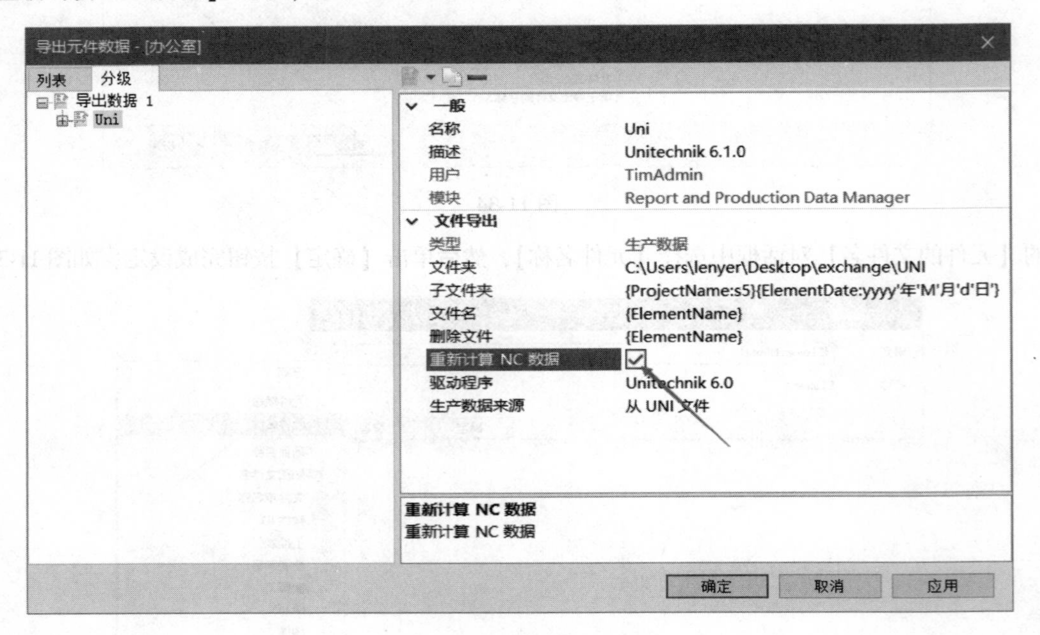

图 11-38

（4）在【驱动程序】中选择“Unitechnik 6. 1. 0”（这里以 6. 1. 0 版本举例），如图 11-39 所示。

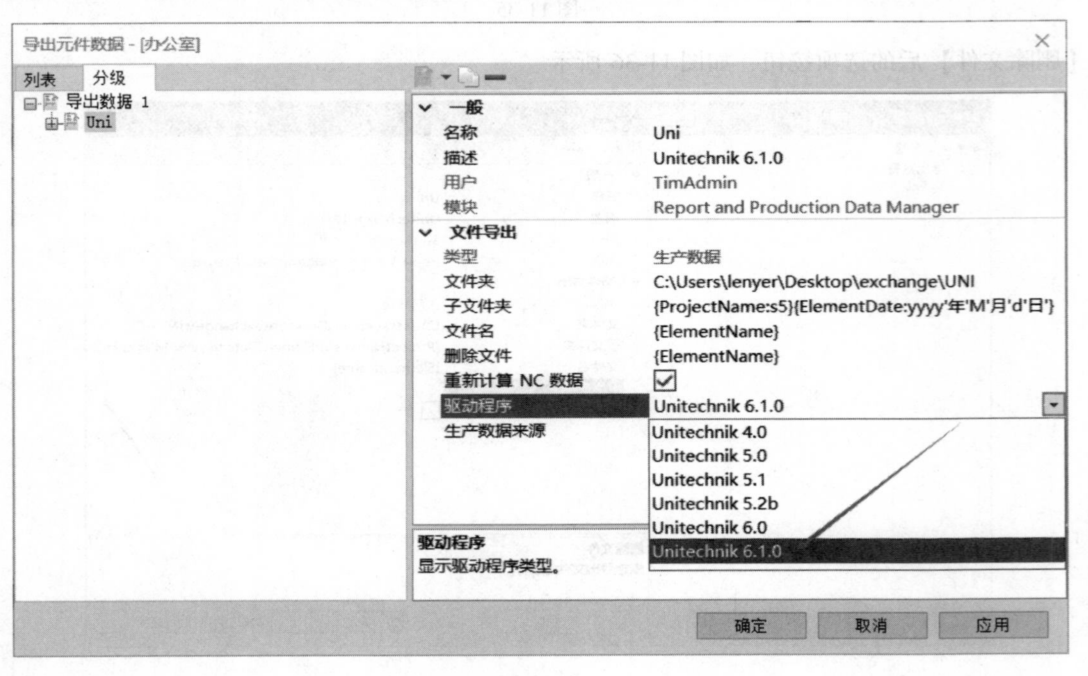

图 11-39

在【生产数据来源】中选择【数据库】选项，如图11-40所示。

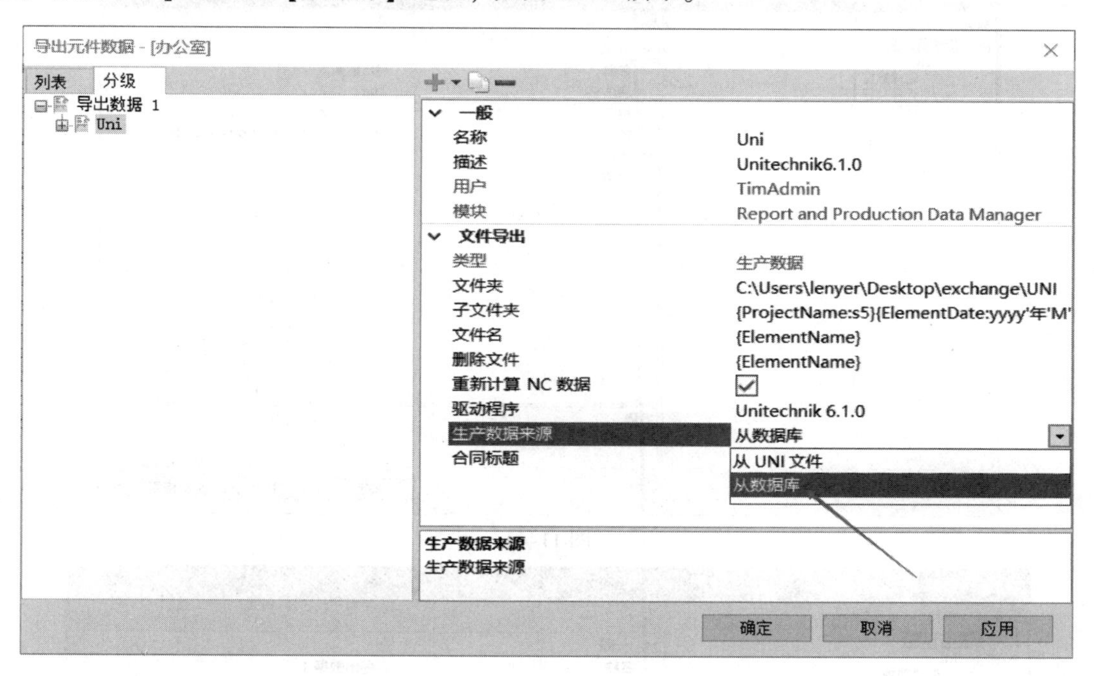

图 11-40

最后单击【应用】和【确定】选项，如图11-41所示。

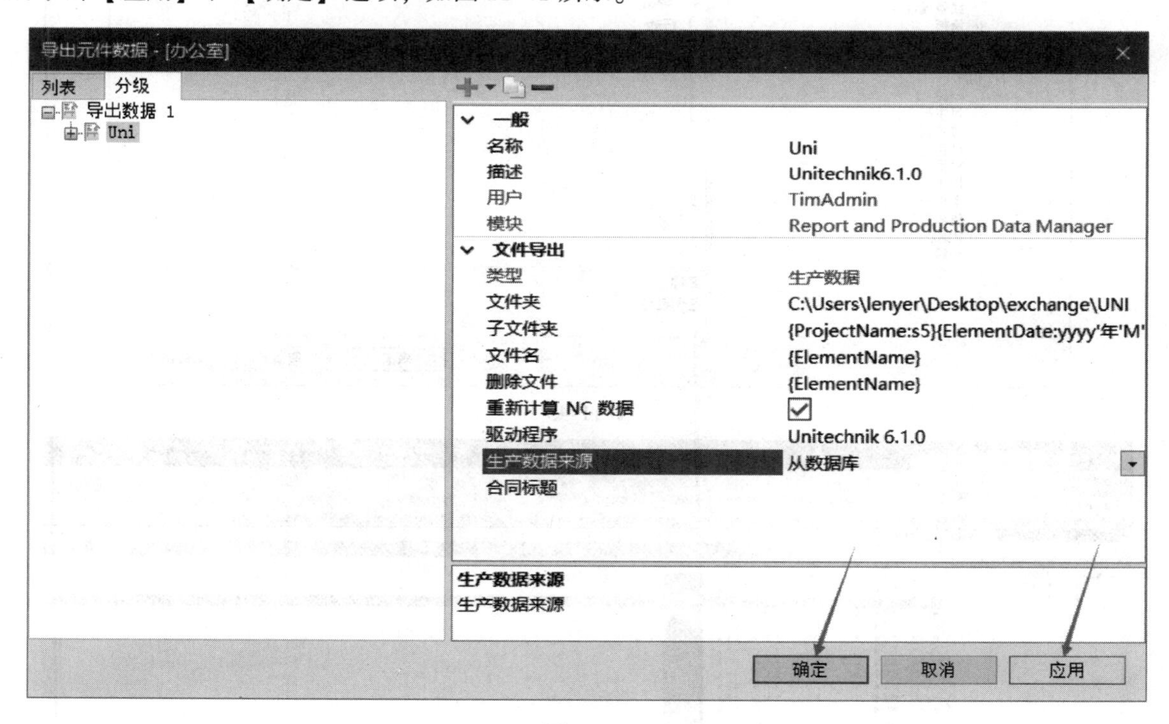

图 11-41

（5）设定完成后再次打开【导出元件数据】对话框，可以看到在“Uni”下方出现“创建数据”“元件数据”“预埋件”等选项，此时表示我们前面的设定成功（Unitechnik以及PXML数据的所有参数设定，都需要经过工控系统确认，并在确认后方可在实际生产中使用），如图11-42和图11-43所示。

（6）再次回到【Report and Production Data Manager】模块中选择构件，然后单击【生产数据】选项，如图11-44所示。

在弹出的【生产数据】（生产数据有两种，分别是构件数据和托盘数据）对话框中，【数据导出】选择“导出数据1”，然后单击【导出】选项，如图11-45和图11-46所示。

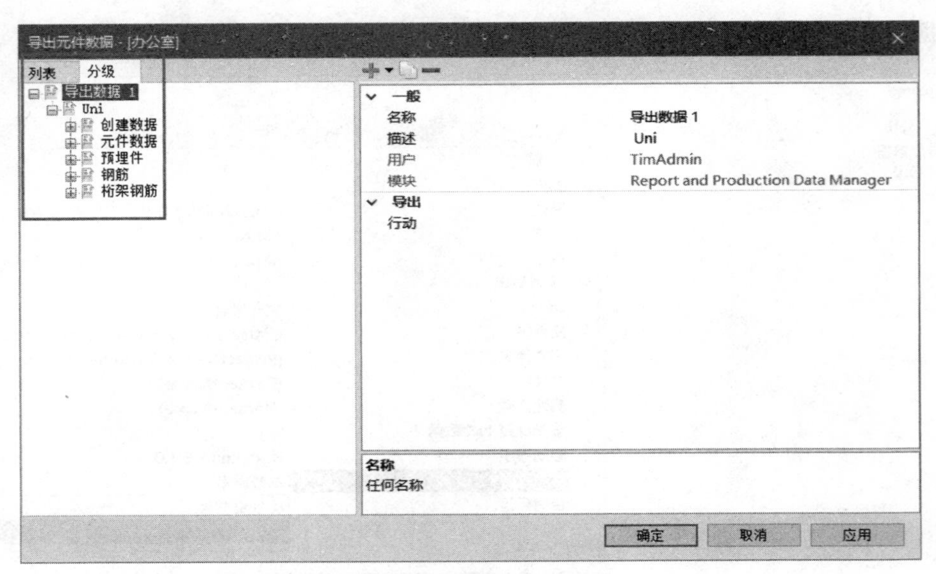

图 11-42

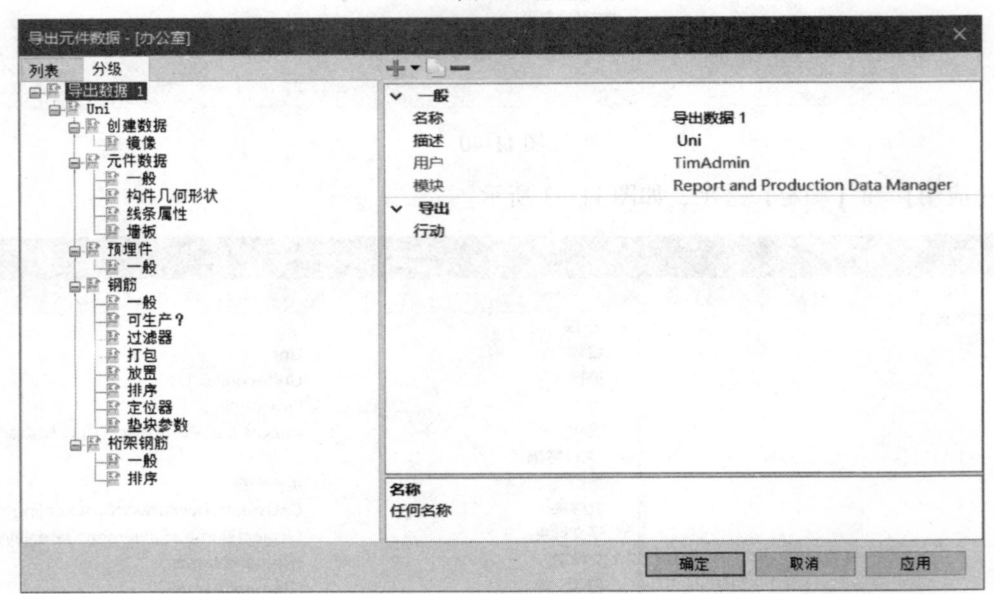

图 11-43

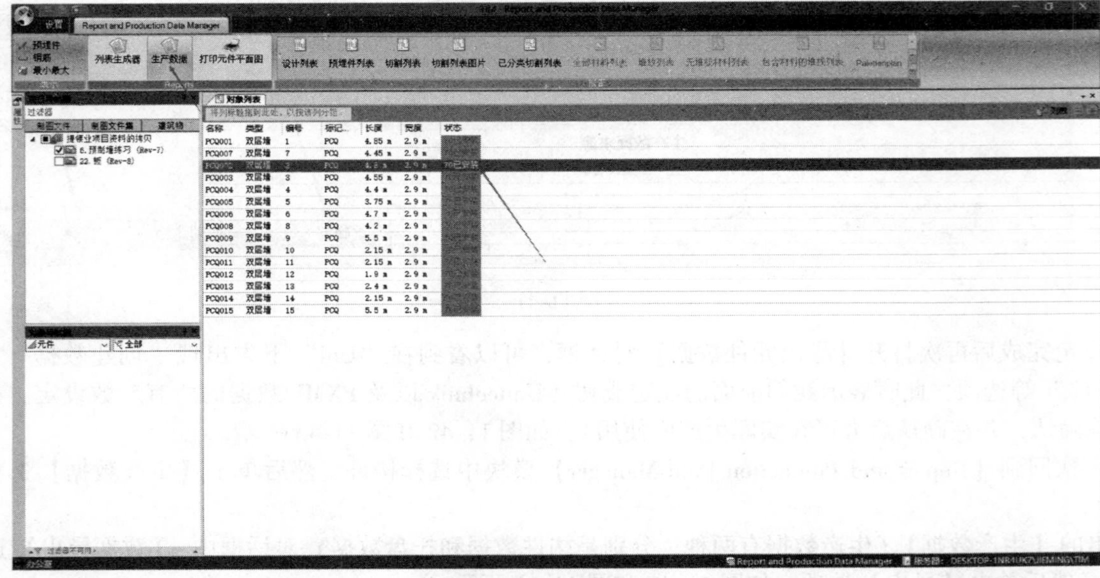

图 11-44

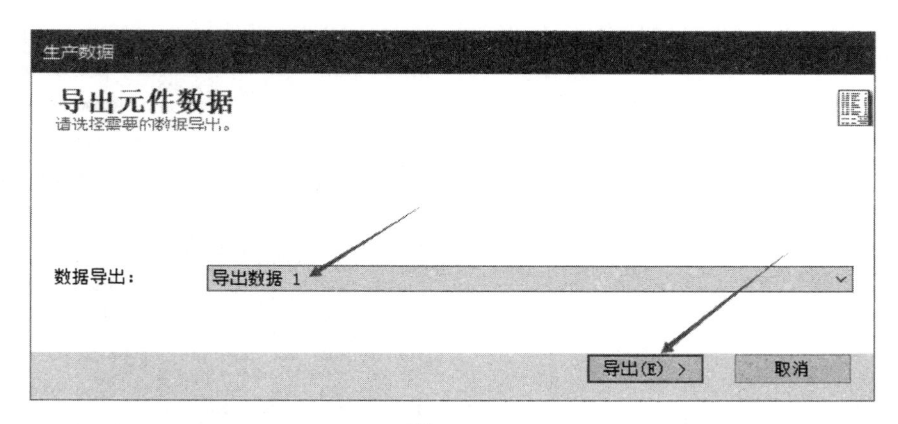

图 11-45

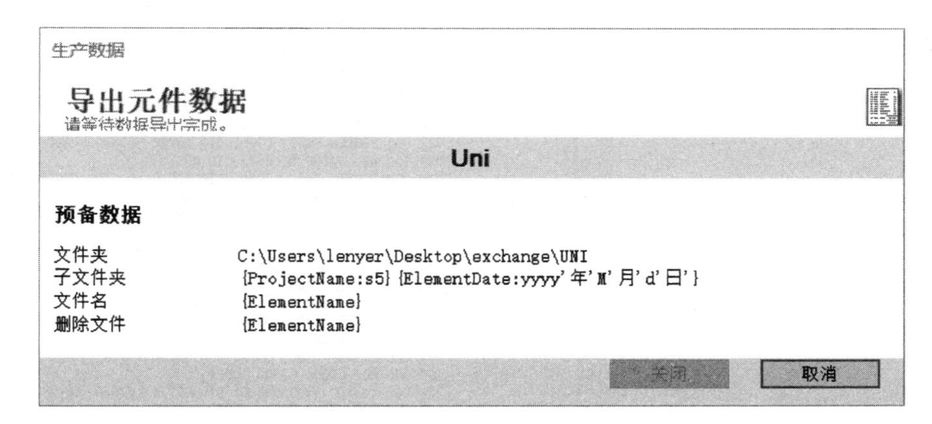

图 11-46

在弹出的【预制 NC 生成器】中依次单击【开始 NC Gen】选项和【Explorer】选项，如图 11-47 所示。

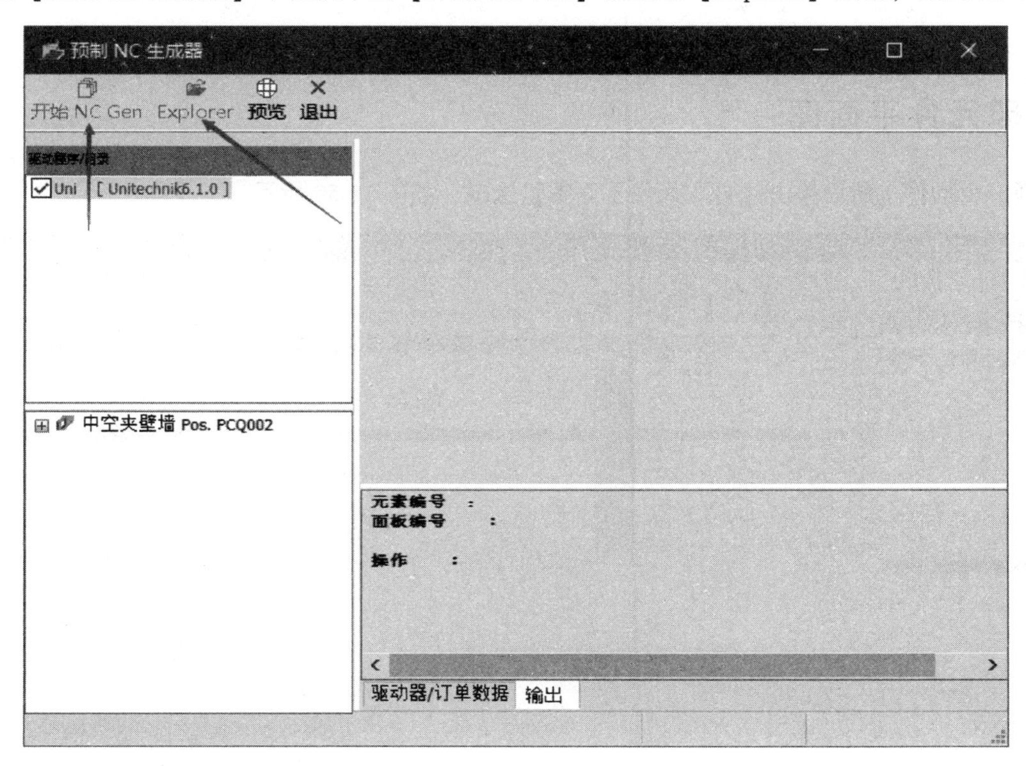

图 11-47

最终生成的数据如图 11-48 和图 11-49 所示。

```
HEADER__
600
预制-楼板___                          00


PCQ160620




28.08.2017
Allpl. CompanyNam WCHEN-10-NB
0 01 000
END
SLABDATE
600
7               0 00 00 00 000 00000 000 000 00 00
16.961 000 00          0.000 02544.2 0060 000 000 000 000 000 0110
01
01 00 060 C30                   2.500 01017.7 板
07280 02720 +0150 +0150 +0145 +0145 0 00000 0 00000 000000 000000 +00 +00
              0001 0000 00
+311400 +246165 +007070 +311400 +247165 +007070 +312400 +246165 +007070
+00000 +00000 +00000 000



END
CONTOUR_
600
01
01 00 01
P 5 +00150 +00145 +07130 +00145 0008 +07130 +02575 0009 +00150 +02575 0108 +00150 +00145 0009
END
CUTOUT__
600
00
END
MOUNPART
600
000
END
RODSTOCK
600
064
001 000 1 HRB   400  00001 010 02720 +00190 +00000 +00000 +090         0
000 000 000 00000 00000 00020 000
002 000 1 HRB   400  00001 010 02720 +00340 +00000 +00000 +090         0
000 000 000 00000 00000 00020 000
003 000 1 HRB   400  00001 010 02720 +00490 +00000 +00000 +090         0
000 000 000 00000 00000 00020 000
004 000 1 HRB   400  00001 010 02720 +00640 +00000 +00000 +090         0
000 000 000 00000 00000 00020 000
005 000 1 HRB   400  00001 010 02720 +00790 +00000 +00000 +090         0
```


图 11-48


```
001 000 1 HRB   400  00001 010 02720 +00190 +00000 +00000 +090         0
000 000 000 00000 00000 00020 000
002 000 1 HRB   400  00001 010 02720 +00340 +00000 +00000 +090         0
000 000 000 00000 00000 00020 000
003 000 1 HRB   400  00001 010 02720 +00490 +00000 +00000 +090         0
000 000 000 00000 00000 00020 000
004 000 1 HRB   400  00001 010 02720 +00640 +00000 +00000 +090         0
000 000 000 00000 00000 00020 000
005 000 1 HRB   400  00001 010 02720 +00790 +00000 +00000 +090         0
000 000 000 00000 00000 00020 000
006 000 1 HRB   400  00001 010 02720 +00940 +00000 +00000 +090         0
000 000 000 00000 00000 00020 000
007 000 1 HRB   400  00001 010 02720 +01090 +00000 +00000 +090         0
000 000 000 00000 00000 00020 000
008 000 1 HRB   400  00001 010 02720 +01240 +00000 +00000 +090         0
000 000 000 00000 00000 00020 000
009 000 1 HRB   400  00001 010 02720 +01390 +00000 +00000 +090         0
000 000 000 00000 00000 00020 000
010 000 1 HRB   400  00001 010 02720 +01540 +00000 +00000 +090         0
000 000 000 00000 00000 00020 000
011 000 1 HRB   400  00001 010 02720 +01690 +00000 +00000 +090         0
000 000 000 00000 00000 00020 000
012 000 1 HRB   400  00001 010 02720 +01840 +00000 +00000 +090         0
000 000 000 00000 00000 00020 000
013 000 1 HRB   400  00001 010 02720 +01990 +00000 +00000 +090         0
000 000 000 00000 00000 00020 000
014 000 1 HRB   400  00001 010 02720 +02140 +00000 +00000 +090         0
000 000 000 00000 00000 00020 000
015 000 1 HRB   400  00001 010 02720 +02290 +00000 +00000 +090         0
000 000 000 00000 00000 00020 000
016 000 1 HRB   400  00001 010 02720 +02440 +00000 +00000 +090         0
000 000 000 00000 00000 00020 000
017 000 1 HRB   400  00001 010 02720 +02590 +00000 +00000 +090         0
000 000 000 00000 00000 00020 000
018 000 1 HRB   400  00001 010 02720 +02740 +00000 +00000 +090         0
000 000 000 00000 00000 00020 000
019 000 1 HRB   400  00001 010 02720 +02890 +00000 +00000 +090         0
000 000 000 00000 00000 00020 000
020 000 1 HRB   400  00001 010 02720 +03040 +00000 +00000 +090         0
000 000 000 00000 00000 00020 000
021 000 1 HRB   400  00001 010 02720 +03190 +00000 +00000 +090         0
000 000 000 00000 00000 00020 000
022 000 1 HRB   400  00001 010 02720 +03340 +00000 +00000 +090         0
000 000 000 00000 00000 00020 000
023 000 1 HRB   400  00001 010 02720 +03490 +00000 +00000 +090         0
000 000 000 00000 00000 00020 000
024 000 1 HRB   400  00001 010 02720 +03640 +00000 +00000 +090         0
000 000 000 00000 00000 00020 000
025 000 1 HRB   400  00001 010 02720 +03790 +00000 +00000 +090         0
000 000 000 00000 00000 00020 000
026 000 1 HRB   400  00001 010 02720 +03940 +00000 +00000 +090         0
000 000 000 00000 00000 00020 000
027 000 1 HRB   400  00001 010 02720 +04090 +00000 +00000 +090         0
000 000 000 00000 00000 00020 000
```


图 11-49

11.4 打印元件平面图

（1）选择一个构件，然后单击【打印元件平面图】选项，如图 11-50 所示。

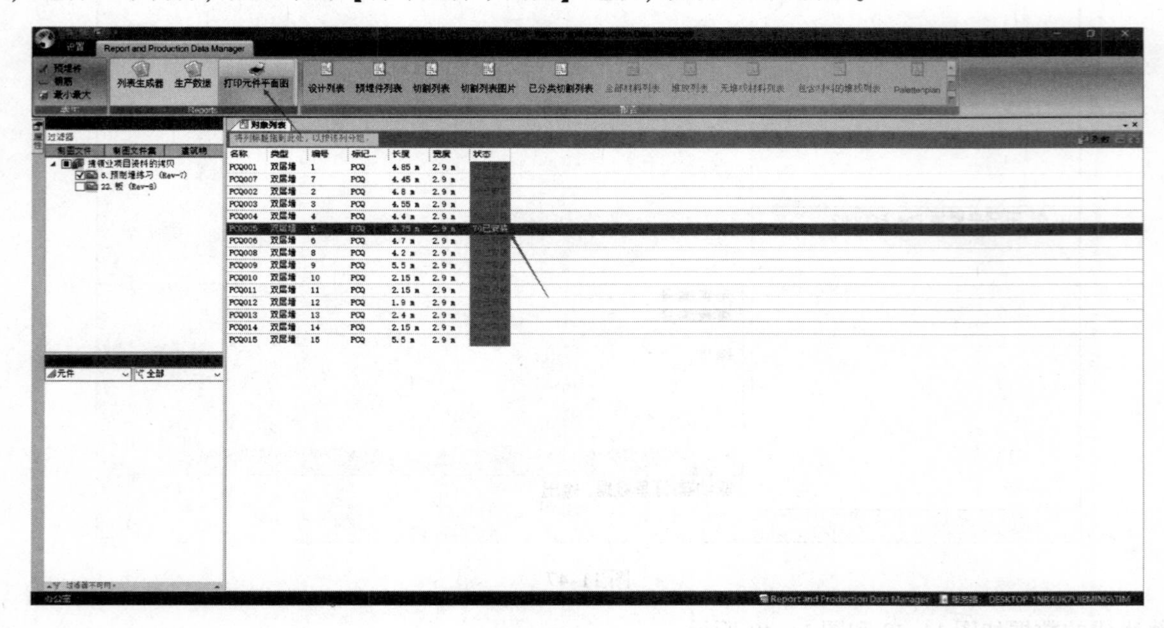

图 11-50

（2）在弹出的【打印】对话框中单击【确定】选项，如图 11-51 所示。

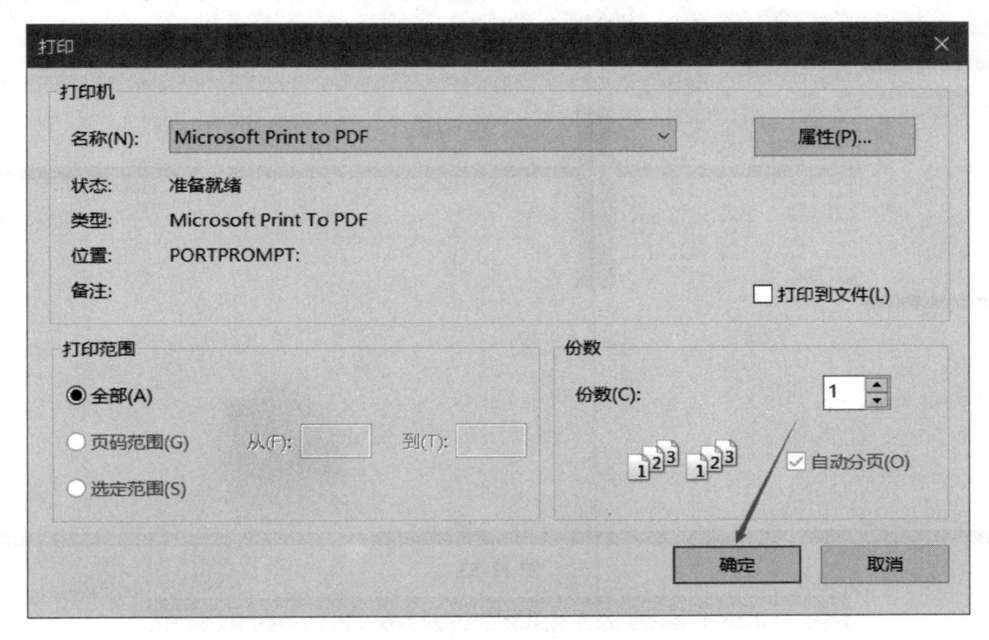

图 11-51

（3）在弹出的【将打印输出另存为】对话框中选择存储位置和文件名称，然后单击【保存】选项，便可以将构件的打印文件保存和打印，如图 11-52 所示。

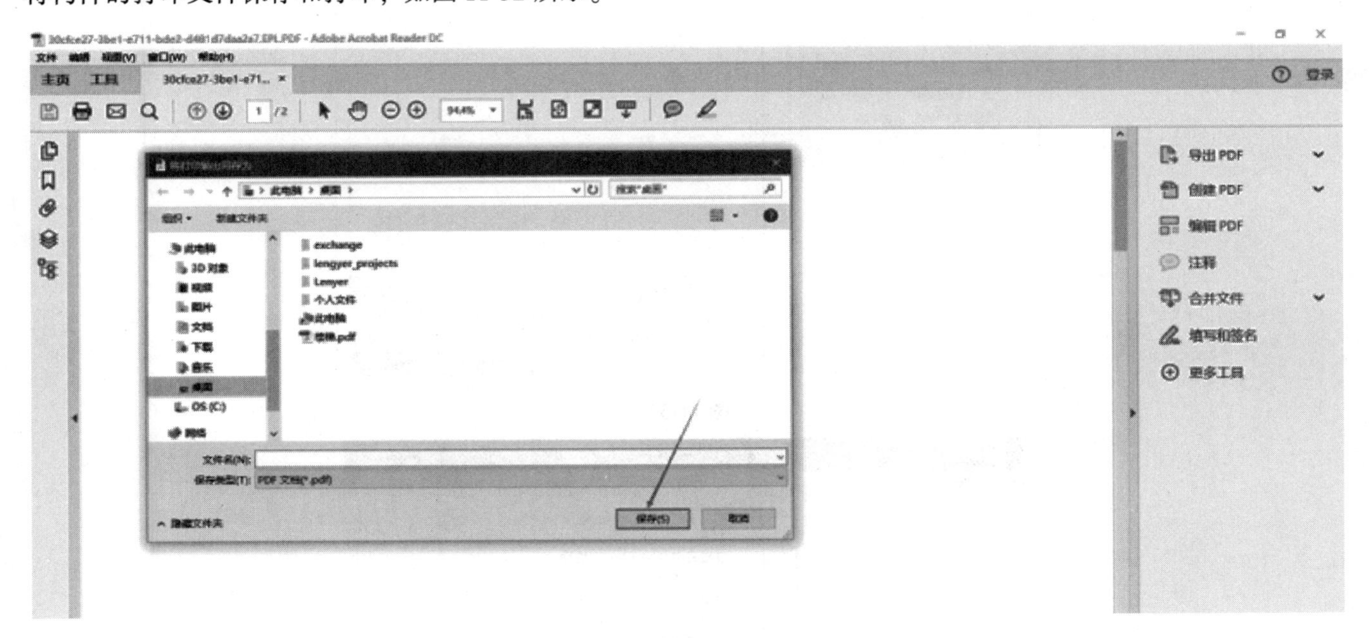

图 11-52

11.5　过程

（1）单击【设置】选项，然后在【设置工具栏】中单击【过程】选项（在过程设置中可以添加 TIM 中的模块内容，显示构件的状态信息并将信息通过邮件的形式发送给客户，客户可通过这些信息了解构件的完成情况），如图 11-53 所示。

（2）在弹出的【过程设置】对话框中单击【添加】选项，然后在弹出的选项卡上单击【过程】完成添加，如图 11-54 和图 11-55 所示。

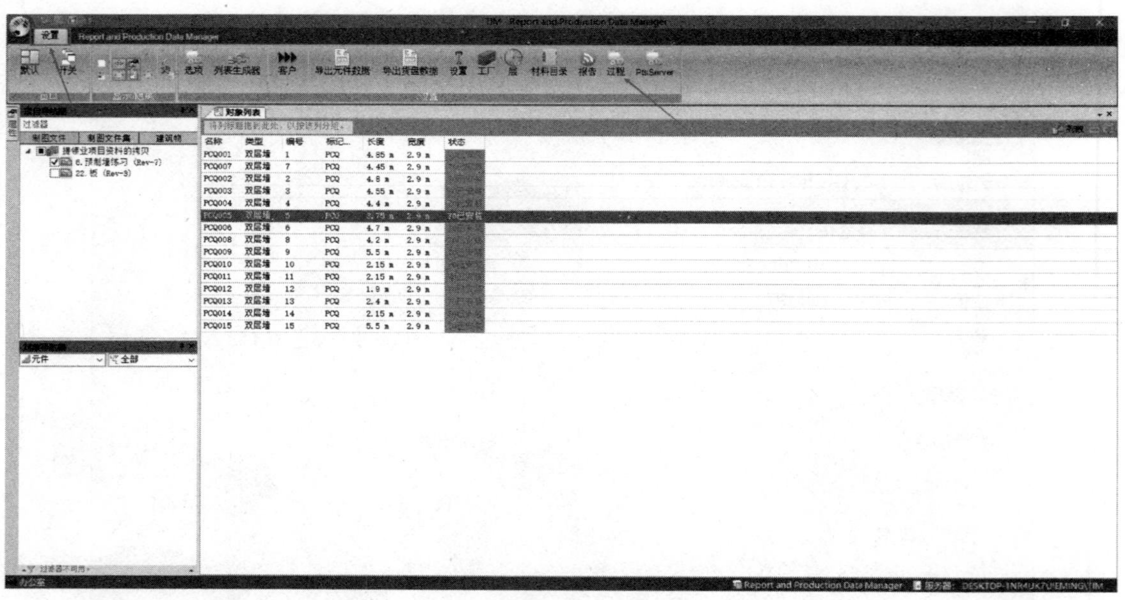

图 11-53

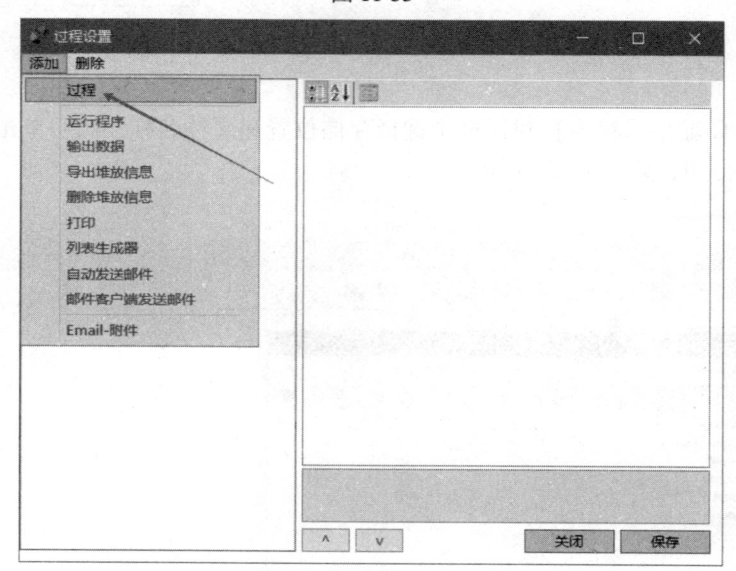

图 11-54

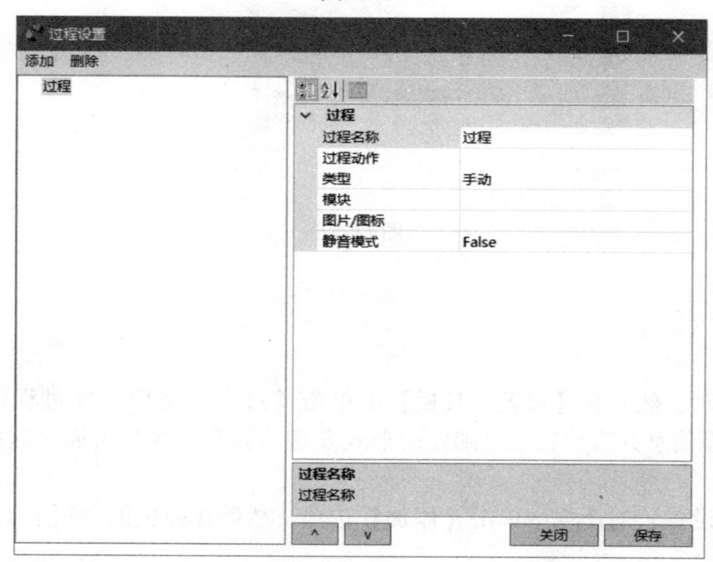

图 11-55

（3）将【过程名称】改为“过程 1”（举例），将【类型】设为“手动”（举例），将【模块】设为“Technical Information Manager”（这里以信息模块举例），如图 11-56 所示。

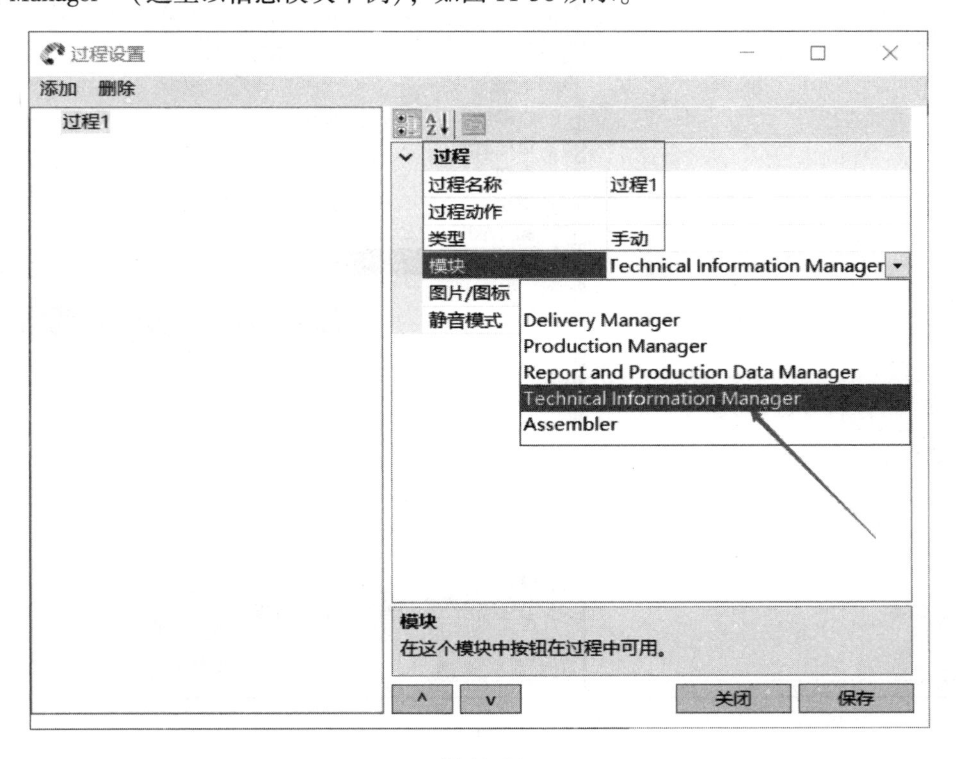

图 11-56

（4）单击【图片/图标】后的按钮可以添加图片，在【静音模式】选项中以“False”举例，最后单击【保存】完成设定，如图 11-57 和图 11-58 所示。

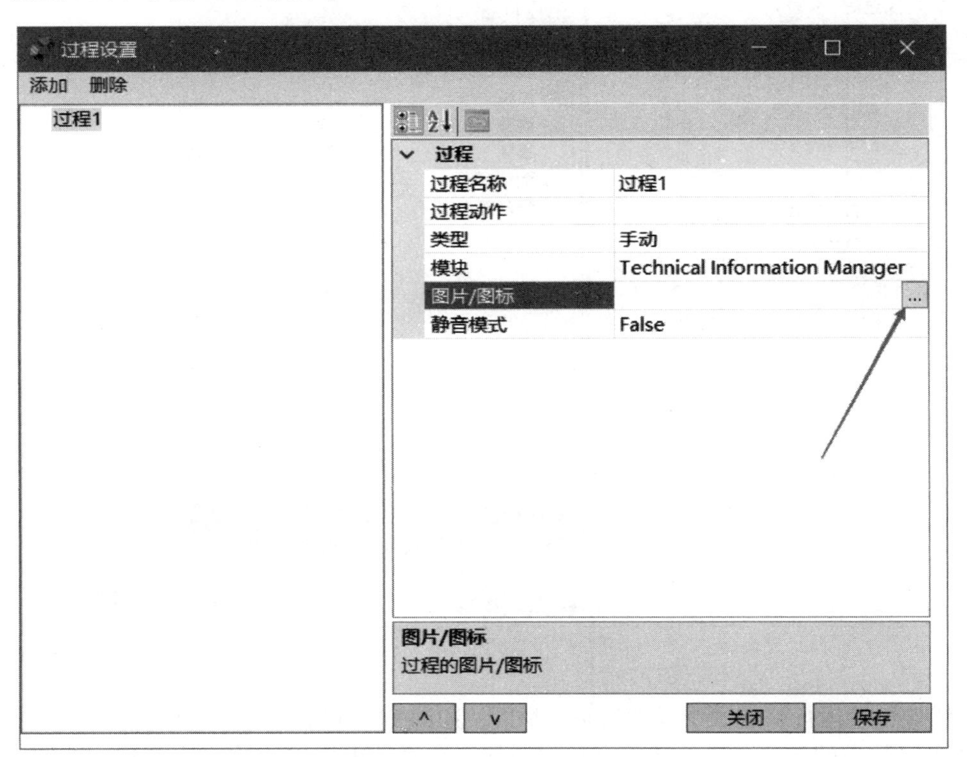

图 11-57

（5）再次单击【添加】选项，在弹出来的选项卡中可以为“过程 1”添加新的选项，这里以添加【邮件客户端发送邮件】为例，如图 11-59 所示。

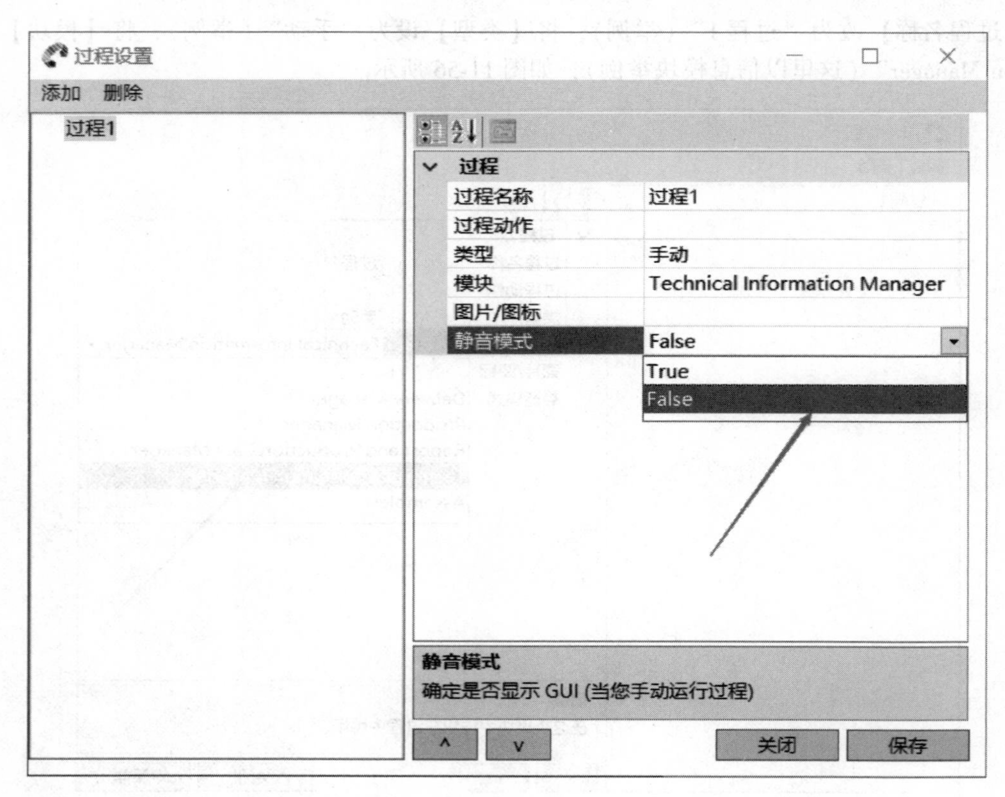

图 11-58

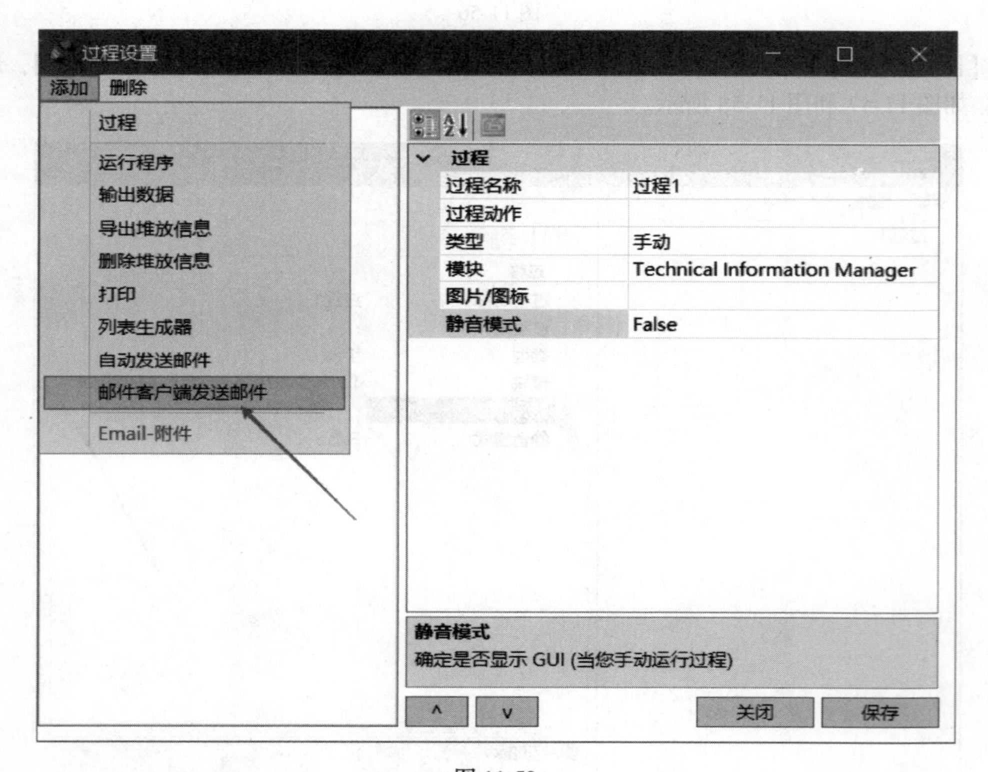

图 11-59

在【即使有错误继续运行】选项中以“True”举例，如图 11-60 所示。

(6) 单击【内容】后的选项，弹出【给定】对话框，在对话框中输入收件人名称，如图 11-61 和图 11-62 所示。

(7) 在弹出的【给定】对话框中可以加入邮件内容。单击“Add”选项同时弹出选项卡，单击【项目】，表示在邮件里添加某个项目的名称，如图 11-63 和图 11-64 所示。

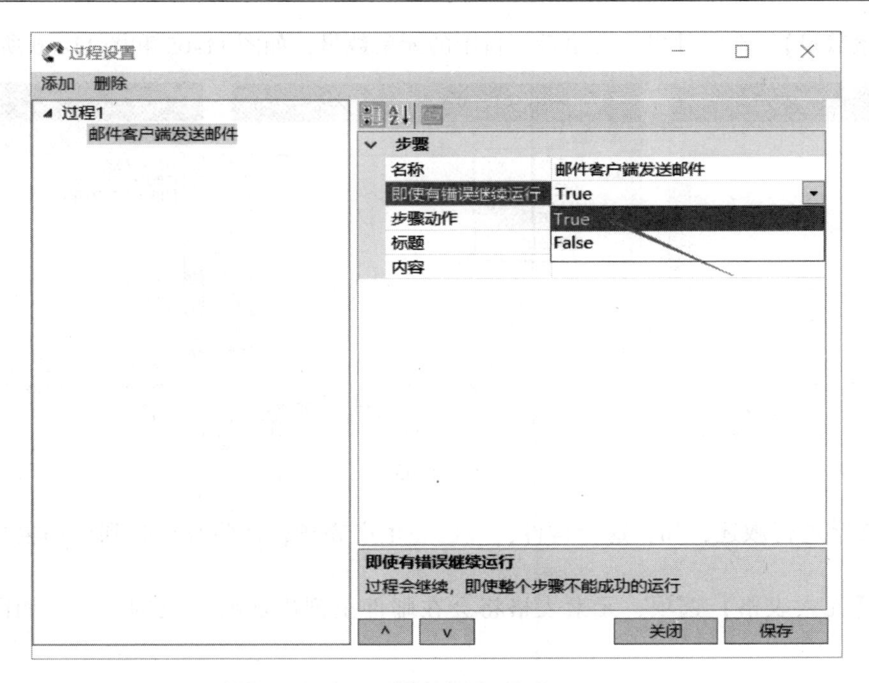

图 11-60

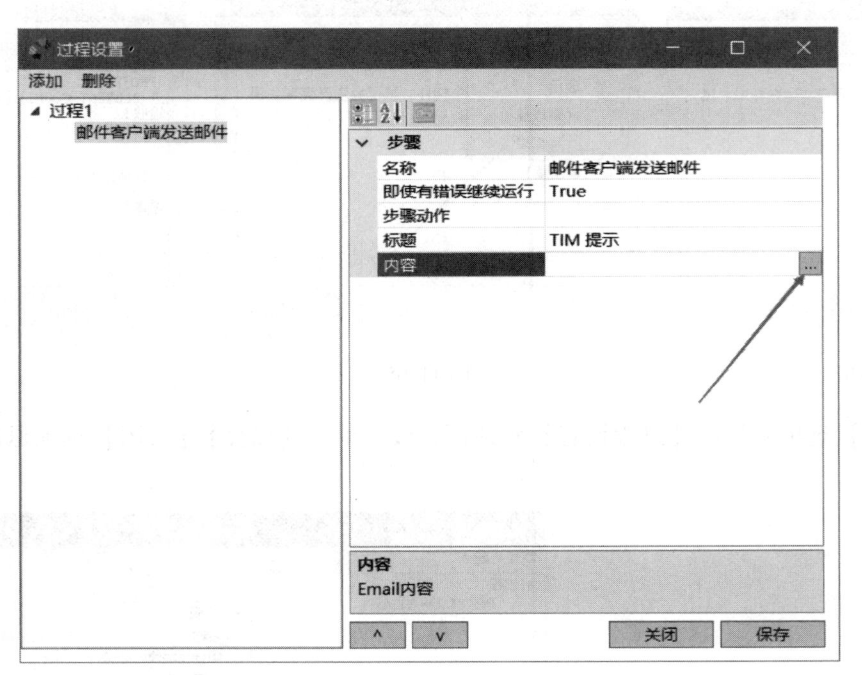

图 11-61

图 11-62

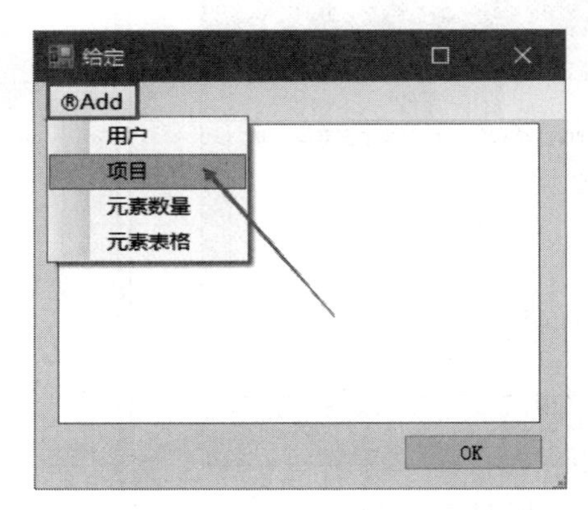

图 11-63

继续添加【元素数量】，在邮件里就会出现项目中的元素数量，如图 11-65 和图 11-66 所示。

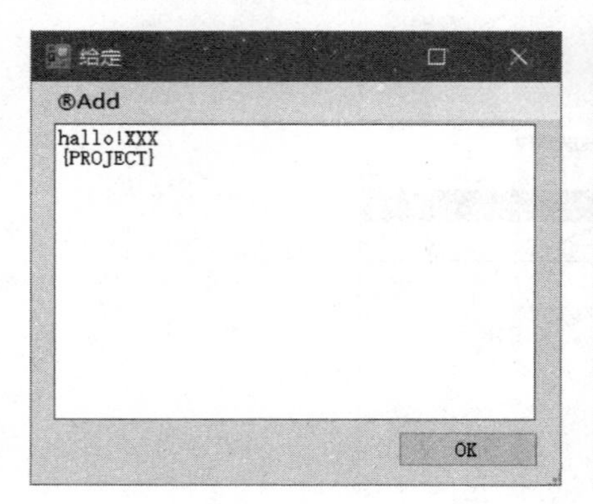

图 11-64

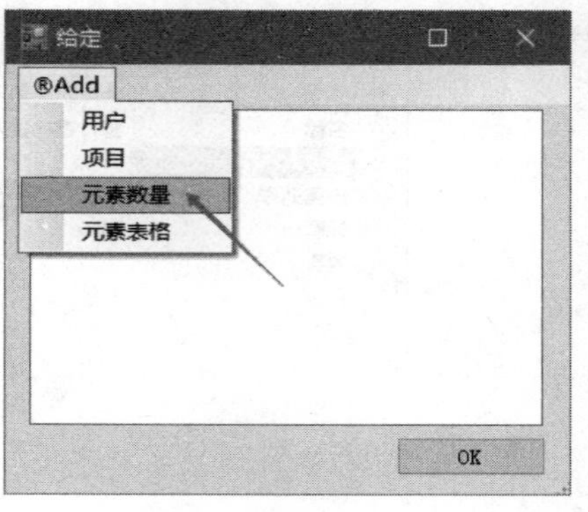

图 11-65

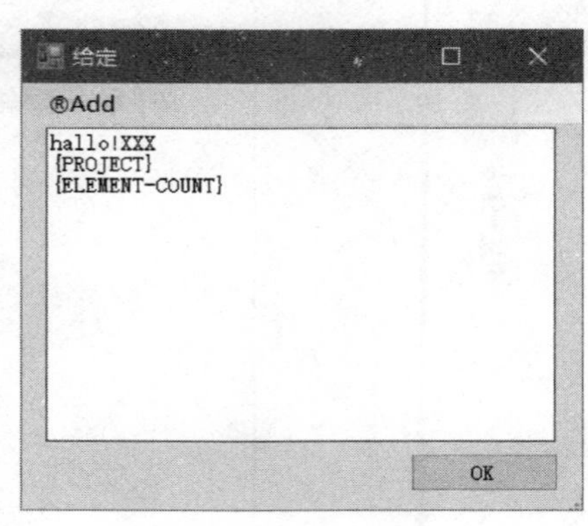

图 11-66

可以添加一些文字进行叙述，如：这个构件，我已经生产完毕，请验收！收到请回复！谢谢！如图 11-67 所示。

可以继续添加【元素表格】选项，元素表格将会在邮件里列出那些完成的元素，如图 11-68 和图 11-69 所示。

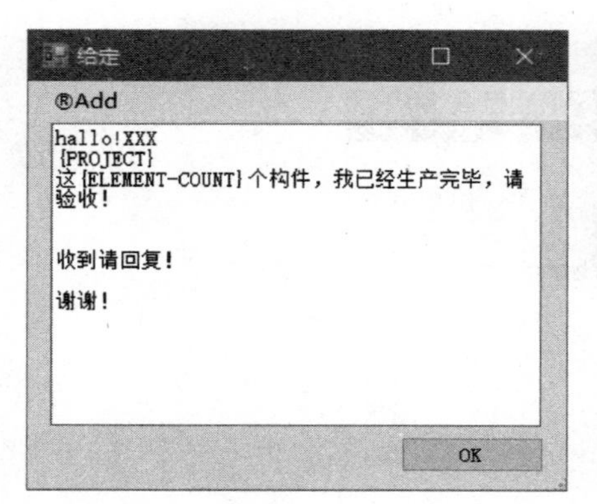

图 11-67

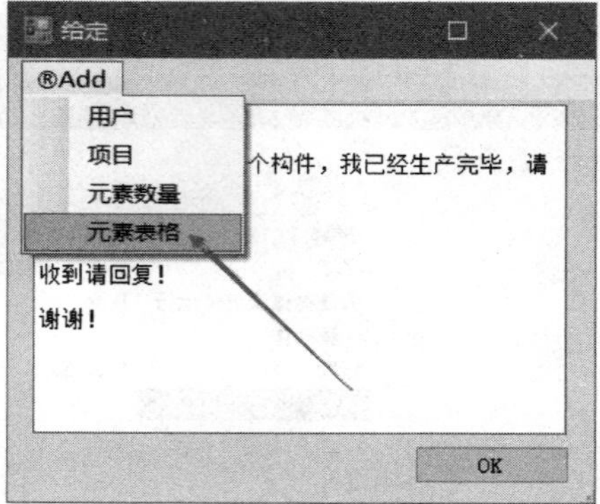

图 11-68

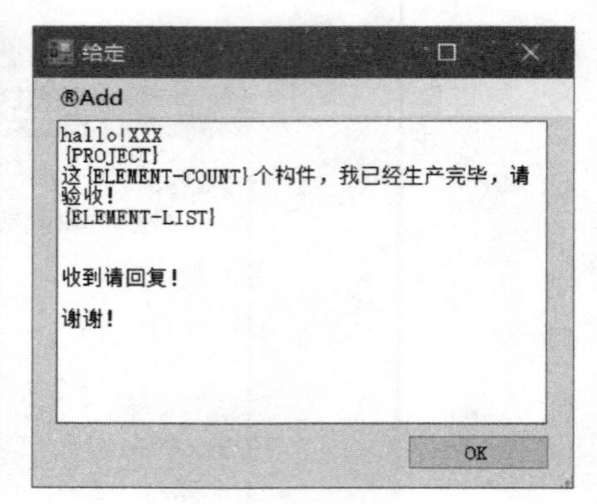

图 11-69

最后单击【OK】选项并返回【过程设置】对话框，最后单击【保存】【关闭】选项退出，如图 11-70 和图 11-71所示。

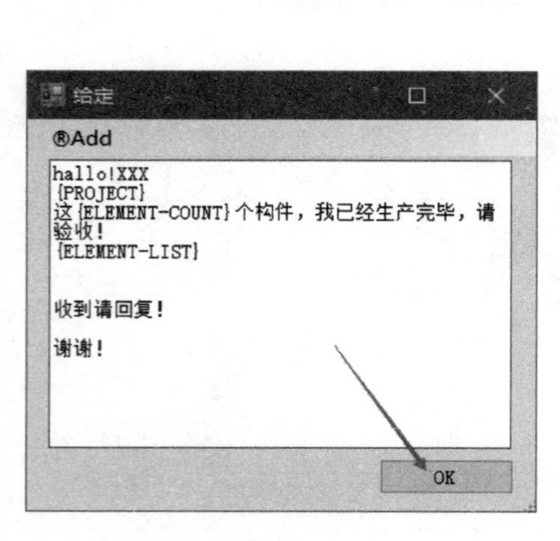

图 11-70

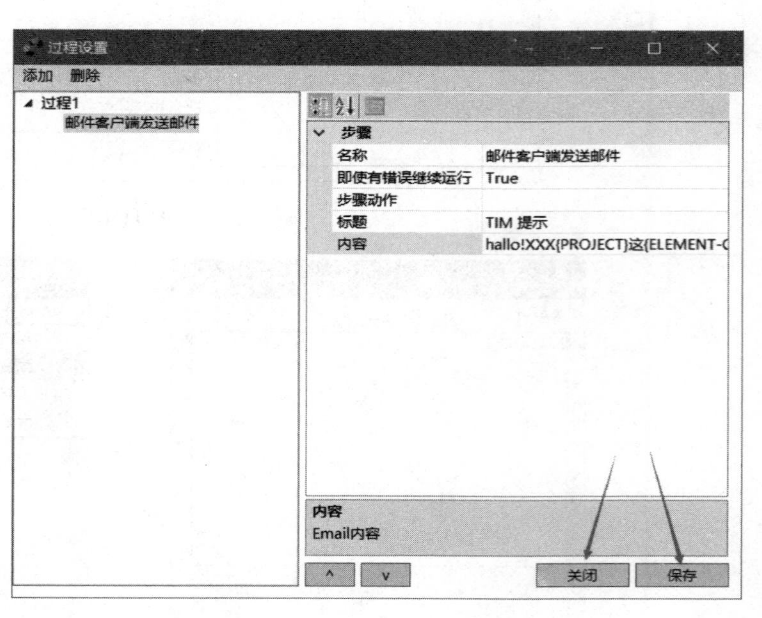

图 11-71

（8）由于我们前面选择的是【Technical Information Manager】模块，所以需要进入此模块查看“过程 1”，如图 11-72 所示。

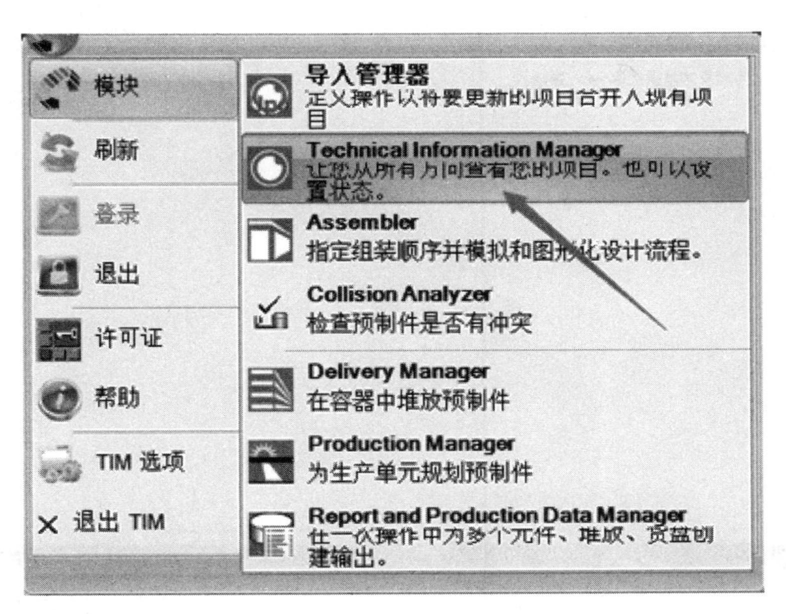

图 11-72

选择已完成的构件，然后单击【过程】选项中的“过程 1”，如图 11-73 所示。

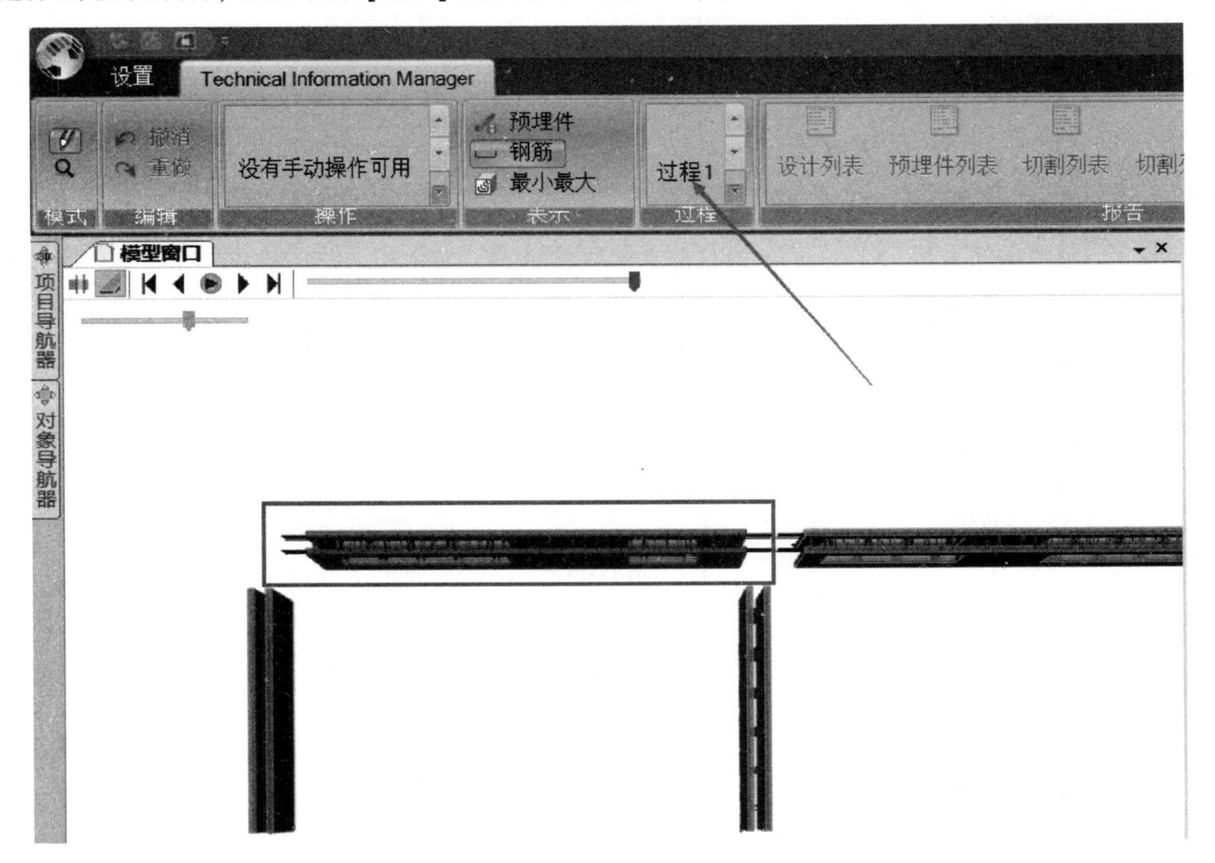

图 11-73

弹出【过程状态】对话框并给出成功提示，最后在邮箱中可以看到设定的邮件（建议使用微软自带邮箱），如图 11-74 和图 11-75 所示。

过程状态
过程：过程1
1. 邮件客户端发送邮件
1. 邮件客户端发送邮件 => 开始..
成功
关闭

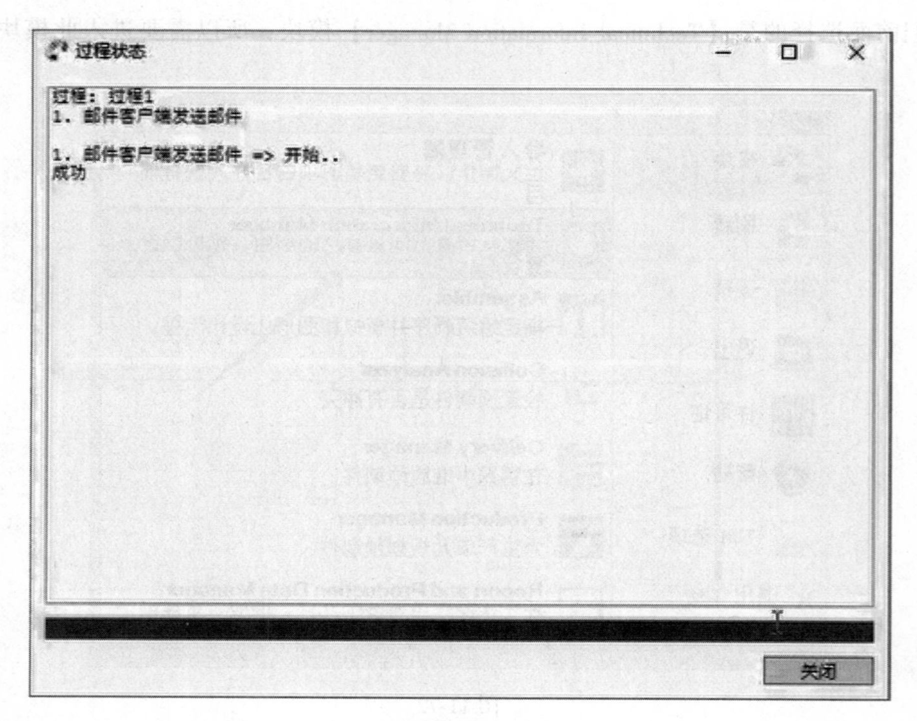

图 11-74

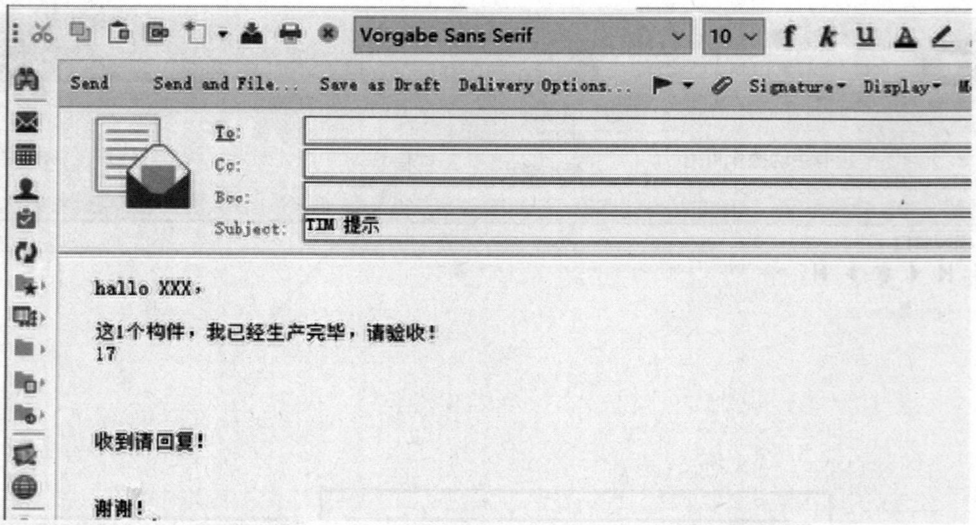

Vorgabe Sans Serif
10
Send
Send and File...
Save as Draft
Delivery Options...
Signature
Display
To:
Cc:
Bcc:
Subject:
TIM 提示
hallo XXX，
这1个构件，我已经生产完毕，请验收！
17
收到请回复！
谢谢！

图 11-75